大型揚陸支援艇の舷側にめり込んだ特攻機のエンジン

米軍から見た
沖縄特攻作戦

カミカゼ vs. 米戦闘機、レーダー・ピケット艦

ロビン・リエリー[著]

小田部哲哉[訳]

並木書房

著者のことば

　沖縄のレーダー・ピケット・ステーション（Radar Picket Stations：RPS）で任務に就いていたレーダー・ピケット艦艇（RP艦艇）が、沖縄戦で"地獄の戦い"をしたことに最初に興味を持ったのは、太平洋戦域における大型揚陸支援艇（LCS（L））の活動について研究している時だった。（訳注：著者の父親は大型揚陸支援艇（LCS（L）-61）の操舵員をしており、本書299頁に父親のエピソードを書いている）

　多くの艦艇が沖縄のRPSで任務に就いていたが、RP艦艇に言及した文献はほとんどなく、沖縄のRP艦艇に関する研究をまとめたものもなかった。RP艦艇に関する文献があっても、それは駆逐艦（DD）についてだった。そこで、自らRP艦艇に関する研究を始めた。

　当初、その対象はRPSの配置に就いた艦艇の行動と思っていたが、すぐに戦闘空中哨戒（Combat Air Patrol：CAP）に就いているパイロットも同様の体験をしていたことに気づいた。最初に入手できた資料が海軍と海兵隊の飛行隊の活動に関するものだったからだ。

　結果として、陸軍航空軍についても調べる必要があり、調査開始から１年も経たないうちに、RP艦艇だけでなく、それを眼下に見ながら連携して戦った海兵隊、海軍、陸軍パイロットの活動にまで研究対象は広がった。

　RPSの戦いにはカミカゼが登場することから、カミカゼの活動も調べる必要が出てきた。米国戦略爆撃調査団、英国情報省極東局、連合国翻訳通訳部、極東軍総司令部諜報部門が実施した尋問が主要な資料となった。『日本軍戦史（Japanese Monograph）』シリーズからは各種活動の有益な情報を入手できた。戦時中、米情報当局がウルトラ（ULTRA）計画で多くの日本側の通信を傍受して翻訳した『マジック極東概略（Magic Far East Summaries）』も活用できた。これにより日本の準備状況、軍の移動状況の情報を得るだけでなく、各種航空部隊の所在地まで詳細に把握できた。このような多岐にわたる一次資料で、RP艦艇に関するカミカゼの活動を明らかにできた。

　米軍が作成した報告書と戦後の文献は、カミカゼを「自殺（suicide）パイ

ロット」としており、本書では便宜上「自殺」の言葉を使用している。しかし、「自殺」は特別攻撃を行なった者の行為に対する表現としてふさわしくないと考えている。

　国土が侵攻される状況に直面した時、軍国主義の日本政府は、家と家族を守る唯一の方法は、航空機、舟艇、その他の武器を使って自らの体を米艦艇に突入させることが最も効果的だとして特別攻撃を行なう者を説得した。

　日本軍パイロットの多くはこの政府の主張が正しいとは思っていなかったが、彼らは男性がしばしば戦場で見せる行為を実践した。命令に従い、家族、友人、そして国のために自分自身を犠牲にしたのだ。これは自殺とはまったく異なる。

　特別攻撃隊員の行為を自殺と記載している報告を必要上引用しているが、最初にこれを区別しておくことは重要だと考えている。日本人でこの任務を自殺と考える者はいない。この方法を「必要に迫られた特別兵器」と考えている。私は自殺と表現することに同意できないが、すべての公式記録が自殺を使用しており、表現を変えると混乱が生じるため、この言葉を使わなくてはならない。

　陸軍航空本部長だった河辺正三大将は、戦後の米軍の尋問に対して次のように語った。

　「連合軍は、カミカゼ攻撃を『自殺』攻撃と呼んでいる。これは誤解であり、これを『自殺』攻撃と言われることは不快である。彼らは『自殺』ではない。自殺をしようと思って任務に就いたパイロットはいない。彼らは自分自身を、祖国のために敵艦隊を少しでも破壊することのできる人間爆弾と考えていた。これを名誉あることと考える一方で、自殺は名誉なことだと考えなかった」(1)

　この尋問に対して、ラムセイ・D・ポッツ陸軍大佐は「このような行為を表現できるほかの言葉がないので、『自殺』と言っていた」と述べた。

　本書全体を通じて、日本軍機には連合軍のコード・ネームを使用している。日本軍機で最も有名なのは、三菱A6M5 "ゼロ" である。しかし、艦艇と飛行隊のすべての戦闘報告は、連合軍コード・ネームの「ジーク」を使用している。混乱を避けるため、本書でもコード・ネームを使用している。ほかの航空機も欧米の読者にはコード・ネームが最も馴染みがある。（訳注：訳出にあたっては日本の制式（型式）名称・名称（通称）などを使用し、「資料3」(371頁)の日本軍機リストにコード・ネームと制式（型式）名称・名称（通称）などの対比表を掲載した）

個人の階級は、当時のものを使用した（訳注：日本人の名前は原書の西欧式ではなく姓名の順にした）。本書で引用する報告は、軍隊方式の24時間制を使用している。すべての時刻はグリニッジ標準時マイナス9時間の日本時間で表示している。

　米艦艇は艦名ならびに艦種記号とハル・ナンバー（艦艇番号）を付けている。文章を読みやすくするため、「資料2」（368頁）のRP艦艇リストに艦名、艦種記号、ハル・ナンバーを記載した。知名度の低い若干数の民間船または補助艦艇は艦名などを文中に表記している。（訳注：訳文では原則として艦種、艦名、艦種記号、ハル・ナンバーを表記。なお支援艦艇は艦名がないため艦種記号、ハル・ナンバーを表記した）

　本書は、部隊の戦闘日誌、戦闘報告、航海日誌、インタビュー、通信記録、尋問記録、公式書類などの一次資料を基にしている。戦闘に参加した兵士の日記、私の取材に答えてくれた個人的体験も資料として活用した。戦闘参加者が発表した個人の出版物は貴重な目撃証言である。

　本書の執筆にあたり、ジャーナリスティックな方法をとらないように留意したが、RPS上の虐殺を理解するには時にこの手法は必要だった。艦艇の戦闘報告は、カミカゼ攻撃突入直後の身の毛もよだつ様子は記述されていない。しかし、実際の現場にはカミカゼの突入を受けてもがれた腕、頭部のない遺体、ひどい火傷がある。その一方で航空機からの戦闘報告はしばしばジャーナリストの手になるような書き方である。

　この両者の表現の違いを私は散文調の書き方に統一した。戦闘報告とその他の一次資料からの引用はそのままを記載し、変更を加えていない。報告の多くは厳しい状況の中で書かれたので、控えめに表現しても簡略で、スラングだらけで、脱字があり、文法は不正確だった。公式文書でも敵味方不明機を示す「bogeys」をしばしば「bogies」と記載し、各種艦艇の複数形は「's（アポストロフィーs）」を使用していたが、正確さを保つため、文法的な間違いは修正しなかった。また、読みやすさを考慮して、このような誤りに「ママ」を付すのも控えたが、明確性を強調するため、若干の言葉を追加した。

　時系列に沿って文章を整理し、RPSごとの活動を順番に考察した。RPSによっては、何も記載がない日があるが、RP艦艇は常にRPSにいても、報告するような戦闘がなかったからである。しかし、このような時でも艦艇が気楽な日々を送っていたわけではない。しばしば敵味方不明機が接近して、「総員配置」の発令がかかった。多くの場合、単機の日本軍機に射撃して追い返

すだけだった。このような事象に関する考察は大きな関心を引かないので、本書には記載していない。

社会、政治、経済の歴史家は、軍事史家が戦闘で使用された兵器をことさら記述すると指摘している。広い意味で、戦争の歴史は技術の歴史でもある。各種の艦艇、航空機、兵器の記述は必須であり、これを省くことは難しい。戦争に関する技術は軍事史の重要な側面であり、多くの場合で個々の戦闘の成り行きを決定している。RPSの物語の中で、航空機技術の発達、航空機探知手段、各種航空機の性能比較を記述することは重要である。

歴史家は一人では作業できない。多くの人の善意と協力により、資料を探し出すことができる。メリーランド州カレッジ・パークの国立公文書館では参考文献部のバリー・ツェルビー氏の支援を受けた。氏は収納されている膨大なコレクションからそれまで注目されていなかった記録をいくつも見つけてくれた。国立公文書館の参考写真部のシャロン・カリーとルタ・ビーモンの両氏は忍耐強く必要な写真を探し出してくれた。

ワシントンD.C.の海軍歴史センター（現・海軍歴史遺産コマンド）のスタッフは、文書と写真の両方のコレクションからさまざまな資料を見つけることを手助けしてくれた。エドワード・フィニィ氏は国立公文書館にない大量の写真を見つけてくれた。海軍歴史センターの作戦公文書部には、米国LCS（L）1-130協会が収集した文書があった。コレクションには多くの貴重な写真や個人的な文書があり、これが戦闘の詳細を記述するのに役立った。ペンシルヴェニア州カーライルの米陸軍軍事歴史協会（現・陸軍遺産教育センター）のリチャード・ソマーズ博士のスタッフもさまざまな資料を探すのを手伝ってくれた。サンディエゴのテイル・フック協会にも貴重な資料があった。ダグ・セイグフリート少佐は貴重な多岐にわたる海軍飛行隊の記録を教えてくれた。

現在、研究者にとってコンピューターは非常に重要なツールになった。さまざまな図書館や研究機関と連絡をとることができる。また、退役軍人のグループとRP艦艇で任務にあたった個々人を素早く見つけることも可能になった。多くの人と直接会うことができたが、電子メールのおかげでほかの方法では連絡がとれない多くの退役軍人と連絡をとることができた。

多くの第2次世界大戦の退役軍人は、個人的な文章、写真、回想録を喜んで提供してくれた。彼らのおかげで、本書の記述を生き生きとしたものにすることができた。多くの人の支援のおかげで本書を完成させることができたので、お礼を申し上げる。（訳注：以下退役軍人支援者の氏名は省略）

ロケット中型揚陸艦（LSM（R））の専門家であるロナルド・マッカイ氏は、レーダー・ピケット任務（RP任務）で大きな損失をこうむったロケット中型揚陸艦に関する情報を提供してくれた。『闘将ボブ―ロブリー・D・エヴァンス（DD-552）戦闘の歴史』の著者マイク・ステイトン氏は駆逐艦エヴァンス（DD-552）と彼の現在の研究プロジェクトである第441海兵戦闘飛行隊（VMF-441）に関する情報を提供してくれた。

　友人のジョン・ルーニー、クリフォード・デイ、そして妻のルシールは原稿を校正し、貴重な提案をしてくれた。彼らの尽力に感謝するとともに、本書の内容の責任はすべて著者にある。

　2008年4月

　　　　　　　　　　　　　ロビン・L・リエリー（Robin L. Rielly）

翻訳にあたって

　米海軍は、1945年4月の沖縄侵攻にともない、日本本土および台湾から飛来する日本軍機から沖縄に上陸した陸軍、海兵隊、周辺の海軍艦艇を守るため、沖縄本島から35kmから155kmの距離の21か所にレーダー・ピケット・ステーション（RPS）を設定してレーダー・ピケット艦艇（RP艦艇）を配置した。

　日本軍機は沖縄の米軍を攻撃しようとしても途中でRP艦艇に探知されるので、初めにRP艦艇を攻撃して「目つぶし」をする必要があった。これに対して、米軍はRPSの駆逐艦に乗艦した戦闘機指揮・管制チームが、戦闘空中哨戒機／レーダー・ピケット哨戒機として上空に待機させていた海兵隊、海軍、陸軍の戦闘機を指揮・管制して、日本軍機を迎撃した。しかし、この戦闘機指揮・管制駆逐艦と護衛の支援艦艇、そして戦闘機の損害は大きかった。

　RP艦艇206隻のうち沈没、あるいは損害を受けた艦艇の比率は29パーセントに達した。米軍戦闘機パイロットは日本軍機との戦闘だけでなくRP艦艇から誤射を受ける危険性にも直面していた。

　本書は、RPSおよびその上空で日本軍機の攻撃を体験した艦艇の乗員、戦闘機パイロットの危険な任務の記録である。日本軍機と米軍との戦闘の状況とともに、日本軍機の攻撃を受けた米軍将兵が個人としてどのように感じ、どのように対応したか、また、日本軍機の攻撃が米軍に与えた影響、損害に対する評価などを記述している。

　日本の特別攻撃隊に関する書籍の場合、その多くが描いているのは、基地を発進するまでの状況である。帰還を想定していない特別攻撃隊の特殊性などから、発進後の米艦艇・戦闘機との交戦状況とその最期を記載したものはわずかである。本書は、米軍の目を通したものであるが、日本軍機の搭乗員が何とか米艦艇に突入しようとして、米軍の戦闘機および艦艇の対空砲火を避ける行動をとり、どのような最期を遂げたかを明らかにしてくれる。

　特別攻撃隊員の中には、自ら進んで、国・家族を守るため特別攻撃隊員を志願した者もいる。一方、死を望まないものの置かれた立場上、特別攻撃隊員として出撃するしかないと考えた者もいる。いずれの場合であれ、特別攻

撃隊員になることが決まった以上、いま自分ができること、すべきことは敵艦に突入することだけだ、と言い聞かせて出撃したであろう。本書が描いている日本軍機の飛行状況から、そのような任務達成の使命感、その一方で任務を果たさずに撃墜されることの懸念を読み取ることができる。もちろんこれは通常攻撃の隊員も同じ思いであっただろう。

　戦後、日本で出版された日本陸海軍機に関する書籍は2種類に分けることができる。日本軍の作戦内容（攻撃発進の日時、機種、機数、基地など）のデータを記述したものと、当該書籍の著者が関係する特定の部隊、出身母体（予科練・予備学生など）の様子を物語のように記述したものである。いずれの書籍でも部隊・出撃単位ごとの記述が多いようである。それに対し本書は、沖縄周辺のRPSに限っているものの、陸海軍を問わず、日本軍機と米軍との戦闘を描いている。日本の書籍が部隊、出身母体などを中心とする縦糸ならば、本書はRPSという場所を描く横糸になり、両方で沖縄の日本軍機の状況を描く織物になる。

　日本では、「神風」は海軍の特別攻撃隊を指す言葉で、陸軍特別攻撃隊を含まない。しかし、海外では海軍の神風特別攻撃隊だけでなく、陸軍の振武隊などを含めた陸海軍特別攻撃隊およびそれ以外の直掩機、通常攻撃任務の機体までも「Kamikaze」としていることが多い。原書も「Kamikaze」をそのように使用しているので、訳文は原則として「カミカゼ」を使用する。

　海外では日本の特別攻撃隊を「suicide attack：自殺攻撃」ということが多い。しかし、著者は「この本の中で便宜上『自殺』の言葉を使用している。しかし、『自殺』は特別攻撃を行なった者の行為に対する表現としてふさわしくない」と考えている。このため訳文では「自殺」は使わず、「体当たり」などの別の言葉に置き換えている。

　日本軍の大規模沖縄航空作戦を、海軍は菊水作戦、陸軍は航空総攻撃と称していたが、原書では「Kikusui」で統一しているので、本書も原則として「菊水」を使用する。

　原書は、日本軍の命令、電文、終戦後に日本政府が連合国の要求で作成した「Japanese Monographs（日本軍戦史）」、『戦藻録』（海軍中将宇垣纏日記）などの英訳も引用している。訳文では当該引用で日本語の元資料があるものについては原書の英訳でなく、元資料の日本語表記のままとして、＜　＞で囲って示した。日本人のコメントなどでも元資料が英語のものについては原書の英語を日本語に翻訳したものを「　」で囲った。

　このように日本側資料も引用しているが、引用元のほとんどは米軍の艦

艇、飛行隊などの戦闘記録、戦闘日誌、戦略爆撃調査団資料、無線傍受で得た情報（Magic：マジック極東概略）などの公文書および当時の関係者へのインタビュー、手紙などの資料である。このため、日本軍の作戦内容（攻撃発進の日時、機種、機数、基地など）が「戦史叢書」などの日本の記録と異なっている点もある。しかし、原則として原書の記載通りとした。ただし、一部の原文と日本の記録との違い、補足説明などは適宜本文中に「訳注」として記載した。

　日本側の当時の資料を調べようとしたが、残っていない資料もある。戦争に負けるということは歴史が消えることだと痛感した。誤記と思われる箇所については修正したが、当該箇所は特に示していない。

　米軍は無線傍受と暗号解析で日本軍機の状況を把握していたが、個々の戦闘での交戦相手の日本軍機までは完全には識別できない場合があった。米軍機は戦果確認のためガンカメラで戦闘状況を撮影して、帰投後にその映像を見ていた。それでも百式司偵を桜花の母機と考えたり、艦艇の場合は「戦闘が激しくなり、混乱してくると、艦艇が報告する敵機の機種は零戦か隼のどちらかになることが多かった」こともあった。

　第3章から第7章までは日々のRPSにおけるRP艦艇とその上空の戦闘機のカミカゼとの闘いを描いている。原書は日付順の見出しを設け、その中をRPS順に書いてある。訳文では読者の読みやすさを考慮して、RPSと関係する艦艇・飛行隊の小見出しを設けた。この都合で、一部原書の記載順を変更した。

　また、距離の単位として原書はマイルを使用しているが、沖縄戦当時の元資料がマイルと海里の区別をしていないこともあり、翻訳ではkmに統一するため、状況に応じてマイルと海里に区別して換算した。

　原書の脚注はそのまま「脚注」として巻末に添付した。元資料が日本語のものが引用されている場合は、当該資料の英語名と日本語名を記載した。原書の参考文献は英語名のまま「参考文献」として巻末に添付した。

　最後に本書出版の仲介の労をとって下さった元三菱重工業株式会社陶山章一氏に心から感謝を申し上げる。

2021年6月23日

　　　　　　　　　　　　　　　　　　　　　小田部哲哉

目　次

序章 レーダー・ピケット (RP) 任務

沖縄侵攻「アイスバーグ作戦」

　沖縄侵攻は太平洋戦域で最大の上陸作戦だった。米軍は海軍艦艇1,213隻と各種支援任務の104隻と海兵隊、海軍、陸軍の451,866人が参加した。上陸から数週間、人員・物資輸送、内陸部砲撃、防空のため、侵攻海岸の周辺海域には各種艦艇が集結した。艦艇は、これを撃破しようとする日本の海軍航空隊と陸軍航空部隊の格好の目標になった。

　沖縄は日米にとって戦略的要所に位置するため、双方の損失が非常に大きくなった。沖縄は九州の南方350マイル（約560km）で、日本の内地だった。米軍が沖縄を占領すれば、日本への航空攻撃が増加し、日本本土侵攻にとって最適の兵站基地になる。

　沖縄防衛のため、日本軍は8万人を配置し、米軍攻撃のために台湾、九州そして九州南方の喜界島、徳之島からも攻撃を行なった。

　沖縄は九州からさほど距離が離れておらず、カミカゼは片道飛行だったので、日本軍は通常であれば戦闘任務に充てないような機体も使用した。カミカゼには十分訓練を受けていないパイロットが多かった。戦争最後の1945（昭和20）年になると、時間が切迫していることと燃料不足で、パイロットの集中的な訓練は不可能になっていた。

　沖縄侵攻の「アイスバーグ作戦」は米軍の海岸上陸で始まった。上陸前の数日間、米軍は沖縄に砲爆撃を行ない、沖縄南西海岸の西にある慶良間諸島を攻略した。

　1945年4月1日0832、米軍は沖縄本島に上陸すると内陸部に素早く前進して嘉手納と読谷の飛行場を占領した。これを数日のうちに、海兵隊飛行部隊の基地にして運用を開始した。

　アイスバーグ作戦で海岸の兵士と支援艦艇を守るため、レーダー・ピケット・ステーション（RPS）を沖縄の周囲に環状に配置し、渡具知湾の海岸堡に向かう航空攻撃を探知して、警報を発令できるようにした。通常の艦艇の

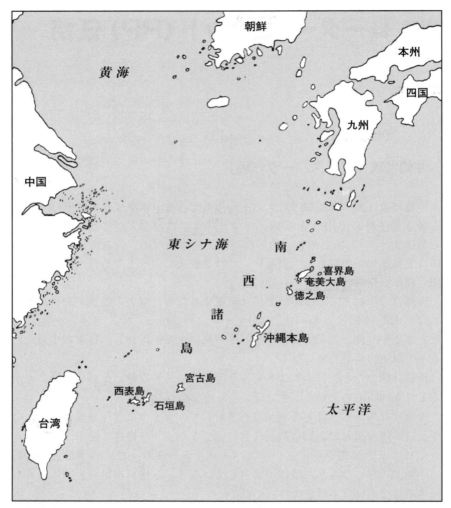

南西諸島とその周辺図。台湾と九州、これと沖縄の間の多くの島から日本軍機は沖縄の米軍を攻撃した。(CINCPAC–CINCPOA Bulletin No. 77-45. Daito Shoto. 20 March 1945.)

捜索用レーダーは低空飛行する航空機を探知できなかったので、低空侵入は重大な脅威になっていた。

　前線のRPSでは戦闘機指揮・管制チームを乗艦させている特別装備の駆逐艦が哨戒して、接近する日本軍機を探知した。上空では空母と嘉手納、読谷の陸上基地から飛来して戦闘空中哨戒（CAP）中の戦闘機が、戦闘機指揮・管制士官の誘導を受けて日本軍機を迎撃した。

艦艇と航空機の連携チームが、沖縄へ侵攻する艦隊を日本軍から守る主力になった。すべてが計画どおりに進んだなら、上陸地点の人員、艦艇が損害を受ける前に日本軍機を撃墜していただろう。

第51任務部隊（統合遠征軍）指揮官のリチャード・K・ターナー中将は「沖縄上陸作戦での防衛の大部分は、日本軍機の攻撃にさらされていたRPSの戦闘機指揮・管制駆逐艦と、その支援部隊が発した襲来報告と、戦闘機指揮・管制を軸に展開した」と語った。(1)

本書は、実際にRPSの任務に就いた206隻の艦艇とそれに関する話のみを対象にしている。沖縄でカミカゼの攻撃に遭遇したすべての艦艇の戦闘を取り上げることではない。RPS以外にも米軍は渡具知停泊地などの重要地域を日本軍機と潜水艦から守るため、各種の任務部隊と任務群を直衛部隊として配置した。ここでレーダーまたはソナーを使用して哨戒を実施、敵の接近を探知した。この直衛部隊の多くでもカミカゼの攻撃を受けたが、これらは本書には含めない。

ピケット艦艇が攻撃目標になった

沖縄侵攻時とそれ以前ではレーダー・ピケット艦艇（RP艦艇）の運用方法が異なっている。戦争初期は、主力艦隊から離れた場所にRP艦艇を１隻だけ配置していた。このRP艦艇の主任務は、日本軍の水上部隊と航空部隊の探知だった。フィリピン作戦の後、日本軍水上部隊の脅威は大幅に減少したが、別の危機が生じた。それは、パイロットが航空機とともに米艦艇に突入するカミカゼだった。

カミカゼが最初に遭遇するのはRPSの艦艇だったので、この艦艇は重大な危機と対峙することになった。RPSの戦闘機指揮・管制チームが乗艦している駆逐艦を守るため、ほかの駆逐艦または武装小型艦艇の支援が必要だった。駆逐艦ダイソン（DD-572）の艦長だったL・E・ラフ中佐は、RPSで追加の艦艇が必要な理由を次のように説明した。

　　昔のピケット艦艇は「孤独な歩哨」で、本隊とHF無線で音声通信ができる距離にとどまり、今日のピケット艦艇では考えられないほど安全だった。ピケット艦艇が強力な敵の水上部隊と遭遇したならば、その旨を通報し、撤退して大型艦艇の庇護の下に入ればよかった。
　　カミカゼは大型艦を攻撃するとの共通の信念を持って突入して来たので「小型艦艇部隊」のピケット艦艇よりも、空母、戦艦または巡洋艦を

沈めようとしたのであろう。

　しかし、大型艦だと損傷しか与えられないが、小型艦艇なら撃沈できることをすぐに知った。駆逐艦と小型艦艇部隊がいちばん格好なターゲットになった。

　単独のピケット艦艇は、体当たり攻撃の非常に脆弱な目標になった。同時に異なる方向から攻撃してくる敵機に対して、砲術長は乗艦している艦艇の砲を配分し、Mk.51射撃指揮装置の管制員に何門かの砲の指揮を任せざるを得なかった。この結果、命中精度が落ちた。RPSの戦闘機指揮・管制駆逐艦が自らを守るために別の艦艇を必要とすることが明らかになった。現状の兵力に達するまで、艦艇の増強は続いた。(2)

　多くの場合、各RPSでは駆逐艦１隻ないし３隻と小型支援艦艇数隻が哨戒を行なった。主力は駆逐艦（DD）86隻、大型揚陸支援艇（LCS（L）Mk.3またはLCS（L））88隻だった。このほかに敷設駆逐艦（DM）９隻、掃海駆逐艦（DMS）６隻、ロケット中型揚陸艦（LSM（R））11隻、機動砲艇（PGM）４隻、護衛駆逐艦（DE）２隻の艦艇もこの任務に就いた。

　RP任務にふさわしい装備をしていた何隻かは大きな損害を受けずにすんだ。206隻の艦艇と36,000人以上の人員が沖縄を環状に囲んだRPSで任務に就いた。当初の計画では、RPSは15か所だったが、状況の変化にともない16番目と場所を変更して「A」を付けたRPSを追加したので、終戦までに21か所のRPSを計画した。

　RPSのハブの中心を渡具知の侵攻海岸と嘉手納、読谷飛行場の北に位置する残波岬に設定し、ポイント・ボロと名付けた。1945年３月16日付の作戦命令でターナー中将は最初、RPS＃１、２、３、４、10、14を使用する計画だったが、侵攻開始までにこれを変更した。(3)

　作戦が進むにつれて、日本軍はRPSの位置を察知するようになり、RPSの配置に柔軟性を持たせる必要が出て来た。艦艇は昼夜を通じて同じRPSに展開していたが、RPS＃３、５、９のようないくつかのRPSでは日本軍を混乱させるため夜間の位置を変更した。損害が増えたので、昼間のRPSの位置も変更した。作戦の期間中に、RPSの安全を向上させて日本軍機の襲来を効率的に探知するため、RPS＃９、11、15、16をそれぞれ９A、11A、15A、16Aに変更した。RPS＃６、８、13はまったく使用しなかった。６月３日から７日の間の伊平屋島侵攻中に、上陸部隊を守るために島の北方に特別なRPSを設置した。これには番号がなかったので、本書の地図には〝Ｓ〟と表示した。

16

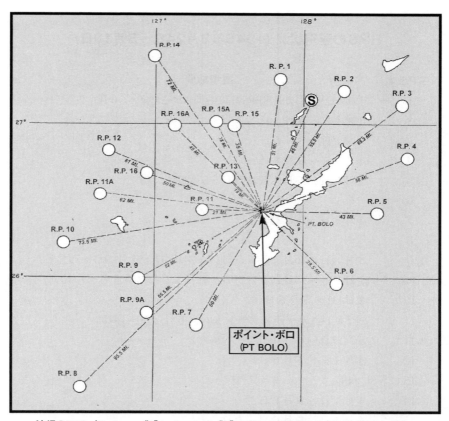

沖縄のRPS（Enclosure "6" to Appendix "K" COM PHIBS PAC OP PLAN A1-45.）

　ポイント・ボロから最も近いのは西21マイル（34km）のRPS＃11で、最も遠いのは南西95.5マイル（154km）のRPS＃8で、各RPSの平均距離は52.5マイル（84km）だった。最も重要なRPSはRPS＃1、2、3、4で、沖縄本島の北方にあり日本から飛来するコース上に位置していた。最も危険だったのはRPS＃1だった。RP任務に配置されて撃沈されるか、または損傷を受けた60隻中18隻がここで日本軍機に突入された。

陸上レーダー施設の必要性

　沖縄周辺の島にレーダー施設を設置するのが望ましかったが、レーダー設置に適した島は、日本軍が確保していた。RP艦艇が日本軍の航空攻撃で大

RPSの運用状況（1945年3月24日〜8月13日）

RPS#	運用期間
1	4月1日〜5月6日（RPS#15の夜間ステーション：6月〜7月17日）
2	4月1日〜5月6日
3	4月1日〜5月6日
4	4月1日〜5月4日
5	3月24日、28日、5月6日〜6月23日
6	※
7	4月1日〜5月21日
8	※
9	3月24日、26日、28日、31日〜4月1日、4月29日〜7月1日
9A	7月2日〜19日、7月21日〜8月1日、8月3日〜13日
10	4月1日〜5月6日
11	RPS# 11Aの夜間ステーション：6月2日〜16日
11A	5月21日〜6月16日
12	4月1日〜5月6日
13	※
14	4月1日〜5月6日
15	4月1日、5月6日〜21日
15A	5月21日〜7月17日
16	5月6日〜8日
16A	5月9日〜7月1日
S	6月3日〜7日

※：沖縄作戦期間中、これらのステーションは運用されなかった。

きな損害を出し始めたので、陸上レーダー施設の必要性がさらに高まった。ターナー中将は次のように報告している。

　　レーダー・ピケットが大きな損害を受けているので、第51任務部隊指揮官として沖縄本島北端の辺戸岬と本部半島先端の備瀬に計画ずみのレー

ダー施設の早急な設置を要求した。この地点を4月13日に海兵隊が支配したが、辺戸岬のサイトは4月21日まで稼働しなかった。満足な通信ができるまでさらに4日を要した。備瀬の緊急ステーションは設置できなかった。伊江島を攻略したので、SCR-527とSCR-602の中距離捜索レーダーを設置して、4月23日に運用可能にした。(4)

5月半ばに鳥島（久米島の北）を占領して、レーダー施設を設置した。これにより、8か所のRPSで艦艇の哨戒は不要になり、5か所に減った。夜間だけ哨戒したRPSもあった。

RP艦艇が"地獄の戦い"を強いられた理由に、アイスバーグ作戦の立案者が周辺の島を最初に攻略しなかった点が挙げられている。周辺の島は理想的なレーダー・ピケット地点で、これらを使用すればRP艦艇の哨戒が不要になる。5月12日に無抵抗で占領した鳥島に設置したレーダーの捜索範囲は、RPS#10の艦艇が哨戒する海域まで到達していた。6月9日の粟国島と6月26日の久米島はいずれも無抵抗で占領した。ここにレーダーを設置したので、RPS#9、11AのRP艦艇を激務から解放できた。

6月2日に伊平屋島も無抵抗で占領して、そこに設置したレーダーはRPS#1、2、3の苦境を大いに救った。最終的にいくつかの島を無抵抗で占領できたので、島にレーダーを設置することは比較的簡単なことであったろう。なぜこのような攻略が早く達成できなかったのか。

いくつかのRPSは、日本軍機が沖縄に向かう通過地点の島に近かった。駆逐艦プリチェット（DD-561）の艦長J・F・ミラー少佐は「RPS#11Aの場所が非常によくなかったと考えていた。陸地からの反射波でSC-2対空捜索レーダーのスコープが常にブロックされるので、戦闘機指揮・管制と襲来機の早期警報の両方にほとんど役に立たなかった。RPS#11Aにいる時、本艦の安全と任務は最悪の状況だと考えていた」と書いている。(5)

駆逐艦ワズワース（DD-516）艦長のR・D・フセルマン中佐はRPS#3について、陸地がレーダーに干渉しないようにRPSを東に10マイル（16km）移動させる具申をした。

最初の計画は、RPSに戦闘機指揮・管制駆逐艦を、RPSとRPSの間に武装小型艦艇を配置するものだった。1945年4月初旬の菊水1号作戦の攻撃で、この配置では戦闘機指揮・管制駆逐艦が攻撃を受けても武装小型艦艇が火力支援を行なうには離れすぎているとの問題が明らかになった。駆逐艦ダイソン（DD-572）艦長のラフ中佐は「一部の戦闘機指揮・管制士官が方針に反して、火力支援艇を駆逐艦から常に5海里（9.3km）離して配置した。これ

により、武装小型艦艇の任務が火力支援から医療支援と消防に格下げになった」と書いた。(6)

過労と神経衰弱

　飛来する日本軍機を戦闘機指揮・管制駆逐艦が迎撃している間に、大型揚陸支援艇がその火力で駆逐艦の火力を補強することが理想的だった。しかし、初期のレーダー・ピケット運用では、各RPSに駆逐艦型（駆逐艦、敷設駆逐艦または掃海駆逐艦）1隻とその支援として大型揚陸支援艇2隻の配置だったため、担当する海域が非常に広く、艦艇の間隔が何海里も離れていたので、互いに支援するのは難しかった。

　4月10日、上陸作戦が一段落したので多数の艦艇が使用可能になり、各RPSに駆逐艦1隻ないし2隻と大型揚陸支援艇2隻ないし4隻を配置した。ロケット中型揚陸艦と機動砲艇で増強することもあった。5月19日に多くの艦艇が米国とほかの太平洋戦域から到着したので、3隻の駆逐艦と4隻の大型揚陸支援艇を配置することができた。

　最も効果的に襲来機に対応するために、特別装備の戦闘機指揮・管制駆逐艦19隻を運用した。戦闘機指揮・管制チームを乗艦させ、無線通信設備と対空捜索レーダーを装備して、襲来機を識別して、CAPの戦闘機に迎撃の指示を出した。

　接近する敵味方不明機を「ボギー」と名付けた。機種を確認してボギーを友軍機または敵機に識別した。敵機ならば、直ちに攻撃の対象にした。時には敵味方を識別する前に友軍機を攻撃することすらあった。

　作戦中に、戦闘機指揮・管制駆逐艦がカミカゼの体当たりを受けて戦闘能力を失うと、乗艦していた戦闘機指揮・管制チームは別の駆逐艦に移った。いくつかの戦闘機指揮・管制チームは再び撃沈されて損害を受けた。5月17日にはRPSは8か所から5か所に減った。7月末から8月初めに、米軍地上部隊が周辺の島を攻略して、レーダー施設を設置したが、この時、稼働していたRPSは2か所のみだった。

　日本軍機の攻撃で艦艇は大きな犠牲者を出したが、過労と神経衰弱による被害も大きかった。ピケット艦艇で生じた多くの問題の1つは、RPSに敵味方不明機が飛来すると常に総員配置が発令されるため、休養がとれないことだった。疲労困憊し、心神耗弱状態の射手が友軍機に向けて射撃することは珍しいことでなかった。

　大型揚陸支援艇LCS（L）-35の乗組員チャールズ・トーマスは次のように

書いた。

　　上陸侵攻とピケット・ラインにおける10日間のストレスで、忍耐力がどんどんなくなっていった。神経は擦り切れる寸前だった。親しい友人同士で怒鳴り合っていた。今朝、ロッカーから物を出そうとして下甲板に行った。私がロッカーの扉を開けた時、砲座で作業していた者が重いレンチを私の頭上の鋼鉄製甲板に落とした。私は高電圧で衝撃を受けたように飛び上がった。(7)

最も困難な任務

　RPS上空でCAPに就いたパイロットは眼下の状況を熟知していた。ヘルキャットのパイロットだったジェームズ・W・ヴァーノンは「第87戦闘飛行隊（VF-87）の航空機は、即応態勢にある射手の射程外にとどまっていた」と書いている。(8)

　沖縄の作戦は、公式には6月21日に終了したが、RPS艦艇は損害を受けながら8月13日まで哨戒を続けていた。（訳注：米軍は6月21日に沖縄を「確保した」と宣言した。一方、日本では沖縄で組織的な戦闘が終了した日を6月23日としている）

　4月6日から6月22日までの10回の菊水作戦で、1,465機の体当たり攻撃機とその他の多くの航空機が通常の攻撃とカミカゼの護衛で飛来した。4月6日以前と6月22日以降にも襲撃があった。米国戦略爆撃調査団は「約4,000機の日本軍機を戦闘で撃墜した。そのうち1,900機が体当たり攻撃機だった。航空攻撃で沈没した28隻中26隻、損害を受けた225隻中164隻がカミカゼによるものだった」と集計した。(9)

　沈没した艦艇のうちの15隻、損害を受けた艦艇のうちの45隻がRP任務中だった。(10)

　この数字だけでもこの任務の危険性を示している。しかも、RPSで任務に就いた艦艇が全部で206隻だったので、RP艦艇のうち29パーセントが損害を受けたことになる。RP艦艇を守るCAPとRPP（レーダー・ピケット・パトロール）を行なったパイロットも損害をこうむるリスクが非常に高かった。この任務で多くの乗組員とパイロットを失った。

　RPSの損害がそれほどまでに大きくなった理由は、単にカミカゼの攻撃を止めることが難しかったからである。カミカゼ・パイロットは、何が起きようとも米艦艇に損害を与える義務を負っていた。ある程度これは正しいが、

同様にほかの要素もあった。支援の武装小型艦艇の不適切な運用、初期の段階で陸上にレーダーを設置できなかった失敗、任務に適さなかった艦艇の配置、乗組員の疲労などである。

　カミカゼ攻撃は、気の狂った者が命令した狂信的な任務ではなかった。アメリカ人に日本侵攻が高くつくことを示して、侵攻を思い止まらせる唯一理性的で可能な方法だった。この考えで、日本人は多くの航空機とパイロットを片道攻撃に投入した。

　カミカゼの数は、フィリピンの時よりもはるかに多かったので、アイスバーグ作戦の防空計画は不十分なものになった。戦闘機指揮・管制駆逐艦の防空強化に役立つと考えられた武装小型艦艇だったが、その優位性を活かせる場面が少なかった。

　これから述べることは、ほぼ間違いなく第2次世界大戦で最も困難な海上任務の1つに携わった人々と、艦艇と海軍・海兵隊・陸軍の航空機、そして戦闘がどのように展開したかを再現したものである。

第1章 駆逐艦と武装小型艦艇

さらに激しいカミカゼ攻撃を予想

　米海軍は大きな作戦で艦艇をピケット（Picket：前衛哨戒）任務に配置するのは普通のことだった。通常、ピケット艦艇は主力部隊から離れたところで、敵の航空機または艦艇が接近すると警報を発した。これは、太平洋でもしばらくの間は標準的な運用方法だった。駆逐艦が多数使用できるようになったので、高速空母任務群で活用した。駆逐艦は敵の航空機と艦艇に対する夜間の早期警戒として特に役立った。

　沖縄のレーダー・ピケット・ステーション（RPS）がほかの太平洋の哨戒任務と異なるのは、日本本土に近いことと、沖縄侵攻に参加した部隊の規模である。膨大な艦艇と人員のために広範囲で特別な哨戒による防衛が必要になった。米海軍上層部はフィリピン作戦の経験から、さらに激しいカミカゼ攻撃を沖縄で受けることを予想した。

　沖縄のRPSに配置された艦艇は、第51.5任務群指揮官フレデリック・ムースブラッガー大佐の指揮下にあった。彼はアイスバーグ作戦が始まった時、レイテ島から慶良間諸島に進軍する西方諸島攻撃部隊の直衛部隊である第51.1.13水陸両用軍水域直衛任務隊の指揮官だった。

　4月1日、沖縄侵攻が始まると、彼の部隊は第51.5任務群になり、沖縄周辺の対潜直衛部隊と防空直衛部隊の維持、管理とともにレーダー・ピケット駆逐艦とその支援艦艇に責任を持つことになった。

　彼が指揮するほかの任務は、体当たり攻撃艇とその他の小型艇を迎撃する直衛、局地的なハンター・キラー（対

第51.5任務群指揮官フレデリック・ムースブラッガー大佐（NARA 38 MCN 377.）

第51任務部隊（統合遠征軍）指揮官リッチモンド・ケリー・ターナー海軍中将。1945年1月撮影（NARA 80G 302369.）

潜捜索・攻撃）、各種海上輸送部隊の護衛と救難だった。彼の直属の上司は第51任務部隊指揮官リッチモンド・K・ターナー中将だった。彼は揚陸指揮艦エルドラドー（AGC-11）に司令部を置いた。エルドラドーは渡具知海域に投錨して、沖縄の戦闘機指揮全般の統制を行なった。

ムースブラッガー大佐は、司令部を揚陸指揮艦ビスケイン（AGC-18）に置いた。ビスケインは沖縄侵攻期間の多くを渡具知の揚陸指揮艦エルドラドーの近くに投錨して、ムースブラッガー大佐はここから隷下の直衛部隊を指揮した。

5月29日から6月11日まで、L・F・レイフスナイダー少将が伊平屋島と粟国島の侵攻にビスケインを使用したので、ムースブラッガー大佐は一時司令部を揚陸指揮艦パナミント（AGC-13）に移動した。7月1日、ムースブラッガー大佐は真珠湾で行なわれる会議に参加するためビスケインを離れ、ビスケインは沖縄からレイテに向かった。

戦闘空中哨戒（CAP）との調整

沖縄海域上空で作戦を行なったのは、第58任務部隊と第52任務部隊の正規空母、軽空母、護衛空母の艦載機と沖縄本島・伊江島の飛行場の陸上運用機だった。

航空機の運用を調整するのは、揚陸指揮艦エルドラドー（AGC-11）艦上の戦闘情報センター（CIC）だった。CICの戦闘機指揮・管制士官はすべての防空管制を行ない、CAPの規模を決定して、戦闘空中哨戒機（CAP機）を駆逐艦に配置した。この駆逐艦にはCAPを指揮・管制する戦闘機指揮・管制士官が乗艦した。(1)

夜間戦闘機については、まずエルドラドーがCAPに就いた2機の指揮・管制を行ない、その後、エルドラドーが1機を、揚陸指揮艦パナミント（AGC-13）、テトン（AGC-14）、RPSの戦闘機指揮・管制駆逐艦のいずれかが2機目を指揮・管制下に入れた。追加の夜間戦闘機が飛行する時には、揚

陸指揮艦エステス（AGC-12）または戦闘機指揮・管制駆逐艦1隻が指揮・管制を行なった。この手順で、沖縄上空でCAP任務を行なう多くの米軍機の行動を調整した。

5月17日、ハリー・W・ヒル中将がターナー中将から第51任務部隊の指揮を引き継いだ。これにより、揚陸指揮艦アンコン（AGC-4）が新しい第51任務部隊の旗艦になり、沖縄上空の指揮・管制を行なった。

レーダー・ピケット艦艇（RP艦艇）の概要

RPS防衛の準備として戦闘機指揮・管制チームは、飛来する航空機の識別、CAP機との調整作業の訓練を行なった。19隻の艦にレーダー・ピケット（RP）任務用の対空レーダーや通信設備などの増強を図った機材を搭載して、各艦に戦闘機指揮・管制チームを配置した。特別装備を設けた艦は、駆逐艦ベネット（DD-473）、ベニオン（DD-662）、ブラウン（DD-546）、ブライアント（DD-665）、ブッシュ（DD-529）、カッシン・ヤング（DD-793）、コルホーン（DD-801）、カウエル（DD-547）、グレゴリー（DD-802）、ハリガン（DD-584）、ハドソン（DD-475）、ルース（DD-522）、マナート・L・エーブル（DD-733）、プリチェット（DD-561）、スタンリー（DD-478）、ウィックス（DD-578）、敷設駆逐艦アーロン・ワード（DM-34）、ロバート・H・スミス（DM-23）、シアー（DM-30）だった。

ハリガンは、沖縄侵攻が始まる直前の3月26日に触雷、沈没してRP任務に就かなかった。ほかの艦は侵攻開始日を迎えたが、その後のRP任務中に沈没したり、損傷を受けたりした。カミカゼ攻撃で、駆逐艦ブッシュ、コルホーン、ルース、マナート・L・エーブルが沈没し、ベネット、ブライアント、カッシン・ヤング、グレゴリー、プリチェット、スタンリー、敷設駆逐艦アーロン・ワード、シアーは戦線を離脱した。ほかに駆逐艦ベニオン、ハドソン、ウィックスの3隻もカミカゼの攻撃で損傷を受けた。

沈没した戦闘機指揮・管制駆逐艦の補充として新たに任務に就いたのは、駆逐艦アンメン（DD-527）、ブラッドフォード（DD-545）、デイリー（DD-519）、ダグラス・H・フォックス（DD-779）、ゲイナード（DD-706）、ヒュー・W・ハドレイ（DD-774）、ラフェイ（DD-724）、ロウリー（DD-770）、モリソン（DD-560）、シャブリック（DD-639）、ワズワース（DD-516）、ウィリアム・D・ポーター（DD-579）、掃海駆逐艦ジェファーズ（DMS-27）、マコーム（DMS-23）だった。

このうち、モリソンはカミカゼ攻撃で沈没し、デイリー、ヒュー・W・ハド

レイ、ジェファーズ、ラフェイ、マコームは戦闘能力を失った。ロウリーとワズワースは、カミカゼ攻撃で損傷したが、戦闘能力を失うまでには至らなかった。

　5月6日に、RPSの数を減らしたので戦闘機指揮・管制駆逐艦の数も減らすことができた。当時任務に就いていたのは、駆逐艦アンメン、ベニオン、ブラッドフォード、カウエル、ダグラス・H・フォックス、ゲイナード、ロウリー、プリチェット、シャブリック、ワズワース、ウィリアム・D・ポーター、敷設駆逐艦ロバート・H・スミスだった。のちに駆逐艦アンソニー（DD-515）、オーリック（DD-569）、ブレイン（DD-630）、クラックストン（DD-571）、ダイソン（DD-572）、フランク・E・エヴァンズ（DD-754）、インガソル（DD-652）、アーウィン（DD-794）、マッシィ（DD-778）、プレストン（DD-795）にも特別装備が施されて、任務に就いた。

　作戦の初期段階の計画では、駆逐艦をRPSに配置して、支援の武装小型艦艇をRPS間に配置するものだった。武装小型艦艇は広範囲の支援を行なうために、隣接するRPSまでの距離の三分の一の海域で哨戒を行なった。

　武装小型艦艇をポイント・ボロからRPSを結ぶ直線の右に配置した場合、武装小型艦艇のRPSの名称を戦闘機指揮・管制駆逐艦が配置されているRPS名にRを付け、左の場合はLを付けた。たとえば、RPS＃2Rは、RPS＃2の中心線から7マイル（11km）RPS＃3側となる。

　このように広く展開する配置は、任務が進展するにつれて問題が生じた。武装小型艦艇が戦闘機指揮・管制駆逐艦から遠く離れていると、戦闘機指揮・管制駆逐艦が攻撃を受けてもこれを防禦するには離れすぎていた。これは、4月初旬の菊水1号作戦の攻撃で明らかになった。

　沖縄でRP任務に就いたのは、主に駆逐艦と大型揚陸支援艇だった。ロケット中型揚陸艦と機動砲艇も任務に就いたが、RPSにいた期間は限定的で、駆逐艦と大型揚陸支援艇の何分の一だった。これらは任務に大いに貢献したが、ロケット中型揚陸艦が払った代償は大きかった。護衛駆逐艦2隻も任務に就いた。

　RPSに配置した艦艇の対空能力が不十分なことが、懸念事項だった。ムースブラッガー大佐は、これを認識したが、配置に選択の余地がほとんどないことをわかっていた。

　海域直衛部隊の小型艦で、繰り返し襲来するカミカゼから生き残る可能性が高かったのは2,200トン級駆逐艦または大型の機雷敷設艦と若干の2,100トン級駆逐艦だけだった。2,100トン級駆逐艦の多くとすべての掃海

沖縄海域でRP任務に充てられた艦艇

艦　種	隻数	総乗組員数
駆逐艦：DDベンハム級	2	368
駆逐艦：DDシムス級	2	384
駆逐艦：DDグリーブス級	3	624
駆逐艦：DDフレッチャー級	57	15,561
駆逐艦：DDサムナー級	22	7,392
敷設駆逐艦：DM	9	3,024
掃海駆逐艦：DMS	6	1,248
護衛駆逐艦：DE	2	426
ロケット中型揚陸艦：LSM（R）	11	891
大型揚陸支援艇：LCS（L）	88	6,248
機動砲艇：PGM	4	256
合　計	206	36,422※

※：総乗組員数は基準とされる各艦艇の乗組員定数に艦艇の隻数をかけた数字である（個々の艦艇乗組員は定期異動したり、ほかの乗組員と交代などにより実員数は異なっている）。(Commander Task Flotilla 5 Action Report, Capture of Okinawa Gunto 26 March to 21 June 1945. 20 July 1945, relevant ship logs, and ship action reportsを元に作成)

駆逐艦（1,630トンの駆逐艦から艦種変更）と軽駆逐艦（1,630トン）はMk.12とMk.22の火器管制レーダーを装備していなかった。掃海駆逐艦は38口径5インチ（127mm）単装砲3基しか装備せず、軽駆逐艦は38口径5インチ単装砲4基だった。護衛駆逐艦は近代的な対空火器管制コンピューターと方位盤を装備していなかった。すべての艦は適切な自動火器を装備していなかった。(2)

　ムースブラッガー大佐は駆逐艦の不備を補うために、ほかの艦艇を追加すれば日本軍機に対する火力支援になると考えた。RPSで戦闘機指揮・管制駆逐艦を支援した武装小型艦艇は、沖縄で上陸支援に使用された機動砲艇、ロケット中型揚陸艦、大型揚陸支援艇だった。
　しかし、これらの艦艇は海岸の目標を攻撃することが任務だったので、攻撃してくる航空機から自らを防禦する能力が不十分だった。作戦が進展する

と戦闘機指揮・管制駆逐艦が目標になり、カミカゼを追い払う兵力として駆逐艦を追加した。

　RP艦艇はRPSでほかの艦艇の支援を得ることができると考えられていた。これは、カミカゼがRPSを攻撃している間は重要なことだったが、艦艇がRPSを往復する間はしばしば1隻のみで航行した。

機動砲艇

　機動砲艇（PGM）は、船団護衛と対潜戦用の鋼鉄製の173フィート（52.7m）駆潜艇（PC）を改造したものである。機動砲艇は魚雷艇への火力支援として運用される予定であったが、魚雷艇との協同運用には速度が22ノット（41km/h）で遅いことが判明した。駆潜艇としてニューヨーク州ニューヨークのコンソリデーティッド造船会社で建造中のPC-1548は、対機雷戦支援用の改造を施して機動砲艇のプロトタイプ、PGM-9として完成した。合計24隻が建造され、まず掃海と上陸支援の任務に就いたが、RPSの任務にも就いた。

　機動砲艇は、対水上・対空両用の50口径3インチ（76mm）単装砲1基を前方に、方位盤管制40mm連装機関砲1基を後方に、そして20mm機関砲6門を装備していた。40mm連装機関砲がカミカゼに対する最善の兵器と考えら

れていたが、1基では自艦を防禦するのには不十分だった。RPSの支援艦艇としてPGM-9、-10、-17、-20の4隻が、4月18〜27日の間と5月5〜21日の間、RPSで任務に就いたが、被害はなかった。

　しかし、RP任務でより多くの機動砲艇が、より長期にわたって任務に就いたならば、駆逐艦、大型揚陸支援艇、ロケット中型揚陸艦が受けたのと同じような運命をた

機動砲艇PGM-9。基準排水量450t、最大速力22kt、乗員数65人。PGM-9は沖縄での激戦を生き残ったが、1945年10月にバックナー湾（沖縄・中城湾）で台風のため座礁、船体を損傷し、その後解体・除籍された（NARA 80RG 19 LCM PGM9）

どったであろう。

ロケット中型揚陸艦

　太平洋戦域の戦いで、強襲上陸中の近接火力支援が重要であることがわかった。その対策の１つとして、海軍艦艇局は1944年半ばに中型揚陸艦のロケット火力支援艦への改造を検討し、これを同年９月に決定した。

　中型揚陸艦LSM-188からLSM-199までの艦首のバウ・ドアを撤去して普通の艦首にして、多連装ロケット発射機と５インチ砲を追加した。ロケット中型揚陸艦１番艦のLSM（R）-188はサウスカロライナ州のチャールストン工廠で竣工し、1944年11月15日に就役して、すぐに太平洋に向かった。

　このロケット中型揚陸艦は、喫水が６フィート６インチ（1.98m）と比較的浅いので、海岸近くまで進出してロケット弾による制圧を目的としていた。また海岸線の個別目標に使用する38口径５インチ（127mm）単装砲、20mmと40mmの単装機関砲も搭載していた。いずれも既存艦艇の改造だったので、新型のロケット火力支援艦が建造されるまでの中継ぎと考えられた。

　３月26日、沖縄侵攻中の慶良間諸島の上陸支援射撃で最初の任務に就いた。２日後、LSM（R）-188はカミカゼの攻撃を受け、戦線から離脱した。それはRPSで起きることの予兆だった。残る11隻のロケット中型揚陸艦も同じようにカミカゼの脅威にさらされることになった。

　ロケット中型揚陸艦は強襲上陸の火力支援用としては理想的な戦力だが、カミカゼに対する防禦には不十分で、RP任務で大きな損失を出した。

　ロケット中型揚陸艦は全長62m、全幅10.5mで、ともにRPSで配置に就いている大型揚陸支援艇の全長48.3m、全幅７.1mより大型だった。速力もロケット中型揚陸艦は13ノット（24km/h）しか出せず、大型揚陸支援艇の15.5ノット（29km/h）よりも遅かった。

　ロケット中型揚陸艦はRP任務に就いた11隻のうち３隻が撃沈されて、１隻が戦争中には修理が終わらないほどの損傷を受けたように、カミカゼの目標になりやすかったことがわかる。艦橋が大きく片側に寄っていたので、カミカゼのパイロットが遠くから見て護衛空母と見誤った可能性もある。

　このようにロケット中型揚陸艦はRP任務に適しておらず、これを使用したことに疑問を呈する者もいる。公式報告によれば、ロケット中型揚陸艦をRPSで使用したいちばん大きな理由は、損傷を受けた艦艇の曳航だった。大型揚陸支援艇はこれを行なうのに小さすぎた。

ロケット中型揚陸艦の欠点の１つは、大型揚陸支援艇と駆逐艦が装備していた方位盤管制による射撃指揮装置と連動する連装または４連装の40mm機関砲を装備していなかったことである。当時の海軍は40mm機関砲が不足していた。

　1944年12月１日付の手紙で、サウスカロライナ州のチャールストン工廠の計画士官は、ロケット中型揚陸艦の改造に必要な武器が改造完了予定時期までに間に合わないことを懸念していた。合衆国艦隊司令部と海軍艦艇局の提案は、ロケット中型揚陸艦を方位盤管制の40mm連装機関砲２基と20mm連装機関砲４基で武装するものだった。(3)

　これらを装備すればロケット中型揚陸艦にカミカゼを追い払う能力が与えられたが、実際には、38口径５インチ単装砲１基とロケット・ランチャーに加えて40mm単装機関砲２基、20mm単装機関砲３基、50口径12.7mm機関銃１挺を搭載するにとどまった。この武装の組み合わせでは体当たり攻撃から自艦を防禦するには不十分だったことがよく知られている。

　LSM（R）-194の艦長アレン・H・ハーシュバーグ大尉は、５月６日付の戦闘報告で次のように記した。

　　LSM（R）-194の搭載武器は、低空から突進してくる航空機から艦を防禦するには不適当だった。敵機が回避行動をとるとMk.51Mod3方位盤が機能しなかったので、38口径５インチ単装砲で撃墜はできなかった。40mm単装機関砲２基は、敵機に砲弾を命中させることはできたが、撃破するほどの効果を上げることはできなかった。20mm機関砲１門と50口径12.7mm機関銃１挺も敵機を撃破できるほど十分な命中弾を与えることはできなかった。(4)

　ハーシュバーグ大尉がこのように書くには相応の理由があった。５月４日、RPS＃１を40機ないし50機と推定される日本軍機が襲った。彼のロケット中型揚陸艦には勝ち目がなく、１機のカミカゼ攻撃で沈没した。駆逐艦も被爆して、モリソン（DD-560）は沈没し、イングラハム（DD-694）は大きな損害を受けて戦力外になった。駆逐艦の速度と武装でも自艦を守ることはできなかったのである。

　しかし、火力が大きい大型揚陸支援艇LCS（L）-21、-23、-31は小型で、目標としての価値が低かったため損害はなかった。低速で火力も不十分なロケット中型揚陸艦LSM（R）-194は大型だったこともあり、カミカゼ攻撃に対してなすすべがなかった。

ロケット中型揚陸艦LSM（R）-196。基準排水量783t、全長62m、乗員数86人。前部甲板上に並ぶ筐体が127mmロケット弾発射装置（NARA 80G 449942）

　7月25日、第51任務部隊指揮官ターナー中将は、武装小型艦艇、特に大型揚陸支援艇、ロケット中型揚陸艦、迫撃砲歩兵揚陸艇の追加使用を提案した。それまでにカミカゼの突入を受けてRPSに配置したロケット中型揚陸艦11隻中、LSM（R）-190、-194、-195が沈没して、LSM（R）-189が損傷を受けていた。

　ロケット中型揚陸艦が最も任務に適していないにもかかわらず、第51任務部隊がロケット中型揚陸艦を選び続けた理由は、指揮官のターナー中将が混乱していたからである。

大型揚陸支援艇LCS（L）Mk.3

　RP任務を行なう戦闘機指揮・管制駆逐艦への火力支援が必要になったので、ほかの駆逐艦と1隻から4隻の大型揚陸支援艇が随伴した。配置隻数は利用可能な艦艇の数とRPSごとの危険度に応じて決定された。4月中旬から5月になると、さらに多くの大型揚陸支援艇の配置が可能になった。

　大型揚陸支援艇（Mk.3）は、RPSで最も数の多い武装小型艦艇で、88隻が任務に就いた。1944年以前の多くの島に対する侵攻で上陸部隊が困難な状況に直面したので、大型揚陸支援艇（Mk.3）の開発が促進された。

　海兵隊の上陸作戦に際して、日本軍の抵抗を排除するには火力制圧が不十分で、近接火力支援が必要なことを海軍の見張員が指摘した。そこで、大型歩兵揚陸艇に砲とロケットを追加した上陸作戦用武装小型艦艇が造られ、有

効であったため、改造ではなく、専用の火力支援艇を新造する要望が高まった。

マサチューセッツ州ネポンセットのジョージ・ロウレイ・アンド・サンズ造船所が、全長48.5メートルの重武装小型艦艇の開発を計画していた。建造は1944年初めに始まり、1番艇が進水したのは同年5月15日だった。のちに大型揚陸支援艇（Mk.3）となるこの艦艇は、日本が占領している太平洋の島で先頭に立って強襲を行ない、硫黄島、フィリピン、ボルネオ、沖縄で使用されることになった。

大型揚陸支援艇は、艦首の砲以外は、全艇同じ兵装だった。最初の設計仕様書では艦首に方位盤管制40mm連装機関砲を搭載することで、40mm連装機関砲を合計3基装備することになっていた。30隻は50口径3インチ（76mm）単装砲を前部砲座に搭載して建造された。これらの艇はフィリピンとボルネオで使用された。

沖縄に向かった大型揚陸支援艇は、前部砲座に40mm連装機関砲を搭載する予定だったが、40mm連装機関砲が不足していたため、暫定的に40mm単装機関砲を設置した。この仕様は1944年12月にジョージ・ロウレイ・アンド・サンズ造船所が40mm連装機関砲を搭載した1号艇を進水させるまで続いた。翌45年1月、アルビナ・エンジン・アンド・マシーン工場とコマーシャル鉄工所がこれに続いた。40mm連装機関砲を装備した大型揚陸支援艇の多くが、同年1月から3月の間に竣工したが、沖縄に到着したのは6月から7月で、沖縄侵攻に参加するには遅すぎた。

沖縄近海でRP任務に就いた88隻の大型揚陸支援艇のうち、63隻が40mm単装機関砲、25隻が40mm連装機関砲を艦首に搭載していた。40mm単装機関砲は海岸への砲撃では問題はなかった。

作戦の初期段階が終了すると、大型揚陸支援艇は、RPSと停泊地の直衛部隊に対する日本軍機の攻撃を撃退する戦闘に参加したが、暫定的な40mm単装機関砲では役に立たないことが明らかになった。

大型揚陸支援艇の艇長は多くの戦闘報告で、艦首の砲を方位盤管制の40mm連装機関砲に変更することを要望したが、すでに艇に砲座があり、方位盤の配線が済んでいたので、変更することに問題はなかった。

カミカゼ迎撃の任務を付与されていたので、3基目の40mm連装機関砲は歓迎された。大型揚陸支援艇（Mk.3）は、40mm連装機関砲2基、20mm機関砲4門、Mk.7ロケット・ランチャー10基、50口径12.7mm機関銃4挺に加え、艦首に40mm連装機関砲を追加装備した。

40mm連装機関砲の効果は確実だった。『第2次世界大戦における米海軍

大型揚陸支援艇LCS（L）-71。基準排水量254t、全長48.3m、乗員数約70人。艦首と艦橋の前に40mm連装機関砲を搭載している（Official U.S. Navy Photo courtesy of Richard O. Morsch）

に対するカミカゼ攻撃の分析的歴史』の中でニコラス・ティメネス,Jr.は、「射撃距離によっては小火器のほうが敵を撃墜する比率が大きかった。ある見積りによれば、対空砲火で撃墜したカミカゼのうち40mmと20mm機関砲が80パーセントを占めて、38口径5インチ砲はわずか15パーセントだった」と記した。(5)

　5月の海軍情報部の研究でも、40mm機関砲が50パーセント、20mm機関砲が27パーセントを撃墜し、38口径5インチ砲はわずか20パーセントしか撃墜していないという、ほぼ同様の結果を示している。(6)

　大型揚陸支援艇の乗組員は、自分と艇が常に侵攻の先頭に立っていることに誇りを持っていた。第51任務部隊指揮官リッチモンド・K・ターナー中将は、5月29日付のメッセージ（『沖縄群島作戦報告・2月17日〜5月17日』）で、大型揚陸支援艇を「巨大な超小型艇」と述べ、次のように語った。

　「大型揚陸支援艇はその対空砲火と敵にとって突入が難しい目標だったことで、貴重な追加兵力になった。大型揚陸支援艇は51機を撃破した。その多くはレーダー・ピケットを支援中のものだった」小型で大きな火力で巨大な

超小型艇はすぐにその価値を示した。

　武装小型艦艇はRP任務に就いている間、多くの日本軍機を撃墜した。駆逐艦が攻撃を受けた後は消火活動に従事し、生存者を救出した。5月4日、駆逐艦モリソンとLSM（R）-194がRPS＃1で沈没した時、LCS（L）-21は合計236人の生存者を救助して、艇内のあらゆる場所に収容した。

　LCS（L）-21は全長48.4m、全幅7mで、通常の定員は士官を含めて71人なので、この偉業は皆を驚かせた。当初、駆逐艦の乗組員は武装小型艦艇の乗組員を軽く見ていたが、すぐに賞賛に変わった。ある駆逐艦の乗組員は次のように述懐している。

　　4月12日の攻撃まで、私の艦に配置された揚陸支援艇は、体当たり攻撃機が突入した後でばらばらになった破片を回収するのに都合がよかった。雑用を揚陸支援艇に任せておけば、我々は戦闘に集中できるので、士気の向上になると考えていた。しかし、12日に大型揚陸支援艇が九九式艦上爆撃機（九九式艦爆）の編隊と戦った後は、どのような戦闘にでも連れて行きたいと思った。(7)

　「巨大な超小型艇」の効果は、日本側も認めていた。東京ローズ（訳注：ラジオで連合国軍向けプロパガンダ放送を行なっていた女性アナウンサー）は、それを「ミニチュア駆逐艦」と言った。RP任務が始まった頃、日本軍機の主要な目標は駆逐艦で、大型揚陸支援艇は多くの日本軍機を撃墜する一方で、損害はそれほど大きくなかった。しかし、作戦の終盤に向けて大型揚陸支援艇も同じように攻撃対象になっていった。

駆逐艦

　RPSで任務に就いた駆逐艦には2つの任務があった。1つは戦闘機指揮・管制駆逐艦としての任務で、もう1つは戦闘機指揮・管制駆逐艦を支援する任務だった。当初、対空能力を必要とするこの任務の特別装備を搭載した駆逐艦がなかった。駆逐艦は戦時中の各種任務に対応して最大限の柔軟性を発揮できるように火砲などの武装を施していた。RP任務に就いた駆逐艦の中には、カミカゼを撃退する能力がフレッチャー級とアレン・M・サムナー級ほど十分でないベンハム級またはシムス級などの駆逐艦も含まれていた。この能力の違いは、戦争前の20年間に起きた駆逐艦の性能の急速な革新によるものである。

真珠湾攻撃の時、米海軍は各種クラスの駆逐艦を保有し、それぞれ前のクラスよりも改善されていた。1941年12月には17クラス、423隻あった。1942年以降、最も多く建造され、最新型だったのはフレッチャー級の119隻だった。フレッチャー級は、1914年のDD-63〜DD-68級の1隻で、まだ就役していたアレンDD-66と際立った対照を見せていた。戦争が進むにつれて、ギアリング級とアレン・M・サムナー級の新型艦が艦隊に加わり、これらの駆逐艦は終戦までに245隻になった。

　沖縄のRPSで任務に就いた駆逐艦は86隻だった。その多くはフレッチャー級で、合計57隻だった。新型艦は旧型艦よりも任務に適したよりよい装備を搭載し、困難な状況にも対処できた。

［ベンハム級］

　スタレット（DD-407）のようなベンハム級駆逐艦は、設計は1930年代半ばで、1939年に10隻が就役した。ベンハムは、試運転時に軽荷排水量状態で40ノット（74km/h）を上回る速度を出せる能力を実証し、それ以前に設計された駆逐艦よりも性能が向上していると考えられた。4連装魚雷発射管4基を持っているが、対空戦闘用艦とは考えられておらず、40mm連装機関砲が2基あるだけだった。

　4月9日、RPS#4でスタレットは2隻の大型揚陸支援艇の支援を受けていたが、カミカゼを何機か撃退した後に体当たりを受けた。同艦を狙った3

駆逐艦スタレット（DD-407）。1937〜39年に18隻建造されたバグレイ級の後期型（10隻建造、ベンハム級とも呼ばれる）の9番艦。基準排水量1,656t、全長104m、乗員数158人。1943年2月13日撮影（NARA 80G 276606）

駆逐艦マスティン（DD-413）。1939〜40年に12隻建造されたシムス級の5番艦。基準排水量1,589t、全長106m、乗員数192人。1942年真珠湾にて撮影（NARA 80G 10124）

機を撃墜したが、4機目の九九式艦爆がスタレットの40mmと20mm機関砲の射撃を浴びながら突入した。スタレットは、7月に40mm機関砲を追加搭載する改造を受けたが、戦闘には戻れなかった。

[シムス級]

シムス級はベンハム級とよく似たタイプの駆逐艦で、当初の設計では5基目の38口径5インチ単装砲を艦の後部に搭載する予定だったが、これを変更して40mm単装機関砲3基になった。魚雷発射管はシムス級8門だが、ベンハム級は16門だった。

シムス級は40mm連装機関砲の数が限られていたので、カミカゼの襲来を撃退するには、ベンハム級に比べて対空火力が十分でなかった。マスティン（DD-413）の艦長Ｊ・Ｇ・ヒューズ少佐は、この状況を次のように報告した。

本艦の対空砲火は新式の武器を搭載したほかの艦と比べて貧弱で、それはレーダー管制する際に顕著である。シムス級駆逐艦は38口径5インチ単装砲（Mk.37方位盤、Mk.Ⅰ Mod.0コンピューター、Mk.4火器管制レーダー）で敵機を撃墜することはほとんどできなかった。戦争が進むにつれて、我々の動きに対抗するため、日本軍は航空機を活用し、戦力が減少していた水上兵力に頼らなくなっていった。（中略）後部魚雷発射管を撤去して、40mm4連装機関砲に換装したことで、シムス級の対空防禦

力を非常に強化することができた。(8)

　最終的に、シムス級駆逐艦の艦長から要望のあった機関砲の追加が行なわれ、マスティン（DD-413）とラッセル（DD-414）は魚雷発射管が撤去されて、代わりに40mm連装機関砲２基が装備された。しかし、この改造実施は８月で、沖縄での作戦を支援するには遅すぎた。

［リヴァモア級］
　リヴァモア級は、1940年から就役した太平洋戦争開戦当時の最新型だった。同級の38口径５インチ単装砲はカミカゼを撃退するのに少しは役立ったが、40mm機関砲はわずか４門しかなかった。前出のティメネスが指摘したように、40mm機関砲はカミカゼを撃墜するのに最も重要な火器だった。リヴァモアは40mm連装機関砲２基を艦の後部三分の一ほどの位置に搭載したが、これでは不十分だった。

　６月16日付のシャブリック（DD-639）の戦闘報告で艦長のジョン・C・ジョリー少佐は「1,630トン級の駆逐艦が夜間戦闘で２方向の敵に対して効果的に射撃を行なうことは不可能だと思う」と報告している。(9)

［フレッチャー級］
　フレッチャー級はRP任務に就いた駆逐艦の中で最も数が多かった。40mm

駆逐艦ニコルソン（DD-442）。1940〜43年に64隻建造されたリヴァモア級の14番艦。基準排水量1,630t、全長106m、乗員数191人。1943年12月３日撮影（NARA 80G 43896）

連装機関砲が４基ないし５基なので、カミカゼ攻撃を防ぐ能力が増加した。しかし、RP任務中に沈没した駆逐艦10隻のうち８隻が、そしてカミカゼが体当たりした25隻中の16隻がフレッチャー級だった。それだけ多くのフレッチャー級がRPSを哨戒していたことになる。

　フレッチャー級駆逐艦の艦長が作成した戦闘報告はすべてカミカゼに対抗する火力を追加することが必要と書かれている。RPSでは魚雷発射管は不要なので、これを40mm機関砲に換装することが理にかなっていた。

　さらに激しくなると予想されるカミカゼ攻撃と通常の航空攻撃に対抗するため、魚雷発射管のある場所に40mm機関砲と20mm機関砲をさまざまに組み合わせた装備が求められた。50口径12.7mm機関銃については射程が短く、体当たり攻撃機を阻止できなかったので、艦長たちは興味を示さなかった。

　艦載砲を管制するレーダーの型式によって、火砲の効果は大きく異なった。多くの艦長が、RPSに配置する艦に推奨した装備はMk.12/22火器管制レーダーで、多くの艦は任務には適さない旧式のMk.4のままだった。

　日本軍機がRPSの近くに飛来するため、CAP機との通信は重要だったが、迎撃のために航空機を誘導できる機能を持つ戦闘機指揮・管制チームは、各RPSにつき１艦だけだった。リトル（DD-803）艦長のマジソン・ホール中佐は、RPS内のすべての駆逐艦に戦闘機指揮・管制チームを乗せるべきだと具申した。

　突入しようとしている１機ないし２機の日本軍機から自艦を守ることは実行可能と思われたが、５機ないし６機の日本軍機が相手ではフレッチャー級は簡単に撃破されると考えられた。駆逐艦艦長は、ほかに１〜２隻の駆逐艦

駆逐艦トウィッグス（DD-591）。1942〜44年に大量建造（175隻）されたフレッチャー級の110番艦。基準排水量2,325t、全長115m、乗員数336人。1945年2月23日撮影（NARA 80G 311490）

が同じRPSにいると安心した。

　フレッチャー級のもう１つの懸念は運動性に関することだった。初期の駆逐艦と同様、フレッチャー級は２軸スクリューで１枚舵だった。そのため回頭半径は非常に大きく、砲を常に目標に向けておくことが困難だった。フレッチャー級は機敏な機動ができる日本軍機が接近する時に攻撃を受けるリスクが高かったが、次のアレン・M・サムナー級は２枚舵で運動性が高くなり対応できた。

［アレン・M・サムナー級］

　旧型駆逐艦の艦長が指摘した多くの問題は、アレン・M・サムナー級で改善された。ラフェイ（DD-724）のジュリアン・ベクトン中佐は「２枚舵になり、小さい半径で回頭できたので、さらなる損害を受けずに済み、艦を救うことができた」と述べている。(10)

　アレン・M・サムナー級は40mm４連装機関砲と20mm連装機関砲を各２基装備した。40mm機関砲の門数はほかの駆逐艦より多かったが、艦長はさらに多くの火力を求め、後部魚雷発射管を撤去、40mm４連装機関砲に換装するよう具申した。艦首側から接近する日本軍機に対しても40mm機関砲が望ましいと考えていた。

駆逐艦ウィラード・ケース（DD-775）。1944～45年に58隻建造されたアレン・M・サムナー級の63番艦。基準排水量2,535t、全長115m、乗員数336人。1945年3月8日撮影（NARA 80G 310258）

敷設駆逐艦ハリー・F・バウアー（DM-26）。アレン・M・サムナー級は12隻が機雷敷設軌条を設置、敷設駆逐艦（DM）に種別変更され就役した。本艦はその4番艦で1944年9月竣工。基準排水量2535t、全長115m、乗員数336人（NARA 80G 285987）

敷設駆逐艦（DM）

　RP任務の敷設駆逐艦（訳注：原書の艦種表記は「軽敷設艦」）は、すべてアレン・M・サムナー級駆逐艦を改造したものだったので、対空戦闘能力も同様である。しかし、敷設駆逐艦の艦長も日本軍機に対してさらに火力が必要だと考え、多くの艦で魚雷発射管を撤去、40mm機関砲に換装した。

掃海駆逐艦（DMS）

　RPSで任務に就いた掃海駆逐艦（訳注：原書の艦種表記は「高速掃海艦」）は、リヴァモア級駆逐艦を改造したものだったので、40mm連装機関砲は2基だけだった。これに関してS・E・ウッドワード少佐は、ホブソン（DMS-26）の戦闘報告に次のように書いた。

掃海駆逐艦エリソン（DMS-19）。リヴァモア級は24隻が兵装の一部を機雷掃海機材に換装、掃海駆逐艦（DMS）に種別変更された。本艦は戦後、駆逐艦（DD）に復帰し、1954年10月海上自衛隊に貸与され護衛艦「あさかぜ」として就役した。基準排水量1,630t、全長106m。1944年12月17日、ボストンにて撮影（NARA 80G 382791）

このクラスの火力は、ほかのこの大きさの艦艇と比べると、情けなくなるほど不十分と考えられていた。38口径5インチ単装砲と40mm連装機関砲で、すべての目標に対応しなくてはならなかった。20mm機関砲はほとんど効果がなく、数も少なかった。40mm機関砲を倍にすべきで、使用しない磁気機雷掃海具の代わりに4基目の機関砲を設置すべきである。(11)

護衛駆逐艦（DE）

　護衛駆逐艦はボウアーズ（DE-637）とエドモンズ（DE-406）がRP任務に就いた。ムースブラッガー大佐は、支援艦としてもっと多くの護衛駆逐艦を使おうとしたが、対空火力が40mm連装機関砲1基、40mm単装機関砲4基だけでは不十分だった。カミカゼの攻撃に対して、たまにしかRP任務に配置されない機動砲艇よりも劣っていた。

　38口径5インチ単装砲2基、40mm機関砲10門、20mm機関砲10門を装備しているジョン・C・バトラー級の最新型の護衛駆逐艦は沖縄海域にほとんどいなかった。もしこれらの艦が多数この海域にいれば、RP任務に配置されている支援艦の一部を代替したであろう。（訳注：エドモンズ〔DE-406〕はジョン・C・バトラー級でRP任務に配置された）

護衛駆逐艦ボウアーズ（DE-637）。本艦は1942〜43年に154隻建造された船団護衛、索敵哨戒用の護衛駆逐艦（DE）バクレイ級の85番艦で1943年竣工。基準排水量1,400t、全長93m、乗員数186人。1944年2月5日、アラメダにて撮影（NARA 80G 216256）

RP艦艇の戦術

　RPSの戦闘機指揮・管制士官が直面する問題の１つが、カミカゼの攻撃を防ぐのに最も効果的な陣形だった。RPSにいる艦艇数がいつも同じで、すべて同型であれば問題は少なかったかもしれない。RPSには、どんなに少なくても駆逐艦１隻と支援艦艇１隻がいたが、時には駆逐艦３隻と支援艦艇４隻が配置に就いた。しばしば新たに配置に就く艦艇が到着しても配置から外れる艦艇が数時間海域にとどまったので、RPSにいる隻数はさらに増加した。

　一般的に駆逐艦、敷設駆逐艦、掃海駆逐艦、護衛駆逐艦は一緒に機動できたが、大型揚陸支援艇、機動砲艇、ロケット中型揚陸艦の武装小型艦艇は、陣形をそのまま保つのは難しく、特に日本軍機の攻撃を受けている時はなおさらだった。

　戦闘機指揮・管制士官を悩ませた別の問題は、支援の武装小型艦艇をいかに有効に使うかだった。カミカゼの攻撃を避けるため、駆逐艦は速度を上げて素早く運動することがあるが、このためには動き回れる広さが必要で、駆逐艦は武装小型艦艇から離れてしまう。武装小型艦艇（大型揚陸支援艇）の多くは最高速度が15ノット（28km/h）で、この２倍の速度を出せる駆逐艦には追いつけなかった。

　戦後、LCS（L）-82の乗組員のジョン・ルーニーが駆逐艦ラフェイ（DD-724）の艦長ジュリアン・ベクトン中佐にインタビューした。

　　カミカゼが攻撃してくると、駆逐艦は高速で抜け出し、大型揚陸支援艇の対空直衛部隊を置き去りにして敵の攻撃を引きつけますが、なぜ防空支援艦艇とともにいなかったのですか？
　　「違う。高速性と運動性、そして優れた射撃だけが我々を救う唯一の方法だ。ラフェイが最初に抜け出した時、カッシン・ヤングの艦長は、艦橋から私に無線で指示した。『早く行け。できるだけ早く撃て』」(12)

　攻撃を受けている時、駆逐艦は30から35ノット（56～65km/h）の速度で運動し、多くの駆逐艦艦長は高速であればカミカゼ・パイロットは目標を外すと思っていた。一方で25ノット（46km/h）以上の速度は不要と考える者もいた。高速を出すのは駆逐艦を回頭させるためと、攻撃機に舷側を向けて駆逐艦の火力を最大限に活用するためである。

　しかし、速度を上げすぎると、艦が過剰に傾くので、射手は目標を追うこ

とが困難になるかもしれない。高速性と防禦には関係がないと考える駆逐艦の艦長もいた。

　4月8日、RPS＃3で日本陸軍の九九式襲撃機の突入を受けた時、グレゴリー（DD-802）の速度は25ノット（46km/h）だったが、20ノット（37km/h）の時でも攻撃機は突入できなかった。実際、グレゴリーが九九式襲撃機の攻撃で損害をこうむった後、10ノット（19km/h）しか出せなかったし、さらに遅くなっても2機のカミカゼは体当たりできなかった。

　戦争末期に米海軍オペレーションズ・リサーチ・グループが行なった研究に、カミカゼ攻撃に対する防禦と運動性の効果について調査したものがある。これによると、戦艦、巡洋艦のような大型艦は大きく回頭したり、急変針しても、十分安定しているので、射手は効果的に射撃できた。しかし、駆逐艦、大型揚陸支援艇のような小型艦艇は激しい運動を行なうと、船が大きく傾き、射手は照準を外した。高速で急な操舵はRP艦艇にとって不利だった。

　同じ研究で、艦艇とカミカゼの相対位置についても調査した。駆逐艦にとって高空から降下するカミカゼに対して最も有効な手段は、舷側を向けることだった。最大限の火力を使うことができ、より攻撃を受けにくい目標になるからだ。低空からカミカゼが接近してくる場合は、舷側をさらすことは駆逐艦にとって不利になる。この場合は、艦艇を回頭させて艦首または艦尾を向けることで、目標になる面積を最小にする。日本軍機に向ける火力は減少するが、目標面積を小さくすることで大きな効果を上げた。

　駆逐艦と小型艦艇は、旋回して目標面積を最小限にすることが推奨されたが、射手が目標を失うほど急激には回頭しなかった。(13) 攻撃機の突入成功率は、この戦術をとれば29パーセントなのに対し、これ以外の戦術では47パーセントに上昇した。(14)

　航空攻撃に対する艦艇の向きは、それぞれ異なる。大型揚陸支援艇は攻撃機に対して艦首を向けることを好んだ。この態勢だと敵からの目標面積が小さくなり、45度回頭すれば、艦首の40mm連装機関砲2基と後部の40mm連装機関砲を前方に回転させることで、すべての40mm機関砲を使うことができた。カミカゼのパイロットは小さな目標が5門ないし6門の砲で狙ってくるのに向かうことになる。

　単縦陣で哨戒する艦艇は、カミカゼが後ろから攻撃してきた時、自由に射撃ができるのは最後尾の艦艇だけなので、この陣形での防空が難しいと早い段階で判断した。駆逐艦が2隻の場合、しばしば単縦陣になったり、より多くの火力を向けられるよう広がったりした。駆逐艦が3隻の場合は、通常、

三角形か環状の陣形を用いた。

R・H・ホルムズ中佐がまとめた『レーダー・ピケット群の戦術プラン』
は、駆逐艦は互いに火力支援を行なえるように1,000から1,500ヤード（914〜
1,372m）の距離にとどまるよう推奨し、次のように示した。

　　レーダー・ピケット戦術プラン2（昼間）
　1）敵機の攻撃方向が明確でない場合、大型揚陸支援艇にはダイヤモン
ド陣形を推奨する。大型揚陸支援艇を円周上に等間隔で配置し、中心に
艦艇を配置せず、誘導艦を指定する。攻撃してくる航空機に舷側を向け
続けるため、この陣形で回頭運動を行なう。少なくとも2隻、通常3隻
の大型揚陸支援艇が互いに妨害することなく射撃できるようにする。
　2）駆逐艦は1,000ヤード（914m）の間隔を保つ単縦陣で航行して、最も
近い小型艦艇との距離を1,500から3,000ヤード（1,372〜2,743m）に保つ。
この間隔ならば、互いに妨害または衝突することなく、駆逐艦が速度を
有利に使えて、自由に行動できる。同時に支援艦艇と相互に支援を行な
える距離にとどまることができる。
　3）略
　4）所定の時間、どのような航路でもこの陣形で、小型艦艇なら6から10
ノット（11〜19km/h）、駆逐艦は12から15ノット（22〜28km/h）〔必要
があればさらに速度を上げる〕で哨戒する。標準的な哨戒プランは一辺
の所要時間が30分の四角形のコースまたは所要のコースを往復する。
　5）RPSに大型揚陸支援艇が3隻の場合は、陣形を正三角形にして、各艇
の間隔を600ヤード（549m）にすることを推奨する。運動に関する4）の
項目の規定はここでも適用する。大型揚陸支援艇が2隻の場合は単縦陣
にする。(15)

　大型揚陸支援艇の陣形は哨戒している艦艇数で決定された。このような陣
形を機動砲艇とロケット中型揚陸艦を含む支援グループにも用いた。作戦の
初期で、1隻から2隻の武装小型艦艇しか利用できない時は、最大火力を使
うための回頭ができるよう艦艇の間に十分な距離を開けた単縦陣をしばしば
用いた。艦艇が3隻から4隻と増加すると艦艇間で連携した陣形を作りにく
くなった。
　一方、日本軍機は米艦艇に最も効果的に突入できる角度と方向をつかみ、
レーダー探知を避けるため、しばしば海面上を低高度で飛来した。この結
果、駆逐艦の対空レーダーは探知するのが難しくなったが、大型揚陸支援艇

のSC2レーダーは日本軍機を20海里（37km）の距離で探知できた。

　日本軍機は、大型揚陸支援艇は艦尾からの攻撃に弱いとみて攻撃を仕掛けてきた。艦尾方向からの攻撃に対して、4隻の大型揚陸支援艇の火力を使用する2種類の陣形があった。1つはダイヤモンド陣形で、もう1つは方型陣形だった。

　ダイヤモンド陣形はすべての方向を守ることができたが、常に1隻は日本軍機に最も近い位置にいることになる。各艦艇の間隔は500から800ヤード（457〜732m）で、急な運動も可能だった。大型揚陸支援艇の主任務は駆逐艦の支援と防禦で、日本軍機が艦首または艦尾から来る時は、この間隔をとることで駆逐艦を最大限に防禦することができた。

　4隻の大型揚陸支援艇が用いた方型陣形は、2隻を後方に配置し、艦尾からの攻撃に多くの火力を指向するものだった。この時、各艦艇の間隔は最大500ヤード（457m）だった。

　駆逐艦艦長に武装小型艦艇の任務をどのように説明したかは明確ではないが、駆逐艦艦長の多くは自分の任務を誤解したようである。駆逐艦、敷設駆逐艦、掃海駆逐艦、護衛駆逐艦の任務は、戦闘機指揮・管制駆逐艦を火力支援することだった。武装小型艦艇も戦闘機指揮・管制駆逐艦を火力支援する同じ任務を持っていた。

　RPSの戦闘機指揮・管制士官は艦艇の配置と陣形を自由に指示することができ、多くの者は自分の任務をやりやすいように指揮した。しかし、武装小型艦艇をどのように使用するかを理解していない者がいた。

　また、武装小型艦艇と駆逐艦には大きな速度差があった。攻撃を受けた時、小型で低速な武装小型艦艇が駆逐艦の回避行動の邪魔になるかもしれないと多くの駆逐艦艦長は考えていた。そのため戦闘機指揮・管制士官は武装小型艦艇が駆逐艦と衝突しないように、駆逐艦の陣形から離れた場所に配置した。

　5月4日、ルース（DD-522）がRPS＃12で沈没した時、LCS（L）-81、-84、-118、LSM（R）-190は4海里（7.4km）離れていたため、ルースが攻撃されても火力支援ができなかった。支援できたのは生存者の救助だけだった。

　武装小型艦艇の任務に対する混乱と誤った運用について、5月8日付の『LCS（L）-118戦闘報告書』で艇長のP・F・ギルモア大尉が次のように要約している。

　　本報告は4月1日から本日までRP任務に就いていた本職の経験であ

る。この間、少なくとも12隻の駆逐艦と作戦を行なったが、火力支援艦艇の集中的な対空砲火の恩恵を受けた駆逐艦はいない。あるRPSで北から南に向かって哨戒していた時、戦闘機指揮・管制駆逐艦から最大19海里（35km）離れていた。このような哨戒では、駆逐艦に防空支援を行なうことはできない。(16)

効果的なCAPの運用

RPSには２つの重要な役割があった。まず日本軍機接近の警報を出すことであり、続いて日本軍機を迎撃する戦闘機を指揮・管制することである。RPS近辺でCAP機のディビジョン（訳注：1個ディビジョンは４機編成。以下「編隊」と表記）が日本軍機迎撃の任務に就き、レーダー・ピケット・パトロール機（RPP機）のセクション（訳注：1個セクションは２機編成。以下「２機編隊」と表記）がRP艦艇の上空で艦艇防空の任務に就いた。沖縄作戦の後半には、この機数が増えることもあった。

オペレーションズ・リサーチ・グループの研究は、日本軍機をより遠方で迎撃できるようにCAP機を可能な限りRPSから遠くに配置することが好ましいとしている。この方法で日本軍機が艦艇に接近する前にCAP機が撃墜できる時間の余裕ができた。

迎撃に際し、日本軍機を散開させることは、隊長機から僚機を分離することになり、日本軍機が攻撃を成功させることを困難にした。沖縄のカミカゼの場合、パイロットは最小限の訓練しか受けておらず、目標に向かう時は誘導機に頼ることも多かったので、この散開戦法は重要だった。

CAPが１個編隊のみの場合は、RP艦艇上空に配置するのが最善だった。２個編隊の場合は、RPSの両側20海里（37km）の距離で哨戒することになっていた。多数の編隊の場合は、RP艦艇のレーダーの探知距離の約半分の25から35海里（46〜65km）の半径で哨戒した。ここからCAP機を日本軍機に向かって誘導すると、CAP機はRP艦艇のレーダーの実用最大探知距離の約45海里（83km）で迎撃することになり、日本軍機を撃墜するのに十分な時間があった。(17) しかし、実際にはCAPを常に最善の位置に配置できたわけではないので、RPSは大惨事に見舞われた。

友軍誤射

　CAPのパイロットは、RPS付近で戦闘中、味方の艦艇から射撃を受けるなど多くの困難に直面した。原因の１つは、CAP機以外の航空機が友軍機と識別されないままRPS付近を通過することだった。疲労した艦艇乗組員が継続的に戦闘配置に就くなか、敵味方不明機が米軍機だったことが重大な問題だった。駆逐艦ケーパートン（DD-650）は次のように報告した。

　　さらなる努力が必要だと勧告する。哨戒する航空機は前進許可を得る前に基地周辺を周回し、敵味方識別装置の確認を完全に行なう前に基地を離れないこと。マーチンPBMマリナーとジェネラル・モーターズTBMアヴェンジャーの哨戒機が「敵味方不明機表示」になるので、本艦は継続的に戦闘配置に就いていた。戦闘機指揮所の効率が落ち、非常に重要で貴重なわずかな休息時間が大幅に減少した。艦内では、ピーター・"ボギー"・マイク（PBMマリナー）とタラ・"ボギー"・マイク（TBMアヴェンジャー）は、カミカゼに次いで人気がなかった。(18)

　識別できないことが、常にパイロットのミスとは限らなかった。任務から帰投する際に、機体と敵味方識別装置に損傷を受けていたので、自機をRP艦艇に識別させることができなかったのである。
　海兵隊と海軍のパイロットは艦艇と何度も行動をともにしているので、艦艇の戦術に慣れていたが、陸軍航空軍のパイロットは艦艇上空を飛行するのに慣れていなかった。
　パイロットはカミカゼを追ってRPSに接近しすぎて味方から誤射された。多くのパイロットは、この"地獄の戦い"に勇敢に立ち向かい、無傷で難を逃れたが、艦艇に撃墜された者もいた。
　多くの駆逐艦艦長は、カミカゼの攻撃を断念させようと試みたパイロットの勇気を称えたが、パイロットの不幸は、艦艇が味方機を誤射しないようにすることが困難だったことである。艦長は何百人の乗組員と艦に対する責任がある。もし航空機の識別に時間がかかれば、撃墜の時機を失ってしまう。カミカゼの体当たり攻撃で多くの艦艇が人員と艦艇に大きな損害を受けている状況下では、友軍機誤射の可能性を容認せざるをえなかった。

カミカゼに対する戦術

　カミカゼとの戦い方について、艦艇の指揮官は自分の考えを持ち、夜間射撃の困難さを認識していた。日本軍機は砲口炎と曳光弾で眼下の艦艇の場所を容易に割り出すことができたからだ。一定の流れの曳光弾をたどると発射位置を突き止めることができるので、艦艇指揮官の多くは射手に短連射を要求した。日本軍機が艦艇の位置を突き止めていない場合、射撃しないほうがよいと多くの指揮官は感じていた。

　RP艦艇は多くの日本軍機を撃墜しているので、その任務は日本軍機の撃墜と思うかもしれないが、実はそうではない。任務はCAP機が日本軍機を撃墜できるように指揮・管制することである。そのため、夜間射撃やRP艦艇に日本軍機の注意を向けさせることは本来の目的ではなかった。

　艦艇は低速航行して航跡を減らし、日本軍機が艦艇の位置を突き止めるのを困難にした。LCS（L）-114艇長のG・W・メフォード大尉は「救助された海兵隊パイロットは『艦艇の航跡がない場合、高度5,000フィート（1,524m）から艦艇を発見するのは不可能だった。船体に迷彩塗装を施していると非常に効果的で、艦艇が下にいることを知る唯一の方法は艦艇の航跡を見つけることだった』と話した」と述べている。(19)

　艦艇に体当たりしようとする日本軍機の角度も重要だった。海面上を低高度で飛来する日本軍機から回避するのは最も困難だった。30度から45度で急降下する日本軍機に対しては、急速な運動を行なうことで回避できた。大量の火力を浴びせてカミカゼ・パイロットの集中力を削ぐことができた。もし日本軍機が機銃を装備していても、突進しながら機銃掃射を行なうのは困難だった。

　艦艇が1隻だけでは格好の標的になったので、艦艇指揮官たちは、相互の火力支援の優位性を認めていた。ほかの艦艇と陣形を組み、運動して、火力を組み合わせることが唯一のカミカゼ撃墜方法だった。

　ほかにも艦長が直面した問題があった。体当たりするカミカゼの姿を多くの者が甲板上で目撃することである。ある大型揚陸支援艇では、乗組員71人のうち、艦内にいてカミカゼを目撃しなかったのは15人だけだった。

　多くの乗組員が、自分の艦艇が体当たりされるかもしれないという恐怖に震えながら長期間の当直任務または戦闘配置に就くことになり、神経が衰弱して、さまざまな問題を生じた。

　カミカゼが直接自分に向かって来ると、体当たりの恐怖から逃れるため、

持ち場を放棄して海に飛び込む者もいた。これでは体当たりが避けられるわずかなチャンスを失うことになる。射手が砲座にとどまり射撃を続けていれば、機体に砲弾を当ててバラバラにし、激突の衝撃を弱めることができたかもしれない。こうして多くの勇敢な者が砲座で戦死した。

RP艦艇が恐ろしい犠牲をこうむったため、彼らの"地獄の戦い"が無駄だったのではないかと思われかねない。RPSでの損失は大きかったが、ここに艦艇を配置していなかったら、侵攻する艦隊と海岸の兵士の損失は、はるかに大きなものになっていただろう。

RP艦艇とともに戦うCAP機の働きで、沖縄の米軍を狙った無数の攻撃は急速に減少し、その効果を失った。リッチモンド・K・ターナー中将は次のように報告している。

　　ピケット・システムは効果的に機能した。8か所から9か所のRPSが役目を果たしている間は、基準点のポイント・ボロから平均距離72マイル（116km）で襲来を探知した。ポイント・ボロは主輸送地区の数マイル北で、嘉手納、読谷の飛行場の近くだった。すべての襲来のうち、探知されずにポイント・ボロから50マイル（80km）に到達したのはわずか7パーセントで、30マイル（48km）まで襲来したのは1パーセント以下だった。(20)

RP任務が複雑で過酷なことから、RP艦艇が任務を遂行できなかったのではないかという意見もあるが、事実と異なる。勇気があり革新的な艦艇の指揮官は困難な状況にうまく対応した。新たな戦術を編み出し、カミカゼ攻撃を防ぐ手段を作り上げた。

大型揚陸支援艇の本来の任務は水陸両用作戦の支援と、島の間を行き来する艀と体当たり攻撃艇の監視だったが、艇長自身は対空作戦も支援艦艇の任務の1つと考えていた。何をすべきか自覚するまで1日〜2日を要したが、その後は効果的に任務を果たすことができた。

太平洋戦域を概観すると、沖縄のRP任務が海軍で最も危険な任務だったことがわかる。4か月半の短期間に、海軍はRPSでカミカゼとその他の航空攻撃で艦艇15隻が沈没し、45隻が損害を受けた。(21)

その内訳は次の通りだ。沈没は駆逐艦10隻、大型揚陸支援艇2隻、ロケット中型揚陸艦3隻。損傷を受けたのは駆逐艦25隻、大型揚陸支援艇11隻、敷設駆逐艦（DM）3隻、ロケット中型揚陸艦2隻、掃海駆逐艦（DMS）4隻である。人員の損失は戦死者1,348人、戦傷者1,586人である。

この数字を沖縄作戦全体で海軍がカミカゼと航空攻撃で受けた損害と比べると、RP艦艇が直面した任務が最も困難だったことがわかる。沖縄全体の損害で航空攻撃によるものは沈没が28隻、損傷が225隻だった。沖縄で日本軍の航空攻撃で沈没した28隻のうち、半分以上がRPSで沈没した。さらにRP艦艇上空のCAP、RPPで飛行中に命を失った海兵隊、海軍、陸軍航空軍の飛行隊の損害も加える必要がある。

　RP艦艇になぜこれほどの損害が出たのか、何年も議論が続いた。前提として、日本軍機は沖縄の米軍艦艇と将兵に到達するためには、米艦隊の「眼と耳」を打ち砕く必要があった。これは日本軍機の攻撃を探知する米軍の能力を破壊することを意味している。そして、それはRP艦艇が目標になったことで明らかだ。

　駆逐艦ダグラス・H・フォックス（DD-779）の艦長R・M・ピッツ中佐は「低空から日本軍機が直接接近していることで、敵がこのRPS＃5の正確な位置を知っており、これを除去する任務を与えられていたことは明らかである」と述べている。(22)

　7月29日、RPS＃9Aで沈没した駆逐艦カラハン（DD-792）艦長を務めたA・E・ジャレル大佐も「RPS＃9Aの位置は変更していたが、7月29日の時点で日本軍がRPS＃9Aの位置を知っていたことは明らかだ。RPSの位置を頻繁に変え、夜間と昼間で違う場所に位置することを推奨されていた」と語っている。(23)

　RP艦艇が狙われた要因の1つは、日本軍パイロットの練度にあった。カミカゼ乗員の多くは最小限の飛行訓練しか受けていなかったので、経験豊富で、数でも勝っている米軍機を避けて沖縄に進出するのは無理だとわかっていた。そこでカミカゼは沖縄から離れたところで警戒にあたる駆逐艦と支援艦艇を目標に選んだ。CAPが巧妙に組織化されて大きな障害になったため、RP艦艇が唯一の現実的な目標になったのである。

　本来、目標は戦艦、巡洋艦、空母が望ましかったが、よほどの幸運がなければ撃沈できない。駆逐艦、大型揚陸支援艇、ロケット中型揚陸艦であれば、当たり所がよければ撃沈できる。まさに日本軍機の理想的な目標となった。

　沖縄のレーダー・ピケットの"地獄の戦い"は米軍の侵攻作戦に大いに役立った。RP艦艇は上陸海岸から離れたところで日本軍機の襲来を報告することができ、CAP機を迎撃に誘導した。こうして、海軍艦艇と将兵に対する攻撃を防ぎ、多数の日本軍機を撃墜した。

　しかし、レーダー・ピケットは効果的であったものの、カミカゼ攻撃の恐怖を減らすことはできなかった。

第2章 航空戦闘

戦闘空中哨戒（CAP）

　沖縄作戦の当初から侵攻艦隊の安全を確保するため、CAP（戦闘空中哨戒）が組織された。作戦初期は空母艦載機が主にCAPを担当し、4月8日以降は嘉手納、読谷、のちに伊江島の飛行場から発進した海兵戦闘飛行隊が加わった。5月半ばには陸軍航空軍のP-47サンダーボルトも伊江島に到着した。沖縄作戦を通じて、特に菊水作戦以降、沖縄とその周辺空域は米軍機と日本軍機が入り乱れて戦った。

　地上作戦を支援するため、陸軍第10戦術航空軍（第99.2任務群）が新編され、フランシス・P・ムルカイ海兵隊少将が指揮した。陸軍第10戦術航空軍は海兵戦闘飛行隊15個と陸軍航空軍戦闘飛行隊10個の規模に拡大し、これに各種の航空部隊、支援部隊が加わった。

　最終的に、陸軍航空軍爆撃部隊16個も戦術航空軍に加わった。艦隊とレーダー・ピケットのCAPを直接担当したのは、第10戦術航空軍の中枢の1つで、ウィリアム・J・ワラス海兵隊准将指揮下の防空集団だった。防空集団は、海兵航空群4個と陸軍第301戦闘航空団を直接指揮下に置き、戦闘飛行隊25個を指揮した。作戦後半の6月11日、ムルカイ海兵隊少将の後任としてルイス・E・ウッズ海兵隊少将が就いた。

　沖縄侵攻上陸地点の内陸約1.6kmに嘉手納、約1.2kmに読谷の飛行場があった。この2か所は沖縄で最大の飛行場で、米軍機を内陸部の戦いに使用するため、重要な目標だったが、日本軍の作戦が米海軍主力艦の砲撃を避けて撤退するものだったので、侵攻当日に両飛行場を占領できた。

　4月2日、占領した嘉手納と読谷の飛行場の中間に第10戦術航空軍司令部を設置した（95頁地図参照）。基地の設営が進み、4月7日、ムルカイ海兵隊少将は揚陸指揮艦エルドラドー（AGC-11）艦上に設けていた臨時司令部を陸上に移した。同時に防空集団管制センターをムルカイ海兵隊少将の第10戦術航空軍司令部の近くに設置し、運用を開始した。最初に訓練として読谷と嘉手納に到着する戦闘航空群を管制した。

左上：陸軍第10戦術航空軍防空集
団司令官ウィリアム・J・ワレス海兵
隊准将（NARA 127PX 121489）

右上：陸軍第10戦術航空軍司令官
フランシス・P・ムルカイ海兵隊少
将（NARA 127PXA 10563）

左：陸軍第10戦術航空軍司令官ル
イス・E・ウッズ海兵隊少将（NARA
127PX A049726）

防空集団の任務を以下のように定めた。

　防空集団は上陸開始日以降、可能な限り速やかに使用可能な飛行場を
占領し、友軍が占領した地域の防空を次の通り行なう。
　(a) 戦術航空軍に配置された戦闘機のすべての防衛任務と攻撃任務を指
揮する。

(b)　防空集団と防空管制センターを可能な限り早期に設置する。

　(c)　防空管制を開始する。これは航空支援管制部隊指揮官に命令して、その対空火砲とサーチライトを使用することを含む。

　(d)　早期航空警戒網を設置して運用する。

　(e)　艦載機と連携して地域を防衛する。

　(f)　艦載機が陸上に不時着した時に対応する航空母艦の航空支援管制隊を緊急支援するように初期設定の段階から準備する。(1)

CAPの戦闘機部隊組織

　レーダー・ピケット艦艇（RP艦艇）とともに戦ったのは、海兵隊、海軍、陸軍航空軍の戦闘飛行隊の戦闘機だった。

　最初の計画では、5個編隊が島の北を哨戒し、6個編隊が渡具知の上陸海岸沖の艦艇を防禦し、1個編隊が南で台湾からの攻撃を阻止することになっていた。侵攻の最初の数日間はCAPの動きを連携させるのは難しかった。

　次第に日本軍がRP艦艇に目標を絞っているのが明らかになったので、CAPの規模を拡大する必要が出てきた。通常のCAPでは、56機から76機の航空機が普通の機数になり、必要に応じて嘉手納と読谷から緊急発進した。

　菊水作戦の大規模攻撃に際しては、120機以上がこの任務配置に就いた。沖縄本島と伊江島に展開している航空機に加え、第58任務部隊と第52任務部隊の空母・軽空母・護衛空母がCAPの任務に航空機を提供した。海兵航空群と陸軍航空軍が沖縄本島と伊江島に展開を終えると、第58任務部隊の空母は北に移動して、九州と日本本土のほかの特攻機基地を直接攻撃した。

　第51.5任務群指揮官フレデリック・ムースブラッガー大佐は、RP艦艇を防禦するためだけの4機ないし6機の特別なCAPを要求した。これがレーダー・ピケット・パトロール（RPP）機で、昼間はRP艦艇とともにRPSにとどまり、飛来する日本軍機を迎撃する誘導は受けなかった。しかし、この任務のためにこれだけの機数を割くことはできなかった。それどころか、最初は3か所のRPSにそれぞれ2機だけだった。

　このRPPは、4月14日頃から始まり、海兵航空群のF4Uコルセア戦闘機が担当した。次第にすべてのRPSでRPPが可能となり、カミカゼ攻撃から多くのRP艦艇を何度も救って、その価値を証明した。

　4月1日から5月17日までのCAPの出撃回数17,595回のうち、約1,600回が2機編隊のRPPだった。(2) この成果はRP艦艇から大いに感謝された。駆逐艦ロウリー（DD-770）の艦長E・S・ミラー中佐は次のように記している。

4月30日から6月21日の間に敵がとった戦術は戦闘機指揮・管制士官を最も悩ませた問題だった。すべての襲来機は迎撃されると散開した。各機は最後の体当たり突入をするため、編隊での相互支援をやめて、低空のCAPをすり抜ける機会を窺いながら、体当たりの目標を追った。低空の2機編隊のRPPは、この攻撃に対して素晴らしいストッパーの役目を果たし、我々は大いに勇気づけられた。(3)

　彼らの行動は素晴しかったが、2機のRPPでは非常に機数の多いカミカゼ攻撃に圧倒されることがあった。
　昼間哨戒のほかに、夜間戦闘機によるCAPをRPSに配置した。この夜間戦闘機は、作戦初期には第58任務部隊、のちには任務を引き継いだ第99.2任務群（第10戦術航空軍）の所属であった。
　いったん陸上基地を確保すると、沖縄本島と伊江島の海兵航空群と陸軍航空軍の飛行隊から夜間戦闘機が任務に就いた。昼間のCAP機は夜明けの2時間前に離陸して日没の2時間後に帰投し、夜間戦闘機は日没の2時間前から夜明けの2時間後までとして、CAPの時間帯を昼間と夜間で重複させた。
　CAP機は、RP艦艇から絶賛された。駆逐艦イングラハム（DD-694）は次のように報告している。

　　CAP機の偉大な任務遂行に敬意を払うことなく、戦闘機パイロットの功績を報告することはできない。彼らは敵機を撃墜するために何回も対空砲火の中を飛行した。時には甲板間際まで敵機を追い詰めた。必死の覚悟で艦艇に突入しようとする多くの敵機を積極果敢な攻撃で撃墜した。イングラハムは艦を救ったコルセアとヘルキャットのことを決して忘れない。(4)

　大型揚陸支援艇LCS（L）-85に乗り組んでいたドン・ボール大尉は、戦後長いこと経ってから「今、私がここにいるのはパイロットのお陰だ。彼らは素晴らしい」と簡潔に語った。(5)
　米軍パイロットの功績を最も評価できるのは、日本人であろう。第5航空艦隊参謀などを歴任した野村了介中佐によれば「米海軍パイロットの腕前、勇気は米陸軍よりも勝っていた」。(6) また、大本営海軍部参謀などを歴任した源田實大佐は「戦闘機の攻撃で米空母艦載機は、ほかの戦闘機と比べると、より良く、より大胆で、より強く任務を遂行した」と語った。(7)

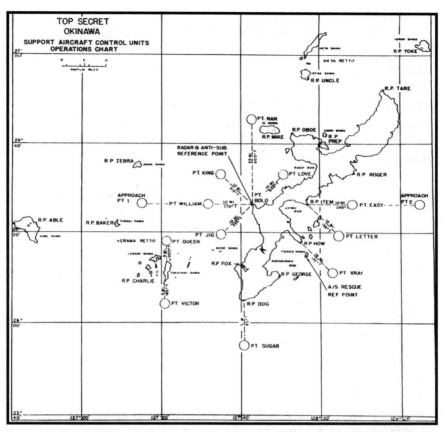

沖縄周辺空域で作戦中のパイロットに対して地形および位置の基準点を示す航空作戦図
（ComPhibsPac Operation Plan No.A1-45 Annex（H）,Appendix IV,Enclosure（A）)

　多くの空母がRPSのCAP用に戦闘機を提供した。艦艇と航空機の戦闘報告
の多くが「第52・第58任務部隊の空母戦闘飛行隊と艦載母艦」に記載した飛
行隊と空母に関係している。空母飛行隊の多くは頻繁にRPSの上空やその近
辺でCAPを行なった。CAP機に指定されていなくても、RP艦艇の近辺で
CAPとして飛行するものもあり、その上空で戦闘をすることもあった。

第52・第58任務部隊の空母戦闘飛行隊と艦載母艦

飛行隊	機種	艦種／艦名／艦種記号 - ハル・ナンバー
VBF-9	F6F-5	空母（正規空母）ヨークタウン　CV-10
VBF-17	F6F-5	空母（正規空母）ホーネット　CV-12
VC-9	FM-2	護衛空母　ナトマ・ベイ　CVE-62
VC-13	FM-2	護衛空母　アンツィオ　CVE-57
VC-70	FM-2	護衛空母　サラマウア　CVE-96
VC-71	FM-2	護衛空母　マニラ・ベイ　CVE-61
VC-83	FM-2	護衛空母　サージャント・ベイ　CVE-83
VC-84	FM-2	護衛空母　マキン　アイランド　CVE-93
VC-85	FM-2	護衛空母　ルンガ・ポイント　CVE-94
VC-87※	FM-2	護衛空母　マーカス・アイランド　CVE-77
VC-88	FM-2	護衛空母　サギノー・ベイ　CVE-82
VC-90	FM-2	護衛空母　スチーマー・ベイ　CVE-87
VC-91	FM-2	護衛空母　サヴォ・アイランド　CVE-78
VC-92	FM-2	護衛空母　ツラギ　CVE-72
VC-93	FM-2	護衛空母　ペトロフ・ベイ　CVE-80
VC-94	FM-2	護衛空母　シャムロック・ベイ　CVE-84
VC-96	FM-2	護衛空母　ラディヤード・ベイ　CVE-81
VC-97	FM-2	護衛空母　マカッサル・ストレイト　CVE-91
VOC-1※	FM-2	護衛空母　ウェーク・アイランド　CVE-65
VOC-2	FM-2	護衛空母　ファンショウ・ベイ　CVE-70
VF-5	F4U-1D	空母（正規空母）フランクリン　CV-13
VF-6	F6F-5	空母（正規空母）ハンコック　CV-19
VF-9	F6F-5	空母（正規空母）ヨークタウン　CV-10
VF-10	F4U-1D	空母（正規空母）イントレピッド　CV-11
VF-12	F6F-5	空母（正規空母）ランドルフ　CV-15
VF-17	F6F-5	空母（正規空母）ホーネット　CV-12
VF-23	F6F-5	軽空母　ラングレー　CVL-27
VF-24	F6F-5	護衛空母　サンティー　CVE-29
VF-25	F6F-5	護衛空母　シェナンゴ　CVE-28
VF-29	F6F-5	軽空母　カボット　CVL-28
VF-30	F6F-5	軽空母　ベロー・ウッド　CVL-24
VF-33	F6F-5E	護衛空母　サンガモン　CVE-26

VF-40	F6F-5	護衛空母　スワニー　CVE-27	
VF-45	F6F-5	軽空母　サン・ジャシント　CVL-30	
VF-46	F6F-5	軽空母　インディペンデンス　CVL-22	
VF-47	F6F-5	軽空母　バターン　CVL-29	
VF-82	F6F-5	空母（正規空母）ベニントン　CV-20	
VF-83	F6F-5	空母（正規空母）エセックス　CV-9	
VF-84	F4U-1D	空母（正規空母）バンカー・ヒルCV-17	
VF-85	F4U-1C	空母（正規空母）シャングリ・ラ　CV-38	
VF-86	F6F-5	空母（正規空母）ワスプ　CV-18	
VF-87	F6F-5	空母（正規空母）タイコンデロガ　CV-14	
VF-88	F6F-5	空母（正規空母）ヨークタウン　CV-10	
VF（N）-90	F6F-5N	空母（正規空母）エンタープライズ　CV-6	
VMF-112	F4U-1D	空母（正規空母）ベニントン　CV-20	
VMF-123	F4U-1D	空母（正規空母）ベニントン　CV-20	
VMF-221	F4U-1D	空母（正規空母）バンカー・ヒル　CV-17	
VMF-451	F4U-1D	空母（正規空母）バンカー・ヒル　CV-17	

［飛行隊の区分］
VBF：戦闘爆撃飛行隊
VC：混成飛行隊
VOC：混成偵察飛行隊
VF：戦闘飛行隊
VF(N)：夜間戦闘飛行隊
VMF：海兵戦闘飛行隊

※ウェーク・アイランド（CVE-65）は、4月3日、カミカゼの至近攻撃を受け損傷した。VOC-1はマーカス・アイランド（CVE-77）に移動。マーカス・アイランドを母艦にしていたVC-87は修理のためグアムに向かったウェーク・アイランドに移動した。

海兵戦闘飛行隊が沖縄に到着

　第31海兵航空群と第33海兵航空群の２個航空群をそれぞれ読谷と嘉手納の飛行場に配置することにした。４月４日、日本軍は＜沖縄北飛行場（読谷飛行場）に敵小型機23機進出せり＞と報告し[8]、米軍が読谷と嘉手納を可能な限り早く使用するだろうと想定していた。

　侵攻中に米軍自身が飛行場に与えた損害は非常に大きかったので、戦闘機を運用するためには占領後直ちに地上要員が飛行場施設の修復を行なう必要があった。

　４月４日、第31海兵航空群の地上要員が戦車揚陸艦LST-221、-343、-781、負傷者後送艦ピンクニー（APH-2）、攻撃貨物輸送艦リオー（AKA-60）、攻撃輸送艦ナトロナ（APA-214）、貨物船ホワールウインドとアファウンドリアで沖縄に到着した。彼らは下船後、戦車揚陸艦から装備品と補用品を降ろし、読谷飛行場に向かった。

　第31海兵航空群の機体とパイロットは護衛空母ブレトン（CVE-23）とシトコー・ベイ（CVE-86）でウルシー環礁から沖縄に向かった。

　４月４日から６日にかけて、日本軍機は読谷の地上施設に対して機銃掃射などの攻撃を行なった。これにより飛行場を運用することがさらに困難になったが、幸い大きな損害、人員の被害がなかった。

　護衛空母２隻が沖縄の海岸沖に到着後の４月７日1430、飛行隊は空母から１個編隊ごとに発艦した。

　ブレトンから発艦したのはジェームズ・W・ポインデクスター海兵隊少佐率いる第224海兵戦闘飛行隊（VMF-224）の32機のF4U-4Cコルセアとサムエル・リチャーズ,Jr.海兵隊少佐率いる第311海兵戦闘飛行隊（VMF-311）の30機のF4U-4Cだった。

　ロバート・G・ホワイト海兵隊少佐率いる第441海兵戦闘飛行隊（VMF-441）の32機のF4U-1Dコルセアと、ウィリアム・C・ケルム海兵隊少佐率いる第542海兵夜間戦闘飛行隊（VMF（N）-542）の15機のF6F-5Nヘルキャットは護衛空母シトコー・ベイから発艦した。

　発艦後は、眼下の艦艇のCAP任務に就いた。ちょうど陸上爆撃機「銀河」１機がシトコー・ベイに体当たり攻撃を仕掛けてきたところで、VMF-311のパイロット２人が同時に日本軍機を発見して、空母から50ヤード（46m）のところで撃墜した。この２機のF4U-4Cの武装は12.7mm機関銃６挺から破壊力のある20mm機関砲４門に変更されていた。

1945年4月1～16日の沖縄の米軍上陸地点を示す作戦地図（Opns.In Pacific April,1945）

　この銀河は＜発進機数12機、帰投したものまたは突入と認められないもの3機、突入と認められたるもの9機、攻撃目標または任務：沖縄西方艦船群、戦果：不明、発進基地：宮崎＞のうちの1機だった (9)（訳注：第706海軍航空隊8機出撃、5機未帰還。第762海軍航空隊4機出撃、4機未帰還）。コルセアは午後遅く読谷に全機無事着陸して、次の任務に備えた。

米軍侵攻主力部隊が上陸した渡具知の海岸。写真左側に読谷飛行場、右側海上には多数の米軍艦艇が見える。4月3日撮影。艦艇が集中したこの海域はカミカゼの格好の目標になった（NARA 80G 318530）

　翌4月8日0630、12機のコルセアが最初のCAPに向けて発進した。
　4月9日は雨だったが、第31海兵航空群の飛行隊は任務に就いた。天候の影響で視程が悪いのに加え、停泊地を守るため湾内の哨戒艦艇が絶えず煙幕を張っていたので、さらに状況は悪化していた。
　航空攻撃の間、停泊地で艦艇が防禦のために煙幕を張ることはよくあることだった。嘉手納と読谷の飛行場はともに湾から約1.6kmしか離れていなかったので、煙幕が飛行場をおおっている時の離着陸は危険だった。第31海兵航空群指揮官Ｊ・Ｃ・マン海兵隊大佐は、読谷の着陸事故の原因の多くは煙幕だったと報告している。
　4月9日、このような悪い状況で3機が滑走路上で衝突して、パイロット1人が死亡した。別の1機は飛行場を見失い、海上に不時着したが、幸いパイロットは救助された。
　読谷飛行場は4月15、17、20、21、22、26、27、28、29日にも日本軍機の機銃掃射と爆撃を受けた。4月11日夜から12日朝、牧港飛行場方向からの砲弾が読谷に落ちた。
　4月8日から30日までの間、第31海兵航空群のパイロットの飛行時間は

4月8日0630、読谷飛行場から発進する海兵隊のF4Uコルセア。これが沖縄で最初のCAP任務だった。チャールズ・V・コークラン海兵隊曹長撮影（Official USMC Photo MAG 31 War Diary 1-30 April 1945）

7,253時間に達した。RPS上空の戦闘を中心に63機の日本軍機を撃墜したが、作戦上の問題と日本軍機との戦闘で、19機とパイロット8人を失った。基地建設は進んでいたが、滑走路長は2,500フィート（762m）だった。滑走路の長さが短いので、弾薬、ナパーム、ロケット、爆弾で重くなったコルセアが離陸するのは難しかった。

　W・E・ディッキー海兵隊大佐指揮下の第33海兵航空群は、護衛空母ホランディア（CVE-97）とホワイト・プレーンズ（CVE-66）ならびに兵員輸送の戦車揚陸艦で沖縄海域に到着した。

　第33海兵航空群は第31海兵航空群ほど幸運ではなく、第543海兵夜間戦闘飛行隊（VMF（N）-543）と第322海兵戦闘飛行隊（VMF-322）の人員は下船する前に損害を出した。

　4月2日0040過ぎにVMF（N）-543の人員を輸送していた攻撃貨物輸送艦アチャーナー（AKA-53）にカミカゼが体当たりした。アチャーナー艦上では5人が戦死し、41人が負傷した。負傷者のうち5人はVMF（N）-543の隊員だった。

　翌3日、慶良間諸島沖に投錨していると、石垣島を発進した日本陸軍の飛行第105戦隊の爆装した三式戦闘機「飛燕」が戦車揚陸艦LST-599に突入した。飛行第105戦隊は、飛燕を体当たり攻撃に8機と護衛などに5機をカミカゼとして送り込んだ。体当たりの激突で、戦車揚陸艦に乗艦していたVMF-322の士官と下士官兵のうち7人が負傷した。艦の損害は非常に大きく、飛行

４月７日、護衛空母ブレトン（CVE-23）艦上で発艦準備中の第31海兵航空群のコルセア。右のカタパルト上はVMF-224の所属機で、ほかの番号200番台の機体も同隊の所属である。左側の327号機の機体はVMF-311の所属機（NARA 80G 265892）

隊の装備品一式を失い、艦は終戦まで戦線に復帰できなかった。

　４月９日、第312、第322、第323海兵戦闘飛行隊（VMF-312、-322、-323）、第543海兵夜間戦闘飛行隊（VMF（N）-543）のF4UコルセアとF6Fヘルキャットが艦から発進して、新しい基地となる嘉手納に無事着陸した。

　翌10日の早朝、第33海兵航空群のコルセア24機がRP艦艇上空のCAPのため離陸したが、すぐに天候不良で任務を中止した。雨は一日中降り続け、航空機は泥で動きがとれなくなった。

　第33海兵航空群は、前日に第31海兵航空群がコルセアとパイロットを失ったことを知って、その日はそれ以上の飛行を行なわなかった。翌11日朝、大雨の中、任務を再開したが、VMF-323のジェームズ・ブラウン海兵隊中尉が天候不良の犠牲になり、墜落して死亡した。

　嘉手納は４月11日の爆撃で滑走路が損害を受け、４月を通じてほかの攻撃も受けた。

　日本軍は読谷と嘉手納の航空機が脅威になることを認識し、４月４日の時

読谷飛行場への夜間攻撃に応戦する対空砲火の曳光弾の光跡。シルエットで映るのはVMF-311"ヘルズ・ベル"のコルセア。コーレスト海兵隊曹長撮影（NARA 127-GR-118775）

点ではまだ飛行場を制圧する計画で、次のように報告していた。

　　＜敵は四月一日沖縄本島（北）、（中）両飛行場（訳注：読谷と嘉手納）正面
　　より上陸し忽ち両飛行場を占領せり、軍は敵としては両飛行場を速かに
　　整備し機動部隊に代る陸上基地よりの作戦協力を行うべしと豫想し之が
　　制圧の爲重爆隊の飛行場攻撃を準備せしむるところあり
　　　海軍に於ても亦敵陸上飛行基地の整備に伴ひ其の作戦遂行著しく困難
　　なりとし此の際全力を挙げて＞ (10)

　日本軍は読谷と嘉手納の飛行場に対して、沖縄作戦が終了するまで攻撃を
継続し、菊水作戦に先立ち爆撃を行なった。
　嘉手納と読谷の海兵航空群にとって日本軍機の空襲以外にも危険なものが
あった。停泊地が攻撃されている時、すべての艦艇がカミカゼに向けて砲火
を開くので、その砲弾が多数飛行場に落下した。この友軍の砲撃で多くが死
傷した。

日本軍機を迎え撃つため緊急発進する海兵航空群のコルセアは、渡具知停泊地の艦艇が放つ砲火の方向に離陸せざるを得ないこともあった。海岸からわずか1.6kmのところから離陸するので、神経質になっている艦艇の射手に友軍機と識別する前に射撃を開始させないようにすることは不可能だった。

　海兵隊パイロットにとって艦載戦闘機の迎撃も心配の種だった。空母艦載のヘルキャットは「敵味方不明機」を友軍機と識別するまで迎撃してきた。空母の戦闘機は異なる戦闘飛行管制官がコントロールしていたので、戦闘飛行隊の調整をより困難にしていた。

　海兵隊パイロットは、主任務を沖縄の海兵隊地上部隊の支援と考えていたので、CAPで飛行することに苛立っていた。VMF-323のジョージ・アクステル海兵隊少佐は「CAPとRPPでは、操縦席から青い海を見ているだけの時間が長かった。海軍が先に哨戒空域を選んだ。CAPステーションの中には役に立たなかったものもあった。しかし、カミカゼは九州から飛来するので、海兵隊は沖縄本島の北方でできる任務は何でも行なった」と記している。(11)

　パイロットは読谷や嘉手納に帰投する時、そこの状況がわからなかった。出撃している間に飛行場が砲撃や爆撃を受けたり、攻撃を受けている最中だったりした。このような理由で、着陸のやり直しもあった。接地してからも爆弾で開いた穴を避けて通らなくてはならないこともしばしばだった。

　沖縄作戦の進行にともない陸軍航空軍部隊が沖縄に到着して、日本本土に向けた長距離攻撃の準備を行なった。この部隊が沖縄の主要な飛行場に駐留したので、海兵航空群は小さな飛行場に移動させられた。

　第14海兵航空群と第33海兵航空群はそれぞれ6月31日と7月16日に泡瀬（あわせ）に移動した。7月1日には第31海兵航空群が読谷から金武（きん）に移動し、15日後には第22海兵航空群が伊江島を離れてこれに合流した。

サンダーボルトが伊江島に到着

　陸軍航空軍で最初に伊江島に到着した戦闘機部隊は、ルー・サンダース陸軍大佐率いる第318戦闘航空群だった。パイロットはサイパン島、テニアン島、ロタ島、パガン島、トラック諸島、硫黄島で戦闘経験を積み、新しい任務に備えていた。

　この戦闘航空群の地上部隊はサイパン島を4月6日から7日にかけてリバティ船（訳注：第2次世界大戦中、大量に急造された戦時標準規格の輸送船）Ｓ・ホール・ヤング（479）と貨物輸送艦ケンモア（AK-221）で出発して、伊江島に向かった。一方、基幹要員は後方に残って新型で長距離型のP-47Nサンダ

サイパンから伊江島に到着した陸軍第318戦闘航空群第333戦闘飛行隊のP-47Nサンダーボルト（NARA A-65021）

ーボルト戦闘機の戦闘準備を行なった。それまで運用していた旧型のP-47Dに代わるもので、到着したばかりだった。パイロットはトラック島からマーカス島（南鳥島）まで飛行試験を行ない、伊江島に飛行する２週間前に準備を終えた。

　地上部隊を乗せたＳ・ホール・ヤングとケンモアが沖縄海域に到着した。４月30日、地上部隊は伊江島に上陸して、工兵隊の障害処理班が周囲の地雷原を除去するのを待った。翌日の夕方、カミカゼがＳ・ホール・ヤングに体当たりして第５船倉を吹き飛ばし、火災が発生したが、530トンの弾薬とロケット弾が発火する前に鎮火した。しかし、多くの車両と各種補給品、装備品をこの攻撃で失った。

　５月13日、戦闘航空群の最初の飛行隊が伊江島に到着した。第333戦闘飛行隊は、1,425マイル（2,293km）を７時間で飛行して、長距離洋上飛行記録を作った。B-29爆撃機がサンダーボルトの航法支援のため随伴飛行したが、飛行開始後３時間で悪天候に遭遇したため帰投した。その後、戦闘機は時計とコンパスを頼りに伊江島へ飛行を続けた。この飛行で機体１機とパイロット１人を失った。(12)

　第73戦闘飛行隊は14日に、第19戦闘飛行隊は15日に到着した。５月16日には第29写真偵察飛行隊が到着した。

　P-47ジャグ（訳注：ジャグもサンダーボルト同様P-47の愛称）は、直ちに伊江島の基地上空から北は九州、西は朝鮮に至る爆撃機護衛任務、戦闘機掃討などの各種任務に就いた。CAPには到着した翌日の５月14日から参加した。主な担当空域はRPS＃５、７、９、15、16だった。(13)

数日後には九州の目標を攻撃して、防空集団隷下部隊として最初に日本本土に出撃した。これ以降、伊江島の基地から通常のCAPと攻撃任務を行なった。

　P-47Nは長距離任務用に設計されたので、海兵隊機と海軍機ほどはRP艦艇の上空には現れなかった。陸軍航空軍のパイロットはこれを喜んでいた。RPPは気が滅入ると感じる者がいたからである。

　沖縄に最初に到着した陸軍パイロットの1人で、伊江島の第333戦闘飛行隊のダーウッド・B・ウィリアムズ陸軍中尉は次のように回想している。

　　CAP任務に5月に7回、6月に6回就いた。その多くはRP艦艇を敵機から守ることだったが、その回数は覚えていない。しかし、任務が危険だったことは覚えている。敵機が担当空域に襲来してこない限り、気楽にピケットを飛行していればよかった。敵機襲来の連絡があると、艦艇の砲火がこちらに向かって一斉に撃ってくるかは、海軍の射手次第だった。十分に訓練を受けていない海軍の射手は、陸軍パイロットにとって日本軍機よりも脅威だった。少なくとも我々は日本軍機に対して撃ち返すことはできた。(14)

　5月15日付の作戦覚書で、ルー・サンダース陸軍大佐は「水上艦艇の自動火器の射程内の飛行と、水上艦艇の近くで我々を敵機と思わせかねない機動飛行を行なってはならない」とパイロットに警告している。(15)

　6月に入ると陸軍航空軍は続けて伊江島に到着した。P-61ブラック・ウィドウの部隊は第318戦闘航空群の第548夜間戦闘飛行隊が8日に到着した。サンダーボルトの部隊は第413戦闘航空群の第34戦闘飛行隊が14日に、第1戦闘飛行隊と第21戦闘飛行隊が17日に、第507戦闘航空群の第463戦闘飛行隊と第464戦闘飛行隊が27日に、第465戦闘飛行隊が28日に到着した。

　この頃には、陸軍航空軍がRP艦艇の上空にいる必要がほとんどなくなったので、サンダーボルトの多くは沖縄北方で日本本土を空襲する爆撃機の護衛、奄美大島近海で阻止戦闘空中哨戒（阻止CAP）を行ない、中国と朝鮮の日本軍基地も攻撃した。

　5月14日から7月14日まで、陸軍航空軍の作戦機は陸軍第10戦術航空軍の指揮下にあった。その後は極東空軍第7航空軍の指揮下に戻った。

多くの艦艇はRPS付近で被弾などで航空機から緊急脱出したり洋上不時着したパイロットを救助した。写真は5月20日、駆逐艦インガソル（DD-652）に救助されるVC-13のD・R・ハグッド海軍大尉。彼は救助後、無事に母艦のアンツィオ（CVE-57）に帰還した（NARA 80G 344185）

救難作業

　CAPのパイロットは、RPS付近でトラブルに直面しても、日本軍パイロットより恵まれていた。日本軍パイロットは艦艇と航空機による救助を期待できなかったが、米軍は広範囲な救難態勢をとり、撃墜されても沖縄海域にある1,000隻以上の艦艇に救助される機会が大きかった。米艦艇の近くに不時着した場合、同じ飛行隊の仲間が現場上空で救助が来るまで旋回してくれた。

　近くに艦艇がいない場合は「ダンボ」パトロールが救助した。PBMマリナー飛行艇を有する第1、第2、第3、第4、第5、第6救難飛行隊（VH-1、VH-2、VH-3、VH-4、VH-5、VH-6）は、当初は慶良間諸島に展開していたが、7月に金武湾に移動した。初期の「ダンボ」は非武装のPBM-3Rを

マーチンPBM-5マリナーは沖縄で哨戒と救難任務に使用された。本機はディズニー制作のアニメ、空飛ぶ象"ダンボ"の愛称で呼ばれた。1945年8月23日、パタクセント・リバー海軍航空基地にて撮影（NARA 80G 47751）

使用していたが、4月中旬以降、機関銃8挺を装備した新型のPBM-5の配備が始まった。

米軍の航空機

　沖縄侵攻軍と艦艇を防衛するために使用された航空機は多種にわたり、それぞれ海兵隊、海軍、陸軍航空軍に所属した。昼間はヘルキャット、ワイルドキャット、コルセア、サンダーボルトが哨戒し、夜間はヘルキャットとブラック・ウィドウの夜間戦闘機が任務に就いた。

FM-2ワイルドキャット

　ワイルドキャットの新型機ジェネラル・モーターズFM-2が沖縄作戦までに開発されてグラマンF4Fワイルドキャットと交代した。FM-2は初期型機に比べて性能が向上して能力の高い戦闘機になったが、米軍機の中では最高の性能ではなかった。それでも最新鋭機以外なら日本軍機の多くを撃墜できた。

　FM-2は九九式艦爆などの急降下爆撃機よりも高速だが、旋回時に不利になることがあった。低速で飛行する九九式艦爆は運動性がよく、FM-2は旋回の外側に追い出されてしまった。日本の戦闘機で最も軽快な零式艦上戦闘

護衛空母サンティー（CVE-29）艦載のFM-2ワイルドキャット。グラマンF4Fはジェネラル・モーターズ（GM）でも製造、FM-2の型式名が付与された。1944年10月20日撮影（NARA 80G 287594）

機（零戦）は、旋回時に容易にワイルドキャットの内側に入ることができた。

第85混成飛行隊（VC-85）の戦闘報告は「FM-2が九九式艦爆または零戦と戦闘するのは簡単だった。日本のパイロットは急降下の時以外はFM-2から逃げるのは簡単だった。FM-2は九九式艦爆の内側に回り込んだが、一度零戦に内側に回り込まれたことがあった。FM-2は急降下中に九九式艦爆と零戦に追いついた。九九式艦爆に追いつくのは零戦に追いつくよりも簡単だった」と記している。(16)

陸軍の九九式襲撃機はFM-2の敵ではなく、その多くがFM-2の射撃で撃ち落とされたが、零戦になると話は別だった。一般論として、零戦はFM-2より速く、実用上昇限度も若干高い。この実用上昇限度の差が問題になることがあった。

敷設駆逐艦ロバート・H・スミス（DM-23）の艦長ウイルバー・H・チェイニー中佐は「ゼブラ作戦を行なっている時に2回、高々度（高度29,000フィート〔8,839m〕）を飛行する敵味方不明機に向けて本艦が指揮・管制するFM-2を目視距離内まで誘導した。しかし、迎撃する高度に到達できなかった。1回は30分、別の時には20分、FM-2はあしらわれていた」と述べている。(17)

1944年、メリーランド州アナコスチアの技術航空情報センターは、鹵獲した零戦52型（A6M5）とFM-2を比較した。その結果、FM-2は零戦よりもほとんどの高度まで早く上昇できた。水平飛行では零戦が速く、この速度差は高度5,000フィート（1,524m）以上で増加した。海面高度で零戦はわずか6マイル/時（9.7km/h）速いだけだったが、高度が上がるにつれて零戦との速度

差は大きくなった。速度差が最も大きくなったのは高度30,000フィート（9,144m）で、零戦52型はFM-2よりも26マイル/時（42km/h）も速かった。

零戦は旋回、急降下で、FM-2は横転でやや勝っていたものの、横転、旋回、急降下、急上昇は両方ともほぼ互角だった。

F4Uコルセア

戦争のある時期まで零戦は最高の戦闘機で、速度と機動性が「空中の鞭（むち）」となり、米軍機を叩き落とした。米国は対抗機を開発し、最初の挑戦者はチャンス・ヴォートF4Uコルセアだった。零戦より大きくて重量があり、零戦キラーになる特性を持っていた。水平、上昇、下降の飛行速度で、零戦の運動性を打ち破った。零戦に追いつくことができ、零戦が後ろに占位しても急降下で引き離すことができた。運動性はよくなかったが、コルセアのパイロットは零戦の運動性に勝つ戦術を開発した。正しく機動できれば、対抗する機種が何であれ撃墜できた。

空母イントレピッド（CV-11）から飛行した第10戦闘飛行隊（VF-10）のコルセアのパイロットは次のように記している。

> F4U-1Dの性能は、遭遇する敵機と比べると十分満足できるものだった。しかし、飛行隊は局地戦闘機「紫電」、局地戦闘機「雷電」、四式戦闘機「疾風」などの新型戦闘機とまだほとんど遭遇していない。遭遇した日本軍機の多くはF4U-1Dより運動性がよいが、我々は敵戦闘機の機動に巻き込まれないようにしていれば、通常は日本軍機を撃墜できた。[18]

沖縄近辺では、高性能の日本軍戦闘機とあまり遭遇しなかった。日本の作戦立案者は、性能のよい戦闘機を本土防衛のために本土に近い場所に確保していた。紫電と遭遇した第84戦闘飛行隊（VF-84）のパイロットは、これはコルセアの敵ではないと思ったという。彼によると「F4U-1Dは、水メタノール噴射をせず、増槽タンクを投棄しなくても50ノット（93km/h）速かった」[19]

また、第123海兵戦闘飛行隊（VMF-123）のパイロットは「コルセアは旋回で紫電の内側に回り込むことができる」と報告した。[20]

コルセアの最初の武装は50口径12.7mm機関銃6挺だった。沖縄作戦までに20mm機関砲4門を装備した機体が出現したが、高度15,000フィート（4,572m）で、これが凍結することがあり、パイロットは悪態をついた。こ

F4U-1Dコルセア。F4Uは着艦時の視界の問題などで最初は陸上基地で運用する海兵航空隊で使用された。F4U-1Dになり、海軍、海兵隊が本格的に運用するようになった。1945年6月23日、パタクセント・リバー海軍航空基地にて撮影（NARA 80G 477504）

のためパイロットは高々度で機関砲の試射を行なわないことにした。[21]

　パイロットは、機関砲より12.7mm機関銃を好んだが、それは発射速度が速く、信頼性が高いからだという歴史家もいる。[22]　一方、多くの航空機戦闘記録によれば、20mm機関砲を好むパイロットがいたこともわかる。

　「パイロットは20mm機関砲の性能に惚れ込んでいた。命中に誰も疑問を持たなかった。日本軍機のどこに当てても、その衝撃で砲口炎のような閃光が見えた」と第314海兵戦闘飛行隊（VMF-314）のパイロットは報告している。[23]

　コルセアが最も多く対戦した戦闘機は零戦で、コルセアとは対照的な機体だった。零戦は非常に軽量な構造で、多くの米軍機より運動性がよかった。コルセアははるかに重く、速く、損傷にも強かった。旋回時、零戦は容易にコルセアの内側に回り込むことができたので、コルセアのパイロットは零戦を追いかけようとすると不利な状況になることがあった。コルセアの特性を活かせるパイロットであれば、運動性で勝る零戦にうまく対応できた。

　1944年に技術航空情報センターが実施した比較試験で、コルセアのほうが零戦よりはるかに速いことを確認した。海面高度で48マイル/時（77km/h）速く、これより高い各高度でもこの差を維持、またはより速かった。高度25,000フィート（7,620m）では80マイル/時（129km/h）速かった。

　横転は時速200ノット（371km/h）以下では両機とも同じだったが、これ以上速いとコルセアはほかの米軍機同様、零戦に勝っていた。旋回性能は零戦がコルセアよりも優れ、「高度10,000フィート（3,048m）で低速の時は1旋回の間に3.5旋回」とされた。[24]

　急降下はスタート時点では両機ともほぼ同じだが、コルセアがすぐに引き

離し、はるかに勝った。急上昇はコルセアが少しだけ勝っていた。

　コルセアのパイロットもほかの機種のパイロットと同様、零戦とドッグファイト（格闘戦）したり、宙返りで追跡したりしないように言われていた。

　対零戦の戦法で推奨されたのは、まず高速急降下を行ない、その後、上昇離脱するものだった。コルセア、ワイルドキャット、ヘルキャット、サンダーボルトが後方を零戦に占位された場合の対応は同じだった。パイロットは「横転してから急降下して高速旋回を行なう」とされた。(25)　（訳注：水平飛行から急降下に移る時、ネガティブGになることを避けるため、横転して背面状態にしてから急降下し、急降下中に横転して背面状態から戻って、高速旋回を行なう）

　日本軍パイロットは、コルセアの特性を認め、妥当な評価を下していた。コルセアとロッキードP-38ライトニングは急降下して零戦にヒット・エンド・ラン攻撃し、速度を活かして逃げたが、日本軍パイロットもそれを承知していた。

　零戦などの日本軍機にとって、セルフシーリング燃料タンク、装甲および構造が頑丈で防護性が高いコルセアなどの米軍機を撃墜するのは困難だった。

　コルセアは見るからに操縦しにくい機体だった。長い機首と高い主脚が離着陸時の前方視界を悪くしていた。第441海兵戦闘飛行隊（VMF-441）パイロットのバド・ドボルザーク海兵隊少尉によると「注意深く着陸しないといけない。接地したら機体が滑走路の正面を向くように尾輪を固定するが、機体は左右に飛び跳ねる。だが、そんなことはたいしたことはない。『英雄だ。また引力に勝った』と、一人満足する」(26)

　前方視界とその他の特性のため、コルセアで空母に着艦するのは実際難しかった。戦争初期、海軍は本機が空母運用に適さないと見ていたが、海兵隊は陸上基地で運用するのが普通で、問題なかった。

　1942年と43年にコルセアは改良され、低速でも操縦が容易になり、パイロットの視界もよくなった。海軍はコルセアの空母運用適合試験を始め、42年9月にコルセアを護衛空母サンガモン（CVE-26）に着艦させることに成功した。

　沖縄作戦までに、海軍の空母で海兵隊と海軍の両方がコルセアを使用していた。しかし、50個以上の海軍飛行隊が沖縄近海の空母から出撃したが、コルセアは4個飛行隊のみで、残りはヘルキャットかワイルドキャットだった。

　海兵隊はコルセアを使用する第112、第123、第221、第451海兵戦闘飛行隊（VMF-112、-123、-221、-451）の4個飛行隊を正規空母に艦載した。さらに、戦争終結に向けて海兵隊はコルセアの第351、第511、第512、第513海兵

戦闘飛行隊（VMF-351、-511、-512、-513）の４個飛行隊を護衛空母４隻に追加艦載して第38任務部隊に配置した。

空母艦載飛行隊のほかに12個のコルセア飛行隊が沖縄本島と伊江島から出撃していた。

F6Fヘルキャット

RPS上空の戦闘で最も活躍した米軍戦闘機はグラマンF6Fヘルキャットだった。本機は零戦より速く、旋回で内側に回り込むことはできなかったが、運動性がよかったので、日本の戦闘機にとって手強い相手になった。

日本海軍のエースだった坂井三郎少尉は「ヘルキャットは日本軍機と同じくらい軽快で、速度があり、上昇・急降下で我々を引き離していた。我々が逃れることができたのは経験不足のパイロットからだけだった。もしも彼らが経験を積んでいたならば、すべての零戦は１分も経たないうちに撃墜されていただろう」と回想している。[27]

さらに、もう１人の日本海軍エースだった谷水竹雄上等飛行兵曹は「機動性に富み、すばやく横転ができるヘルキャットがいちばん手強い相手でした。P-38ライトニングやF4Uコルセアは小回りが効かず、一撃して離脱していくだけでしたから」と話している。[28]

技術航空情報センターの比較試験で「上昇率は高度9,000フィート（2,743m）までは零戦52型が、F6F-5よりも毎分600フィート（183m）大きかった。それより高くなるとその差が縮まり、14,000フィート（4,267m）で両機は等しくなり、それより高いとF6F-5の上昇率のほうが大きい。高度22,000フィート（6,706m）になると、F6F-5は毎分500フィート（152m）大きかったが、30,000フィート（9,144m）では250フィート（76m）大きいだけになった」と報告している。[29]

速度はヘルキャットがはるかに速く、海面高度で41マイル/時（66km/h）、高度25,000フィート（7,620m）で75マイル/時（121km/h）速かった。横転は200ノット（371km/h）以下では両機とも同じだが、これより速い場合はヘルキャットが勝っていた。他機種との比較同様、零戦は低速・低高度の旋回で勝っていた。速度と高度が増えると、この差が減少して高度30,000フィート（9,144m）で同じになる。

ヘルキャットのパイロットは、ほかの米軍機のパイロットと同様、零戦と遭遇したら格闘戦を避けて速度と火力を最大限に活用するように指示された。[30]

F6F-5。大戦中に約12,000機生産されたヘルキャットの各型中、最多の約7,800機が量産された。1945年2月1日、パタクセント・リバー海軍航空基地にて撮影（NARA 80G 477448）

　日本軍機の中にはヘルキャットがかなわないものもあった。ヘルキャットのパイロットは海軍の艦上偵察機「彩雲」のスピードと、これを撃墜することが難しいことに驚いた。陸軍の二式戦闘機「鍾馗」は、ヘルキャットと同程度の機体だが、格闘戦では負けた。

　速度の遅い日本軍機は奇襲攻撃の時だけヘルキャットに勝つ可能性があったが、ヘルキャットは速度を利用して次の攻撃ができた。九九式艦爆、九九式襲撃機などはヘルキャットにとって格好の標的だった。

　日本の戦闘機の中でヘルキャットのパイロットから高く評価されたのは飛燕だった。「パイロットは飛燕の運動性に感銘を受けた。速度200ノット（371km/h）以下で高度10,000フィート（3,048m）以下なら、飛燕は旋回でF6F-5を外に追い出すことができた」[31]

　ヘルキャットと対戦した日本のパイロットは、好敵手と会ったと思っていた。日本のベテラン・パイロットは次のように語る。

　　新型のヘルキャットは、零戦と比べると格闘戦能力および航続距離を除いたあらゆる性能で勝っていることを率直に認めざるを得なかった。重武装で、零戦より速く上昇、急降下が可能で、高々度を飛行して、セルフシーリング燃料タンクと装甲板で厚く防禦されていた。

　　太平洋戦域の戦闘機同士の空中戦で、まともに零戦にかかっていって、よい勝負をしたのは数ある米国機の中で本機だけだった。[32]

P-47Nサンダーボルト

　空虚重量が11,017ポンド（4,997kg）の陸軍航空軍のリパブリックP-47Nサンダーボルトは、RPS上空を飛行した最も重い戦闘機だった。主な任務は日本の南方諸島に対する長距離攻撃だったが、RP艦艇上空のCAPと沖縄北方の阻止CAPの飛行も何度も実施した。

　50口径12.7mm機関銃8挺を搭載し、最高速度が440マイル/時（708km/h）のサンダーボルトは日本軍機にとって恐ろしい相手だった。特別攻撃機「桜花」以外のすべての日本軍機を捕捉することができ、8挺の機関銃で飛行しているものは何でも破壊した。高速で機体重量が重いことから、格闘戦ではなく、ヒット・エンド・ランを得意とした。

　技術航空情報センターがサンダーボルトと零戦52型の比較試験をして明らかになったことは、ヘルキャットとコルセアと同じようなものだった。零戦のほうが高度10,000フィート（3,048m）と25,000フィート（7,620m）でそれぞれ半分から四分の三で旋回できた。

　すべての高度で零戦よりもサンダーボルトが圧倒的に速かった。高度10,000フィート（3,048m）で速度差は70マイル/時（113km/h）で、水平飛行と急降下からの急上昇はそれぞれサンダーボルトがはるかに優れていた。零戦は低速では素早く横転できたが、機体が250マイル/時（402km/h）になると両機の横転は同じになり、さらに高速になるとサンダーボルトのほうが素

P-47サンダーボルトは大きな馬力と兵装搭載量に加え、空戦性能も優れていた。写真は航続距離の増大を図った最終改良量産型のP-47NのプロトタイプXP-47N。P-47Dから採用された後方視界が向上した水滴形キャノピー、四角い翼端が外観上の特徴である（NARA 28768 AC）

第22海兵航空群VMF（N）-533のF6F-5N。ヘルキャットの夜間戦闘機型でAN/APS-6レーダーポッドが右主翼下にある。本機は当初、伊江島に展開した。1945年6月27日撮影（Official USMC Photo courtesy of the Tailhook Association）

早く横転できた。(33)

F6F-5Nヘルキャット

　沖縄の夜空は夜間戦闘機のものだった。海兵隊の第533、第542、第543海兵夜間戦闘飛行隊（VMF（N）-533、-542、-543）のヘルキャットは夜間哨戒で敵を追い詰めた。この各隊は読谷、嘉手納、金武、泡瀬、そして伊江島のチャーリー飛行場から何回も作戦を実施した。

　ウィリアム・ケラム海兵隊少佐率いるVMF（N）-542が、読谷で最初の作戦を開始した。作戦初期にRPS上空で多くの撃墜を記録した。沖縄以前の戦闘では、夜間戦闘機を正しい高度に誘導することが難しかったが、沖縄作戦中に夜間戦闘機を日本軍機から500フィート（152m）以内に誘導する方法が開発された。

　この距離であれば、パイロットは容易に日本軍機を視認して撃墜できた。夕方から夜明けまでの空で、F6F-5Nの4機編隊が4時間交代で哨戒飛行を実施した。

P-61ブラック・ウィドウ

　陸軍第548夜間戦闘飛行隊が伊江島に到着し、新型の夜間戦闘機ノースロップP-61ブラック・ウィドウが沖縄の空に登場した。6月16日、ロバート・D・カーチス陸軍少佐以下18機のP-61は硫黄島から飛来して、その日に最初

P-61ブラック・ウィドウ。レーダーを搭載した本格的な夜間戦闘機として設計され、1942年5月に試作機が初飛行、1944年から実戦運用された。1945年8月8日、ニュージャージー州ワイルドウッド海軍航空基地にて撮影（NARA 80G 383522）

の戦闘任務に就いた。

　夜間戦闘機として開発されたP-61は、乗員３人（パイロット、レーダー観測員、銃手）で、胴体下に固定20mm機関砲４門、胴体上部の回転式銃座に50口径12.7mm機関銃４挺を装備した。主翼爆弾架には6,400ポンド（2,900kg）の爆弾（720kg４発）を搭載できた。

　新型の特殊なレーダー機器を搭載したP-61は日本軍機にとって新たな脅威となった。彼らにとって幸いだったのは、本機が沖縄作戦に参加したのは、主要な攻撃が終了した最終段階だったことである。

　第548夜間戦闘飛行隊のP-61は、沖縄到着から終戦までの間に５機撃墜した。さらに終戦の翌日、２機を撃墜した。これは、狂信的な日本のパイロットが天皇の命令を無視して、最後の体当たりを敢行した時だった。（訳注：沖縄方面への最後の特攻機は８月15日夕刻、第５航空艦隊司令長官宇垣纒中将が艦上爆撃機「彗星」11機を率いて大分基地から出撃した。途中３機が不時着、残り８機の米艦隊への突入は確認されておらず、米軍の被害も報告されていない）

日本軍機と米軍機の比較

　飛行隊指揮官と個々のパイロットは、戦闘報告に機体特性の全般的な印象を記載した。戦闘報告には「敵味方航空機の性能比較」（80～82頁参照）などが記載されているので、技術データの概要がわかる。しかし、パイロット自

身は一対一の戦闘について違う印象を持っていた。

　日本軍機の体当たり攻撃に多くの経験不足なパイロットが送り込まれたことを考慮すると、感覚的なパイロットの印象では、正確な航空機の性能比較は難しい。

　戦争の初期、日本軍機、特に零戦は優れた戦闘機だった。有能で訓練を積んだ多くのパイロットがいたので、日本軍は米国との戦争が始まった最初の１〜２年は優勢だった。だが、この状況はすぐに変わった。ライトニング、コルセア、ヘルキャットのような米国の新型戦闘機が形勢を逆転させたのである。米軍は大空で優位に立ち、日本は最優秀のパイロットを失い、戦争の後半は新しいパイロットを訓練し、新型航空機を生産する能力はなかった。

　多くの場合、特攻隊が使用した機体は修理が必要な機体、旧式機、練習機だった。カミカゼの誘導機は、それよりは良好な機体だったが、それでも訓練を積んだ米国人パイロットが操縦する最新型の戦闘機に対抗するのは難しかった。

　戦争直後の尋問で、日本軍指導者は両軍の航空機の相対的な強みと弱みについて証言している。野村了介中佐によれば「日本軍は、F4Fワイルドキャット、P-40ウォーホークと零戦はほぼ同等と見ていた。しかし、コルセアとヘルキャットは零戦より優れていると考えていた。1943年末には日本軍パイロットは空中戦で負けていることから、二流の飛行機で戦っていることを思い知らされた」(34)

　フィリピンで零戦52型を操縦していたタナカイチロウ飛行兵曹長（訳注：所属部隊、氏名、階級特定できず）は「連合軍航空機の中でグラマン戦闘機が最も手強く、しかも連合軍が用いた２機で行なうサッチ・ウィーブ戦法（訳注：サッチ少佐が考えた空中戦機動の１つ。２機が互いに布を織る〔ウィーブ〕糸のようにクロスしながらＳ字の旋回を繰り返して、相互支援しながら敵機の後ろについて攻撃する）を使われると打ち負かすことが難しかった」と述べている。(35)

　海軍航空隊で飛行隊長を歴任し、エース・パイロットの１人だった藤田怡与蔵少佐は「零戦の武装はヘルキャットと対等ではなく、日本軍が使用していた照準器は米軍が使用していたものより技術的に劣っていた」と話している。零戦が劣っていることは、終戦までには周知のこととなった。1945年４月、技術航空情報センターは次のように報告している。

　　零戦の高い旋回率、機動性、優れた飛行特性は、戦闘機の特性として最も望ましいものである。貧弱な性能、劣った武装、高速時の重い操舵性、過度の脆弱性は戦闘機としては望ましくないものである。米国の水

準と比べると非常に軽い構造で、装甲板、セルフシーリング燃料タンクを装備していない。このような特徴から、戦闘機として非常に脆弱なものになっている。(36)

　沖縄戦の間、日本軍は最も優れた戦闘機は陸軍の四式戦闘機「疾風」で、その次が一式戦闘機「隼」の最新型だと考えていた。戦争終盤では陸軍の三式戦闘機「飛燕」の液冷エンジンを空冷エンジンに換装した五式戦闘機が高性能を発揮したので有力視していたが、日本軍にとって不幸なことに、1945年6月の空襲で川崎航空機岐阜工場が破壊され、同機が生産できなくなった。五式戦闘機の生産総数は390機あまりで、そのうち実戦で使用されたのは、その半数ほどだった。(訳注：生産総機数のうち270機あまりは飛燕として生産されたが、液冷エンジンが不足して"首なし"の状態で生産中断されていた機体に空冷エンジンを取り付けた機体だった)

　日本の航空機開発は戦時中も行なわれていたが、新型戦闘機の開発よりも零戦の改造・改善を優先させた。この戦略方針は最終的には高くつき、新型戦闘機の生産は少数にとどまり、日本の命運に影響を与えるには至らなかった。さらに工業生産基盤と供給体制の崩壊で整備・維持上の問題が発生し、機体の故障が多発した。

　航空機の性能、数量を比較することは日本と米国で一般的であるが、日本から別の考えが聞こえてくる。

　1943年11月の雑誌『富士』(訳注：大正14年創刊の大日本雄辯会講談社〔現・講談社〕発行の月刊誌『キング』は、戦時中の昭和18年、『富士』に改名。戦後、再び『キング』に戻された。昭和32年廃刊)で、三菱重工業航空第二部長の武田次郎は次のように書いている。

　＜日本の飛行機の質は敵に比べてどうかといふことは、これもよく受ける質問でありますが、これは彼我ほとんど同等とみていゝと思ひます。

　一體、飛行機の性能といふものは、単に速力はどうの、上昇力はどうの、装備はどうのといふやうな数字で計るべきものではないのです。それはやはり、その國の戦闘方式や國民性にぴったりと適合し、さらにそれを操縦する者の精神力、技術力といふものが綜合されて初めて出てくるものなのです。

　たとへば、緒戦のころ活躍した零式戦闘機を、アメリカ人は評して、日本人はよくもあんな飛行機であゝまで戦へるものだと不思議がるし、反對に我々が南方戦線で手に入れた敵の飛行機を調べてみて、同様に、

沖縄海域のレーダー・ピケット戦闘参加の航空機・主要諸元

米軍機

機　種	チャンス・ヴォート F4U-1D コルセア	グラマン F6F-5 ヘルキャット	グラマン FM-2 ワイルドキャット	リパブリック P-47N サンダーボルト	ノースロップ P-61B ブラック・ウィドウ
全　長	10.16m	10.24m	8.80m	11.00m	15.12m
全　幅	12.49m	13.06m	11.58m	12.95m	20.12m
自　重	4089kg	4190kg	2471kg	4997kg	9979kg
発動機馬力	2000hp	2000hp	1350hp	2100hp	2250hp×2
最大速度(高度)	658km/h(6066m)	611km/h(7132m)	525km/h(3261m)	735km/h(10668m)	589km/h(6100m)
実用上昇限度	12192m	10272m	10577m	12939m	10090m
航続距離	3050km (150galタンク ×2搭載時)	1759km (150galタンク ×1搭載時)	1851km (58galタンク ×1搭載時)	3158km (110galタンク×1 ・165galタンク×2 搭載時)	3060km (310galタンク ×2搭載時)
武　装	12.7mm 機関銃×6 100～2000lbs 爆弾/127mm ロケット弾 最大3000lbs (1361kg)	12.7mm 機関銃×6 100～1000lbs 爆弾/127mm ロケット弾 最大4000lbs (1814kg)	12.7mm 機関銃×4	12.7mm 機関銃×8 100～1000lbs 爆弾/127mm ロケット弾 最大3000lbs (1361kg)	20mm(固定) 機関砲×4 12.7mm(旋回) 機関銃×4 1600lbs爆弾 /127mmロケット弾 最大7000lbs (3175kg)
乗員数	1	1	1	1	3

よくもこんな飛行機でアメリカ人は戦闘しているものだと驚かされる。これは要するに先ほどいったようにその國の諸條件に合わぬから出る言葉です。

　やはり日本の飛行機は、愛國心に燃えた人々の手に作られ、その日本精神のこもった飛行機を、盡忠報國の至誠に燃えた皇軍勇士が操縦して、はじめて偉大な戦果を上げることができるのであります。（中略）最後のところは物でなく精神であることを、私は確く信ずるのであります＞(37)

カミカゼ

　体当たり戦法による特別攻撃隊を指す言葉として使用されている「カミカゼ」は、日系米国人が漢字を訓読みしたものと考えられている。日本海軍航

日本海軍機

機　種	三菱A6M5 零式艦上戦闘機 52型(甲)	中島B5N2 九七式三号 艦上攻撃機	愛知D3A1 九九式艦上 爆撃機11型	空技廠D4Y1 艦上爆撃機 「彗星」11型	三菱G4M1 一式陸上攻撃機
全　長	9.23m	10.30m	10.18m	10.22m	19.97m
全　幅	11.00m	15.51m	14.36m	11.50m	24.88m
自　重	1894kg	2200kg	2408kg	2440kg	7000kg
発動機馬力	1130hp	770hp	1000hp	1200hp	1530hp×2
最大速度(高度)	565km/h(6000m)	368km/h(2000m)	381km/h(3000m)	546km/h(4750m)	426km/h(4200m)
実用上昇限度	11050m	7400m	8070m	9900m	8500m
航続距離	1800km 2380km (320ℓタンク 搭載時)	1021km	1473km	1574km	2852km
武　装	20mm 機関砲×2 7.7mm 機関銃×2 30kg爆弾 または60kg 爆弾×2 (特攻機は 250kg爆弾×1)	7.7mm(旋回) 機関銃×1 魚雷 (800kg)×1 または60～ 800kg爆弾／ 最大800kg	7.7mm(固定) 機関銃×2 7.7mm(旋回) 機関銃×1 250kg 爆弾×1／ 60kg爆弾×2	7.7mm(固定) 機関銃×2 7.7mm(旋回) 機関銃×1 30～500kg 爆弾／ 最大500kg	20mm 機関砲×1 7.7mm 機関銃×4 魚雷 (800kg)×1 または250～ 800kg爆弾／ 最大1000kg
乗員数	1	3	2	2	7

空隊はこの特別攻撃隊を「神風特別攻撃隊」と呼んでいた。「しんぷう」「かみかぜ」どちらにも読むことができたので、欧米の文献では「カミカゼ」が一般化した。(訳注：1944年10月、フィリピンに反攻する連合国軍を撃滅すべく計画した捷1号作戦で、体当たり攻撃を行なうことになった。この特別な攻撃隊の編成に際し、名前を付けることになり、攻撃隊の作戦立案に関わった第1航空艦隊首席参謀の猪口力平大佐が神風〔しんぷう〕隊と提案すると、201航空隊副長玉井中佐が「神風〔かみかぜ〕を起こさなくちゃならん」と賛成した。ただ、それ以前に起案された大本営海軍部第1部長の電文に「神風特別攻撃隊」と記載されており、命名者は判然としない。1944年11月9日公開のニュース映画『日本ニュース第232号』は、神風特別攻撃隊敷島隊の出撃を伝え、このナレーションが「かみかぜ」と呼んでいたことで、これが広く定着したと思われる)

　日本陸軍航空部隊の特別攻撃隊は「振武隊」として知られている。「振武」の意味は「奮い立つ、威を示す」である。陸軍の作戦指揮組織や当該部

日本陸軍機

機　種	中島キ-43-Ⅱ 一式戦闘機「隼」	中島キ-84(甲) 四式戦闘機「疾風」	川崎キ-61-1(改) 三式戦闘機「飛燕」	三菱キ-51 九九式襲撃機	川崎キ-48-Ⅰ 九九式双発軽爆撃機
全　長	8.92m	9.92m	8.94m	9.21m	12.88m
全　幅	11.43m	11.24m	12.00m	12.10m	17.47m
自　重	1924kg	2680kg	2630kg	1873kg	4050kg
発動機馬力	1130hp	2000hp	1175hp	940hp	1000hp×2
最大速度(高度)	515km/h(6000m)	624km/h(6500m)	580km/h(5000m)	424km/h(3000m)	480km/h(3500m)
実用上昇限度	10500m	10500m	10000m	8270m	9500m
航続距離	1620km 2200km (200ℓタンク ×2 搭載時)	1000km 1600km (200ℓタンク 搭載時)	1800km	1060km	2400km
武　装	12.7mm 機関銃×2 30〜250kg 爆弾×2	20mm 機関砲×2 12.7mm 機関銃×2 30〜250kg 爆弾×2	12.7mm 機関銃×4 または20mm 機関砲×2／ 12.7mm 機関銃×2 100〜250kg 爆弾×2	7.7mm(固定) 機関銃×2 7.7mm(旋回) 機関銃×1 15kg爆弾×12 または50kg爆 弾×4	7.7mm 機関銃×4 15kg爆弾×24 または50kg 爆弾×6
乗員数	1	1	1	2	4

"Combat Aircraft of The World" Ebury Press and Michael Joseph、『航空情報別冊 太平洋戦争 日本海軍機』(酣燈社)、『航空情報別冊 太平洋戦争 日本陸軍機』(酣燈社)、『Wikipedia』などを基に編集部作成。

隊内では、多くの場合、「特攻隊」「特別攻撃隊」、略号として「と」（と号部隊）と呼んでいた。傍受した日本軍の通信では「と」の符号を用いていた。（訳注：「振武隊」は、沖縄戦で1945年4月から出撃した第6航空軍隷下の特別攻撃隊である。台湾の第8飛行師団隷下の特別攻撃隊は「振武隊」の名称は使用せず、多くは「誠」を特別攻撃隊名の最初に付している。特別攻撃隊の名称を付けずに飛行戦隊所属のまま特攻隊として出撃している部隊もある。陸軍の特別攻撃隊も海軍の神風特別攻撃隊と時期を同じくして編成され、1944年11月に捷1号作戦でレイテ湾の米艦艇に体当たり攻撃をしたのが最初だった。当時は「万朶隊」、「富嶽隊」、「八紘隊」、「精華隊」などの隊名だった）

天号作戦

沖縄侵攻の米軍に対して最大限の打撃を与えるために、日本の陸海軍が協

力することが必須だった。この努力の結果が「天号作戦」である。陸海軍は協同作戦のための案をそれぞれで作成したが、陸軍案が採用された。

大本営の陸軍作戦参謀杉田一次大佐は「1945年1月に帝国陸海軍作戦計画大綱を作成する際、海軍は非常に否定的で消極的な態度だった。新しい作戦計画は陸軍が熱心に提案した後、海軍と取り決めて作ることができた」とのちに述べている。(38)

この時期、海軍軍令部で第1部第1課長として勤務していた大前敏一大佐はのちに次のように語った。

　　当時の海軍航空兵力の実態、特に訓練の観点から、海軍は3月または4月に行なわれると予想される沖縄の航空作戦に残念ながら参加できる状況ではなかった。海軍は訓練が十分できていない者が、漸次減耗するようなことを避けようとしていた。そして5月まで、沖縄とほかの戦線、ましてや本土で作戦をしたくなかった。5月になれば、十分な兵力を集合させることができただろう。(39)

日本陸海軍は沖縄で米軍に対して協力することを約束したが、任務の調整は容易でなかった。陸軍の攻撃目標は輸送船団と兵員輸送船だった。陸軍パイロットが慣れているのは静止目標の攻撃だった。低速の輸送艦船は経験不足の陸軍パイロットにとっても攻撃しやすい目標だったので、パイロットの訓練は限定的でよかった。海軍は目標を空母機動部隊とした。海軍パイロットは艦艇のような移動目標を攻撃する訓練を行なっていたが、これを確実なものにするのは難しく、より高い飛行練度が必要だった。これが実質的な任務区分と考えられていた。

海軍の計画でも特別攻撃の訓練が必要だった。軍令部の航空参謀だった寺井義守中佐は次のように語っている。「最初から、航空準備（特別攻撃機）は5月末までに完了するとは考えていなかった。第2次丹作戦（ウルシー環礁の米艦隊泊地攻撃）で米軍の沖縄に向けた進出を遅らせようとしたが、作戦の失敗で、海軍は沖縄作戦を準備できないまま、対決せざるを得なかった」(40)

状況は、陸軍も同様だった。ウルシーに対する攻撃作戦が失敗したことと米軍が沖縄に向けた前進を加速したことで、陸軍も準備の時間は限られていた。天号作戦の立案に携わった日本海軍作戦参謀たちは「陸軍第6航空軍の準備は、海軍以上にスケジュールが遅れていた」と述べている。(41)

1945年3月1日付『大海指第510号　別冊』は陸海軍協力の内容を次の通

り定めた。

<航空作戦に関する陸海軍中央協定

昭和二十年三月一日

大本営海軍部

大本営陸軍部

　（注）本協定は昭和二十年前半期に於ける航空作戦に関するものとす

　一、方針

　　　陸海軍航空戦力の綜合発揮により東支那海周辺地域に来攻を予想する

　　　敵を撃滅すると共に本土直接防衛態勢を強化す

　　　右作戦遂行の為特攻兵力の整備竝之の活用を重視す

　二、各方面航空作戦指導の大綱

　（一）東支那海周辺地域（臺湾、南西諸島、東南支那、九州、朝鮮）

　　　に於る航空作戦

　　　陸海軍航空兵力は速に東支那海周辺地域に展開し 敵来攻部隊を撃滅

　　　す 陸海軍航空部隊の主攻撃目標を 海軍は敵機動部隊 陸軍は敵輸

　　　送船とす

　　　但し陸軍は為し得る限り敵機動部隊の攻撃に協力す＞(42)

　1945年3月20日に軍令部総長及川古志郎大将が発した『大海指第513号 別
紙』は、天号作戦の目標を次のように示した。

　<第二、作戦指導の大綱

　（中略）

　　五、天号作戦に於ては先づ航空兵力の大挙特攻攻撃を以て敵機動部隊

　　　に痛撃を加へ次で来攻する敵船団を洋上及水際に捕捉し 各種特攻兵

　　　力の集中攻撃により其の大部を撃破するを目途とし尚上陸せる敵に

　　　対しては靭強なる地上作戦を以て飽く迄敵の航空基地占領を阻止し

　　　以て航空作戦の完遂を容易ならしめ相俟て作戦目的を達成す＞(43)

　特に重要なのは沖縄の航空基地だった。もしもこれらの基地が米軍の手に
落ちれば、本土の安全はさらに危うくなる。

　沖縄の米軍に対して、陸海軍の協力を最大限にするため、陸軍第6航空軍
司令官菅原道大中将は1945年3月19日の命令で、連合艦隊司令長官豊田副武
大将の指揮下に入った。これに先立ち、4月8日付の『大海指第516号　別

「天号作戦」参加航空機兵力　海軍菊水作戦/陸軍総攻撃

菊水作戦 /総攻撃	時期	海軍 特攻機数	陸軍 特攻機数	合計	特攻以外 機数	合計
1号/1次	4/6～4/7	230	125	355	344	699
2号/2次	4/12～4/13	125	60	185	195	380
3号/3次	4/15～4/16	120	45	165	＊	＊
4号/4,5次	4/27～4/28	65	50	115	＊	＊
5号/6次	5/3～5/4	75	50	125	225	350
6号/7次	5/10～5/11	70	80	150	＊	＊
7号/8次	5/24～5/25	65	100	165	＊	＊
8号/9次	5/27～5/28	60	50	110	＊	＊
9号/10次	6/3～6/7	20	30	50	＊	＊
10号	6/21～6/22	30	15	45	＊	＊
合計		860	605	1,465		

（＊：記録なし）

　菊水作戦のほかに海軍機140機、陸軍機45機が散発的で小規模な体当たり攻撃を実施した。台湾からは250機が体当たり攻撃を行ない、このうち50機が海軍機、200機が陸軍機だった。沖縄作戦中の米軍の水上部隊に対する体当たりの出撃機数は、海軍機が延べ1,900機、陸軍機が延べ850機だった。

　体当たり攻撃のほかに従来方式の雷撃、急降下爆撃による攻撃も行なわれたが、正確な総延べ出撃機数は、海軍の3,700機以外は不明である。(44)

　データは、米国戦略爆撃調査団が作成した概要を基にしている。数字は『日本戦史』の記録と異なり、若干多く、6月22日の沖縄作戦の終了時点で終わっている。

　実際のレーダー・ピケット任務（RP任務）は8月13日まで継続した。沖縄海域では小規模な日本軍の襲撃があったので、RP艦艇は終戦までの全期間を通じて攻撃にさらされた。

（訳注：海軍の菊水4号作戦を実施している間に、陸軍は第4次航空総攻撃と第5次航空総攻撃を実施している。この後は菊水作戦の番号は航空総攻撃の番号より1つ少ない番号で同時に攻撃を行なった。ただし海軍の菊水10号作戦時に陸軍は航空総攻撃を実施していないので、合計作戦回数は菊水、航空総攻撃ともに10回である。菊水10号作戦で陸軍特攻機数が15機と記載されているが、陸軍は通常攻撃としているものを米軍は特別攻撃と考えている）

冊』で日本と朝鮮の航空基地を互いに使用する合意を定めた。

　＜一、要旨

　2、陸海軍共用基地は本協定に拠るも作戦の必要に依りては前号趣旨

日本の海軍航空隊と陸軍航空部隊が沖縄作戦中に使用した九州の基地 （CinCPac-CinCPOA Bulletin No.166-45.Airfields in Kyushu.15 August 1945）

に則り陸海軍相互一時基地を融通使用し以て我航空作戦目的の達成を容易ならしむものとす

二、陸海軍共用基地

1、陸軍基地中海軍共用するもの
　磐城、矢吹、横芝、東金、大島、新島、都城（東）

2、海軍基地中陸軍共用するもの
　高知（連絡用）、大分（連絡用）、鹿屋（連絡用）、八丈島、済州島、種子島

3、陸軍基地中飛行第七、第九十八戦隊の為、海軍共用するもの
　浜松、大刀洗、新田原

4、陸軍基地中海軍の一時避退の為共用するもの
　群山、洒川＞(45)

アイスバーグ作戦開始後の数日間、米軍指揮官は侵攻部隊に対する航空反

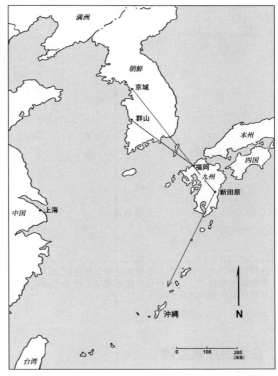

朝鮮の航空基地は後方基地として
使用した。陸軍第6航空軍の航空
機は朝鮮の群山、京城（訳注：現
在のソウル）から福岡に向かい、
さらに新田原に向かい、そこから
沖縄の艦艇を攻撃した（Magic
FES 421, 15 May 1945）

撃が比較的少なかったことに驚いたが、すぐに状況は変わった。日本軍は10
回の大規模攻撃からなる天号作戦の開始とともに、多数の体当たり攻撃機と
その護衛機を動員して沖縄の艦艇に襲いかかろうとした。

　4月6日の夕刻から7日に、日本軍は10次に及ぶ菊水作戦で最初の攻撃を
実施した。同時に多数の航空機が攻撃をかければ、その多くが防空網を突破
して米艦艇に大きな損害を与えることができると考えた。85頁の表は、日本
軍がカミカゼ、その他（護衛、雷撃、爆撃など）で出撃した機数の一覧であ
る。

　日本陸海軍は天号作戦を米軍に対する決戦と考えていたが5月末までに、
沖縄を失い米軍の前進を阻むことはできないと認識した。その頃には、沖縄
戦の目的は決戦ではなく米軍の損耗を強いることになった。軍令部第1部長
富岡定俊少将はこれを「敵を消耗させる出血作戦」と表現した。(46)

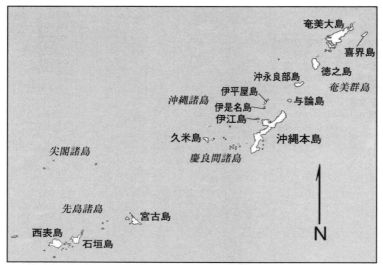

沖縄諸島の北と南西にある奄美群島と先島諸島は沖縄の米軍を攻撃する前進集結基地だった。台湾からの出撃機は石垣島と宮古島を、九州からの出撃機は喜界島と奄美大島を使用した。

日本海軍航空隊

　沖縄の米軍を攻撃した海軍のカミカゼの部隊は、連合艦隊司令長官豊田副武大将隷下の日本本土の第3、第5、第10航空艦隊と台湾の第1航空艦隊だった。豊田は海軍将官で最も有能な人間と思われていた。1905年に海軍兵学校を卒業して、1931年に少将に昇任した。1930年代半ばに海軍省軍務局長を務め、立場上、陸軍高官と衝突した。それ以来、彼は陸軍とは対立的な関係にあった。沖縄作戦が終了する前に軍令部総長に就いた。

　第1航空艦隊は大西瀧治郎中将が、第3航空艦隊は寺岡謹平中将が、第10航空艦隊は前田稔中将が指揮を執った。

　第5航空艦隊は宇垣纏中将が指揮を執り、九州の鹿屋海軍航空基地に司令部を置いた。豊田が直属の上司だった。

　作戦上、宇垣は第1機動基地航空部隊を指揮して、4月1日に第8基地航空部隊（第10航空艦隊が主力）が宇垣の作戦指揮下入り、5月12日には第1機動基地航空部隊と第7基地航空部隊（第3航空艦隊が主力）で天航空部隊を編成し、指揮を執った。

　第3、第5、第10航空艦隊は九州各地の基地から作戦を行なった。鹿屋が

左：宇垣纒中将、第5航空艦隊司令長官（Photo courtesy of the U.S. Naval Institute）
右：豊田副武大将、連合艦隊司令長官。撮影時期1944年9月　（NARA 80 JO 63365）

主基地だが、鹿児島、博多、大村、人吉、都城、宮崎、国分、串良、笠野原、指宿、岩川、築城、大分、出水、宇佐の各基地を沖縄の米軍目標を攻撃するカミカゼとほかの攻撃機が使用した。

　米軍を混乱させるため、パイロットはしばしば九州から台湾に向かうように見せかけて迂回して飛行した。

　鹿屋は非常に重要な基地と考えられていた。米陸軍第21爆撃集団は次のように報告している。

　　海軍鹿屋航空基地は、日本の航空司令部という以上に重要だった。施設を破壊すれば、日本軍の航空攻撃作戦を崩壊させることができる。飛行場は集結地点として使用するとともに、陸軍・海軍の戦闘訓練基地の役目も果たしていた。海軍航空補給処は大規模な修理、整備施設を備えて飛行場を支援し、航空機組立てを統合部隊で実施した（訳注：鹿屋には大規模な修理・整備を行なう部隊はなく、第21爆撃集団が鹿屋をほかの基地と混同している可能性あり。そのため原書では著者が「ママ」の注記を入れている）（中略）付属飛行場として鹿屋東（訳注：笠野原）が近隣にある。(47)

　九州南部の奄美群島は島が糸のようにつながっていて、奄美大島、徳之

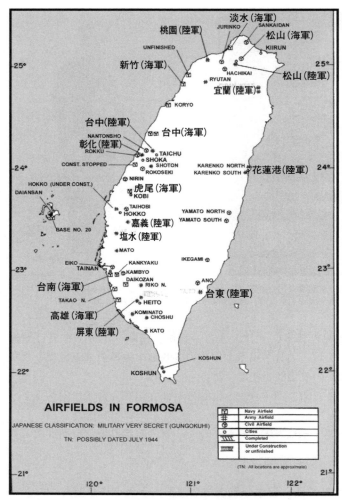

台湾の飛行場を陸軍第8飛行師団と海軍第1航空艦隊が使用した
（CinCPac-CinCPOA Bulletin No.102-45.Translations Interrogations
Number 26 Airfields in Formosa and Hainan. 25 April 1945, p. 6）

島、喜界島に飛行場がある。台湾の第1航空艦隊の基地は、台中、虎尾、松
山、高雄、新竹、台南にある。台湾と沖縄の間に位置する先島諸島の石垣
島、宮古島には沖縄の米艦艇を攻撃する前進集結基地の飛行場がある。

日本陸軍航空部隊

　沖縄作戦中にカミカゼ攻撃を行なった陸軍航空部隊は、九州の第6航空軍、台湾の第8飛行師団と朝鮮の第5航空軍隷下の若干の部隊だった。山本健児中将が指揮する第8飛行師団の司令部は台北の松山にあった。台湾のほかの飛行場は花蓮港、桃園、彰化、屏東、潮州、宜蘭、龍潭、塩水、八塊、嘉義にあった。

　沖縄を攻撃する第8飛行師団の航空機は、先島諸島の小さな島、特に石垣島と宮古島の飛行場を攻撃の前進集結基地としてしばしば使用した。

　菅原道大中将が第6航空軍の指揮を執り (48)、3月18日に第6航空軍戦闘指令所を福岡に設置して、九州の新田原、知覧、熊本、菊池、大刀洗、都城、隈庄の部隊が作戦を実施した。

　菅原の第6航空軍は航空総軍司令官河辺正三大将の隷下になった。九州から南に向かう喜界島、奄美大島、徳之島などに陸軍航空基地を設け、しばしば九州から飛来する航空機の前進集結基地として使用した。

　3月18日の九州の飛行場に対する空母艦載機の攻撃の際、第6航空軍は航空機を朝鮮の基地に撤退させて、航空機の温存に努め、沖縄の米軍を攻撃するため、朝鮮の飛行場の拡充を始めた。群山、京城などの飛行場に中国、九州から追加部隊を移動し (49)、朝鮮の飛行場は沖縄攻撃の後方基地となり、米空母機動部隊とB-29の攻撃から航空機を温存した。

　陸軍航空基地の中で大刀洗は最も重要な基地と考えられていた。米陸軍第21爆撃集団は「陸軍大刀洗飛行場は全天候滑走路と重爆撃機、戦闘機、中型爆撃機を運用できる完璧な施設を有し、久留米地区で最も重要な飛行場で訓練基地である。また、日本国内にある8か所の陸軍航空補給施設の1つである」と考えた。(50)

　沖縄の米軍を攻撃した陸軍の主力部隊は第6航空軍だったが、第5航空軍の部隊である第8飛行団も何回か攻撃を行なった。下山琢磨中将率いる第5航空軍は、司令部を朝鮮の京城に置いた。下山の参謀長の中西良介少将によれば、第8飛行団の飛行第16、第90戦隊が、九九式双発軽爆撃機（九九式双軽）を使用して沖縄の米軍の目標に何回か攻撃を実施している。(51) この攻撃の延べ出撃機数は比較的少なく、30機から40機の間と見積られている。

　特攻隊の標準手順では、進出距離を延ばすため九州から南の島の基地に前進することになっていた。4月初めはこのように作戦を実施したが、米軍がこれらの島々を攻撃したため、航空機を大きな損失なしに前進、特に徳之島

へ前進させることが困難になった。

　そのため日本軍は航空機に機外燃料タンク（増槽）を装備して、島を経由せず九州の基地から直接、沖縄海域まで飛べるようにした。

　各部隊に特攻機が配備されている海軍と異なり、陸軍は特別攻撃専任部隊を別に編成した。愛国的なパイロットがこの部隊に「志願」した。沖縄作戦の終盤には、特攻隊への志願者が減少したため、教育部隊と戦術部隊から特攻隊に強制的に要員を送り込んだ。最初、各特攻隊に12機を割り当てていたが、損耗によって機数は減少した。

　6月にはわずか6機の部隊も編成された。部隊を200個編成する計画は沖縄戦が終了するまでに帳簿上だけは完了したが、実際に沖縄での飛行任務に就いたのは三分の一以下だった。残りは予想される本土決戦に備えて温存された。

　3月、第6航空軍は特攻隊を15個編成した。9個は米軍の沖縄侵攻を迎え撃つために九州に向かい、6個は東日本にとどまった。これにより合計60機の陸軍体当たり攻撃機が九州の基地に揃ったが、第20、第21、第23振武隊の3個部隊だけが戦闘準備できていたと考えられる。追加部隊を天号作戦で使用すると想定して、第6航空軍は部隊数を10個増強して、合計25個にした。

　このように急速に兵力を増強したことで、整備不良の旧式機で飛ぶことになる訓練不足のパイロットが特攻隊の主力になった。このようなパイロットが操縦する航空機に遭遇した米軍パイロットは、日本軍パイロットの経験と練度が不足していると報告した。

　沖縄に本格的に上陸しようとしている米軍に対する攻撃を陸海軍が連携して実施できるように、3月19日、大本営は防衛総司令官東久邇宮稔彦王陸軍大将に、第6航空軍を南西諸島方面作戦に関し連合艦隊司令長官豊田海軍大将の指揮に入れるように命令した。これで陸海軍は侵攻軍との戦闘で、最大限の効果を発揮するはずだった。

　実際は豊田司令長官の参謀が攻撃計画を作成して、菅原中将と宇垣中将に伝え、菅原と宇垣がそれぞれ作戦の詳細を考えるものだった。陸軍が参加する航空機数、攻撃経路、戦術などの詳細は菅原が決定した。

　この協同作戦で最も重要なことの1つは、九州の基地と沖縄の目標との間の戦闘機支援だった。海軍は利用可能な航空機が多かったので、海軍の役割は重要だったが、当初、問題が生じた。九州の陸軍と海軍の間の連絡がなされていなかったのである。さらに、この時点になっても陸海軍の作戦資源をめぐる争いと戦略の不一致で、両軍の協力はほとんどなかった。

　1945年3月25日、陸軍の飛行部隊の指揮官が福岡に集合し、予想される作戦方針を決定した。陸軍の勧告は次の通りだった。

海軍の九九式艦上爆撃機は沖縄戦で特攻機として多数使用された。連合軍のコード・ネームは「Val」。多くのRPSが本機の攻撃を受けた（NARA 4292 AC）

＜（イ）第一攻撃集團（飛行第五十九戰隊、特攻五隊）は兵力の集中、準備の進捗に伴ひ速かに南西諸島（喜界島をも利用す）に推進展開し攻撃を準備し軍攻撃の第一波となる
（ロ）第二攻撃集團（飛行第百一戰隊、第百二戰隊、特攻二隊）は都城、第三攻撃集團（飛行第百三戰隊、飛行第六十五戰隊、飛行第六十六戰隊、特攻二隊）は知覧及万世に夫々兵力を集結して爾後の攻撃を準備し（訳注：ここに記載されている第1次・第2次・第3次攻撃集団は、沖縄作戦のために陸軍第6航空軍が特別に編成した部隊で、通常攻撃と特別攻撃を行なう部隊で構成している。隷下部隊の準備などの都合で、番号順に出撃してはいない）
（ハ）重爆両戰隊（訳注：飛行第60戦隊、飛行第110戦隊）は熊本及大刀洗に於て爾後の艦船攻撃を準備するの基本部署に基き更に諸事急速促進を圖ることとせり＞(52)

　作戦方針は決まったが機能しなかった。陸軍は天号作戦を開始する準備ができていなかったのである。部隊移動にともなう損失と遅れで計画は変更された。

最初の攻撃は第６飛行団の２個飛行戦隊からなる第３攻撃集団が行なうことになった。３月28日、飛行団の部隊は徳之島に何機か前進させた。飛行第103戦隊の８機と飛行第66戦隊の10機が天号作戦の開始に向けて準備を完了させ、29日、作戦を開始した。＜四、（中略）飛行第六十六（九九式襲撃機の襲撃隊）及飛行第百三戦隊（四式戦）の各１中隊並に知覧より飛行第六十五戦隊長の指揮する１中隊（一式戦闘機の襲撃隊）を以て二十九日0600乃至0620の間沖縄本島西南側及慶良間附近の敵艦船群を攻撃す　攻撃戦果は煙霧等の為明確ならさるも搭乗員の目撃に依れば艦種不詳２隻撃破、大型艦１隻爆発、輸送船１隻黒烟、火災４隻等を認め･･･＞と、日本軍戦記に戦果を記しているが (53)、その日、米軍側の記録では損害を受けた艦艇はないという。

　その後数日間、追加の航空機が九州南方の島に前進して、命令があり次第、攻撃できるように準備した。

　米軍が沖縄侵攻を開始したので、４月１日朝までに日本陸軍航空部隊は飛行第65、第66、第103戦隊から合計25機、第20振武隊から体当たり攻撃機８機を徳之島に展開した。慶良間諸島に夜が明けると同時に攻撃を開始した。この後、何週間、何か月にもわたり、多くの航空機の攻撃が続いた。

　日本陸軍航空部隊が用いた戦闘機は、鍾馗、隼、九七式戦闘機（九七式戦）、疾風、飛燕、二式複座戦闘機「屠龍」、偵察機は一〇〇式司令部偵察機（百式司偵）、九九式軍偵察機（九九式軍偵）、爆撃機は九九式双軽、一〇〇式重爆撃機「呑龍」、九七式重爆撃機（九七式重爆）、四式重爆撃機「飛龍」、九八式軽爆撃機（九八式軽爆）だった。

　日本海軍の士官の中には、陸軍機のほうが海軍機よりも優れていると考える者もいた。特別攻撃で最も多く使用されたのは九七式重爆、隼、九九式襲撃機だった。米軍の陸軍機特別攻撃の分析は日本側の資料と異なり、隼と飛燕が体当たり攻撃に最も使用されたとしている。(54)

　九七式戦のような旧式機は部品の入手が困難で、エンジンが経年劣化しているなどの整備上の不具合を多く抱えていた。日本軍の整備員の多くが南方から帰国できなかったり、フィリピンで戦死していた。その補充要員の訓練は十分ではなく、整備員は不足していた。さらに本土では労働力が減少し、航空機製造の品質が落ちていた。

　九州の基地から発進する部隊は別の問題も抱えていた。沖縄、マリアナ、硫黄島、空母から発進する米軍機の攻撃にさらされていたのである。これらの攻撃で鉄道網が破壊され、航空機用燃料はトラック輸送になり、特別攻撃の回数が制限された。航空機用燃料の中には品質が悪いため、航空機のエンジン性能の低下を招き、航続距離を短くしたものもあった。

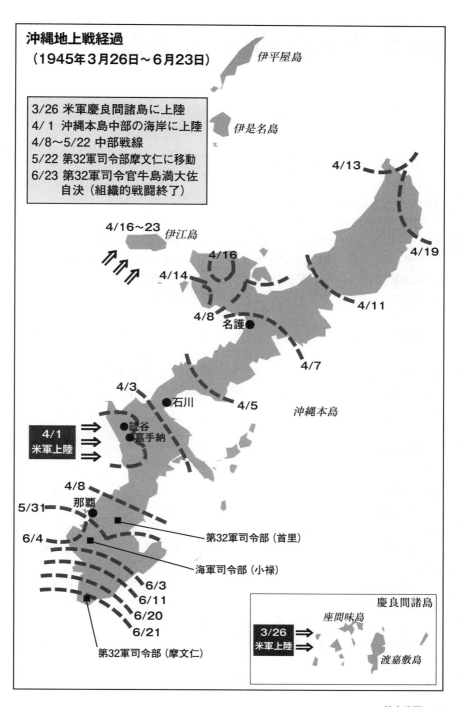

沖縄地上戦経過
（1945年3月26日〜6月23日）

3/26 米軍慶良間諸島に上陸
4/ 1 沖縄本島中部の海岸に上陸
4/8〜5/22 中部戦線
5/22 第32軍司令部摩文仁に移動
6/23 第32軍司令官牛島満大佐
　　　自決（組織的戦闘終了）

伊平屋島

伊是名島

4/13

4/16〜23
伊江島

4/16

4/14

4/19

4/11

4/8
名護

4/7

4/3

石川

4/5

沖縄本島

4/1
米軍上陸

読谷
嘉手納

4/8
那覇

5/31

第32軍司令部（首里）

6/4

海軍司令部（小禄）

6/3
6/11
6/20
6/21

第32軍司令部（摩文仁）

慶良間諸島

座間味島

3/26
米軍上陸

渡嘉敷島

第3章 "地獄の戦い" 始まる

1945年3月24日（土）

[RPS＃5：駆逐艦プリチェット（DD-561）]

　沖縄でのRP任務は、沖縄侵攻開始8日前の3月24日に始まった。P・K・フィッシュラー少将率いる第54.1.1任務隊の1隻として沖縄海域に到着したプリチェットが、0610にポイント・ボロ（17頁地図参照）の東43マイル（69km）のRPS＃5で配置に就いた。頭上では軽空母サン・ジャシント（CVL-30）の4機のヘルキャットが戦闘空中哨戒（CAP）にあたっていた。

　3月24日0910、プリチェットは北西の方向に飛来する敵味方不明機1機をレーダーが探知して、CAP機を迎撃に向かわせたが、不明機は逃げ去った。プリチェットは暗くなるまでそこにとどまった後、任務隊本隊と合流した。翌25日の夜明け直後、第752海軍航空隊偵察第102飛行隊の彩雲11型2機が鹿屋から飛来して、米艦艇の位置を通報した。

3月26日（月）

[RPS＃9：駆逐艦キンバリー（DD-521）]

　最初にRP任務の配置に就いた艦艇の1隻で、最初にRPSの"地獄の戦い"で損害を受けたのはJ・D・フイットフィールド中佐が艦長のキンバリーだった。キンバリーは沖縄南東約40海里（74km）のステーション・キング7で哨戒していた。

　3月26日0535、近くのRPS＃9に向かうよう指示を受けた。RPS＃9へ移動中にレーダー・スクリーン上に敵味方不明機1機を発見、総員配置をかけた。0617、台湾の第1航空艦隊の九九式艦爆2機が攻撃しようと迫って来た。キンバリーは最高速力に増速、射撃を始めた。2機の九九式艦爆は翼を傾けて射程外に離脱したが、そのうちの1機が戻ってきて向かって来た。数分間、キンバリーと日本軍機は急激な動きを繰り返した。

駆逐艦キンバリー（DD-521）は沖縄のRPSで最初に任務に就いた艦艇の1隻。本艦はフレッチャー級の47番艦で1943年5月竣工。沖縄で損傷後、修理され、戦後は艦隊に復帰して朝鮮戦争に参加している。54年に予備艦となったが、67年に台湾に貸与され、中華民国海軍駆逐艦「安陽」として就役、近代化改修を経て、99年に退役。2003年に実艦標的になり海没処分された（NARA80G 68240）

　九九式艦爆は艦尾側からの突入を試みたので、キンバリーは目標に火砲を向けようとした。パイロットは明らかに経験豊富だった。キンバリーの報告によれば、九九式艦爆は対空砲火を避けるため、何度も機動を行ない、ついに機体を艦尾に向けた。キンバリーは回頭したが、カミカゼを避けることはできなかった。九九式艦爆は何発も被弾したが、艦橋に突入しようとしているのは明らかだった。艦尾の上を通過すると日本軍機は制御不能になり、後部40mm機関砲に体当たりした。4人が戦死、33人が負傷、17人が行方不明になった。

　九九式艦爆と搭載していた爆弾でキンバリーに火災が発生したが、すぐに消火された。キンバリーの戦闘能力は残っていたが、40mm機関砲とともに38口径5インチ単装砲2基が使用不能になった。フイットフィールド艦長は負傷者の移送を要請し、0951、キンバリーはRPSを離れた。損害は大きかったが、沖縄に戻って直衛任務に就くことはできた。4月1日、カリフォルニア州メア・アイランド海軍工廠で修理するために沖縄を離れた。戦線には戻れなかったが、9月に東京湾で行なわれた降伏調印式までには修理を完了した。

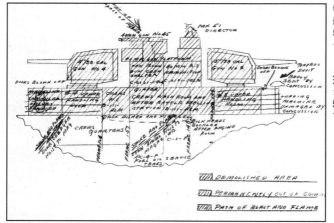

特攻機が命中した駆逐艦キンバリー（DD-521）の損傷状況のスケッチ。斜線部の5インチ単装砲の3番から4番砲塔がある上部構造物がほとんど破壊された（USS Kimberly DD-521 Serial 014 Action Report 12 April 1945. Enclosure A）

[RPS＃9：駆逐艦スプロストン（DD-577）]

　3月26日、スプロストンが駆逐艦キンバリー（DD-521）と交代するためRPS＃9に向かい、0940に到着するとすぐに日本軍機と戦闘に入った。同日2250、レーダーが敵味方不明機数機を発見したので速度を25ノット（46km/h）に上げた。5分後、スプロストンは上空高度2,000フィート（610m）に双発機1機を発見して、40mm機関砲と38口径5インチ単装砲で砲火を浴びせた。2300、機体に砲弾が命中して燃え出したのが見えた。乗組員は撃墜したと確信したが、墜落する様子を見ることはできなかった。27日の0320に、別の日本軍機に砲火を浴びせて撃退した。

　3月28日0812に駆逐艦ウィックス（DD-578）がスプロストンと交代した。

３月30日（金）

[日本軍の作戦開始]

　慶良間諸島で戦闘が始まったので、日本の沖縄防衛計画が動き始めた。米軍情報機関は3月30日に海軍沖縄方面根拠地隊司令官大田實少将が発した次の電報を傍受していた。

　＜「天一号」作戦既に発令せられ皇国防衛の大任を有する吾等正に秋水を払ひて決然起つべきの秋なり（中略）真に皇国興廃の大任は吾等の双肩にありと言ふべし 諸士良く各自の重責を思ひ尽忠更に訓練を重ね必勝の信念に徹し真摯自愛勇戦奮闘以て皇恩に副ひ奉らんことを期せよ＞(1)

［日本軍の電文傍受］

　沖縄作戦を通じて米軍は日本の作戦を知っていた。1942年4月、南西太平洋方面連合軍最高司令官マッカーサー陸軍大将は、フィリピンのコレヒドールからオーストラリアのメルボルンに撤退した後、司令部に広範囲な情報作業を行なう中央局を開設した。これに携わったのは米陸軍、オーストラリア陸軍、オーストラリア空軍の信号情報部隊の要員だった。日本軍の通信を傍受して分析した情報は「ウルトラ」として知られている。中央局は傍受した通信文を翻訳・分析して陸軍情報部に伝達した。そこから関係する軍事指揮系統に情報を配布した。

　この情報に基づき、米軍はしばしば日本軍の奇襲を防ぎ、日本軍の飛行場に先制攻撃できた。沖縄侵攻の直前、第21爆撃集団はマリアナ諸島の第73、第314爆撃航空団のB-29を九州の航空基地爆撃に向かわせた。第21爆撃集団戦術作戦報告—作戦番号46および50によれば、この爆撃の目的は、①飛行場施設の破壊、②沖縄地区から日本軍戦闘機を退却させること、③日本軍戦闘機を九州などの母基地に封殺しておくことの3点だった。(2)

　このように日本本土への攻撃によって日本軍の航空作戦能力を減少させた。

　日本軍はJN-25暗号（訳注：日本海軍D暗号の米軍呼称）の改訂版を作成中で、1945年2月1日から発効させた。しかし、中央局のウルトラ・プログラムは、その暗号電文をすぐに解読し、米軍は沖縄作戦開始時には通信を傍受するとほぼ同時にその内容を入手していた。

3月31日（土）

［RPS＃9：駆逐艦ウィックス（DD-578）、キンバリー（DD-521）］

　RPS＃9はポイント・ボロから南東52マイル（84km）だった。3月28日朝、駆逐艦スプロストン（DD-577）と交代したウィックスはRPS＃9にとどまっていた。3月26日にキンバリーが攻撃されていたので、ウィックスの乗組員は台湾または日本本土の基地から飛来する日本軍機を注意深く警戒した。3月31日0125、ウィックスは夜間攻撃を受けて出火したが、大事には至らなかった。

［米英空母］

　米軍は、九州からの日本海軍機は喜界島を、台湾からの陸軍機は石垣島をそれぞれ前進集結基地に使っていることに気づいた。(3) 日本軍を追い詰め

るため、カルバン・T・ダージン少将の第51.2任務群の米護衛空母と、フィリップ・ビアン少将の第57任務部隊の英空母が先島諸島を3月26日から4月1日にかけて継続的に攻撃した。米英の空母は4月になってからも継続的に攻撃を行なった。

4月1日（日）

[米軍の沖縄侵攻開始]

　4月1日、上陸開始日の日の出は0640。海兵隊と陸軍の兵士が上陸用舟艇に乗り込んだ。気温は24度で穏やかな風が海岸に向かって吹いていた。戦艦、巡洋艦の主砲が大音響を轟かせて海岸に攻撃準備射撃を繰り返した。海岸線近くには武装小型艦艇が上陸地点に向けて最初のロケット弾攻撃を行なうために並んでいた。

　0800、ロケット発射機、機関砲、迫撃砲などを搭載した歩兵揚陸艇（砲艇）や中型・大型揚陸支援艇が攻撃を開始して海岸と沿岸の目標にロケット弾、砲弾を撃ち込み、沖縄侵攻が始まった。

　上陸部隊が安全に上陸すると、各艦艇はすぐに次の任務に就いた。多くの駆逐艦、大型揚陸支援艇、ロケット中型揚陸艦にとって、その任務こそ最大の試練だったことがわかった。沖縄での作戦終了後も8月13日まで、米海軍はこれらの艦艇をカミカゼ攻撃に直面する孤独な歩哨として運用した。最初の沖縄上陸が完了した直後から11隻の駆逐艦でRP任務を開始した。哨戒にあたるRPSは、＃1、2、3、4、7、10、12、14、15だった。

[RPS＃1：駆逐艦ブッシュ（DD-529）]

　4月1日1000、ブッシュは、ポイント・ボロの北51マイル（82km）のRPS＃1に向かう命令を受けた。RPS＃1は日本本土から沖縄へ直行する経路上にあるため、重要な海域だった。1330、ブッシュはRPSに到着して哨戒を開始したが、その日は何事もなかった。多くの日本軍機を目撃し、レーダーで捕捉したが、ブッシュの射程内に入ることはなかった。そのような日は、以後ブッシュがRP任務に就いていた間で数えるほどしかなかった。翌朝、ブッシュは燃料補給のため慶良間諸島に戻る命令を受け、駆逐艦プリチェット（DD-561）と交代した。

　夜の間、RPS＃2近辺を哨戒した駆逐艦ルース（DD-522）も日本軍機を何機も発見した。

［RPS＃9：駆逐艦ウィックス（DD-578）］

　4月1日、ウィックスはRPS＃9で哨戒を行なった。0549、日本軍攻撃機1機が雷撃を仕掛けてきた。対空砲火の煙で乗組員は誰も魚雷の投下を見なかったが、ソナーが魚雷のスクリュー音を探知したので、急激な回避運動で魚雷をかわした。

　日本軍機は再び飛来して、体当たりしようとして2回目の突進を行なった。

　ウィックスは火砲を日本軍機に向けるため回頭したので、カミカゼはウィックスの右舷後方近くの海面に激突した。続いて接近した2機目を弾幕射撃により撃退した。その日の遅く、ウィックスはRPS＃7で配置に就いた。

［RPS＃10：駆逐艦ベネット（DD-473）］

　4月1日、ベネットはRPS＃10の配置に就いた。ここはポイント・ボロから西南西に73.5マイル（118km）離れていた。1000、RPSに到着してすぐに敵味方不明機に砲火を浴びせた。東の方向に何機かの日本軍機が飛行するのを目撃した。日本軍機は海面から約500フィート（152m）の低高度を飛行したが、すべてベネットの対空砲火で追い返された。この攻撃隊は陸軍の部隊で、台湾の花蓮港南飛行場の飛行第17戦隊と宮古島に進出していた飛行第24戦隊の所属機とみられる。飛行第17戦隊は特攻機8機と護衛機6機を、飛行第24戦隊は2機を出撃させた。飛行第17戦隊の8機は未帰還になっている。

（4）（訳注：2130から2359の間にRPSに接近したのは、宇佐から9機出撃した海軍の陸攻または台湾から出撃した月光の可能性あり。原書が引用している部隊は4月1日早朝に出撃した。著者はマジックの情報を参考にしているが、「戦史叢書」の内容は次の通り：〔陸軍第8飛行師団の〕石垣島から出撃したのは飛行第17戦隊の特攻機8機と護衛機8機、宮古島に進出したのは飛行第24戦隊の護衛機3機、独立飛行第41中隊の偵察機2機である。飛行第17戦隊の特攻機7機と護衛機1機は未帰還になっている。なお九州の第6航空軍からも出撃している）

［沖縄周辺状況］

　4月1日の早朝、フィリピンの基地から陸軍第5空軍の第22、第43爆撃航空群が、30機のB-24と18機のB-25で宜蘭と花蓮港の両飛行場を空襲したが、日本軍機の何機かはまだ運用可能だった。

　4月1日の侵攻初日は比較的戦闘が少なかった。RP任務の艦艇は攻撃してきた日本軍機を撃退し、艦艇の損害および人員の損失はなかった。日本軍はRP艦艇を攻撃した雷撃機1機を失った。陸軍第6航空軍の第3攻撃集団

は、航空機の準備が遅れ、わずか2機を徳之島から、13機を知覧から出撃させただけだった。

　その日の夕刻、日本軍は第3攻撃集団を沖縄周辺の島嶼に前進展開しようとしたが、米空母艦載機に阻まれ、徳之島に到達できたのは一部だった。第1攻撃集団の特攻機部隊は知覧に移動したが、攻撃任務に飛び立つことができなかった。

4月2日（月）

［RPS＃15：駆逐艦プリチェット（DD-561）］

　4月2日、プリチェットはRPS＃15の配置に就いていた。0543、暗い塗色の単発機1機が攻撃してきた。日本軍機は低空で飛来したためレーダーで捕捉されずに左舷まで来た。マストの高さから投下された250kg爆弾がプリチェットの左舷正横20～30ヤード（18～27m）の海面に落下し、低空警戒・対水上捜索レーダーSG-1と射撃管制用のMk.4レーダーが一時的に使用できなくなった。

　爆弾を投下した日本軍機がプリチェットの上を通過したので、射手は40mm機関砲を射撃、命中させた。損傷を受けた日本軍機は東に逃げた。その時点でプリチェットはRPS＃1の駆逐艦ブッシュ（DD-529）と交代する命令を受けていたので、0755に交代した。1時間も経たずに大型揚陸支援艇LCS（L）-62、-64がプリチェットに合流した。

［RPS＃2：駆逐艦ベニオン（DD-662）］

　4月2日0155、ベニオンがRPS＃2を哨戒していると、接近する一式陸上攻撃機（一式陸攻）1機をレーダーが探知した。レーダー管制による射撃でこの一式陸攻を撃退した。0334には別の一式陸攻が東から高度50フィート（15m）で接近した。レーダーがこれを距離9海里（17km）で探知したので、奇襲攻撃にはならなかった。ベニオンが5インチ砲弾1発でこの一式陸攻を撃破して、距離4,200ヤード（3,840m）で落とした。

　0650、大型揚陸支援艇LCS（L）-84、-87がベニオンに合流。1828に再び攻撃を受けた。九九式艦爆らしき2機が北東から接近した。射程内に入った1機にベニオンが5インチ砲弾を命中させると、機体は炎に包まれて墜落した。2機目は降下しながら東に向かい、数分後に墜落した。艦艇は射撃していないので、この機が墜落した理由は不明である。

[嘉手納停泊地]

　4月2日、RPS＃15とRPS＃2以外のRPSの艦艇は損害を受けず、大きな戦闘もなかったが、嘉手納停泊地に投錨している上陸支援艦船群は損害を受けた。日本軍機は高速輸送艦ディッカーソン（APD-21）、攻撃輸送艦グッドヒュー（APA-107）、テルフェアー（APA-210）、ヘンリコ（APA-45）に体当たりした。なかでもディッカーソンの損害は大きく、最後は海没処分された。ヘンリコは戦争が終わるまで戦線に復帰できなかった。

　この攻撃隊は陸軍第3攻撃集団に属するカミカゼの第20振武隊2機、護衛などの飛行第66戦隊の8機、飛行第103戦隊の2機で、徳之島を早朝に離陸して防空網を潜り抜けた。これは天号作戦での陸軍で最初の特別攻撃だった。

　＜本攻撃に於いて特攻隊は初めて体当り攻撃を行ひ（第20振武隊長長谷川實大尉、同隊員山本英四少尉の2機）又飛行第六十六戦隊は一般飛行部隊なるも戦況の重大なるを自覚し山本中尉以下七機は敢然体当り攻撃敢行＞。(5)（訳注：著者が参考にした「日本軍戦史」には長谷川大尉、山本少尉が4月2日に出撃したと記述。実際には、第20振武隊の第一陣は4月1日早朝に長谷川大尉、山本少尉ほか計5機が出撃した。山本少尉のみ未帰還で、長谷川大尉は目標を発見できず、2日に再出撃、未帰還になった。ほかの隊員は2日、12日に出撃し、未帰還になった。連合艦隊司令長官〔この時、第6航空軍は海軍作戦指揮下にあった〕は1日、2日、12日に出撃した第20振武隊の計7人に対して1件で布告をした。第20振武隊は第6航空軍で最初に出撃した特攻隊であるが、4月1日は第23、第65振武隊も出撃した。また前述の通り第8飛行師団からも出撃している）

4月3日（火）

[RPS＃1：駆逐艦プリチェット（DD-561）]

　4月3日、RPS＃1では、プリチェットが前日の攻撃で軽い損傷をこうむったが、大型揚陸支援艇LCS（L）-62、-64とともに哨戒を続けた。RPSは夜明け前から攻撃を受けた。プリチェットのレーダーが高速で北から飛来する日本軍攻撃隊を探知した。0121、攻撃隊の第一陣に向かって砲火を浴びせて撃退した。8分後、4機が艦に接近して来た。2機がプリチェットの上空で旋回し、ほかの2機が攻撃してきた。

　プリチェットが射撃を開始して1機を炎上させ、右舷方向距離2,300ヤード（2,103m）で撃墜した。続く20分間、残る3機は続けてプリチェットに襲い

かかり、射手を混乱させるために両側から接近した。0142、1機が右舷前方から飛来して艦上を通過しながら250kg爆弾を投下した。爆弾は艦尾に命中してから艦尾の下で爆発し、艦底に穴を空けて大きな損傷をもたらした。

　続いて0145、LCS（L）-64が左舷方向から1機が飛来するのを発見した。これは零戦のようで、小型爆弾を左舷から離れた海面に投下した。爆弾が爆発して、艦は激しく揺れたが、損傷はほとんどなく、弾幕射撃で追い払った。

　それ以降も攻撃が続いた。続く15分の間、代わる代わるRP艦艇を攻撃した別の4機を対空砲火で撃退した。0156、プリチェットの射手は飛来する銀河1機を発見し、艦から7,000フィート（2,134m）の距離で撃墜した。この銀河は宮崎から出撃した第762海軍航空隊攻撃第262飛行隊の8機中の1機だった。その後数時間、多くの日本軍機がRPS＃1の空域にとどまっていた。

　0405、LCS（L）-64は左舷方向から攻撃してくる1機を40mm機関砲と左舷の20mm機関砲で射撃した。日本軍機が艦首の上を通過したので、右舷の火砲も射撃を始めると、日本軍機は炎に包まれて艦から100ヤード（91m）の海面に墜落した。

［RPS＃1：駆逐艦ブッシュ（DD-529）、プリチェット（DD-561）、第84戦闘飛行隊（VF-84）］

　4月1日1330からブッシュはRPS＃1で哨戒に就き、翌2日、プリチェットと交代した。3日にプリチェットが大きな損害を受け、修理と補給のために停泊地に戻るので、ブッシュは再びRPS＃1に戻る命令を受けた。ブッシュは3日1330にプリチェットと交代して、大型揚陸支援艇LCS（L）-62、-64の支援を受けながら哨戒を始めた。

　その頃、＜零戦三二機 紫電八機 喜界大島附近の制空爆戦二四機 彗星二一機＞が九州南部の鹿屋と国分第1飛行場から発進した。(6)

　1700、RPS＃1はこの攻撃を受け、支援艦艇はブッシュに向かった彗星4機に砲火を浴びせた。LCS（L）-62はブッシュとの距離を縮めて火力支援した。ブッシュが1機を撃墜し、残る3機を空母バンカー・ヒル（CV-17）から発艦してCAPにあたっていた第84戦闘飛行隊（VF-84）のコルセア6機が撃墜した。

［RPS＃２：駆逐艦ベニオン（DD-662）］

　４月３日、RPS＃２を哨戒したのはベニオン、大型揚陸支援艇LCS（L）-84、-87だった。RPSは何度も攻撃を受け、RP艦艇にとって危険な夜になった。0143、ベニオンのレーダーが西から高度約600フィート（183m）で飛来する１機を探知した。砲火を浴びせたが撃破できず、闇夜の中に逃げられた。22分後、東から高度約300フィート（91m）で接近した別の１機も砲火で追い払った。

　同じ頃、LCS（L）-84に１機が攻撃を仕掛けた。これは同艇の40mm連装機関砲２基の砲火を浴びながら飛来したが、横にそれていった。0305、速度160ノット（296km/h）、高度900フィート（274m）で接近する別の１機をベニオンのレーダーが探知した。これと0424に飛来した別の１機を撃退した。次に攻撃してきた零戦２機はそれほど幸運でなかった。ベニオンはこの２機を撃墜記録に加えた。

［RPS＃３：駆逐艦カッシン・ヤング（DD-793）］

　４月３日、RPS＃３ではカッシン・ヤングがコルホーン（DD-801）と交代した。その日の1709に、カッシン・ヤングはCAP機がRPS上空で２機の日本軍機を撃墜するのを目撃した。その直後、カッシン・ヤングはRPSに接近する何機かに砲火を浴びせ、射程外に撃退した。大型揚陸支援艇LCS（L）-109、-110もRPS＃３を哨戒したが、戦闘はなかった。

［RPS＃４：駆逐艦マナート・L・エーブル（DD-733）］

　４月３日、RPS＃４を哨戒したのはマナート・L・エーブルと大型揚陸支援艇LCS（L）-111、-114だった。３日の午後、マナート・L・エーブルは危機一髪の状況にさらされた。1600、彗星数機がRPSに接近した。２機に砲火を浴びせて追い返した。1630、別の３機が攻撃を仕掛けてきた。１機の彗星が上空高く旋回して砲火を引きつけている間に、１機の零戦が体当たり攻撃をかけてきたが、弾幕射撃によりマナート・L・エーブルから200ヤード（183m）の海面に墜落した。

　マナート・L・エーブルに接近する彗星１機をLCS（L）-111が発見して砲火を浴びせた。マナート・L・エーブルとLCS（L）-111は彗星に何発も砲弾を浴びせ、体当たりを防いだ。彗星はマナート・L・エーブルに接近する直前に爆弾を投下した。彗星と爆弾が艦のすぐ上を通過して、爆弾は左舷方向100フィート（30m）に落下した。彗星はその直後、海面に激突した。続いて別の１機が右舷前方から爆撃のために飛来した。爆弾は艦上をかすめて海面で爆

発したので、マナート・L・エーブルは再び窮地を脱した。彗星は砲火を浴びながら艦の上空を通過して消え去り、1750に攻撃はやんだ。

[RPS＃7：駆逐艦ウィックス（DD-578）]

４月3日、RPS＃7を哨戒したのはウィックスだった。夜間、この海域には日本軍機が多数いたが、艦の射程内には飛来しなかった。1715、ウィックスはレーダーが探知した日本軍機を迎撃するために、RPS上空でCAPを行なっていた４機のコルセアを西に誘導した。コルセアは零戦、彗星各１機を撃墜し、彗星１機を不確実撃墜した。この夜はそれ以降、ウィックスに何事も起こらなかった。

４月４日（水）

[日本軍菊水１号作戦決定]

日本海軍連合艦隊の参謀と軍令部の幕僚は沖縄侵攻に備えていた。沖縄を守備する陸軍第32軍を支援することが最重要だと考えていた。そのためには大規模な航空攻撃によって、米軍侵攻部隊の兵力と補給品の上陸を妨げ、日本軍陣地を砲撃する米艦隊の戦力を奪うことが必要だった。

日本軍はこの作戦を「天一号作戦」と名付け、海軍航空隊は第７基地航空部隊（第３航空艦隊が主力）と第８基地航空部隊（第10航空艦隊が主力）を指揮下に入れた第１機動基地航空部隊（第５航空艦隊が主力）ならびに第５基地航空部隊（第１航空艦隊が主力）が航空作戦を担任し、陸軍航空部隊は九州の第６航空軍と台湾の第８飛行師団が作戦を行なうことになった。

＜（四月三日、第５航空艦隊は）聯合艦隊軍令部幕僚を併せ作戦打合せを行なう（中略）作戦打合せに基き四月五日對沖縄艦船総攻撃（菊水一號作戦）決行に決し（中略）（４月４日、豊田連合艦隊司令長官は天一号作戦部隊に対し）聯合艦隊は一大航空作戦を實施し沖縄艦船攻撃撃滅を期する旨發令＞したが、＜（中略）（４月５日に）菊水一號作戦四月六日に決定＞(7)として、当初４月５日から攻撃を開始する予定だったものを６日からに変更した。このため、大規模攻撃が始まるまで、RP艦艇は束の間の休息を得た。

第58任務部隊は、この航空総攻撃に関する一連の通信を傍受しており、日本軍の特攻作戦手順を知ることができたので、米軍は襲来する特攻機を迎撃できた。この結果、最初の攻撃である菊水１号作戦で、日本軍機は多くの米軍機に遭遇して十分な戦果を上げることができなかった。

[RPS＃7：駆逐艦ウィックス（DD-578）、第84戦闘飛行隊（VF-84）]

　4月4日、ウィックスはRPS＃7で哨戒中だった。0725、50海里（93km）以上先に敵味方不明機を探知したので、CAP中だった空母バンカー・ヒル（CV-17）のVF-84コルセア4機を迎撃に誘導した。コルセアは4機の零戦と高度11,000フィート（3,353m）で遭遇して2機を撃墜し、3機目も不確実撃墜した。1700、ウィックスは飛来機を迎撃させるために再びCAP機を西に向かわせたが、接触できなかった。

4月5日（木）

[徳之島：第112、第123海兵戦闘飛行隊（VMF-112、-123）]

　特攻機と従来の雷撃、爆撃の主目標は、兵員と補給品の輸送艦船とその支援艦船で、二次的目標は日本軍基地を攻撃する空母機動部隊だった。空母機動部隊である第58任務部隊は「座して待つよりも」との考えで喜界島と徳之島を航空機で先制攻撃した。

　4月5日、VMF-112、-123のコルセア16機が徳之島の飛行場を攻撃するため空母ベニントン（CV-20）から発艦した。同飛行場を3回攻撃した後、VMF-112のジュニー・B・ローハン海兵隊中尉の機体に対空砲火が命中した。ローハン中尉は沖縄から30海里（約56km）以内のところまで機体を持って行ったが、墜落した。飛行隊の同僚が彼の上空を旋回して救命筏を投下した。同僚のR・B・ハミルトン海兵隊少尉は味方の艦船を探すために墜落海面上空を離れ、1430に駆逐艦コルホーン（DD-801）を発見して救助を要請した。

　コルホーンはCAP機の指揮・管制をRPS＃3の駆逐艦カッシン・ヤング（DD-793）に任せると、ローハン中尉の救助に向かった。彼は墜落から1時間ほどで冷たい海面から引き上げられ、その後2〜3時間で温かいシャワーを浴びて食事をすることができた。

　しかし、ローハン中尉は再び救助される身になるとは思っていなかった。1729、コルホーンはRPSでの哨戒に戻ったが、翌日特攻機の攻撃によって大破、ローハン中尉は、今度は大型揚陸支援艇LCS（L)-84に救助され、読谷飛行場を経て、結局、4月14日に母艦のベニントンに戻った。

[RPS＃1：駆逐艦ブッシュ（DD-529）]

　4月5日、RPS＃1ではブッシュが大型揚陸支援艇LCS（L)-64とともに哨戒中で、多数の航空機が南に向かって飛んでいったことを報告した。しか

し、同艦の射程内には来なかった。日本軍の記録では＜五日知覧より特攻6機＞(8)だった。（訳注：陸軍の第21、第22、第23振武隊の各2機が知覧から沖縄方面に向かったが、その後の状況は不明。また海軍は61機が出撃し、特攻機は第5大義隊の4機が出撃して2機未帰還）

［RPS＃2：駆逐艦コルホーン（DD-801）、第33戦闘飛行隊（VF-33）］

4月5日、RPS＃2を哨戒したのはコルホーン、大型揚陸支援艇LCS（L）-84、-87だった。

1807、コルホーンのレーダーが南西から飛来する敵味方不明機の飛来を探知した。この時、護衛空母サンガモン（CVE-26）のVF-33のポール・C・ルーニー少佐が率いるヘルキャットの1個編隊が哨戒を終えて、帰投しようとしている時だった。

ヘルキャットのパイロットは母艦に戻るか、敵を迎撃するかのいずれかを選択できた。彼らは直ちに迎撃を選び、コルホーンの戦闘機指揮・管制士官の指示に従った。コルホーンはヘルキャットを下方、高度3,000フィート（914m）にいる敵味方不明機に誘導した。それは単発双浮舟（フロート）型の機体で、日本海軍の水上偵察機「瑞雲」だった。

瑞雲は体当たりのため突進中で、後ろから追うヘルキャットに気づいていなかった。緩降下に入り、コルホーンに向かった。ルーニー少佐は距離1,000ヤード（914m）で射撃を開始して何発か命中させたが、瑞雲は飛行を続けた。瑞雲が少し左に旋回したので、ルーニー少佐は再び射撃して操縦席と主翼付け根に命中弾を与えた。瑞雲は炎に包まれて右に旋回して墜落した。

1925、ルーニー少佐は編隊を連れてサンガモンに戻ったが、周囲は暗くなり着艦が難しい時刻になっていた。(9)

コルホーンが敵味方不明機を探知したのとほぼ同じ頃、LCS（L）-84が同艇に向かって急降下する水上機を報告したが、これは自力で追い払った。

［RPS＃10：駆逐艦ハドソン（DD-475）］

すべての脅威が上空から来るわけではなかった。4月5日、RPS＃10で大型揚陸支援艇LCS（L）-115がハドソンの北方13海里（24km）に潜水艦1隻を発見した。LCS（L）-115はその海域に急行し、すぐに潜航した潜水艦を攻撃しようとした。0214、ハドソンとLCS（L）-115は潜水艦が消えた海面に接近した。対潜哨戒機に支援を要請して付近の海域を捜索した。ハドソンはソナーで潜水艦を探知し、0428から攻撃を開始、0836にソナーの反応がなくなるまで攻撃を続けた。ハドソンは潜水艦の不確実撃沈を記録した。

0916、ハドソンとLCS（L）-115は、RP任務にとどまっていたLCS（L）-116に合流するため哨戒海域に戻った。

4月6日（金）

［日本軍菊水1号作戦開始］

4月4日、日本海軍連合艦隊司令部は菊水1号作戦の開始を決定し、航空部隊に対して個別に目標を指示した。米軍輸送船団がいちばんの目標だが、米空母機動部隊も可能ならば索敵して攻撃することにした。米軍情報機関は日本軍の通信を傍受して、航空攻撃を警告していたので、4月5日、太平洋軍指揮官は次の内容を全部隊に伝えた。

菊水1号作戦開始日は4月6日に設定された。日本時間4月6日0400から、沖縄一帯の米軍水上部隊と地上部隊に対して九州と台湾から大規模航空攻撃を開始する予定である。実質的に日本軍の全航空作戦兵力である海軍第1、第3、第5、第10、第13航空艦隊、陸軍第6航空軍と第8飛行師団が、多くの体当たり攻撃を行なう予定である。宮古島、石垣島、奄美大島、喜界島を前進集結基地として使用するであろう。あらゆる攻撃方法をとり、機雷敷設を6日は一日中、おそらくその後も行なうであろう。沖縄の日本陸軍第32軍が、4月7日に米軍地上部隊を全滅させるために総力戦を開始する徴候がある。(10)

予期されたことではあるが、日本軍の菊水作戦による航空総攻撃は米軍にとって最大の脅威になった。日本本土から飛来する355機の特攻機の主目的は米艦隊の殲滅だった。これに護衛、爆撃、雷撃任務の344機が加わった。その多くは九州南部の鹿屋、国分第1、国分第2、串良、宮崎の飛行場を発進した海軍機だった。陸軍機は万世、知覧、徳之島、都城西の飛行場から出撃した。

これを防ぐのはRPS＃1、2、3のRP艦艇、CAPのコルセア、ヘルキャット、ワイルドキャットだった。太平洋戦争で最大規模の航空戦になり、多くの日本軍機を撃墜した。第82戦闘飛行隊（VF-82）の戦闘記録はこの戦いを「七面鳥狩り」と表現した。(11)

一方、4月6日は、RP艦艇、特にRPS＃1、2、3の艦艇にとって凄惨な日になった。

［RPS＃１：駆逐艦ブッシュDD-529］

　４月６日、RPS＃１でブッシュと大型揚陸支援艇LCS（L）-64は哨戒を続けていた。LCS（L）-62は輸送任務に戻っており、哨戒任務に戻るのは４月９日との命令を受けていたので、RPSにはブッシュとLCS（L）-64の２隻がいた。RPS＃１での日本軍機の攻撃は0245から始まり、１時間ほど続いた。ブッシュは日本軍機４機に何度も砲火を浴びせた。１機が急降下して艦のすぐ上を通過し、数分後10海里（19km）先の海面に閃光が見えたので「撃墜」とブッシュは判定した。

［RPS＃２：駆逐艦コルホーン（DD-801）］

　４月６日、RPS＃２で哨戒していたコルホーンも脅威にさらされた。0247から0600の間に11回日本軍機から爆撃を受けたが、幸い命中弾はなかった。0600に接近した一式陸攻が魚雷を投下したが、これも外れた。前日に海上に墜落して同艦に救助された海兵隊パイロットのローハン中尉は乗っている艦の状況がいかに危険なものかを理解し始めた。彼は空中でカミカゼと戦うのに慣れていたが、今は対空火器で必死に日本軍機を追い払おうとしている水兵に協力しなくてはならなかった。

［第112海兵戦闘飛行隊（VMF-112）］

　RP艦艇防禦のCAP任務は0700から始まり、２個編隊の戦闘機がRPS上空にあった。0830、CAP機は海軍の夜間戦闘機「月光」１機を迎撃し、駆逐艦コルホーン（DD-801）の近くに撃墜した。1030、コルホーンはRPS＃３を哨戒していた駆逐艦カッシン・ヤング（DD-793）にCAPの指揮・管制を移管した。時間が経過してもCAPは忙しかった。

　昼頃、空母ベニントン（CV-20）のVMF-112のコルセア４機の１個編隊が哨戒中だった。ハーマン・ハンセン,Jr.海兵隊少佐に率いられたパイロットたちはすぐに多忙をきわめた。ハンセン少佐と一緒に任務に就いたのはジョージ・J・ムラリー、ジェームズ・M・ハミルトン、R・W・クーンズの３人の海兵隊少尉だった。第112・第113海兵戦闘飛行隊（VMF-112・VMF-113）の戦闘日誌には次のように記されている。

　　ハミルトンとクーンズが最初の日本軍機を発見した。雲を抜けて敵機を急襲した。ハミルトンは敵機の後上方に占位して、350ノット（649km/h）以上の速度で驚くような急降下をして零戦を海面まで追いかけた。彼は機体を引き起こすのに間に合ったが、敵機は海面に衝突して

爆発した。ほとんど同時に零戦からパラシュートが飛び出し開いたが、パイロットは見えなかった。

　しばらくして、ハンセンとムラリーは、雲に出入りしている日本軍機1機を発見した。日本軍機がスプリットS（訳注：空中戦機動の1つ。横転して背面飛行になってから地面に向かってUターンして（宙返りの後半と同じ軌跡を描く）、反対方向に戻り、水平飛行する。自機の進行方向と反対方向に通過した敵機を追跡する時などに用いる）を試みた時、ハンセンは後ろに占位して射撃した。しかし、機体にかかるネガティブGのため機関銃の装弾機構が詰まって、5挺の機関銃が一時使用不能になった。

　突然、ハンセンは自分が真っすぐ日本軍機に向かっていることに気づいた。「絶対に衝突する。操縦桿を後ろに引いた。敵機の尾翼と胴体が何とか自機のプロペラにぶつからずにすんだ。下を通過した敵機との差は12インチ（30cm）以下だったと思われる。機体のリベットまで見えた。主翼には2本の黄色いストライプがあり、そこには継当板があった。パイロットをはっきりと見た。機体の下に大きな爆弾を結びつけていた。ワイヤかロープで作った即製の器具で爆弾を吊るしていた。そのワイヤかロープが風になびいていた」と、ハンセンは回想している。

　ハンセンが通り過ぎるとムラリーが敵機に接近した。距離2,500フィート（762m）から射撃を開始し、機関銃を白熱させながら日本軍機を攻撃した。ムラリーが25フィート（7.6m）まで接近した時、日本軍機は炎に包まれ、横転しながら海に衝突した。(12)

［RPS＃1、2、3：第45戦闘飛行隊（VF-45）］

　4月6日0925、軽空母サン・ジャシント（CVL-30）はVF-45のヘルキャット16機を発艦させた。編隊は無事に哨戒を終えて帰投準備を始めた。1200、D・E・ポール中尉率いる1個編隊はRPS＃1、2、3の艦艇を支援するため北に向かうよう指示された。1240、ヘルキャットはRP艦艇上空に到達し、襲来機を迎撃するため誘導を受けた。2分後、RPSの南東に彩雲3機を発見した。ポール中尉は最も近い彩雲の後を追ったが、別の2機が艦艇に向けて急降下を開始していた。先頭の1機を艦艇が撃墜したので、ポール中尉は目標を変え、2機目の後ろに占位した。射撃距離を測って、エンジン付近に銃弾を命中させた。彩雲は炎上したが、針路を維持していた。艦艇からの激しい対空砲火のため、ポール中尉は追跡をやめ、彩雲が駆逐艦の手前で海面に衝突したのを目撃した。

[RPS＃１、２：駆逐艦ブッシュ（DD-529）、コルホーン（DD-801）]

　４月６日、午後までは状況が落ち着いていた。1430、ブッシュのレーダーが北の方向、距離35海里（65km）に飛来する編隊を探知、コルホーンも数分後に探知した。その後15分も経たないうちに別の攻撃隊３個を捕捉したので、RPSの艦艇は戦闘に備えた。

　ブッシュは付近のCAP機４機の指揮・管制を引き継ぎ、誘導した。コルホーンは「敵機はRPS＃１と３に集中している。40から50機がRPS＃１のブッシュの周辺で空中待機しながら攻撃している。10から20機がRPS＃３の駆逐艦カッシン・ヤング（DD-793）を攻撃している」と通報した。(13)

　第１波攻撃隊のうち、ブッシュは２機、CAP機は２機を撃墜した。

　1500、ブッシュは攻撃隊の第２波を追い払った。続いて、左舷方向から接近した第３波に砲火を浴びせた。

　1513、見張員が正面から日本軍機が接近するのを発見した。それは６日の昼過ぎ、九州・串良の海軍航空基地を離陸した艦上攻撃機「天山」15機だった（訳注：第131、第601、第701海軍航空隊の菊水部隊天山隊、第３御盾隊天山隊の機体で、出撃16機、未帰還10機）。ブッシュは回避運動しながら天山に火砲を向けたが命中しなかった。1515、１機が右舷側の中央に体当たりした。爆弾が爆発して、前部機械室が大きく損傷、浸水が始まり、数分のうちに艦は左に10度傾いた。ブッシュは周辺の艦艇に対して救援要請を発信した。

　ブッシュの非常用発電機は浸水のため使用不能となり、38口径５インチ単装砲と40mm機関砲の一部も使用できなくなった。乗組員は応急処置に努めるとともに、再び攻撃されないように祈った。この時点でブッシュが大破したことを知らせる連絡は大型揚陸支援艇LCS（L）-64に届いていなかった。

　コルホーンはブッシュからの無線を受信して、重大な事態に陥っていることを知った。まだブッシュの上空には少なくとも20から30機の日本軍機がいるのがコルホーンから確認できた。コルホーンは最大戦速（35ノット＝65km/h）でブッシュの救援に向かった。

　CAP機は日本軍機６機を撃墜したが、燃料が少なくなり、帰投しなくてはならなくなった。別のCAPの１個編隊が現場に向けて誘導を受け、さらに何機か撃墜したものの、この編隊も燃料が足りなくなってきた。1545、別のCAPグループと連絡がとれ、全部で20機が艦艇の上空に飛来し、激しい空中戦を展開した。ブッシュ、コルホーン、LCS（L）-64の苦境は続いた。

[RPS＃1、2、3：第30戦闘飛行隊（VF-30）]

　1455、軽空母ベロー・ウッド（CVL-24）はVF-30のヘルキャット14機を発艦させた。1530、ヘルキャットはRPS＃1、2、3の近くに到着し、その後1時間半にわたって小さな編隊に分かれた60から70機の日本軍機と戦闘になった。

　飛行隊の報告では、日本軍機パイロットの練度は低く、明らかにカミカゼ攻撃だった。約20機の九九式艦爆は各機が60kg爆弾2発を搭載し、ヘルキャットに襲われても回避行動をとらなかった（訳注：国分第2を発進した百里、宇佐、名古屋航空隊の第1正統隊、第1八幡護皇隊、第1草薙隊の機体で出撃49機、未帰還38機の一部）。後席に電信員（機関銃手兼務）は搭乗しておらず、攻撃を受けてもRPSに向かって真っすぐ飛行を続けた。（訳注：九九式艦爆は2人乗りだが、特別攻撃では電信員を乗せずに出撃する機体もあった）

　20機の九九式艦爆のうち、ヘルキャットから逃れてRP艦艇に向かって突進したのは1機だけだった。VF-30は哨戒終了までに46機撃墜した。C・C・フォスター少尉は鍾馗2機、零戦1機、九九式艦爆4機を撃墜して飛行隊トップのスコアを上げた。K・J・ダーム少尉は5.5機を撃墜し、J・G・ミラー少尉は5機だった（訳注：米軍は1943年から空中戦での戦果認定基準を変更し、複数機による協同撃墜の場合、戦闘後の戦果判定によって撃墜1機に対して有効打撃を与えた各パイロットの人数で割り算した値を個人撃墜数として均等に割り当てることにした。したがって整数ではない小数点以下の数字が加わることがある）。「ほかのパイロットも日本軍機を複数機撃墜して、この戦いは「七面鳥狩りナンバー2」と言われた。(14)　（訳注：これ以降も鍾馗に関する記述が出てくるが、その多くは機種誤認の可能性が高い）

[RPS＃1、2、3、4：駆逐艦ブッシュ（DD-529）、コルホーン（DD-801）、カッシン・ヤング（DD-793）、ベネット（DD-473）、第45戦闘飛行隊（VF-45）]

　4月6日1500、VF-45のヘルキャット16機が軽空母サン・ジャシント（CVL-30）から発艦して海域上空でCAPに就いた。1550、C・B・ネッキー、ジェームズ・B・ケインの両大尉に率いられた2個編隊が、カッシン・ヤングの上空に到着した。そこからケイン大尉の編隊はコルホーンの上空に向かい、戦闘を開始した。

　RPS＃1のブッシュ、RPS＃2のコルホーン、RPS＃3のカッシン・ヤング、そしてRPS＃4のベネットの上空で起きた一連の空中戦で、VF-45のヘルキャットは合計24機の日本軍機を撃墜した。日本軍機の多くは九九式艦爆と零戦で、天山、隼もいた。

この編隊で撃墜機数が多かったのは、ケイン大尉で３.５機を撃墜した。ウォルバートン中尉、ヘンリー・ニダ、Ｎ・ビショップ両少尉はそれぞれ３機、Ｄ・Ｒ・ポール、Ｄ・トンプソン、Ｅ・Ｆ・スインバーン各中尉、Ｄ・Ｌ・クリア少尉はそれぞれ２機を撃墜した。

　1815、ヘルキャットはサン・ジャシントに帰投した。作戦中に多くの空中戦を行なったので「弾薬を使い切った。銃身が焼けついた」と報告するパイロットが多かった。(15)

　［RPS＃１、２：駆逐艦ブッシュ（DD-529)、コルホーン（DD-801)、第82戦闘飛行隊（VF-82）］

　1513、空母ベニントン（CV-20）はＲ・Ｅ・ブリットソン大尉が率いるVF-82のヘルキャット11機を発艦させた。同編隊は大規模な空中戦が展開中との連絡を受け、北方のRPS＃１、２に向かった。

　1630、ブッシュ、コルホーンのいる海域に到着すると、ベニントンのコルセア１機が合流してすぐに戦闘に参加した。VF-82は次のように報告している。

　　飛行隊のパイロットにとって最大の危険は、空中衝突と友軍機の射界に入ることだった。日本軍機３機が命中弾で吹き飛ばされた。14機が炎に包まれて海面に墜落し、８機が炎上する前に海面に激突した。目撃した墜落機記録の例では、グレゴリー大尉が母艦に戻った時、彼のニーボードパッドの航空地図には28個の撃墜マークがあった。この28個のうち、グレゴリー大尉は戦闘中に照準器に20機を捉えており、12機ないし15機に射撃を加えた。しかし、混戦になると敵機に近い友軍機を撃たないように離脱しなくてはならなかった。(16)

　VF-82のパイロットのＲ・Ｈ・ジェニングス大尉は、駆逐艦に向かっている九九式艦爆１機を発見、追跡した。ジェニングス大尉が九九式艦爆に接近して撃墜した時、駆逐艦が対空射撃を中止していたのは幸いだった。ジェニングス大尉は九九式艦爆を追跡中に低く飛びすぎたので、主翼の先端が波に接触したと信じている。1830、各機は弾薬を撃ち尽くしたので編隊は帰投し、1900にベニントンに帰還した。

　その日、飛行隊でいちばん多く撃墜したのはＣ・Ｅ・ディヴィス中尉で隼１機、九九式艦爆２.５機を記録した。(17)　ジェニングス大尉は九九式艦爆３機で同僚のグレゴリー大尉と同数だった。Ｓ・Ｐ・ワード中尉は九九式艦爆２機

と疾風１機を撃墜した。出撃した11人中、ほかのパイロットも全員１機また
は２機の撃墜を記録した。全部で26機のスコアを挙げた。

　多くは九九式艦爆だが、疾風、隼、天山、零戦も何機か撃墜した。これら
は明らかに特攻機だった。VF-82は「交戦した敵機で反撃したのは１機もな
かった。全機針路を保ち、水上艦艇を狙って突進した」と報告している。(18)

［RPS＃１：駆逐艦ブッシュ（DD-529）、コルホーン（DD-801）、第17戦闘飛
行隊（VF-17）、第17戦闘爆撃飛行隊（VBF-17）、第82戦闘飛行隊（VF-82）］
　４月６日、1219、空母ホーネット（CV-12）はVF-17の７機とVBF-17の９
機のヘルキャットを発進させた。しかし、１機は発艦後すぐに不時着水し、
別の１機は油圧系統に不具合が発生して母艦に帰投せざるを得なかった。不
時着水した機体のパイロットが救助されて母艦に戻るまで、ヘルキャット１
機が上空で警戒した。このためRPSに向かったヘルキャットは13機だった。
　1500、G・W・マクフェデリーズ大尉が率いる１個編隊は、飛来する敵味方
不明機に向け誘導を受け、高度3,000フィート（914m）で九九式艦爆１機を
発見した。C・ディコフ少尉は急降下してこれを撃墜した。編隊は再度隊形
を組み直し、空中待機点に向かった。そこでブッシュが攻撃されているのを
見た。しかし、戦いに割って入る前に、ブッシュに最初のカミカゼが体当た
りした。
　G・W・マクフェデリーズ大尉の編隊の僚機２機がブッシュの近くで爆弾を
投下したばかりの九七式艦上攻撃機（九七式艦攻）を追ったが、追い越して
しまった。F・R・チャップマン少尉は、これを撃墜して機体を引き起こす
と、別の九七式艦攻がブッシュめがけて急降下しているのを視認した。これ
を側面から射撃、続いて後ろに占位して複数命中させた。九七式艦攻は煙
を噴き、炎に包まれて落ちていった。
　ほぼ同時刻、ホーネットのC・E・ワッツ中尉率いる別の１個編隊がRPS＃
１に到着し、RPSに接近する別の敵味方不明機のグループを迎撃するよう誘
導を受けた。九九式艦爆２機を高度1,500フィート（457m）で発見した。２
機は分かれると、１機がブッシュに向かった。G・M・カヴァリー中尉とC・
L・トブレン少尉はこれを追って降下し、トブレン少尉が九九式艦爆の後方
に占位した。右主翼付け根に命中弾を与えると、九九式艦爆は炎上して墜落
した。もう１機は高度を保っていたが、ワッツ、W・H・ガエリッシュ両中尉
が協同撃墜した。(19)
　1528、ホーネットはさらに16機のヘルキャットを発艦させた。まずR・D・
カウガー中尉がVF-17の７機、VBF-17の８機にVBF-17のもう１機を加えた

計4個編隊を率いた。後から合流したVBF-17のヘルキャットは、数分早く発艦していたB・A・エバーツ中尉率いる1個編隊から来たものだった。

先行するエバーツ中尉の編隊は、伊江島北西10海里（19km）で、RPS＃1の南25海里（46km）のポイント・ナンに向かった。編隊が空中待機点に到着すると、ブッシュは飛来する日本軍機の迎撃に向かわせた。数分すると、多数の零戦、九九式艦爆が広がった編隊でRPS＃1と沖縄沿岸に向かって飛行しているのが見えた。最初のカミカゼがコルホーンに体当たりしたその時、後から来たカウガー中尉と僚機のペース中尉は現場に到着した。VF-17の戦闘報告には次のように記されている。

　　カウガーとペースが艦艇の火砲の有効射程に入る前、高度4,000フィート（1,219m）で2人は駆逐艦の艦尾に爆撃機が体当たり攻撃するのを見た。数分後、近くで戦闘中だった別の駆逐艦が九九式艦爆の編隊から爆撃を受けていた。ペース中尉は九九式艦爆1機が海面上を低高度で突進するのを発見した。九九式艦爆は駆逐艦に爆弾を投下した。ペースは機首を下げて180度の急旋回を行ない、九九式艦爆の後ろに位置して左方向上空から射撃を開始した。ペースは素早く接近して前部の操縦席とエンジンに長い連射を浴びせた。その時、パイロット名は不明だがベニントンのVF-82の1機が九九式艦爆を後方から射撃した。この2機の攻撃で九九式艦爆は炎上して、海面に激突した。(20)

カウガー、ペース両中尉は九九式艦爆を追撃し、カウガー中尉が撃墜した。その後、カウガー中尉は編隊を組み直し、ほかの3個編隊を別の高度の空中待機点に配置した。多数の日本軍機がRPSに向かって来る状況下で、カウガーは個別に戦闘するようパイロットに命じた。

空中待機点に位置する3個編隊は、S・B・バック中尉、R・L・ジャンハンス大尉、B・A・スミス少尉がそれぞれ率いていた。彼らは零戦、九九式艦爆、彗星、彩雲と戦いながら、ポイント・ナンからRPS＃1、2まで警戒飛行した。最終的に時間と弾薬を使い切ったのでホーネットに帰投した。

編隊のこの日の戦果は撃墜32.5機と撃破6機だった。(21)　カウガー中尉より先に発艦したエバーツ中尉率いる1個編隊は1機少ないながら、九七式艦攻2機を撃墜した。

［RPS＃１：駆逐艦ブッシュ（DD-529）、コルホーン（DD-801）、第13混成飛行隊（VC-13）］

　４月６日1635、CAP機がRPS＃１の空域から離れると同時にコルホーンがRPS＃１に到着した。煙を上げているブッシュの艦尾は沈みかけていた。CAP機の支援がないと艦艇は大きな危険にさらされる。鹿屋または国分第１から出撃した零戦５機と、国分第２からの九九式艦爆７機が飛来し、旋回しながら攻撃する機会を窺っていた。（訳注：国分第２を発進した九九式艦爆と一緒に飛来した零戦は、国分第１を発進した第252航空隊の第３御盾隊〔252部隊〕で出撃20機、未帰還４機の一部であろう）

　大型揚陸支援艇LCS（L）-64はブッシュに接近して、人員を救助する命令を受けた。1650、LCS（L）-64は瀕死のブッシュとの間にロープを渡した。２機の九九式艦爆が攻撃に備えて旋回していた。ブッシュはロープを解き、LCS（L）-64に自艦を防禦するように伝えた。LCS（L）-64は対空砲火を効果的に使えるようにブッシュから少し離れたところに停止し、２隻は九九式艦爆に砲火を浴びせて追い払った。

　同じ頃、VC-13のワイルドキャット４機が混戦に加わった。ダグラス・R・ハグッド中尉はコルホーンに体当たり攻撃をしようとしている九九式艦爆を追って、これを撃墜した。トーマス・N・ブランクス中尉はコルホーンを攻撃している別の九九式艦爆を海面に叩き落した。

　ウィリアム・E・ディヴィス中尉は零戦１機を撃墜した。続けてもう１機の九九式艦爆を追ったが、コルホーンの対空砲火に接近しすぎたため、機首を引き起こして退避した。その後、ディヴィス中尉は別の九九式艦爆に銃弾を浴びせて撃墜した。

　その数分後、ブランクス中尉は九九式艦爆を撃墜し、ハグッド中尉は零戦を撃墜した。ユージン・パー少尉は零戦１機と九九式艦爆２機を撃墜した。救援を求める駆逐艦からの連絡で、さらに多くのCAP機がRPS上空に集まり、戦闘は拡大した。最終的にVC-13の各機は燃料を消費したので護衛空母アンツィオ（CVE-57）に帰投した。

　1720、日本軍攻撃機２機のうちの最初の１機がコルホーンに体当たりした。コルホーンに救助され乗艦していた海兵隊パイロット、ローハン中尉は、その時の様子を次のように語った。

　　雲の中から出て来たのは（中略）零戦１機だった。艦の左舷に向かって降下して来た。皆走り始めたが、私は足がすくんで動けなかった。艦中央の上甲板前部の手摺りの横に立って敵機が飛来するのを見ていた。

轟音がした。敵機は私のすぐ横に体当たりして前部缶室を破壊した。多くの者がけがをして苦痛にあえいでいた。（中略）ケイシー医官を探し、彼が負傷者の手当てをするのを手伝った。（中略）重傷者を士官室に運んだ。敵機が右舷方向から来た時には、負傷者を安全な場所に移動した。缶室で爆弾が爆発して、２人を除いて全員が死亡した。現場の様子はすさまじいものだった。死傷者は火傷がひどかった。（中略）

　最後の日本軍機が右舷方向から艦橋を狙って飛来した。対空砲火をすり抜けて艦橋の左舷側に体当たりした。地獄の再現……それ以上だった。特攻機のパイロットは激突で機外に投げ出された。艦のすぐ横で、彼が仰向けに浮いているのが見えた。年齢は14歳以下に見えた。(22)

［RPS＃１：駆逐艦ブッシュ（DD-529）、コルホーン（DD-801）］

　コルホーンへの体当たりとほぼ同時に、別のカミカゼがブッシュに体当たりした。

　コルホーンめがけて突進して来た別の零戦は、通り過ぎてブッシュとコルホーンの間に墜落した。九九式艦爆１機がコルホーンの右舷前方から攻撃してきたが、コルホーンから50ヤード（46m）のところで撃ち落とされた。

　２機の零戦がコルホーンに向かって攻撃してきた。１機は左舷前方から、もう１機は右舷後方からだった。左舷前方の機は被弾して損傷しながらも、そのまま突進してコルホーンの後部44番砲付近の上甲板に体当たりした。（訳注：米海軍は艦艇搭載砲の呼称を二桁の数字で表わし、最初の数字で砲の口径、２番目の数字で搭載位置を示している。「44番砲」は40mm機関砲で前から４番目の砲を指す。英語では「Mts. 44.」のように表示する）

　別の九九式艦爆２機と零戦１機もコルホーンを攻撃した。九九式艦爆は２機とも艦に到達する直前に撃ち落とされたが、零戦は右舷前方から飛来して右舷に体当たりし、前部缶室まで突入した。爆弾が爆発して、コルホーンのキールを破壊して大きな損傷をもたらした。乗組員は勇敢に戦ったが、1725のこの３機目の命中が致命的となった。

　さらに３機が攻撃を仕掛けてきた。零戦１機は左舷前方から、九九式艦爆１機は右舷前方から、もう１機の九九式艦爆は左舷後方からだった。コルホーンの損害は甚大で、この時点ですべての砲は手動で操作することになった。零戦に砲弾が命中してコルホーンの左舷正横150ヤード（137m）の海面に落下した。九九式艦爆は右舷前方から飛来して２番煙突に体当たりした後、３番砲塔までバウンドして甲板にガソリンをまき散らした。爆弾は艦尾近くの水中で爆発して、船体に穴を開けた。

4月6日、特攻機命中の直後、ジグザグ運動で攻撃回避中の駆逐艦コルホーン（DD-801）。航跡の波の立ち方からほぼ最大戦速で航行しているとみられる。同艦はさらに攻撃を受けて、その日遅く沈没した（NARA 80G 317257）

　もう1機の九九式艦爆はコルホーンを外して、ブッシュに体当たりした。別の2機の九九式艦爆が爆弾を投下したが、コルホーンを外した。

　1730と1745に零戦がブッシュに体当たりした。ブッシュの艦長は船体が二つに折れると思いながらも、艦を救う努力を続けた。大きな波のうねりが船体に衝撃を与え、1830には船体が破壊されていく音がはっきりと聞こえるようになった。総員離艦命令が出て、乗組員は荒波に入って行った。その直後、ブッシュは海底に没した。

　乗組員の多くは大型揚陸支援艇LCS（L）-24、-36、-37、-40、-64、哨戒救難護衛艇PCE（R）-855、艦隊随伴航洋曳船パカナ（ATF-108）に救助されるまで、浮き付網やバルサ製の救命筏にしがみついていた。衰弱して自らの命も救うことのできない者が多かった。パカナの乗組員3人が自分自身をロープで確保して、生存者の救助活動を実施した。ほかにもパカナの内火艇が救助にあたった。

　生存者はショックと長時間海に浸かっていたことで容体は厳しかった。多くの者に人工呼吸が必要だった。この状況でパカナは士官4人、兵30人を救助した。

　ブッシュはRP任務で沈んだ最初の艦になった。ブッシュの士官と兵14人が戦死し、73人が行方不明になり、246人が救助された。

大型揚陸支援艇が現場に到着して、攻撃を受けた艦にできる限りの救援を行なった。LCS（L）-37の通信長だったボブ・ワイズナーは次のように回想している。

　　ブッシュが沈み、コルホーンが沈みかけている現場に行った。LCS（L）-37の何人かの乗組員が腰にロープを巻いて海中に入り、死亡した者、けがをした者を引き上げたが、限られた者しか引き上げることができなかった。生存者よりも多くの遺体を引き上げた。船尾に遺体を積み上げた。翌朝、日の出時に水平線を見渡すと、救命胴衣を着け、その中でぐったりとしている者で溢れていた。はるか先まで死者が漂っているのは恐ろしい光景だった。(23)

　ブッシュとコルホーンから約6,000ヤード（5,486m）離れたところでLCS（L）-64が新たな目標を発見した。1725、2機の日本軍機が左舷前方から接近して来た。すべての砲をその方向に向けて2機が艦首上を通過する時、一斉射撃を浴びせた。零戦1機がLCS（L）-64のほうに旋回して正面から突進して来た。LCS（L）-64は全弾をそれに浴びせられるように左に急回頭して、これを右舷後方20フィート（6.1m）の海面に叩き落した。機体は衝撃で爆発したが、艦に損害はなかった。LCS（L）-64にとって、危機一髪だった。乗組員のゴードン・H・ワイラムはのちに次のように記している。

　　敵機が我々に体当たりしようとして針路を変えたのが見えた。乗っている艇に敵機がぶつかるだろうと思った時から最後の瞬間まで、できる限り見ていた。小さなボールのように体を丸めて甲板の上に横になり、自分と敵機の間にできるだけ鉄の遮蔽板ができるようにした。体中の筋肉はこわばり、最後は眼をしっかり閉じて、最悪のことが起きようとしていると覚悟した。大きな衝撃音が走った。艇は大地震のように揺れた。神様、私は助かった。(24)

　コルホーン艦上では、艦を救うために乗組員ができることは何でもしていた。上甲板の余計な機材を投棄し、船体の破孔に木材の当て板をして応急防水を試みた。1800、損傷している零戦32型が艦に向かって来た（訳注：零戦32型はほかの零戦と異なり、主翼の翼端折り畳み部分がなく、ここが矩形に変更されている。このため米軍はこれを新型機と思い、コード・ネームを零戦のZekeとは別のHampとした。原書のHampを訳文では零戦32型とした）。前部の1番、2番38口径

火災による煙に包まれる駆逐艦コルホーン（DD-801、右）と、特攻機の攻撃を回避するため高速航行中の駆逐艦ブッシュ（DD-529、左端）。4月6日、RPS#1にて撮影（NARA 80G 317258）

　5インチ単装砲、41番40m機関砲の弾を浴びたにもかかわらず、左舷に体当たりした。しかし、これが船体に与えた損傷はほとんどなく、乗組員は持ち場で仕事を続けた。

　1900、コルホーンに総員離艦の命令が出た。2015、大型揚陸支援艇LCS（L）-84がコルホーンの右舷方向に近づき、兵217人、士官11人を救出した。救助された者の中に、以前コルホーンに救助された海兵隊パイロットのローハン中尉がいた。

　LCS（L）-84がカッシン・ヤング（DD-793）の負傷者を移送するため舷側に来たが、海が荒れていたので救助作業を完了させるまでに何度もカッシン・ヤングの船体にぶつかった。翌日、LCS（L）-84は生存者を乗せて輸送海域に戻った。LCS（L）-87は56人を救助した。

　ローハン中尉は、その時の体験を次のように語った。

　　大型揚陸支援艇が横に来て、我々は甲板に集まった。ストレッチャーに乗せられた者が最初だった。艦長、砲術長、甲板士官と何人かの志願者が残って、艦を救おうと試みていた。最悪だったのは大型揚陸支援艇に移乗した後も、非常に不安が大きかったことだ。再び体当たりを受けたら、大型揚陸支援艇とともに我々は沈んでいくだろう。幸運にも艇内

で夜を明かし、翌朝、別の船に移った。ほかの艦艇を見つけた時の光景を忘れることはないと思う。素晴らしかった。多くの者が一様に泣いていた。(25)

　2355、駆逐艦カッシン・ヤング（DD-793）はコルホーンを処分する命令を受け、コルホーンに向けて砲撃を開始した。1時間で同艦は400ヤード（366m）の海底に沈んだ。RP任務として2隻目だった。

［RPS＃3：駆逐艦カッシン・ヤング（DD-793）］
　4月6日、カッシン・ヤング、大型揚陸支援艇LCS（L）-109、-110がRPS＃3を哨戒したが、その日の戦闘はわずかだった。0515、LCS（L）-109が陸軍の九七式重爆の攻撃を受けた。大型揚陸支援艇から800ヤード（732m）のところで九七式重爆の胴体に40mm機関砲弾が命中したが、逃げられた。
　0547、LCS（L）-110は彗星が艇の上を通過したので、射手は狙いを定めて40mm連装機関砲の射撃で撃墜した。0900、LCS（L）-109、-110の2隻は名護湾の停泊地に帰投する命令を受けた。

［RPS＃4、2、1：駆逐艦ベネット（DD-473）］
　4月6日、ベネットは、大型揚陸支援艇LCS（L）-111、-114とともにRPS＃4を哨戒することから1日が始まった。1536、ベネットの戦闘機指揮・管制士官はカッシン・ヤング（DD-793）と連絡をとり、4機のヘルキャットをRPSのベネットの上空に配置して日本軍機を迎撃させることにした。すぐにベネットは九九式艦爆2機の攻撃を受けた。1機目をベネットが、2機目をCAP機が撃墜した。
　1635、別の日本軍機が飛来するのを発見し、対空砲火を浴びせた。日本軍機はベネットを外して左舷方向に墜落した。1740には、さらに5機が飛来して、ベネットは迎撃のためにCAP機を誘導した。1機がベネットに向かって来たが、命中することなく海に激突した。CAP機が計5機を撃墜した。
　1803、ベネットは別のカミカゼを撃墜し、1813、大型揚陸支援艇LCS（L）-39は零戦を射撃で撃退した。
　この頃、駆逐艦コルホーン（DD-801）がブッシュの救援のためにRPS＃2を離れるとの連絡があり、ベネットはRPS＃2に向かった。そこで彗星2機に襲われたが、CAP機が2機とも撃墜した。
　1830、ベネットは、コルホーンが突入されたとの連絡を受けた。ベネットとLCS（L）-111、-114は損傷したコルホーンの救援のため、RPS＃1に向け

て出発した。1940、RPS＃1に到着して、その夜は攻撃を受けたコルホーンの支援と生存者の捜索を行なった。

[RPS＃10：駆逐艦ハドソン（DD-475）]
　4月6日、ハドソンは大型揚陸支援艇LCS（L）-115、-116とともにRPS＃10で哨戒を続けた。1215と1702に敵味方不明機が接近したが、両機とも逃げ去った。1829、ハドソンとLCS（L）-115は西から飛来した一式陸攻1機に砲火を浴びせた。1835、LCS（L）-115がこれを撃墜した。

4月7日（土）

[日本軍菊水1号作戦終了]
　菊水1号作戦は4月7日まで続いた。5日から19隻の艦艇が哨戒に就いていたが、6日の0900には大型揚陸支援艇の4隻が停泊地に戻っていた。最大の航空総攻撃が始まった時、RPSで行動中だったのはわずか15隻だった。4月7日には3隻のロケット中型揚陸艦を含む計22隻が任務に就いた。第51任務部隊指揮官は「武装小型艦艇の価値は、対空火力と体当たりされにくい目標であることだ」と断言した。(26)
　これは大型揚陸支援艇について言えることで、ロケット中型揚陸艦はそうでなかった。

[RPS＃1：駆逐艦ルース（DD-522）、ベネット（DD-473）]
　4月7日、RPS＃1を哨戒したのはルース、ロケット中型揚陸艦LSM（R）-189、-192、大型揚陸支援艇LCS（L）-33だった。RPSに到着した艦艇は、前日の惨事で発生した油膜と多くの残骸が海面に浮いているのを目撃した。LCS（L）-33は日本軍パイロットの遺体を発見した。
　ベネットは前日の夜からここで艦艇を支援していた。未明に日本軍機の攻撃を受けたが、0323に1機を追い払い、0400に別の1機を撃墜した。0600に夜間戦闘機が1機を撃墜し、0637に九九式艦爆を追い払った。
　ベネットはCAP機をほかの日本軍機に向けて誘導し、CAP機は0810に1機を撃墜した。ベネットはさらに九九式艦爆3機が25海里（46km）の距離にいるのを探知してCAP機をその方向に誘導した。CAP機は2機を撃墜し、3機目に損傷を与えた。この九九式艦爆はCAP機から逃れると、炎上しながらベネット右舷の艦中央部に体当たりして、乗組員3人を戦死、18人を負傷させた。ベネットは、大型揚陸支援艇LCS（L）-39と駆逐艦スタレット

（DD-407）に随伴されて停泊地に戻った。

［RPS＃２：掃海駆逐艦マコーム（DMS-23）、第23戦闘飛行隊（VF-23）］

　４月７日、RPS＃２を哨戒したのはマコームと大型揚陸支援艇LCS（L）-32、-51だった。0503に軽空母ラングレー（CVL-27）を発艦したVF-23のヘルキャット２個編隊がRPS＃２付近で哨戒を行なっていた。R・C・レバランス少尉は伊平屋島の北東で九九式艦爆を捕捉し、主翼付け根に集中射撃して撃墜した。（訳注：４月７日、九九式艦爆出撃の記録なく、午前なので陸軍第46、第74、第75振武隊の九九式襲撃機を誤認した可能性が高い）

　1454、LCS（L）-32、-51もRPS＃３に到着し哨戒を始めた。その日、各艦艇は何度も総員配置をかけたが、日本軍機は射程内に入って来なかった。LCS（L）-51艇長のH・D・チッカーリング大尉はのちに次のように記している。

　　切れ目なく襲来があった。常に射手を砲の配置に就けていたので、射手はそのまま砲側で寝た。私は艇長なので、艦橋からほとんど離れなかった。１週間にわたり、たび重なる襲撃に対して数十回反撃し報告したが、すぐに数えきれなくなった。無線はすべてのRPSで戦闘、体当たり、沈没が続いていることを知らせていた。(27)

　1850、LCS（L）-32は総員配置に就いた。10分後、飛来する機体に向け射撃した。砲弾は命中せず、日本軍機は消え去った。

［RPS＃３：駆逐艦グレゴリー（DD-802）、第82、第29、第84戦闘飛行隊（VF-82、-29、-84）］

　４月７日、0630、RPS＃３で朝を迎えた駆逐艦カッシン・ヤング（DD-793）はグレゴリーと交代した。1045、グレゴリーは北から飛来する３機を迎撃するため、CAP中の空母ベニントン（CV-20）のVF-29のヘルキャット４機を誘導した。

　ヘルキャットは高度200〜300フィート（61〜91m）でRP艦艇に向かっている紫電１機と疾風２機を発見した。A・G・マンソン大尉は紫電を撃墜し、編隊長のR・B・ダルトン大尉、C・C・ロビンス少尉が疾風２機を撃墜した。さらに２機の疾風を発見し、マンソン大尉とL・B・ムラリー中尉が撃墜した。編隊に損害はなかった。(28)

　1150、グレゴリーは再びCAP機を誘導し迎撃に向かわせた。今回は軽空母

カボット（CVL-28）のVF-29の2個編隊だった。ウィラード・E・エダー少佐率いる8機のヘルキャットは、VF-82のマンソン、ムラリー両大尉が疾風2機を撃墜した時に空域に到着した。

VF-29は北に誘導され、エダー少佐とマルカム・V・D・マーチン大尉は1,000フィート（305m）上空の高度4,000フィート（1,219m）で彗星2機を発見した。エダー少佐はわずか40発の銃弾で1機を撃墜した。マーチン大尉は残りの1機に射撃すると、彗星は主翼と胴体が切り離され、炎に包まれて墜落した。

バン・ブランケン大尉率いるVF-29の別の1個編隊は彗星1機を迎撃するために北西に誘導された。ジョセフ・L・チャンドラー中尉は800フィート（244m）まで接近して銃弾を浴びせた。火を噴き分解する彗星の破片を避けるため、高度300フィート（91m）で針路の変更を余儀なくされた。彗星はスピン状態になり、海面に激突する前に爆発した。(29)

午後早く、銀河12機が宮崎を離陸した（訳注：第706、第762航空隊の第3御盾隊〔706部隊〕と第4銀河隊で出撃12機、未帰還9機）。1436、グレゴリーは空母バンカー・ヒル（CV-17）のVF-84のコルセア4機を迎撃に向かわせた。R・E・ヒル少佐は銀河を発見して下から接近した。左エンジンに銃弾を命中させると、銀河は炎上して落ちていった。J・リトルジョン大尉は別の銀河を撃墜した。

また、彗星12機が国分第1基地を離陸した（訳注：第601航空隊の第3御盾隊〔601部隊〕が出撃11機、未帰還11機の記録あり）。このうちの1機はシャウファー大尉の追跡から逃れようとして雲に入ったが、出て来たところをC・ケンドール大尉に撃墜された。その日の戦いも終わり、弾薬も残り少なくなったので編隊は母艦に帰投した。(30)

[RPS＃3：駆逐艦グレゴリー（DD-802）、第10戦闘飛行隊（VF-10）]

1234、グレゴリーが駆逐艦カッシン・ヤング（DD-793）と交代するため、RPS＃3に向かっていると、艦上からVF-10のコルセア4機が空母イントレピッド（CV-11）に帰投しているのが見えた。

すると飛行隊長のウォルター・E・クラーク少佐のコルセアとクロイ少尉の両機が空中衝突した。クロイ少尉の乗機はスピンに入り、行方不明になった。一方のクラーク少佐は乗機から脱出し、グレゴリーの艦尾から4,000ヤード（3,658m）にパラシュートで着水した。救助されたクラーク少佐はその日の午後、カッシン・ヤングに移り、イントレピッドに戻った。

1454、グレゴリーがカッシン・ヤングと交代した。1737、九九式艦爆1機

を約18海里（33km）先に発見した。九九式艦爆はグレゴリーに接近し、1739にはわずか距離9海里（17km）まで迫った。RPS＃1にいる駆逐艦ルース（DD-522）の誘導を受けたCAP機が九九式艦爆の後方に現れたので、グレゴリーは対空射撃を控えた。

　1743、九九式艦爆がすぐそばまで接近したので、グレゴリーは射撃を始め、命中弾を何発も浴びせて突入コースからそらした。九九式艦爆は艦の上空を通過して、左舷から15フィート（4.6m）の海面に激突した。（訳注：時刻が午後なので、陸軍第46振武隊の九九式襲撃機を誤認した可能性が高い）

　1845、大型揚陸支援艇LCS（L）-38が哨戒を強化するため到着し、1時間も経たないうちに総員配置が命じられたが、戦闘はなかった。

[RPS＃12：駆逐艦ウィックス（DD-578）]

　4月7日、ウィックスは燃料補給後、RPS＃12に向かい、0630に到着した。0716、日本軍機1機が北東から飛来し、ウィックスに体当たり攻撃を行なった。何発もの砲弾を浴びて後部の左舷側近くの海面に激突した。機体の破片が艦尾にシャワーのように落下したが、負傷者、艦の損傷はなかった。

　1245、大型揚陸支援艇LCS（L）-11、-13がウィックスに合流して、ウィックスの任務を支援した。3隻は補給のために輸送海域に戻り、8日0108にRPS＃12に戻るよう命じられた。

　4月7日、日本の同盟通信社は日本陸軍航空部隊の再編成を報道した。それまで航空軍や航空師団などは各方面の指揮下で作戦、運用されていたが、4月15日以降は東京に司令部を置く陸軍航空総軍（司令官：河辺正三大将）の一元的な指揮・統制下に入ることになった。(31)（訳注：陸軍は本土決戦に備えて地上部隊を中心として東日本に第1総軍、西日本に第2総軍を新編した。これに合わせて航空関係は内地・朝鮮の部隊〔除く北海道〕、教育航空部隊、その他の部隊を統率する航空総軍を新編した。これにより第1航空軍、第6航空軍が航空総軍隷下になった。ただし防空部隊として第1総軍は第10飛行師団、第2総軍は第11、第12飛行師団を指揮下に入れ、この3個飛行師団の作戦地域内の航空情報部隊もそれぞれ各総軍の指揮下に入れた）

4月8日（日）

[RPS＃1：駆逐艦カッシン・ヤング（DD-793）、第224海兵戦闘飛行隊（VMF-224）]

　4月8日、駆逐艦ルース（DD-522）はロケット中型揚陸艦LSM（R）-

189、-192とともにRPS＃1で哨戒し、1300にカッシン・ヤングと交代した。1715、カッシン・ヤングに駆逐艦ラング（DD-399）と大型揚陸支援艇LCS（L）-33、-57が合流した。

　1809、隼2機がLCS（L）-33を攻撃した。1機目は左舷正横から飛来したが、砲火を浴びた。LCS（L）-33の戦闘報告によれば、隼は艇から約200ヤード（183m）のところでパイロットが絶命したので、LCS（L）-33は日本軍機の突入コースから外れる操艦ができた。隼は艇の上空を通過して右舷前方約20フィート（6.1m）に墜落した。2機目は対空砲火で追い払われた。(32)

　RPS＃1の南でVMF-224のコルセア6機が高度2,500フィート（762m）でRP艦艇に向かう別の隼3機を発見し、迎撃のために上昇した。1機目をA・C・サッターホワイト海兵隊中尉とR・M・トウズリー海兵隊少尉が追い、降下、旋回、宙返りを何度も行なって最後に撃墜した。2機目をR・E・トーガーソン、J・B・ベンダー両海兵隊少尉が撃墜し、3機目をF・ミック海兵隊大尉とR・C・ブレイ海兵隊少尉が撃墜した。

　飛行隊の戦闘報告には「VMF-224のパイロットの意見では、3機の敵機パイロットは非常に経験不足で反撃を一切行なわなかった」と記されている。(33)

［RPS＃3：駆逐艦グレゴリー（DD-802）］

　4月8日、グレゴリーと大型揚陸支援艇LCS（L）-37、-38、-40が哨戒するRPS＃3も危険な状況だった。昼間はCAP機8機がRPS上空を守っていたが、CAP機が空域から離れた後の1830、九九式襲撃機3機が接近し、4機目も空域にいるとグレゴリーが伝えた。その後すぐにLCS（L）-38が目標になっていることが明らかになった。グレゴリーは火力支援のために25ノット（46km/h）でLCS（L）-38に向かった。九九式襲撃機2機は艦艇を攻撃して離脱し、3機目は何回か接近しようと試みた。そして、3回目にグレゴリーに真っすぐ突進して、左舷中央部に激突した。幸いなことに体当たりを受けた箇所に艦載艇があり、これが衝撃を弱めた。

　一時的にグレゴリーは動力と速度を失い、前部缶室と機械室に浸水が始まったが、すぐに応急防水したので、再び戦闘可能になった。別の九九式襲撃機が左舷方向から飛来したが、対空砲火で追い払った。

　残る1機がグレゴリーに向かって急降下し、LCS（L）-38とグレゴリーの砲火を浴びたが、グレゴリーに機銃掃射を行ない、爆弾を投下した。爆弾は爆発しなかったが、乗組員2人が負傷した。九九式襲撃機はグレゴリーとLCS（L）-38の砲火を浴びた後、グレゴリーを通過して左舷方向の海面に激突した。この攻撃でグレゴリーが受けた損傷は無線アンテナの破損だけだった。

グレゴリーとLCS（L）-38は損傷を調べるため、RPS＃２に向かった。
1900、掃海駆逐艦マコーム（DMS-23）はグレゴリーにカミカゼが体当たり
したとの通報を聞き、RPS＃３に向かった。翌日、グレゴリーはマコームに
随伴されて慶良間諸島海域の泊地に自力で戻り、修理を受けた。

４月９日（月）

　４月９日、沖縄北方のRPS＃１、２、３、４に配置されている艦艇は交代
した。またRPS＃４の駆逐艦スタレット（DD-407）が攻撃を受けたため、
戦術調整が必要となった。

［RPS＃４：駆逐艦スタレット（DD-407）、第90夜間戦闘飛行隊（VF（N）-90）］
　スタレットは大型揚陸支援艇LCS（L）-24、-36とともにRPS＃４で哨戒を
行なっていた。1715に空母エンタープライズ（CV-6）を発艦したVF（N）-
90のヘルキャット４機が、1815にRPS＃４に到着した。スタレットは飛来す
る敵味方不明機を探知したので、D・E・ルニオン大尉と僚機のW・"J"・スク
イアズ中尉を迎撃のために誘導した。
　２人は捜索に苦労しながらも、艦艇がこの日本軍機に砲火を浴びせている
のを発見した。RPSの周囲を高度1,500フィート（457m）で旋回していた九
九式艦爆１機が、スタレットに向かって急降下した。スクイアズ中尉はこの
後ろに占位して対空砲火をぬって追いかけ、右主翼付け根に銃弾を浴びせ
た。九九式艦爆は右に旋回してから降下し、スタレットの艦首近くの海面に
墜落した。
　1849、スタレットがほかの艦艇と単縦陣になって航行していると、九九式
艦爆と九七式戦の５機編隊が攻撃してきた。４機がスタレットに、１機が
LCS（L）-36に向かった。艦艇の後ろから飛来した九七式戦をCAPのヘルキ
ャット２機が追いかけて撃墜した。LCS（L）-36の後方から別の１機が飛来
したが、LCS（L）-36は命中弾を何発も浴びせ、同艇の前方に撃墜した。こ
の機体はあまりにも低高度で艇の上空を通過したので、艇のマストをもぎ取
り、無線とレーダーのアンテナを損傷させた。スタレットは大型揚陸支援艇
の支援を受けながら、攻撃してくる日本軍機２機に砲火を浴びせた。
　LCS（L）-36は１機目に命中弾を与えると、これはスタレットの右舷すぐ
横の海面に激突した。しかし、続く１機がスタレットの右舷喫水線に体当た
りした。幸いスタレットの損傷は小さく、浸水は部分的だった。激突で燃料
タンクに亀裂が入り、ディーゼル燃料が２区画に流れ込み、火災も発生した

が、乗組員の負傷者はなかった。スタレットは高速で運動したので、海水が入り込んで火は消えた。

　スタレットは停泊地に戻って損傷調査と修理をするように命令され、ほかの駆逐艦とLCS（L）-24が護衛した。スタレットの損傷は大きくなかったが、修理のために真珠湾に戻り、その後、戦線に復帰することはなかった。

4月10日（火）

［菊水２号作戦開始の決定］
　４月８日に開催された日本海軍連合艦隊の作戦会議で、菊水２号作戦を10日に開始すると決定し、陸海軍航空部隊は特別攻撃の出撃準備を命令した。攻撃には185機の特攻機と195機の護衛・攻撃機が参加する予定だった。

　４月10日は、雨と雲のため視程が悪かった。北からのスコールで風と波が強くなったため、出撃できないCAP機が多く、日本軍機も哨戒機と攻撃機を出撃できなかった。悪天候のためにふだんなら頻繁に発令される総員配置がなかったので、RP艦艇は一息ついた。日本軍は悪天候を好ましいと考えた。４月10日は日本の暦で十死日だったからだ。この日は凶日との言い伝えがあり、作戦を開始するのは日が悪いと、発動は延期された。(34)

4月11日（水）

［RPS＃１：駆逐艦カッシン・ヤング（DD-793）］
　４月11日、RPS＃１で哨戒したのはカッシン・ヤング、パーディ（DD-734）、ロケット中型揚陸艦LSM（R）-192、大型揚陸支援艇LCS（L）-33、-57、-114、-115だった。1459、カッシン・ヤングはレーダーで飛来する航空機を探知して、CAP機を迎撃に誘導し、鍾馗１機を撃墜した。1345、LSM（R）-192は現場を離れた。

［RPS＃３：駆逐艦ハドソン（DD-475）］
　４月11日、RPS＃３で哨戒したのはハドソン、大型揚陸支援艇LCS（L）-37、-38、-111、-118、ロケット中型揚陸艦LSM（R）-199だった。2100、日本軍機２機がRPSに接近したが、迎撃誘導を受けた夜間戦闘機が１機を撃墜し、２機目を艦艇から追い払った。

[RPS＃７：駆逐艦ブラウン（DD-546）]

　４月11日、RPS＃７で哨戒したのはブラウン、大型揚陸支援艇LCS（L）-15、-16、-24だった。その日は一日中、護衛空母シャムロック・ベイ（CVE-84）、マニラ・ベイ（CVE-61）、マカッサル・ストレイト（CVE-91）、ラディヤード・ベイ（CVE-81）から発進した戦闘機が防禦に就いた。

　1745、CAPをしていた第96混成飛行隊（VC-96）のワイルドキャット４機が母艦のラディヤード・ベイに戻った。

　1837、ブラウンの見張員がCAP機から逃れようとしている零戦２機を発見したが、ブラウンが手出しできる状況でなかった。零戦１機がCAP機に追いかけられながら、RPSに突進して来たが、ブラウンと大型揚陸支援艇の砲火を浴びて被弾し、ブラウンの右舷正横50ヤード（46m）の海面に激突した。別の零戦２機が陣形の後方でCAP機に撃墜された。

　これらの日本軍機は鹿屋と国分第1の飛行場を発進した50機の一部だった。30機は故障などで帰投し、20機のみが米軍に攻撃を仕掛けた。

　一方、台湾方面では第５空軍のB-24爆撃機が、台南、高雄、嘉義、台中を空襲した。フィリピンを母基地とする爆撃機は４月12日、14日にも攻撃を行なった。

４月12日（木）

[延期された菊水２号作戦]

　菊水２号作戦は、最初４月10日から開始される予定だったが、天候不良のため、12日に延期された。

　第５航空艦隊司令長官宇垣纏中将は菊水２号作戦の発動を切望していた。菊水２号作戦に参加したのは、海軍の125機、陸軍の60機の計185機の特攻機だった。ほかに195機が護衛・攻撃任務に就いた。その多くは海軍の第３、５、10航空艦隊並びに九州と徳之島、奄美大島などの九州以南の島嶼を基地とする陸軍の第６航空軍の所属機だった。これとは別に台湾から陸軍の第８飛行師団も攻撃に参加した。

　米軍はこの作戦の事前警告を受けていた。４月６日、喜界島から雷電で発進したオマイチサタ飛行兵曹（訳注：所属部隊、氏名、階級特定できず）が第58.1任務群のCAP機に撃墜され、駆逐艦タウシッグ（DD-746）に救助された。彼はやがて始まる攻撃で、どのようにして米艦隊を蹴散らすかを意気揚々と話した。陸軍情報部も宇垣の詳細な命令を傍受していた。(35)

　４月11日、第58.1任務群指揮官のJ・J・クラーク少将は次の文書を全部隊

陸軍沖縄北飛行場（読谷）で米軍に鹵獲された桜花11型。日本海軍は陸海軍航空戦力の指揮一元化の方針に基づき、1944年11月〜45年1月頃に海路、桜花を北飛行場に搬入していた。6月11日撮影（NARA 80G 323641）

に送った。

　　明日の夜明け前から始まる非常に大規模な航空攻撃に備えよ。日本軍は旧式機、練習機も含むすべての航空機を使用して大規模な攻撃を行なう予定である。海軍の九六式艦戦、零戦21型、九九式艦爆、九六式艦爆、九七式艦攻、九六式陸攻、九五式水上偵察機（九五式水偵）、九四式水上偵察機（九四式水偵）、陸軍の九七式戦、九八式直接協同偵察機（九八式直協）、九九式襲撃機を現用機とともに使用する予定である。未知の双発・単発練習機、複葉機も体当たり攻撃に使用する模様である。その中にはシュガー・ナン・ジグズ（ノースアメリカンSNJ練習機）に似た機体もある。(36)

　　米軍情報部隊が傍受した通信の中に「桜花を搭載」した一式陸攻に言及しているものがあった。(37)　読谷飛行場で鹵獲し、調査のためにアナコスチアに送った桜花は機首に桜の花が描かれていた。桜の花に言及していること

で、桜花を使用する攻撃を意味しているにちがいないと推測した。これが有人爆弾に関する陸軍情報部が報告した最初の資料で、その後米軍はそれが何を意味するのか知ることになる。（訳注：海軍の特別攻撃機「桜花」は機首に1,200kgの爆弾を搭載した特攻兵器で、母機の一式陸攻に懸吊されて空中発進した後、搭乗員がロケットに点火、操縦して自ら機体ごと目標に体当たりする。1945年3月から6月まで10回にわたり、合計76機が沖縄方面に出撃した。このほかに嘉手納、普天間両飛行場攻撃のため鹿屋を発進したが一式陸攻・桜花とも途中で引き返したため隊名も付かなかった1回2機の出撃がある。大部分は目標海域に達する前に母機とともに撃墜されたが少数機が体当たりに成功した。本書によれば駆逐艦1隻を撃沈、3隻に損傷を与える戦果を上げ、このほかに3隻の付近に墜落している）

［誇大な菊水1号作戦の戦果］

　宇垣司令長官が受けた菊水1号作戦で米艦隊に与えた戦果報告は誇大だった。宇垣は陣中日誌『戦藻録』に＜（四月七日記入）轟沈　戦艦二、艦種不詳二、大型三（中略）撃破　戦艦一（中略）総計三四隻（中略）（四月九日に追記）轟沈　巡洋艦三、駆逐艦五（中略）撃沈　駆逐艦三（中略）大破炎上　戦艦二、巡洋艦六、駆逐艦二（中略）合計三五隻＞(38)で、2日間で計69隻の艦艇を撃沈または大きな損害を与えたと記した。

　実際は、28隻が体当たりを受けたが、沈没したのは8隻だった。戦艦メリーランド（BB-46）に1機が体当たりして、搭載していた1発の爆弾で3番砲塔（16インチ〔40.6cm〕砲連装）が使用不能になった。最も大きな損害をこうむったのは駆逐艦で、ブッシュ（DD-529）、コルホーン（DD-801）が沈没し、リューツ（DD-481）、マラニー（DD-528）、ニューカム（DD-586）、ベネット（DD-473）、モリス（DD-417）が大きな損害を受け戦争終了まで、再び任務に就くことはなかった。（訳注：モリスはレーダー・ピケット任務に就く前に特攻機の突入を受け米国に回送）

　上記のように米海軍は致命的な被害を受けたわけではなかったが、宇垣は戦果報告を見て、このような攻撃をさらに続ければ米軍は沖縄作戦を諦めるのではないかと判断を誤った。宇垣は日誌に＜諸情況を綜合するに敵は動揺の兆あり、戦機は正に七分三分の兼合にあり＞と記した。(39)

［海兵戦闘飛行隊］

　日本軍の大きな懸念の1つは、読谷と嘉手納の海兵戦闘飛行隊だった。日本軍が推定した130機は実際よりも少なかったが、これだけの航空機がいるのは危険なので、日本軍はこの壊滅が必要だと考えた。宇垣は日誌に4月12

日の総機数を＜沖縄本島北 中飛行場にて既に一三〇機の集中するあり＞と
記載しているが (40)、これは４月７日に到着した第31海兵航空群の機数だけ
を反映したもののようである。第33海兵航空群の戦闘機は、その２日後に嘉
手納に飛来して第31海兵航空群、第33海兵航空群合計で約220機だった。宇
垣への報告はおそらく７日から９日の目撃情報を基にしたのであろう。もし
宇垣が最新の機数を知っていたら、読谷と嘉手納攻撃の優先度を上げたかも
しれない。

［友軍誤射］
　海兵隊パイロットは、日本軍機の攻撃よりもはるかに深刻な「友軍誤射」
の問題を抱えていた。４月12日にCAP機を指揮する防空集団は次のように報
告している。

　　　すべての中で最大の問題は、友軍機が離陸すると、それが射程外に去
　　るまで友軍が対空火器を撃ち続けることである。海兵隊のマロリー海兵
　　隊中佐とカーク海兵隊少佐が連絡のとれるすべての対空火器の陣地に友
　　軍機が滞空していることを連絡したが、それでも対空射撃は続いた。(41)

［RPS＃１：駆逐艦カッシン・ヤング（DD-793）、パーディ（DD-734）］
　４月12日、RPS＃１を哨戒したのはカッシン・ヤング、パーディ、LCS
（L)-33、-57、-114、-115だった。晴天で海は穏やかだったが、RPS＃１の
艦艇にとっては悲惨な１日となった。
　その日の午後、多数の日本軍機がRPS＃１にいる６隻のRP艦艇に向かって
来た。その内訳は九九式艦爆、九七式艦攻、零戦、隼、一式陸攻で計40機ほ
どだった。零戦は全機爆装し、一式陸攻とともに鹿屋を発進した。ほぼ同時
刻に九七式艦攻は串良から急きょ発進した。（訳注：同日、零戦は元山航空隊第
２七生隊で出撃19機、未帰還17機。陸攻・桜花は第３神風桜花特別攻撃隊神雷部隊
で、出撃各８機、未帰還陸攻５機・桜花８機、いずれも鹿屋から出撃。97艦攻は宇佐
航空隊第２八幡護皇隊〔艦攻隊〕、姫路航空隊の第２護皇白鷺隊、百里航空隊の常盤忠
華隊の出撃22機、未帰還19機。この日は九九艦爆の宇佐航空隊第２八幡護皇隊〔艦爆
隊〕、名古屋航空隊第２草薙隊、第951航空隊第２至誠隊の出撃29機、未帰還20機が記
録されている）
　夕刻までに哨戒中の６隻のうち５隻がカミカゼの体当たりを受け、LCS
（L)-33は海底に沈み、LCS（L)-114だけが難を逃れた。この戦闘で艦艇と
CAP機は20から25機の日本軍機を撃墜した。

［RPS＃１：駆逐艦カッシン・ヤング（DD-793）、パーディ（DD-734）、
LCS（L）-33、第10戦闘飛行隊（VF-10）］

　12日朝、軽空母ラングレー（CVL-27）の第23戦闘飛行隊（VF-23）のヘル
キャットはCAPに発進し、昼頃に帰投した。

　1112、北から日本軍機が襲来するのを探知した。1243、カッシン・ヤング
は空母イントレピッド（CV-11）のVF-10のコルセアの３個編隊を指揮・管
制下に入れ、日本軍機の迎撃に向かせた。

　W・J・シューブ大尉の１個編隊は、駆逐艦に向かっていた15機の九九式艦
爆と九七式戦を発見して攻撃を開始した。別の１個編隊を指揮していたウィ
リアム・ニッカーソン大尉も日本軍機を発見した。８機のコルセアは九九式
艦爆と九七式戦の編隊に突進して離散させ、戦闘が終わると日本軍機12機を
海面に落としていた。

　1337、対空戦闘中のカッシン・ヤングを狙って高々度から急降下爆撃する
九九式艦爆に対してパーディは射撃を開始した。爆弾はカッシン・ヤングの
右舷方向すぐ横で爆発したが、船体に損傷はなかった。カッシン・ヤングと
パーディが射撃するなか、九九式艦爆は機首を上げて旋回すると、カッシ
ン・ヤングの右舷艦尾に体当たりした。その後、カッシン・ヤングは修理のた
め停泊地に向かった。

［RPS＃１：第93混成飛行隊（VC-93）］

　４月12日、護衛空母ペトロフ・ベイ（CVE-80）のVC-93のワイルドキャッ
トも戦闘に参加した。L・V・リーブ大尉の１個編隊は高度15,000フィート
（4,572m）でコルセア数機に追われている零戦を発見した。コルセアは急降
下速度が速いため、何度も零戦を追い越してしまい、リーブ大尉に射撃の機
会が回ってきた。零戦の真後ろから攻撃し、追い越す直前にエンジンに銃弾
を命中させたが、追い越してしまった。僚機のレイド中尉が操縦席に銃弾を
撃ち込むと、零戦は高度17,000フィート（5,182m）からスピンした。

　別の零戦２機がコルセアの追撃を受けていた。VC-93の２機編隊のC・J・
ジャンソン、P・R・ボームガートナー両少尉がこの戦闘に参加した。零戦が
ジャンソン少尉に向かって来ると、ボームガートナー少尉が横から射撃して
エンジンに命中させた。零戦は戦列から外れて降下し、コルセアに仕留めら
れた。

　その時、ボームガートナー少尉はエンジンと計器盤に被弾したことに気づ
いた。僚機に気をとられている隙に別の零戦が後方から忍び寄っていたの
だ。直ちにハーフスピンして、零戦の追撃をかわすと、素早く一撃を食らわ

せようとしたが外れた。だが、空中戦はここまでだった。ボームガートナー少尉が乗るワイルドキャットにトラブルが発生したので、駆逐艦カッシン・ヤング（DD-793）とパーディ（DD-734）の近くに不時着水する準備を始めた。最悪なことに友軍機と識別できない駆逐艦がすぐに砲火を開いたが、選択の余地はなかった。降下を続けて着水すると、パーディに救助された。(42)

［RPS＃1：第10戦闘飛行隊（VF-10）］

フランク・M・ジャクソン大尉率いるVF-10の3番目の1個編隊は、高度20,000フィート（6,096m）を飛行する別の日本軍機の迎撃に向かった。それは、零戦と隼からなる30から40機の大編隊だった。VF-10の戦闘記録には次のように記されている。

1個編隊は日本軍機の編隊を後方から攻撃した。その後FM-2（ワイルドキャット）数機が戦闘に加わった。ジャクソン大尉は零戦3機から攻撃を受けたが、僚機のタッカー少尉がそのうちの1機を撃墜し、ほかの2機にも銃弾を浴びせて追い払った。ジャクソン大尉は別の零戦の後方に占位したが、零戦は急上昇反転して、ジャクソンに向かって来た。ジャクソン大尉が機銃を目標に合わせると、敵機は炎に包まれた。ジャクソン大尉は別の零戦を見つけると急降下旋回して後ろに占位した。同じ零戦を追っていたFM-2のパイロットは、明らかにジャクソンに気づかず、ジャクソン機の下に滑り込み2機は空中衝突した。ジャクソンは機体から脱出すると、日本軍が確保している島の近くにパラシュートで降下した。(43)

記録によれば、ジャクソン大尉は第93混成飛行隊（VC-93）のC・J・ジャンソン少尉が操縦するワイルドキャットと衝突し、その衝撃で両機の主翼がもげた。1515、ジャクソン大尉はけがもなく駆逐艦ハドソン（DD-475）に救助されたが、ジャンソン少尉の遺体は回収できなかった。

［RPS＃1：駆逐艦パーディ（DD-734）］

4月12日、W・A・ニッカーソン大尉率いる第10戦闘飛行隊（VF-10）の1個編隊が空母イントレピッド（CV-11）に帰投していると、パーディとその支援艦艇に向かっている天山、九九式艦爆、彗星の計10機を発見した。ニッカーソン大尉とブラウアー少尉がパーディに向かって急降下している天山の後ろに占位してこれを撃墜した。2機は続いて彗星を追ったが、彗星の後部

沖縄沿岸に集結した米艦艇上空のF4U-1D。空母イントレピッド（CV-11）艦載のVF-10"グリム・リーパーズ"所属機。4月10日撮影（NARA 80G 316035）

機関銃手がニッカーソン機を撃墜した。1614、ニッカーソン大尉はLCS（L）-114に救助された。

　パーディの見張員は、右舷後方から飛来する九九式艦爆1機を発見した。パーディとLCS（L）-114は砲火を浴びせて距離2,500ヤード（2,286m）で撃墜した。パーディは停泊地に戻る駆逐艦カッシン・ヤング（DD-793）に同行したが、RPSに戻るよう指示された。

　1442、別の九九式艦爆がCAP機に追われながら右舷方向から飛来したが、パーディとCAP機の間で炎に包まれ墜落した。次の10分間にも2機の九九式艦爆がパーディの砲火で撃ち落とされた。

　1500、九九式艦爆1機がCAP機3機に追われながら攻撃してきた。パーディとLCS（L）-114の対空砲火の中、突進して来た。九九式艦爆はパーディの横わずか20フィート（6.1m）の海面に激突し、そのままパーディの舷側に衝突した。搭載していた爆弾が船体を切り裂いて艦内で爆発し、パーディは操舵と通信ができなくなった。10人の乗組員が艦外に投げ出された。応急処置で艦は制御を回復して戦死者13人と負傷者58人を乗せて停泊地に向かった。

　パーディはカミカゼを4機撃墜したほか、3機の撃墜に協力したが、8機目に体当たりされた。(44) のちに艦長のフランク・L・ジョンソン中佐は「長く輝かしい戦歴を持つ駆逐艦は、RPS任務に就いて予想以上にひどい生涯を

送ることになった。任務は非常に困難で、骨が折れ、楽しいことはなかった」と述べている。(45)

［RPS＃１、大型揚陸支援艇LCS（L）-57］

1347、乱戦の最中にLCS（L）-57は日本軍機８機を右舷方向に発見した。１機が爆撃進入で向かって来た。日本軍機が4,000ヤード（3,658m）離れている時点でLCS（L）-57は射撃を始め、機体に何発も命中しているのが見えた。日本軍機が右舷距離200ヤード（183m）で投下した爆弾は爆発せず、日本軍機は爆弾投下後、LCS（L）-57から50ヤード（46m）の海面に墜落した。

別の８機が４機ずつの２波になって右舷方向から攻撃してきた。１機が編隊から離れ、海面すれすれに正面から突進して来た。これはLCS（L）-57の前部40mm連装機関砲の砲弾を何発も浴びて、パイロットは戦死した。しかし、最後の瞬間に引き起こされた機体が、前部40mm機関砲の砲座に激突してから猛スピードで左舷25ヤード（23m）の海面に突入した。前部40mm機関砲はこの衝撃で使用不能になった。

1352、LCS（L）-57の射手が九七式戦２機を撃墜した。３機目の九七式戦が海面すれすれに左舷後方から飛来した。機体はLCS（L）-57に体当たりしたが、機体が爆発したのは艇から約10フィート（3.1m）のところで、舷側に８フィート（2.4m）の穴を開け、４人を艦外に投げ出した。40mm連装機関砲は２基とも使用不能になり、窮地に陥った。甲板の下で浸水が始まり、短時間でLCS（L）-57は右に10度傾いた。

このカミカゼの体当たりで艇の操舵装置が損傷を受け、艇長のハリー・L・スミス大尉は緊急手動操舵のため、応急員２人を舵取機室に送り込んだ。大型揚陸支援艇LCS（L）-33が接近してLCS（L）-57から投げ出された乗組員を救助した。

1420、九七式戦がLCS（L）-57の右舷前方から突進して来た。これを激しく追っていたのはCAP機の１機だった。LCS（L）-57とCAP機が九七式戦に砲火を浴びせ、艇の右舷前方300ヤード（274m）の海面に撃ち落とした。

10分後、別の九七式戦がCAP機に追われながらLCS（L）-57の周囲を旋回した後、前部40mm単装機関砲に体当たりして、LCS（L）-57では２人が死傷した。この結果、LCS（L）-57が使用できるのは20mm機関砲２基と50口径12.7mm機関銃だけになった。

LCS（L）-57はさらに右に傾いたため、艇が沈没する前にRPSを離脱して、修理のため停泊地に戻る許可を求めた。LCS（L）-57は自身が生き残るために戦っていたため、近くでLCS（L）-33が攻撃を受けていたことを知ら

複数の特攻機の攻撃により大きな被害を出しながらもLCS（L）-57はもちこたえた。この写真の同艇後部にはまだ大きな損傷は見られない（NARA 80G 330114）

なかった。LCS（L）-57の戦闘記録に次のように記されていた。

　　5海里（9.3km）進むと、本艇の支援を命じられていたLCS（L）-33が一緒に来ていないことに気づいた。LCS（L）-33は戦闘海域に戻っており、無線が通じなかったのだ。大型揚陸支援艇LCS（L）-115から、敵機の体当たりを受けて炎上しているLCS（L）-33の生存者を救助している……との通報を受けた。駆逐艦パーディ（DD-734）は本艇のすぐ横を南に向かっており、後について停泊地まで戻るようにと本艇に手旗信号で伝えてきた。しかし、追いつくことはできなかった。パーディは本艇を助けることができなかったので、再び北に向かい、戦闘海域に戻った。駆逐艦カッシン・ヤング（DD-793）とパーディの駆逐艦2隻が離脱したので、これを守っていた友軍機が今度は一団になった4隻の大型揚陸支援艇を防禦した。(46)

　　翌13日の0020、LCS（L）-57は停泊地に到着し、戦死者と負傷者を艇から移送した。その後、慶良間諸島に移動し、のちに修理のためフィリピンに向

かった。終戦までに戦線復帰はできなかった。LCS（L）-57は九七式戦４機を撃墜し、３機の体当たりを受けた。本艇の勇敢な行動は広く知られ、のちに大統領部隊感状を授与された。

[RPS＃１：大型揚陸支援艇LCS（L）-33]

　４月12日1500、LCS（L）-33が九九式艦爆２機の攻撃を受けた。１機は左舷方向から、もう１機は右舷方向からだった。左舷方向からの九九式艦爆は艇に向かって機銃掃射をしたが、左舷正横距離5,000ヤード（4,572m）で撃墜された。右舷方向の九九式艦爆はLCS（L）-33の中央に体当たりして爆発した。艇の電力が喪失し、消火栓ポンプにも火が回り、消火ができなくなった。数分でLCS（L）-33は炎に包まれ左に35度傾いた。フランク・C・オスターランド中尉はのちに次のように語っている。

　　　３機目が右舷方向から急降下し、海面すれすれで水平飛行に戻った。敵機は全速力でLCS（L）-33 "ドリー・スリー"の中央部前方に体当たりした。激しい衝突でガソリンが艇全体に飛び散った。火災が上構の大部分を巻き込んだ。
　　　艦橋上にいた乗組員の多くは衝突の衝撃で一時意識を失った。艇長は司令塔に激しく叩きつけられて背骨を骨折した。ひどく傷ついた艇は傾き、制御不能になった。エンジンはすべて停止した。甲板の下は「鉄の棺桶」になりつつあった。我々は、砲火の音で耳が聞こえなくなり、艇の激しい運動で転げ回った。
　　　敵機が体当たりした時、ものすごい衝撃が起きた。私は突然、暗黒、静寂、空虚の中に置かれた。私は"ドリー・スリー"の戦闘時の持ち場である無線・レーダー室で倒れていた。足をすくわれ、意識を失い、レーダー・コンソールの下の隔壁にもたれかかっていた。ヘルメットにはそれまでなかった大きなへこみがあり、頭を強打して、鼻血を出していることがわかった。(47)

　オスターランド中尉は離艦命令を聞きとることができた。意識朦朧で無線室から甲板に出た。そこで艇と乗組員の惨状が見えた。多くの者はすでに海上にいて、救助が必要な状況だった。オスターランド中尉も海に飛び込み、乗組員を集めて救助されやすいようにした。
　１時間後、大型揚陸支援艇LCS（L）-115が彼らを救助した。LCS（L）-115はLCS（L）-33の生存者とともに、RPS上空の戦闘から生き延びた日本人パ

4月12日、RPS#1で特攻機の攻撃により沈没したLCS（L）-33（NARA 80 GK 2681）

イロットも救助した。

　LCS（L）-33の弾薬庫が爆発を始めたので、1505に総員離艦の命令が出た。LCS（L）-115は70人の生存者を救助し、行方不明はわずか３人だった。1648、駆逐艦パーディ（DD-734）が５インチ砲弾２発でLCS（L）-33を沈めた。LCS（L）-33はRP任務で沈んだ３隻目の艦艇で、武装小型艦艇最初の犠牲だった。

［RPS＃１：大型揚陸支援艇LCS（L）-115］

　LCS（L）-115の損傷はほかの艦艇に比べて少なかった。攻撃を受けてはいたものの、ほかの大型揚陸支援艇とともに大型揚陸支援艇LCS（L）-57の救助に向かった。

　1427、九九式艦爆１機が機銃掃射しながら、体当たり突進して来た。LCS（L）-115はジグザグ航行しながら九九式艦爆に砲火を浴びせた。九九式艦爆はわずかに艦をそれ、左舷から25フィート（7.6m）の海面に激突した。LCS（L）-115は機銃掃射で２人が負傷した。

　1455、別の九九式艦爆１機が右舷方向からLCS（L）-115に向かって急降下して来た。砲火を浴びる九九式艦爆は激しく機動し、LCS（L）-115に体当たりを試みたが、前部40mm連装機関砲をわずかに外して左舷正横100フィート（30m）の海面に墜落した。

　LCS（L）-115は再びLCS（L）-57の救助に向かった。

[RPS＃1：駆逐艦カッシン・ヤング（DD-793）、パーディ（DD-734）、大型揚陸支援艇LCS（L）-33、-114]

　LCS（L）-114は、その日損害を受けなかった唯一の艦だった。

　4月12日1337、LCS（L）-114がカッシン・ヤングに接近する敵味方不明機に砲火を開いたが、撃墜したのはカッシン・ヤングの機関砲だった。数分後、零戦4機が射程内に飛来した。LCS（L）-114は射撃を開始したが、零戦の高度が高すぎた。その後、LCS（L）-57とカッシン・ヤングが体当たり攻撃を受けたため、LCS（L）-114は救助に向かった。

　1425、隼1機が北から接近したので、カッシン・ヤングが砲火を浴びせた。隼は左舷後方から距離1,000ヤード（914m）に墜落した。数分後、新たな零戦1機がパーディに向かって来た。LCS（L）-114はこれに砲火を浴びせ、最後はパーディが仕留めた。同時に別の1機が艇の後方から接近した。LCS（L）-114はこれにも砲火を浴びせ、パーディの射程内に追い込み、パーディが撃墜した。

　1500、LCS（L）-33が体当たり攻撃を受け、その後沈没した。

　LCS（L）-114は、パーディの乗組員を収容しながら哨戒を続け、1640、負傷者を輸送海域に移送するよう命令を受けた。

　この戦いで大型揚陸支援艇と駆逐艦は日本軍機に大きな損害を与えた。パーディの戦闘記録には次のように記されている。

　　甲板上の下士官兵の見張員が、友軍機と水上艦艇が撃墜した敵機と体当たり攻撃機が墜落したものによる「水柱」の記録を付けていた。これによれば、86分間の空中戦の間に水柱22本を数えた。これはこの戦闘で少なくとも20機、おそらく25から30機の日本軍機を撃墜したと考えてよいことになる。(48)

　LCS（L）-114の艇長G・W・メファード大尉はこれに同意して、5機がCAP機、17機が6隻の艦艇の協同撃墜と付け加えた。(49)

[RPS＃1：駆逐艦スタンリー（DD-478）、第3神風桜花特別攻撃隊神雷部隊]

　1351、RPS＃2で哨戒していたスタンリーは、RPS＃1で駆逐艦カッシン・ヤング（DD-793）を支援するよう命じられた。スタンリーが新たな任務に向かっていると、上空を沖縄に向けて飛行する九九式艦爆5機を発見し、射撃を加えたが、編隊を散開させただけで撃墜することはできなかった。

　1426、スタンリーの左舷後方から体当たり攻撃をしてきた九九式艦爆1機

にスタンリーと駆逐艦ラング（DD-399）が38口径5インチ単装砲などで砲火を浴びせた。九九式艦爆は針路を変えて艦の上を通過してスタンリーの右舷後方海面に墜落した。

12日昼過ぎ、九州の鹿屋を第3神風桜花特別攻撃隊神雷部隊の一式陸攻9機が離陸した。各機は胴体の下に"有人爆弾"桜花を懸吊していた。一式陸攻は沖縄を取り囲む艦艇に接近したが、迎撃誘導を受けた米戦闘機がこのうちの数機を撃墜した。稲ケ瀬隆治少尉が機長の陸攻はRPS＃2に向かった。RP艦艇に接近したので、光齋政太郎二等飛行兵曹（二飛曹）は最後の任務の準備に就いた。稲ケ瀬少尉がスタンリーを左下に見たので、光齋二飛曹は桜花に乗り込んだ。

光齋二飛曹は桜花を滑空させながらロケットに点火した。桜花はスタンリーの右舷艦首に体当たりしたが、艦を突き抜けて左舷方向の海中で爆発した。スタンリーの乗組員は何が起きたかよくわからなかったが、何か今までとは違うことが起きたことだけはわかった。彼らは日本軍の"有人爆弾"桜花の体当たりを受けた数少ない艦艇の乗組員となった。桜花はもっと大型で、構造が堅牢な艦艇を攻撃することを目的に設計されており、しかも高速だったため、爆発する前に駆逐艦の比較的薄い舷側を突き抜けてしまったのだ。（訳注：「戦史叢書」では一式陸攻・桜花各8機出撃、布告の桜花搭乗員は8人。ただし、第721航空隊の飛行機隊戦闘行動調書によれば一式陸攻・桜花各9機出撃で、稲ケ瀬機を含む一式陸攻3機は桜花を発進して帰還。もう1機は桜花搭乗員とともに帰還しているが、桜花を持ち帰ったのかは不明）

のちの桜花の評価で、スタンリーの艦長R・S・ハーラン中佐は新兵器と戦う時の問題点について、次のように述べている。

　　艦上に残った推進式航空機の残骸から、構造のほとんどは合板とバルサ製で、軽量なアルミなどの金属の使用はほんのわずかだったことがわかる。このような構造に対してMk.32およびMk.40砲弾の効果があるのか疑問である。(50)

上空ではCAP機が2機の日本軍機を撃墜したが、別の桜花1機がスタンリーの右舷正横に突進して来た。桜花が同艦に激突するには高度が高すぎたが、艦の射手はこれを狙った。桜花はスタンリーの上を通過すると機体を傾けて2回目の突進を試みたが、左舷の距離2,000から3,000ヤード（1,829〜2,743m）で撃ち落とされた。この攻撃による損傷はメインマストの国旗が裂けただけだった。

1515、飛燕１機がスタンリーに体当たりを試みたが、大型揚陸支援艇LCS（L）-32の砲火で撃墜されてスタンリーの後方に墜落した。1530、スタンリーは損傷調査のため輸送海域に戻るよう指示された。

　スタンリーが輸送海域に戻ろうとした時、スタンリーを防禦しているCAP機と新たに飛来したコルセア４機が零戦５機と頭上で戦闘に入った。零戦の１機は空中戦から離れ、駆逐艦に爆撃突進を行なったが、爆弾と機体の両方とも命中せず、それぞれ艦首の左舷横と右舷横に落下したので、被害はなかった。スタンリーはのちに５日間、慶良間諸島で修理を行なったが、桜花の衝突による損傷は大きく、戦線復帰はかなわなかった。

[RPS＃１：第221海兵戦闘飛行隊（VMF-221）、駆逐艦パーディ（DD-734）]
　４月12日1418、VMF-221のコルセア３個編隊がRPS＃１、２近辺空域のCAPのため空母バンカー・ヒル（CV-17）から発艦した。夕闇が迫っていたが、日本軍機の攻撃は止まらなかった。

　1620、F・B・ボールドウイン海兵隊大尉が率いる１個編隊は、飛来する日本軍機を迎撃するため北に向かった。最初にJ・E・ジョーゲンセン海兵隊中尉がRPS＃１に向かう九九式艦爆３機を発見した。

　九九式艦爆は高度9,000フィート（2,743m）を飛行していたので、コルセアはこれを捕捉するため上昇した。ジョーゲンセン中尉は１機に命中弾を与えると、これは主翼付け根から火を噴き出し炎に包まれて墜落した。

　A・B・イメル海兵隊中尉は別の九九式艦爆の後方に占位して主翼に砲火を浴びせると、燃料タンクが発火、一瞬で炎に包まれ墜落した。イメル中尉は３機目を追ったが、銃弾を撃ち尽くしていたため、代わりにボールドウイン大尉が追跡した。九九式艦爆の後席機関銃手が反撃したが、左翼付け根に命中弾を浴びせるとそれは火を噴いた。

　VMF-221の別の編隊D・L・バルチ大尉がその九九式艦爆を射撃したので、ボールドウイン大尉は横にそれた。九九式艦爆は炎に包まれ、らせん降下して海面に激突し、ボードウイン大尉が撃墜を記録した。

　バルチ大尉の編隊はパーディ上空で防禦の任務に就いていた。パーディは無線で「射撃できないので、日本軍機を近づけるな」と伝えてきた。(51)

　E・K・ニコレイデス海兵隊少尉は、1/4海里（0.4km）の距離で零戦２機を追跡した。１機を追い越したが、戻って後方に占位した。一方、バルチ大尉は追い越す前に２連射した。ニコレイデス少尉が後方から零戦の操縦席、尾部、主翼に銃弾を浴びせると、それは高度9,000フィート（2,743m）から海面に墜落した。

バルチ大尉は残った零戦と戦うために上昇し、零戦の操縦席と尾部に命中弾を与えるとそれは炎に包まれて海面に激突した。しかし、パーディのすぐ横だったので、たちまち炎が甲板を覆った。

　2044、哨戒救難護衛艇PCE（R）-852が支援のために到着し、大型揚陸支援艇の負傷者8人を収容して、渡具知に輸送した。

［RPS＃2：第93混成飛行隊（VC-93）］

　4月12日、RPS＃2を哨戒したのは駆逐艦スタンリー（DD-478）、ラング（DD-399）、大型揚陸支援艇LCS（L）-32、-51、-116、ロケット中型揚陸艦LSM（R）-197、-198だった。この空域に日本軍機が多数飛来したので、艦艇は総員配置を継続していた。

　1200、護衛空母ペトロフ・ベイ（CVE-80）のVC-93からワイルドキャットの2個編隊が発艦した。R・E・フレデリック大尉率いる1個編隊はRPS＃2の上空5,000フィート（1,524m）でスタンリーの戦闘機指揮・管制士官の指揮・管制下にあり、九九式艦爆4機の縦隊がRPSに向かって来るのを発見した。

　フレデリック大尉らは九九式艦爆の横に接近した。フレデリック大尉は九九式艦爆に挑みかかり3番機を捉えた。45度の角度から命中弾を撃ち込み、後方に占位した。九九式艦爆は速度を上げて急降下を始めたので、フレデリック大尉は再び射撃して主翼の付け根と操縦席に命中させた。九九式艦爆は激しいスピンに入り、海面に激突した。

　フレデリック大尉の僚機R・C・サリバン中尉が2番機の後方に占位した。わずか50フィート（15m）の距離から2秒ずつ4回射撃し、エンジンと主翼付け根に命中させた。サリバン中尉のワイルドキャットの速度が勝っているため、九九式艦爆を追い越してしまい、右に離脱した。サリバン中尉が後ろを振り返ると、九九式艦爆は墜落していた。

　R・R・パーソンズ少尉が率いる2番目の編隊は、RPSの西方高度15,000フィート（4,572m）で空中待機に入った後、200ノット（371km/h）で北に向かう4番機を追った。パーソンズ少尉は距離1,200フィート（366m）で射撃したが、射程外だった。さらに距離を詰めて2回短い射撃を行なうと、九九式艦爆の主翼の燃料タンクに命中し、それは降下を始めた。

　一方、サリバン中尉が追った1番機のパイロットはほかの九九式艦爆のパイロットに比べて操縦の技量が高く、何度も回避行動をとった。サリバン中尉は九九式艦爆が上昇するところを狙って操縦席を射撃すると、それは降下を始めた。

護衛空母ペトロフ・ベイ（CVE-80）に着艦するVC-93のFM-2ワイルドキ
ャット。1945年5月19日撮影（NARA 80G 378860）

　ワイルドキャットの２個編隊は隊形を組み直して高度3,000フィート
（914m）で哨戒に戻ると、九九式艦爆１機と隼１機を発見した。フレデリ
ック大尉は九九式艦爆の側面から接近して、何発か命中させた。九九式艦爆
が旋回したので、再び射撃して両主翼の付け根に命中させた。九九式艦爆は
爆発して海面に落下した。

　パーソンズ少尉は隼の後方に占位したが、思ったより隼の速度が速いこと
に気づき、ワイルドキャットを全速力にして距離を詰めた。隼はワイルドキ
ャットの射撃から逃れようとして激しく機動した。何回目かの射撃でエンジ
ンに命中させると、隼は炎上してスピンに入り、制御不能のまま海面に激突
した。

　その後、ワイルドキャットの１個編隊は高度4,000フィート（1,219m）で再
び隊形を組むと、左側に対空砲火が上がっているのに気づいた。零戦１機が
LCS（L）-32に体当たり攻撃しようとしていたのだ。フレデリック大尉は横
から零戦に一撃を加えると、後方に占位し、次の一撃をエンジンに命中させ
た。零戦は炎上し、急上昇してからLCS（L）-32の後方に墜落した。

　編隊は別の九九式艦爆１機を高度3,000フィート（914m）で発見したの
で、ワイルドキャット４機は横から水平突進して命中弾を何発も与えた。
H・フォスター３世中尉は九九式艦爆の後方を旋回すると短い射撃でこれを

仕留めた。

　眼下では、別の九九式艦爆1機がスタンリーに突進していたが、スタンリーの後方にいたLCS（L）-51が射撃を加えて追い払った。

　数分後、パーソンズ少尉とフォスター中尉は9時の方向から駆逐艦に突進しようとしていた隼1機を発見した。駆逐艦の対空砲火をかいくぐりながら、フォスター中尉は駆逐艦に迫る隼の後方に占位し、距離200フィート（61m）で隼の主翼付け根と操縦席に銃弾を命中させた。隼は炎に包まれながら駆逐艦の甲板に向かったが、200フィート（61m）離れた海面に落下したので、フォスター中尉は針路を変更した。

　コルセア1機が艦艇に向かう零戦を必死に追跡していたが、零戦を追い越してしまい針路を変更したので、フォスター中尉にチャンスが回ってきた。エンジンの出力を上げて零戦の後ろに占位すると、エンジンと主翼付け根に銃弾を命中させ、これを撃墜した。

　この戦闘でフレデリック大尉とフォスター中尉がそれぞれ3機、パーソンズ少尉とサリバン中尉がそれぞれ2機で計10機を撃墜した。

［RPS＃2：駆逐艦ラング（DD-399）］

　4月12日、ラングはこの海域にいるほかのどの艦艇よりも恵まれていた。

　1313、ラングのレーダーが日本軍機の襲来を探知したので、相互支援ができるように駆逐艦スタンリー（DD-478）に接近した。

　それから1時間、ラングは多くの日本軍機に対して射撃したが、射程内に来るものはなかった。九九式艦爆1機が突進し、右舷後方の離れたところに爆弾を投下したが、爆発せず、九九式艦爆は海域から離脱しようとした時に撃墜された。

　ラングの乗組員は桜花1機が左舷から500ヤード（457m）の海面に突っ込んだのを知って驚いた。誰も桜花が突進して来るのを見ていなかったからだ。

　1504、2機目の桜花が左舷艦首から離れた海面に激突した。最後の瞬間まで誰も桜花を見ておらず、射撃もしなかった。

　スタンリーが海域を離れたため、CAPの指揮・管制はラングに移った。1622、ラングはコルセアの1個編隊をRPS上空の九九式艦爆3機の迎撃に誘導し、CAP機は九九式艦爆を撃墜した。

　2305、スンタリーの交代としてブライアント（DD-665）が到着した。

［RPS＃3：駆逐艦ハドソン（DD-475）、第90夜間戦闘飛行隊（VF（N）-90）、第84、第82戦闘飛行隊（VF-84、VF-82）］

4月12日、RPS＃3で哨戒を続けていたのはハドソン、大型揚陸支援艇LCS（L）-37、-38、-111、-118、中型ロケット揚陸艦LSM（R）-199だった。

0118、ハドソンは日本軍機2機から攻撃された。1機は左舷正横から、1機は右舷方向からだったが、砲火を浴びせて追い払った。ほぼ同時刻に別の日本軍機がLCS（L）-38に爆弾8発を投下した。だが、着弾は最も近いものでも右舷後方距離1,000ヤード（914m）だったので損傷はなかった。

真夜中、空母エンタープライズ（CV-6）は、VF（N）-90のヘルキャット夜間戦闘機1機を発艦させた。通常は揚陸指揮艦エルドラドー（AGC-11）の戦闘機指揮・管制士官の指揮・管制を受けるが、この夜間戦闘機はハドソンの指揮・管制を受けた。

0215、同機はハドソンの誘導を受けて南に向かい、陸軍の飛龍1機を撃墜した。0558、別の日本軍機1機がハドソンに突進して来たので、ハドソンとLCS（L）-111の砲火で追い払った。

再びLCS（L）-38が目標になったが、この攻撃でも爆弾1発が右舷から250ヤード（229m）離れたところに落下しただけで、損傷はなかった。

その日の1315から1500の間、北のRPSが続けて攻撃を受けた。

VF-84のコルセア1個編隊がRPSに向かう零戦2機を発見し、J・A・ピニ、A・L・ブルックス両中尉が後方から接近して2機とも撃墜した。CAP機は少なくとも九七式艦攻3機、九九式艦爆5機、零戦2機、一式陸攻2機の計12機を撃墜した。CAP機と艦までの距離が近いことと、CAP機が激しい戦闘を行なっていたので、ハドソンは対空射撃を控えた。

その後、数時間にわたり複数の日本軍機がこの空域を通過した。

2128、ハドソンを攻撃しようとした一式陸攻1機を撃ち落とした。2250、空母ベニントン（CV-20）のVF-82所属の戦闘機がRPSの北方15海里（28km）で別の一式陸攻1機を撃墜した。

［RPS＃4：駆逐艦ウィックス（DD-578）］

1145、ウィックスがRPS＃4に到着し、掃海駆逐艦エリソン（DMS-19）、大型揚陸支援艇LCS（L）-12、-39、-40、-119も加わった。CAP機の3個編隊が上空で防禦し、ウィックスがこれを指揮・管制した。

1400、1個編隊の燃料がなくなりかけたので基地に帰投を始めた。ほかの2個編隊は飛来する日本軍機を迎撃するため、西に誘導された。この戦いで日本軍機2機ないし3機を撃墜したが、CAP機2機が撃墜されたので引き分

けだった。

2231、エリソンは飛来する敵味方不明機に射撃を浴びせたが、結果は不明だった。

RPS＃１の戦闘と比べると、RPS＃４の艦艇にとって12日は比較的穏やかな一日だった。

［RPS＃７：駆逐艦ブラウン（DD-546）］

４月12日、RPS＃７を哨戒したのはブラウン、大型揚陸支援艇LCS（L）-15、-16、-24だった。上空のCAPは、護衛空母シャムロック・ベイ（CVE-84）、マカッサル・ストレイト（CVE-91）、ラディヤード・ベイ（CVE-81）の各艦の戦闘機が就いた。0950から1745までRPSに２機ないし４機を交代で割り当てた。

RPS近辺の上空でCAP機と零戦２機との空中戦が始まった。零戦の１機は空中戦から抜け出してブラウンめがけて体当たり攻撃を試みたが、ブラウンと大型揚陸支援艇の砲火を浴びてブラウンの右舷正横に墜落した。

1420、LCS（L）-24は、艦尾から離れたところでCAP機がもう１機の零戦を撃墜するのを見た。

2004から2111の間、多くの敵味方不明機が空域に現れたため、CAP機はブラウンの指揮・管制を受けずに追跡した。

［RPS＃12：掃海駆逐艦ジェファーズ（DMS-27）］

４月12日、RPS＃12の天候は晴れで、海上は穏やかだった。哨戒したのはジェファーズと大型揚陸支援艇LCS（L）-11、-13だった。

1345、３隻は襲来する攻撃隊を発見し、８分後に右舷の距離12,000ヤード（10,973m）の九九式艦爆10機を射撃した。九九式艦爆は素早く変針して、艦艇を攻撃する態勢に入った。ジェファーズは左舷正横から体当たりしてきた１機の攻撃を受けたが、100ヤード（91m）の距離で撃墜。その破片がジェファーズに当たり、喫水線から３フィート（90cm）上に２×７フィート（0.6×2.1m）の穴を空けたが、この亀裂は艦の速度を低減させるほどではなかった。

爆発の衝撃で２人の乗組員が艦外に投げ出されたが、２人ともLCS（L）-13に救助された。左舷正横から飛来した２機目をジェファーズと大型揚陸支援艇が協同して撃墜した。LCS（L）-11は九九式艦爆が接近するのに気づき、距離わずか300ヤード（274m）で撃墜した。

[RPS#12：掃海駆逐艦ジェファーズ（DMS-27）、第30戦闘飛行隊（VF-30）]

1202、軽空母ベロー・ウッド（CVL-24）は、VF-30のヘルキャット12機を RPS#12の上空とベロー・ウッド任務群上空のCAPに発艦させた。ヘルキャット1個編隊をジェファーズに配置すると、彼らはすぐに高度7,500フィート（2,286m）で日本軍機8機を発見し、撃墜した。

R・B・カールソン中尉は飛燕1機と零戦2機を撃墜し、この日の最多撃墜者になった。飛行隊の戦闘記録はカールソン中尉の功績を次のように記している。

カールソンはまず飛燕に挑みかかり、右主翼付け根に銃弾を命中させて主翼を胴体から切り離した。飛燕は制御不能になり墜落した。2機目の犠牲者は零戦だった。後方に占位して胴体と主翼付け根に命中弾を与えた。零戦は燃料タンクから火を噴き、海面に激突した。カールソンは空母任務群の直衛空域まで近づきながら、必要に応じて射撃を行なった。別の零戦1機を追跡していると、カールソン機と零戦は空母任務群の対空砲火の射程内に入り、艦艇の対空砲火を浴びた。零戦は急降下して海面に激突した。(52)

1352、RPS#12の南東25海里（46km）のCAP任務のため、ベロー・ウッドは新たにVF-30のヘルキャット12機を発艦させた。日本軍機がRPS#12の近辺を通過したため、ヘルキャットはこれを迎撃して九九式艦爆4機と隼1機を撃墜した。

1450、駆逐艦マナート・L・エーブル（DD-733）がRPS#14近辺で体当たりを受けたため、RPS#12の艦艇は救助に向かうよう命じられた。

数分後、ジェファーズは、一式陸攻が投下した桜花が自艦に向かって来るのを発見した。ジェファーズは全火砲で射撃し、桜花に何発も命中させ、最後の瞬間に舵を左に切った。桜花はジェファーズに届かず、左舷から50ヤード（46m）の海面に激突した。機体はばらばらになり、胴体は海面を弾んで、右舷後方に着水した。幸いそれは爆発せず、ジェファーズは重大な損害を免れた。

[RPS#14：駆逐艦マナート・L・エーブル（DD-733）]

4月12日、マナート・L・エーブルとロケット中型揚陸艦LSM（R）-189、-190は、4月8日から12日までRPS#14で哨戒任務に就いたが、戦闘らしいものはなかった。

1320、マナート・L・エーブルのCIC（戦闘情報センター）は距離60海里（111km）に日本軍機が接近しているのを捕捉した。総員配置をかけ、九九式艦爆3機が接近するのを発見した。編隊は散開して2機が囮になり、射撃を加えてから針路を変えた。3機目の九九式艦爆はマナート・L・エーブルの右舷方向から突進して来たが、被弾したため、LSM（R）-189に突入しようとした。しかし、LSM（R）-189の射撃を受け墜落した。ほぼ同じ頃、LSM（R）-190は接近する九九式艦爆1機を撃ち落とした。

九七式艦攻2機がLSM（R）-189に突進して来たが、両機とも撃墜された。2機目を撃墜したのはLSM（R）-90で、被弾した九七式艦攻がLSM（R）-189の司令塔に激突して、2人を艦外に吹き飛ばし、別の2人に軽傷を負わせた。

1400、艦艇の上空に多くの日本軍機が現れたので、CAP機に支援を要請した。1415、九九式双軽4機がマナート・L・エーブルに接近し、1機が艦に向かって突進した。マナート・L・エーブルはこれに砲火を浴びせて、距離9,000ヤード（8,230m）で追い返したが、数分後、零戦3機が北東から接近した。2機はマナート・L・エーブルに向かって突進し、1機は撃ち落とされた。2機目はマナート・L・エーブルの後部缶室の右側に体当たりした。その爆弾が機械室で爆発して、艦の速度が落ちた。

[RPS＃14：駆逐艦マナート・L・エーブル（DD-733）、第3神風桜花特別攻撃隊神雷部隊]

上空高く、三浦北太郎海軍少尉が機長の第3神風桜花特別攻撃隊神雷部隊の一式陸攻がRPS＃14に接近した。

1445、三浦機の搭乗員は準備を始めた。桜花のパイロット土肥三郎中尉に目標海域が近いのを知らせ、運命が彼の手に委ねられていることを告げた。土肥中尉は桜花に乗り込んだ。高度約19,000フィート（5,791m）で桜花は母機から切り離され、目標に向かって速度を上げた。

一式陸攻の搭乗員は土肥中尉が目標への体当たりに成功したのを確認、歓声を上げた。突入した敵艦までは距離があったので艦種を特定できなかった。一式陸攻は眼下の艦艇から対空砲火を浴びていたので変針、鹿屋に向け帰投し、途中＜『戦艦1隻轟沈』を‥‥‥鹿屋基地に打電＞した。(53)

マナート・L・エーブルは戦艦ではなかったが、桜花による初の敵艦艇撃沈であった。一式陸攻の搭乗員にとっては大きな勝利で、一式陸攻が鹿屋に着陸すると英雄のような歓迎を受けた。この日出撃した9機の一式陸攻のうち、帰投できたのは4機だけだった。

［RPS＃14：駆逐艦マナート・L・エーブル（DD-733）］

　マナート・L・エーブルに桜花が突進している時、CAP機はまだ海域に到着していおらず、日本軍機は容易に攻撃できた。もしCAP機が上空にいれば、マナート・L・エーブルの沈没は避けられたかもしれないが、これだけ多くの日本軍機がいたら、それは疑問であろう。

　マナート・L・エーブルは、飛来する日本軍機が増加し始めたので、5海里（9.3km）離れている別の駆逐艦の上空で戦闘を行なっていた護衛空母ペトロフ・ベイ（CVE-80）のCAP機に救援を要請した。しかし、CAP機はそこで9機を撃墜していたが戦闘から離れることができず、マナート・L・エーブルを守ることはできなかった。

　再び、マナート・L・エーブルはCAP機を要請したが、CAP機が来た時はすでに遅すぎた。

　桜花はマナート・L・エーブルの船体中央に体当たりして爆発した。キールが破壊されたので、3分も経たずに海底に沈んだ。ほかの日本軍機は海面の生存者に向かって機銃掃射し、爆弾を投下した。

　マナート・L・エーブルの機関長J・J・ホブリッツェル三世大尉は、1機目の九九式双軽の体当たりを受けた時、機械室の機側操縦盤の後ろの持ち場にいた。プロペラ・シャフトの1本を破壊した爆風が水兵を吹き飛ばした。

　ホブリッツェル大尉と機械室の要員が、部品の一部を交換している時に2機目となる桜花の体当たりを受け、ホブリッツェル大尉たちは再び足を払われた。海水が区画に流れ込み、皆は最寄りの梯子を駆け上がったが、上のハッチは動かなかった。

　甲板上で応急長のG・L・ウエイ大尉は、桜花の爆風で艦外に飛ばされそうになったが、何とか索をつかんで甲板に這い戻った。機械室の水兵がハッチを開けようとしてハンドルを回していると、ウエイ大尉はハッチの留め具が動いていないことに気づいた。乗組員の手を借りて留め具を壊し、下区画の水兵がハッチを開けて安全に這い上がれるようにした。

　ホブリッツェル大尉は、給水係のカーシュ一等兵曹が艦中央の通路で座り込んでいるのを見つけた。ひどい火傷で眼が見えなくなっていた。乗組員が来てカーシュ一等兵曹を安全な場所に連れて行った。

　ホブリッツェル大尉は3番、4番ボイラーの燃料バルブを閉めた。後ろを見ると艦の中央が崩壊して、艦尾が持ち上がっていた。総員離艦の命令が出て、彼は甲板の手すりを乗り越え、海に入った。交話装置が組み込まれている裾の広いヘルメットのおかげで浮力を得ることができ、圧縮空気タンクにしがみついているエレンバーグ上等水兵と一緒になった。2人はほかの乗組

駆逐艦マナート・L・エーブル（DD-733）。アレン・M・サムナー級の30番艦で1944年4月竣工。1944年8月1日撮影（NARA 80G 382764）

員とともに近くの救命筏まで行き、30分後に救助された。

　マナート・L・エーブルの通信長のウォルター・S・スノードン大尉は、攻撃の間、当直士官として戦闘配置に就いていた。桜花が爆発して彼が操舵室の床に投げ出された後、不気味な静けさが艦を襲った。スノードン大尉に聞こえたのは、機関区画でスチームが漏れるシューという音だけだった。艦内の通信はすべて途絶え、彼は艦橋の右舷ウイングに行くと、ちょうど艦が二つに折れ、艦尾が空中高く上がるのが見えた。

　総員離艦の命令はすでに出ており、スノードン大尉は近くの40mm機関砲に這い上がったが、艦外に流された。近くの救命筏まで泳ぎ、何人かの乗組員と一緒になった。

　零戦１機が上空を通過して500ヤード（457m）離れたところに爆弾を投下するのが見えた。衝撃があったが、大きな損傷はなかった。１隻のロケット中型揚陸艦が日本軍機を撃ち落とした。これは近くに墜落した後に爆発して、パイロットと開いたパラシュートを200フィート（61m）の高さに吹き飛ばした。パイロットとパラシュートはゆっくりと落下し海中に沈み、見えなくなった。

　上空で戦闘が続いている間、水兵たちは２匹の鮫の背びれがわずか25ヤー

ド（23m）のところで動いているのを見て驚いた。足で水をバシャバシャさせると、鮫を追い払うことができたようだった。(54)

マナート・L・エーブルの乗組員の多くは救助されたが、79人が戦死、ほかに35人が負傷した。

1555、コルセア4機が到着した。1646、掃海駆逐艦ジェファーズ（DMS-27）と大型揚陸支援艇が到着したが、マナート・L・エーブルはすでに沈没していた。RPSにはまだロケット中型揚陸艦LSM（R）-189、-190が残り、生存者を捜索していた。

1705までにロケット中型揚陸艦はマナート・L・エーブルの乗組員を収容し、彼らをジェファーズに移送した。大型揚陸支援艇LCS（L）-11、-13はRPS＃12に戻り、ジェファーズとロケット中型揚陸艦は慶良間諸島に戻った。マナート・L・エーブルに乗艦していて救助された士官22人、下士官兵230人もこれに乗っていたが、4人が死亡したので水葬を執り行なった。

［RPS＃14：ロケット中型揚陸艦LSM（R）-189］

近くで、LSM（R）-189の見張員が、左舷正横から九七式艦攻1機が接近して来るのを発見した。同艦の砲弾が何発も命中したが、九七式艦攻は艦に体当たりして操舵装置とロケット発射装置に損害を与え、多くの負傷者を出した。LSM（R）-189は損傷した箇所を片付けると、1650までマナート・L・エーブルの生存者108人を救助しながら哨戒を続けた。

LSM（R）-189の艦長ジェームズ・M・スチュアート大尉は、この日の勇敢な行為について次のように記している。

　　LSM（R）-189は引き返して、マナート・L・エーブルの生存者を求めて海面を捜索した。彼らは厳しい状況にあり、多くの者はいくつかのグループにまとまり、LSM（R）-189とLSM（R）-190が敵機を追い払っているのを見ていた。あるグループにいたマナート・L・エーブル艦長のパーカー中佐は、別のグループを先に救助するように我々に指示した。そのグループにはマナート・L・エーブルの軍医がいた。パーカー艦長は負傷している乗組員のためにはまず軍医が必要で、我々のような小型艦艇には軍医がいないことを知っていた。(55)

特攻機が命中したLSM (R) -189の上甲板の損傷状況。20mm単装機関砲（手前）と、その
奥のロケット発射機（すのこ状の筐体）が大きく破壊されている（NARA 80G316002）

4月13日（金）

[ルーズヴェルト大統領死去]

　この日、フランクリン・D・ルーズヴェルト大統領が死去したニュースが艦
隊に広まり、すでに悪くなっていた状況に悪影響を与えた。

　鹿屋では宇垣纏中将がルーズヴェルトの死に注目して＜「ル」の死亡に対
しては早速弔電を発すべきなり 天一作戦は内閣を倒し「ル」を殺し、色々
の反響あり、さらに変化を望む＞と考えた。(56)

　日本の宣伝当局はこれに同意して、次のメッセージを米国に向けて送っ
た。

　　米国将兵へ

　　日本はルーズヴェルト大統領の死に対し、哀悼の意を表す。「米国の
　　悲劇」は沖縄で彼の死とともにもたらされる。米海軍の航空母艦の70パー

セント、艦艇のうち735隻が沈没または損害を受け、戦死傷者は150,000人になった。このような全滅に近い損害を聞くと、故ルーズヴェルト大統領のみならず、誰でも悩んで死ぬであろう。米国のリーダーを死に導いた恐るべき敗北により、この島で皆は孤児をつくるであろう。日本の特攻隊は最後の駆逐艦に至るまで米国の艦艇を攻撃する。近い将来それを目の当たりにするであろう。(57)

[RPS＃14]

4月13日、RPS＃14を哨戒したのは、掃海駆逐艦ホブソン（DMS-26）、護衛駆逐艦ボウアーズ（DE-637）、ロケット中型揚陸艦LSM（R）-189、-190、-191だった。LSM（R）-189は0549に、LSM（R）-190は0644に停泊地に戻るよう命令を受けた。ボウアーズは1420に目撃した潜水艦らしきものの捜索に向かったが、それは潜水艦でないことが判明した。

[RPS＃14：第40戦闘飛行隊（VF-40）]

1530、J・C・ロンジーノ, Jr. 少佐率いるVF-40所属のヘルキャットの1個編隊が護衛空母スワニー（CVE-27）から発艦して、1640にRPS＃14に到着した。

1715、RPS＃3のハドソン（DD-475）がCAP機を敵味方不明機に誘導した。ロンジーノ少佐は拠点を守るため、ハートマン、クレメント両中尉の2機編隊を高度1,000フィート（305m）に送り、自分と僚機のモントー中尉は高度3,000フィート（914m）にとどまった。

ハートマン中尉は、ロンジーノ少佐とモントー中尉の上空5,000フィート（1,524m）を巡航している九九式襲撃機1機を発見すると、隊長機に伝えた。ロンジーノ少佐とモントー中尉はすぐに旋回して上昇し、九九式襲撃機の後方に占位した。ロンジーノ少佐が射撃すると、九九式襲撃機は逃げようと機動したが、すでに上昇していたハートマン中尉とクレメント中尉も戦闘に加わった。

ヘルキャット4機が後方に占位した状況で、九九式襲撃機に逃れる術はなかった。ロンジーノ少佐、クレメントとハートマン両中尉が命中弾を与え、ハートマン中尉が再び戻ってとどめを刺した。

VF-40のヘルキャットの1個編隊は隊形を組み直すと、1分もしないうちに別の九九式襲撃機4機を発見した。これと対戦するため上昇して、ロンジーノ少佐が最初の1機を撃墜した。クレメント、ハートマン両中尉はともに2機目の後方に占位して、ロンジーノ少佐が後ろから仕留めた。

F6F-5ヘルキャット。護衛空母スワニー（CVE-27）艦載のVF-40所属機。
1945年4月27日撮影（NARA 80G 394414）

　モントー中尉が3機目の後方に占位して左翼燃料タンクに銃弾を命中させ
ると、これは爆発して落下した。モントー中尉は射程内に来た4機目の背後
に迫り、左翼燃料タンクから炎を噴かせた。

　その日、ロンジーノ少佐とモントー中尉は、ともに2機を撃墜し、ハート
マン中尉は1機を撃墜した。編隊は1830まで艦艇上空でCAPを実施した。燃
料がなくなったが読谷飛行場に無事着陸して、翌日スワニーに帰投した。(58)

［RPS最初の2週間］

　RP任務の最初の2週間の損害は恐ろしいものだった。RPSで駆逐艦3隻と
大型揚陸支援艇1隻が沈没し、このほかに駆逐艦8隻、掃海駆逐艦1隻、ロ
ケット中型揚陸艦1隻、大型揚陸支援艇2隻が航空攻撃を受けた。これらの
乗組員235人が戦死し、304人が負傷した。

　レーダー・ピケットで艦艇、航空機は全力を尽くしたが、攻撃の衝撃はす
さまじいものだった。カミカゼの多くがRPSをすり抜けて渡具知、慶良間諸
島の停泊地と近辺の海域で大損害をもたらした。5隻が沈没し、39隻が損害
を負った。特にひどかったのが駆逐艦クラスで、駆逐艦12隻、護衛駆逐艦6
隻、掃海駆逐艦1隻、敷設駆逐艦3隻が航空攻撃を受けた。

　戦艦メリーランド（BB-46）とテネシー（BB-43）、重巡洋艦インディアナ
ポリス（CA-35）も体当たり攻撃を受けた。日本軍は航空母艦を特別に重視

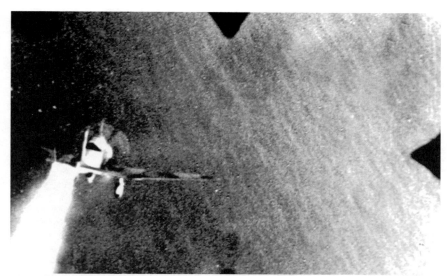

4月13日、VF-40のJ・C・ロンジーノ, Jr.少佐搭乗機のガンカメラが捉えた映像。ヘルキャットの射撃で被弾した九九式襲撃機が炎を噴き出し（写真上）、その直後に海面に墜落した瞬間（写真下）。護衛空母スワニー（CVE-27）艦載のVF-40の編隊は同日、RPS#14の上空でCAP中に九九式襲撃機を５機撃墜した（Aircraft Action Report VF-40 13 April 1945）

第40護衛空母航空群（CVEG-40）のパイロットと士官。護衛空母スワニー（CVE-27）艦上にて。左からアール・E・ハートマン大尉、スワニー艦長デルバート・S・コーンウエル大佐、シャーマホーン・バン・マター中佐、VF-40隊長ジェームズ・C・ロンジーノ, Jr.少佐（NARA 80G 344400）

していた。空母ハンコック（CV-19）と護衛空母ウェーク・アイランド（CVE-65）も損害を受けた。

　RP艦艇が受けた人的損失とは別に946人が戦死し、1,496人が負傷した。(59)

第4章 彼らは群になってやって来た

[日本軍RPSを認識]

　日本軍がレーダー・ピケット艦艇（RP艦艇）の活動をいつから認識したか
は明らかでない。日本軍は4月初めの米軍の沖縄上陸を阻止する全般的な作
戦に心を奪われていたか、あるいは最初に大規模な攻撃で衝撃を与えたにも
かかわらず侵攻を阻止できなかった失敗のためか、日本軍の航空部隊はRP
艦艇の個々の位置を識別することを無視していた。

　しかし、菊水2号作戦が終了するまでに日本軍は＜艦上電探哨戒艦艇を利
用し我が攻撃隊を邀撃する方策を執りつつありて＞と認識し、(1) RP艦艇およ
びその上空の航空機を脅威と考え始めた。

　これにより、＜四月十四日（中略）二、（中略）制空下の有効なる攻撃を実
施するに非ざれば對機動部隊對沖縄艦船攻撃共成功の算少なきを以て本間は
前日薄暮特攻隊を使用して基地を制壓當日は制空戦闘機全力を一時に使用戦
場の制空権を獲得して攻撃を実施する如く計畫す（中略）四月十五日（中
略）五、（中略）薄暮沖縄北、中飛行場（訳注：北は読谷飛行場、中は嘉手納飛行
場）を銃爆撃制壓を決行全機奇襲に成功＞した。(2)

[第543海兵夜間戦闘飛行隊（VMF（N)-543)]

　日本軍機の夜間攻撃に備えて、戦術航空軍は沖縄の基地に配置されている
海兵隊の夜間戦闘飛行隊を活用することにした。4月14日の夕刻から、VMF
（N)-543のF6F-5Nヘルキャット夜間戦闘機が沖縄周辺で作戦を開始した。

　最初の飛行は2045に始まり、翌朝0550に終了した。昼間は新たに3か所の
RPS上空で2機によるレーダー・ピケット・パトロール（RPP）飛行を開始
し、4月16日には防禦範囲を5か所のRPSに拡大した。

4月14日（土）

[RPS#1：駆逐艦ラフェイ（DD-724）、ブライアント（DD-665)]

　4月14日、RPS#1では、敷設駆逐艦J・ウィリアム・ディター（DM-

31）、大型揚陸支援艇LCS（L）-51、-116が何事もなく哨戒を続けていた。
1612、ラフェイがJ・ウィリアム・ディターと交代して20分もしないうちに北から接近する８機を探知した。ラフェイはRPS＃２で戦闘空中哨戒（CAP）を指揮・管制しているブライアント（DD-665）に連絡すると、CAP機はブライアントの誘導を受けて日本軍機の迎撃に向かい、８機とも撃墜した。

　1650、ラフェイは３〜４機の敵味方不明機を探知した。ブライアントはCAPの指揮・管制をラフェイに移管し、ラフェイがCAP機を誘導した。CAP機は零戦３機を撃墜した。

[RPS＃３：駆逐艦ハドソン（DD-475）、第30混成飛行隊（VC-30）]
　４月14日、RPS＃３を哨戒したのはハドソン、LCS（L）-38、-111、-118だった。上空では軽空母ベロー・ウッド（CVL-24）のVC-30のJ・J・ノエル少尉率いるヘルキャット１個編隊が哨戒していた。
　1410、ハドソンは飛来する敵味方不明機を探知し、ヘルキャットの編隊を北西に20海里（37km）誘導して迎撃に向かわせた。ノエル少尉たちは、一式陸攻２機が高度8,000フィート（2,438m）、１機が高度4,000（1,219m）フィートにいるのを発見した。それは鹿屋を発進した一式陸攻７機の一部で、零戦１機が高度19,000フィート（5,791m）で護衛していた。（訳注：陸攻・桜花は第４神風桜花特別攻撃隊神雷部隊で出撃各７機、全機未帰還。この日は第721航空隊第６建武隊出撃８機、未帰還６機、筑波航空隊第２筑波隊出撃３機、全機未帰還、谷田部航空隊第１昭和隊10機出撃、全機未帰還、大村航空隊第２神剣隊出撃15機、未帰還９機の特攻隊も出撃した）
　H・A・リー少尉が零戦を追いかけ、その側面上方から突進して一連射を浴びせると、零戦はエンジンから煙を噴いた。パイロットはすぐに脱出し、零戦は墜落した。
　ノエル少尉は一式陸攻の側面から右主翼付け根とエンジンに向けて何度も連射した。たちまち一式陸攻は爆発し、主翼が胴体から分離して海に向かってらせんを描いて落下した。もう１機の一式陸攻は逃れようとして高度8,000フィート（2,438m）から急降下した。しかし、K・W・カリー少尉がこれを捉え、主翼の付け根と胴体に銃弾を命中させ、撃墜した。
　最後の一式陸攻は高度4,000フィート（1,219m）で飛行していたが、R・L・ローデス少尉の攻撃で両エンジンに被弾して海に向かって墜落した。
　別の一式陸攻１機は桜花を搭載していたが、逃れようとして桜花を投下した。桜花は飛行することなく海面に激突した。
　1443、VC-30のヘルキャットはベロー・ウッドに帰投した。

1854、日本軍機2機がRPSに接近し、ハドソンはCAP機を迎撃に誘導した。1機を撃墜したが、もう1機は南に逃げられた。

[RPS＃4：駆逐艦ウィックス（DD-578）、第12戦闘飛行隊（VF-12）]
　4月14日、RPS＃4を哨戒したのはウィックス、掃海駆逐艦エリソン（DMS-19）、LCS（L）-12、-39、-40、-119だった。0310、夜間戦闘機が1機を撃墜した。0310から0417、日本軍機が空域に現れたが、艦艇に対する攻撃はなかった。

　1330、空母ランドルフ（CV-15）はVF-12の2個編隊を発艦させた。編隊がRPSに到着すると、H・E・ビタ大尉率いる1個編隊は、別のヘルキャットから逃れたばかりの零戦1機を下方に発見した。ビタ大尉は急降下して11時の方向から何回か連射して命中させた。零戦は逃れようと飛行を続けたが、ビタ大尉は後方に占位し、再び射撃した。零戦の操縦席付近が突然炎に包まれ、海面に激突した。

4月15日（日）

[菊水3号作戦計画]
　菊水3号作戦は4月15日から16日と予定されていた。これは165機のカミカゼを含む計画だった。このうち、120機が海軍、45機が陸軍だった。第1、第3、第5、第10航空艦隊、第6航空軍、第8飛行師団の航空機で、九州、徳之島と台湾から出撃する予定だった。これとは別に、少なくとも300機の航空機が通常の攻撃と護衛任務で出撃する予定だった。

　第5航空艦隊司令長官・宇垣纏中将は次の攻撃命令を出した。

＜KFGB天信電令作戦第一四五号（機密第一五一五五八番電）
　1、菊水三号作戦X日を一六日に決定す
　2、作戦実施要領左の通り定む
　（イ）薄暮時陸軍戦闘機と協同挺身戦闘機隊を以て北、中飛行場を爆撃し敵飛行機を撃滅
　（ロ）別働陸攻雷撃隊を以て薄暮時沖縄周辺敵艦艇を攻撃
　（ハ）陸攻、飛行艇を以て別に定むる配備に依り夜間哨戒を実施敵空母群を捕捉　重爆、銀河の主力を以て夜間（黎明）攻撃
　（ニ）別働陸攻の一部を以て陸軍重爆隊と協同し北、中飛行場を爆撃
　（ホ）夜戦隊を以て更に黎明時北、中飛行場に対し銃爆撃

（ヘ）彩雲偵察隊は夜間捕捉せる機動部隊に対し黎明時捕捉する如く
　　基地を発進　爾後触接持続に努め昼間攻撃隊に協同す
（ト）泊地攻撃隊協同戦闘機隊は陸軍と協同左の通行動す
　（1）陸軍戦闘機は〇六二〇知覧発進　攻撃隊進撃路附近を制空す
　　　る予定
　（2）紫電隊は〇六三〇発進　喜界島附近の制空に任ず
（チ）泊地攻撃隊（九三一部隊天山一〇機を含む）は〇九三〇より一
　　〇〇〇迄に攻撃を終了する如く基地を発進波状攻撃　主攻撃指向
　　地点嘉手納沖とす
（リ）対機動部隊制空戦闘機隊及攻撃隊は一〇三〇より発進　機動部
　　隊に対し昼間攻撃を決行
（ヌ）一一部隊偵察機を以て機動部隊に対し機宜欺瞞を実施す
3、本作戦に協同する陸軍兵力左の通り
　挺身戦闘機隊一二機、制空戦闘機隊三〇機、飛行場爆撃重爆六機、
　特攻機約五〇機＞ (3)

[米軍九州攻撃]
　天候不順と米空母艦載機の空襲のため、主力の攻撃開始を4月15日1630ま
で延期した。15日1400、第58任務部隊の80機が九州南部の飛行場を急襲したの
で、菊水作戦の開始が遅れた。この攻撃で51機が地上で破壊され、29機が
撃墜された。(4)
　米軍機が機外に増槽タンクを装着していたため、日本軍はそれが空母から
来たのか、嘉手納・読谷から来たのかわからなかったが、読谷と嘉手納を攻
撃目標に入れなくてはならないと確信した。実際に海兵隊が沖縄の飛行場か
ら長距離攻撃を実施した最初の日は6月10日だった。(5)
　4月15日、宇垣中将が隷下の全部隊宛に送った通信で、読谷と嘉手納の米
軍機の制圧が菊水3号作戦にとって決定的な要素になるだろうと書いた。

[読谷・嘉手納飛行場]
　日本陸軍の第100飛行団は、海兵隊飛行場に11機の戦闘機を送り出した。
1840、読谷と嘉手納に機銃掃射して航空機と装備品に損害を与えたが、8機
が未帰還、1機は喜界島に緊急着陸した。この攻撃の数分後、零戦10機が九
州各地の飛行場から飛来し、爆撃と機銃掃射を続けた。
　2100、これに続いて、飛行第60戦隊は重爆撃機4機を送り込み、読谷を攻
撃した。4機とも基地に帰投したが、銃撃で大きな損傷を受けていた。1時

間後には一式陸攻8機が別の攻撃を実施した。第31海兵航空群は10機が損傷した、と報告した。

　最後の攻撃は翌日の0300で、零戦4機と彗星12機が海兵隊飛行場を爆撃し機銃掃射した。滑走路は250kg爆弾により爆撃され、複数箇所で火災が発生した。

［RPS＃2：駆逐艦ブライアント（DD-665）、ラフェイ（DD-724）］

　4月15日、RPS＃2で哨戒したのはブライアント、LCS（L）-32、-35だった。午後、ブライアントの誘導を受けたCAP機が零戦7機を撃墜した。

　ブライアントはレーダーの不具合の修理を始めたため、CAPの指揮・管制を近くのRPS＃1のラフェイに移管した。ラフェイはCAP機を敵味方不明機の迎撃に誘導し、さらに3機の零戦を撃墜した。

　2100、日本軍機2機がブライアントに接近したが、砲火で追い返した。

［RPS＃4：駆逐艦ウィックス（DD-578）、第323海兵戦闘飛行隊（VMF-323）］

　4月15日、RPS＃4を哨戒したのはウィックス、LCS（L）-12、-39、-40、-119だった。RPS近くでCAPを行なったのは1705に嘉手納を離陸したVMF-323のコルセア1個編隊だった。

　1830、CAP機は飛来する敵味方不明機を迎撃するため誘導され、高度6,500フィート（1,981m）でこれを発見した。ジョー・ディラード、ハロルド・トネッセン、フランシス・テリルの各海兵隊中尉は急降下攻撃して九九式艦爆1機を撃墜した。

　1845、エンジン故障を起こしたPBMマリナー飛行艇1機がラフェイ（DD-724）のレーダーに現れた。識別を受けた後、PBMはRPSの北6海里（11km）の海上に着水した。PBMはウィックスに向かって水上滑走し、基地にトラブルを報告した。

　ほぼ同時刻に敵味方不明機2機が北から飛来するのを発見した。最初、RP艦艇はこの不明機が米戦闘機に追われていたので、射撃を控えていた。CAP機が1機を、そして大型揚陸支援艇がもう1機を撃墜した。ウィックスを攻撃した九九式艦爆が機銃掃射したので、3人が軽傷を負った。

　上空の直接の脅威が去ったので、LCS（L）-39はPBMの修理が完了するまで支援した。

[RPS＃7：駆逐艦ブラウン（DD-546）]

　4月15日、RPS＃7を哨戒したのはブラウン、LCS（L）-114、-115だった。0200、空母バンカー・ヒル（CV-17）のVF-84のヘルキャット夜間戦闘機2機がブラウンから敵味方不明機に誘導され、零戦1機の位置を突き止めて撃墜した。この日、VF-84が戦闘を行なったのはこの1回だけだった。

[RPS＃10、12、14、台湾の航空基地爆撃]

　4月15日はRPS＃10、12、14の艦艇にとって静かな夜だった。台湾の日本軍飛行場がフィリピンの第5空軍の爆撃機により空襲されたので、攻撃機が少なくなったことがその理由の1つと思われる。

　15日、B-24が台中、新竹、南屯の飛行場を攻撃し、この日遅くから4月16日にかけて、第345爆撃航空群と第38爆撃航空群の36機のB-25が樹林口、桃園の飛行場を爆撃した。16日には第380爆撃航空群のB-24が宜蘭飛行場を爆撃した。

4月16日（月）

[RPS＃1：駆逐艦ラフェイ（DD-724）、第10戦闘飛行隊（VF-10）]

　4月16日、RPS＃1は戦争を通じて艦艇対カミカゼの最も壮絶な戦場の1つになった。哨戒したのはラフェイ、LCS（L）-51、-116だった。RPSに2機のRPP機が配置されていた。

　早朝、空母イントレピッド（CV-11）のVF-10のウォルター・E・クラーク少佐、ジョージ・クルム大尉、フィル・カークウッド中尉が率いるコルセア3個編隊が発艦して、0600、RPS＃1近辺に到着した。VF-10は、沖縄作戦ですでに功績を上げ、知られる存在だった。

　クルム大尉の1個編隊は、RPS上空を高々度で空中待機して戦闘に参加しないよう指示された。

　カークウッド中尉の1個編隊は北に誘導され、そこで多くの九九式艦爆、九七式戦と交戦した。その後、RP艦艇の近くに戻ると、多数の九九式艦爆、九七式戦と空中戦になった。アルバート・ラーチ少尉が4機、ヒース少尉が1機を撃墜した。南に向かうと、別の日本軍機と遭遇し、ラーチ少尉は3機、ヒース少尉は2機を撃墜した。これで2人の撃墜数は10機となった。

　ラーチ少尉が沖縄作戦に参加したのは思わぬきっかけだった。当初、ラーチ少尉は空母タイコンデロガ（CV-14）の第87戦闘飛行隊（VF-87）に所属していたが、脚を骨折してしばらく入院して回復した時、彼の艦と飛行隊は

VF-10"グリム・リーパーズ"のエースパイロットの1人、アルバート・ラーチ少尉。彼は7機の撃墜を記録している。空母イントレピッド（CV-11）艦上にて1945年6月撮影（NARA 80G 49349）

すでに出港していた。そこでイントレピッドのVF-10の配属になり、以前の飛行隊の戦友より先に沖縄の戦闘に参加することになったのだ。

　ほかにカークウッド中尉が6機、クイエル少尉が4機の計10機を撃墜した。

　クラーク少佐率いる1個編隊はRPSから北西に向かい、飛燕と零戦の大編隊と交戦し、クラーク少佐は3機、ファーマー中尉は4機、ジェームズ、エブラハム両少尉はそれぞれ1機を撃墜した。

　この3個編隊とは別のジョージ・ウイームズ大尉率いるVF-10の1個編隊は、喜界島周辺空域の防空のため誘導を受けて北に向かい、零戦4機を撃墜した。

　VF-10がイントレピッドに向けて帰投した時、日本軍機33機を撃墜、1機を不確実撃墜していたが、この日、イントレピッドはカミカゼの攻撃を受けて戦闘不能になり、これが彼らにとって最後の任務になった。

[RPS＃１：駆逐艦ラフェイ（DD-724）、第10戦闘飛行隊（VF-10）]

　上空のCAPは戦闘に勝っていたが、0730にラフェイはCAP機２機と一時的に連絡がとれなくなった。0744、九九式艦爆１機が接近したが、CAP機を誘導できず、代わりにラフェイが艦載砲で追い払った。報告によれば、九九式艦爆はラフェイに追い払われた後、CAP機に撃墜された。

　ラフェイは敵味方不明機４機を距離20海里（37km）で探知した。CAP機と連絡がとれるようになったので、CAP機を迎撃のため誘導した。0818、CAP機が激しい格闘戦の末に九九式艦爆３機を艦艇から40海里（74km）の地点で撃墜した（訳注：宇佐航空隊第３八幡護皇隊〔艦爆隊〕で、出撃19機、未帰還18機）。その直後の0827、ラフェイの“地獄の戦い”が始まった。戦闘報告がその概要を次のように伝えている。

　　この間（0827〜0947）、艦は絶え間なく集中的な攻撃を受けた。敵は機数が多く、うまく散開したので、CAP機が組織的な迎撃を何回か試みたが成功しなかった。レーダー操作員は、スコープ上に50機以上が表示され、北、北東、北西に集中していると報告した。戦闘機指揮・管制士官はCAP機に状況を連絡し、対空砲火に注意するよう伝えた。敵味方不明機が高速で進入して来た時、CAP機は交代しようとしていたが、CAP機は迷うことなく迎撃して多くの敵機を艦載砲の射程外で撃墜した。なかにはパイロットが自分の獲物を撃墜するため、艦載砲の対空砲火の射程内に来ることもあった。(6)

　0830、ラフェイに対する最初の攻撃が始まった。九九式艦爆４機が二手に分かれて艦の両側から接近した。２機が右舷方向から飛来したが、１機を距離9,000ヤード（8,230m）で、もう１機を距離3,000ヤード（2,743m）で撃墜した。

　左舷方向では、１機目をラフェイが距離3,000ヤード（2,743m）で撃墜した。２機目はラフェイとLCS（L）-51の弾幕の中を進入して来たが、LCS（L）-51の近くで撃墜された。

　続いて、彗星２機がラフェイを襲撃した。それぞれ左舷と右舷方向からやって来たが、両方とも撃墜した。左舷方向の彗星は艦の舷側近くで機体が爆発する前にラフェイに機銃掃射を浴びせたので、ラフェイの乗組員数人が負傷し、艦は爆風で軽微な損傷を受けた。

　0839、別の九九式艦爆が左舷方向から飛来したので、ラフェイが射撃を浴びせた。これは３番砲塔の上に軽く接触してから艦の後方海面に墜落し、そ

166

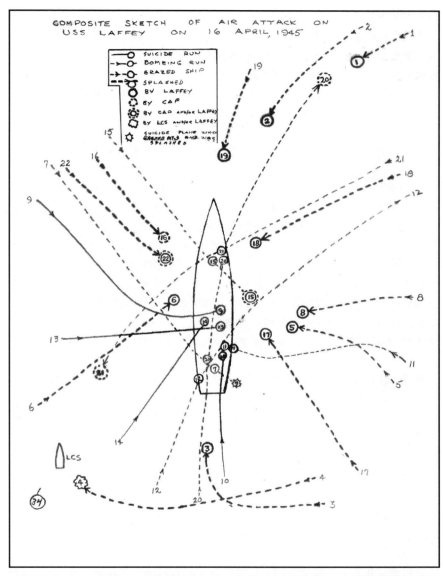

駆逐艦ラフェイ（DD-724）の戦闘報告のスケッチ。4月16日、RPS#1での同艦に対する一連の攻撃状況を示している。午前7時40分頃から2時間あまりのあいだに22機の日本軍機の攻撃にさらされた（USS Laffey Report of Operations in Support of Landings by U.S. Troops in Kerama Retto–Okinawa Area March 25 to April 22, 1945, Including Action Against Enemy Aircraft on April 16, 1945, p. 26B）

の衝撃で爆発した。

　0845、右舷正横から進入して来た彗星を撃墜。2機目の彗星は左舷前方から突進して40mm機関砲の43番、44番砲座の近くに体当たりした。それによる火災で、機関砲は使用不能になった。その1、2分後、九九式艦爆1機が38口径5インチ連装砲の3番砲塔に激突したので、これも使用不能になった。ラフェイの戦闘報告は次のように記している。

　　この機体に続いて、右舷後方の2機目は爆弾を艦の甲板の縁から2フィート（0.6m）内側の3番砲塔の後縁に投下し、機体は3番砲塔の側面に激突した。その直後、太陽を背にしていた機種不明の日本軍機が、急降下で現れて海面ぎりぎりで水平飛行して爆弾を投下した。この爆弾が左舷艦尾のプロペラ・ガードの上に落下した。(7)

　この爆発で舵が固定されてしまい、ラフェイは回頭した。ラフェイが攻撃から逃れるには、エンジンで速度を調整するしかなかった。さらに日本軍機2機が体当たりして後部下甲板区画を破壊した。コルセアが隼をラフェイのほうに追い込み、コルセアと隼は両機ともラフェイのマストにぶつかった。隼は右舷の近くに落下し、コルセアのパイロットは高度を上げて緊急脱出した。

　別のCAP機が彗星を艦の間際に追い詰めた。この彗星は艦のすぐ横に墜落したが、その爆弾が爆発して38口5インチ連装砲の2番砲塔の動力を失わせた。続く数分間、ラフェイは残っている火砲で彗星、隼、九九式艦爆各1機を撃墜した。

[RPS＃1：駆逐艦ラフェイ（DD-724）、第45戦闘飛行隊（VF-45）]
　4月16日、VF-45のL・E・フォークナー大尉は、ヘルキャット3個編隊のリーダーだった。0755、この編隊は、すでにラフェイが攻撃を受けているRPS＃1に向かう指示を受け、軽空母サン・ジャシント（CVL-30）を発艦していた。

　無線が交錯して戦闘機指揮・管制士官との通信ができなかったため、3個編隊はラフェイの上空付近まで進出すると、ラフェイが救助を必要としていることを知った。

　伊是名島上空を通過してラフェイまで約8海里（15km）の地点で、C・F・バイウォーター中尉は、1,000フィート（305m）上空を零戦3機が自分たちのほうに向かって来るのを発見した。フォークナー大尉とH・N・スインバ

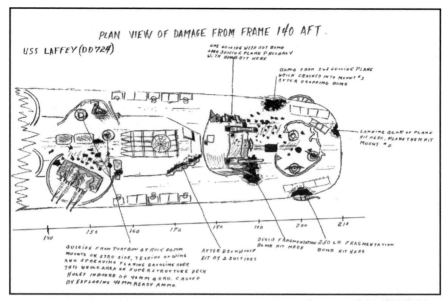

PLAN VIEW OF DAMAGE FROM FRAME 140 AFT.

USS LAFFEY (DD724)

駆逐艦ラフェイ（DD-724）の損傷状況のスケッチ。日本軍機の攻撃により生じた艦後部の破孔の箇所などを示している（USS Laffey DD 724 Report of Operations in Support of Landings by U.S. troops in Kerama Retto–Okinawa Area March 25 to April 22, 1945, Including Action against Enemy Aircraft on April 16, 1945, p. 26B)

ーン、L・グロスマン、N・W・モラード、ウィリス、バイウォーター各中尉は零戦と空中戦に入った。フォークナー大尉とウィリス中尉は協同で1機を撃墜し、ラフェイ近くの海面に激突させた。

　フォークナー大尉とウィリス中尉が零戦と交戦している間、スインバーン、グロスマン両中尉は急降下する別の零戦を追いかけた。ヘルキャットの優れた急降下速度を活かしてすぐに零戦に追いつき、撃墜した。

　スインバーン、グロスマン両中尉は零戦との交戦を終えると、九七式艦攻1機が3海里（5.6km）先で、右から左に横切ろうとするのを発見した。明らかに九七式艦攻のパイロットはRPS＃1の艦艇を爆撃するつもりで、進入コースに入った。しかし、このパイロットは背後にヘルキャット2機がいることに気づいていなかった。スインバーン中尉はエンジンと操縦席に銃弾を命中させた。九七式艦攻は火を噴きながら、ラフェイの手前で海面に墜落した。

　スインバーン中尉が九七式艦攻を仕留めている間、グロスマン中尉は飛燕を追いかけていた。飛燕のパイロットは後ろから追いかけられていることに

気づき、速度を上げたが、ヘルキャットからは逃げられなかった。飛燕が右に旋回しようとした時、グロスマン中尉は胴体に機銃を連射してエンジンから火を噴かせた。飛燕は高度3,000フィート（914m）から落下して海面に激突した。

　フォークナー中尉の後ろにいたバイウォーター中尉は、別の零戦1機を発見して後方に占位した。零戦はヘルキャットの追尾を逃れようと機動したが、バイウォーター中尉の1連射により、炎に包まれた。零戦は道連れの獲物を探し出した。零戦の下をロケット中型揚陸艦が航行しており、零戦はこれに体当たりするため、急上昇反転した。しかし、これが格好の射撃目標となり、バイウォーター中尉が一撃を加えて爆発させ、ロケット中型揚陸艦を救った。

　この空中戦でバイウォーター中尉は海面ぎりぎりまで降下していたので、仲間に合流するため機首を上に向けた。上空でヘルキャット3機と編隊を組んだが、彼の所属する編隊でなかった。彼らは別の零戦1機を眼下に発見して迎撃するために降下した。零戦が激しく機動したので、3機のヘルキャットは追い抜いてしまった。そこで、バイウォーター中尉の出番になった。彼は速度を落として零戦の後方に占位すると、エンジンに連射してすぐに炎を噴かせた。零戦は横転して、高度5,000フィート（1,524m）から海面に急落下した。

　その後、バイウォーター中尉は彼の編隊に戻り、この日の冒険は終わった。

　バイウォーター中尉以外のパイロットも"地獄の戦い"を経験していた。モラード中尉は別の飛行隊のコルセア1機と組んで零戦2機と九九式艦爆1機を撃墜した。コルセアが弾薬を使い切ったので、モラード中尉は読谷までこれを護衛した後、RPS＃1に向かった。途中の沖縄本島北端で掃海艇と駆逐艦の上空で戦闘が行なわれているのを発見したモラード中尉は、様子を見るために向かうと、艦艇の近くで九九式艦爆5機を発見。残っていた1挺の機関銃でその1機を撃墜した。その後、北に向かい、彼の編隊に合流したが、その編隊も多忙をきわめていた。

　0920、モズレー中尉率いる2番目の1個編隊は零戦1機が上空を飛行しているのを発見した。モズレー中尉は上昇して後方に占位して一撃で銃弾を命中させた。零戦は炎に包まれて高度3,000フィート（914m）から海面に落下した。

　モズレー中尉は編隊を組み直すと、眼下に駆逐艦ブライアント（DD-665）が炎上しているのに気づいた。ブライアントはラフェイを救助するために

RPS＃２から移動している時にカミカゼの体当たりを受けていた。編隊は艦の周囲を旋回して護衛した。

　スインバーン、グロスマン両中尉がラフェイの周囲を飛行していると、桜花を搭載した一式陸攻がラフェイに向かって来るのを発見した（訳注：第５神風桜花特別攻撃隊神雷部隊で、６機出撃、桜花未帰還５機、一式陸攻未帰還４機）。飛行隊の戦闘報告によれば、コルセア20機が一式陸攻の後方に占位していたが、桜花が投下されると多くが方向を変えて桜花を追跡した。原因不明だが、桜花のロケットは点火せず、らせん降下しながら目標を失って海に落下した。

　この後、一式陸攻の後方にVF-45のヘルキャット２機と別の飛行隊のコルセア２機が占位した。各機は一式陸攻に何発も撃ち込んだが、とどめの一撃を加えたのはグロスマン中尉だった。彼は一式陸攻の左後方に占位して左エンジンと主翼に命中弾を浴びせた。一式陸攻はエンジンが炎に包まれ、滑空に入った。一式陸攻は海面に接触し、弾かれて高度を少し回復した。

　グロスマン中尉が再び射撃すると、今度は主翼がちぎれて、一式陸攻は海面に落下した。生き残った搭乗員３人が胴体の中から出てきて、残った主翼に座った。ほかにも日本軍機の搭乗員１人が海上にいた。グロスマン中尉が上空を通過すると、日本軍機の搭乗員は彼に向かって拳を振り上げた。数分後、一式陸攻は海没した。

［RPS＃１：駆逐艦ラフェイ（DD-724）、第312、第441海兵戦闘飛行隊（VMF-312、-441）］

　ラフェイはまだ危機から脱していなかったが、CAP機に守られていた。0930、VMF-312のウィフェン海兵隊少佐とカール海兵隊中尉がRPS付近で九九式艦爆２機を撃墜した。

　VMF-441の３個編隊のコルセアが増援のために上空に到着した。戦闘は0946から始まり、12人の海兵隊パイロットが撃墜16機＋不確実撃墜0.5機を撃墜した。

　九九式艦爆１機がラフェイの左舷方向に爆弾を投下して上空を通過した。このすぐ後ろをマリオン・I・ライアン海兵隊少尉とチャールズ・H・コペッジ海兵隊中尉が追尾し、ラフェイの正面で撃墜した。

　別の九九式艦爆１機が投下した爆弾でラフェイの20mm機関砲が破壊された。爆弾はライアン少尉のコルセアの銃弾の下をすり抜けて落下した。

　別のVMF-441のコルセアが、ラフェイの左舷前方から飛来した彗星を追っていた。コルセアと艦の砲火に挟まれ、彗星に勝目はなく、ラフェイの近

4月16日の戦闘で16.5機の撃墜スコアを上げたVMF-441の海兵隊パイロットたち。前列左からフロイド・カークパトリック大尉、クレイ・H・フイタッカー少尉、チャールズ・H・コペッジ中尉。後列左からウイル・H・ダイサート、ウィリアム・W・エルドリッジ、セルバ・E・マクギンティの各少尉。後方のコルセアはカークパトリック大尉乗機の機番422"パルピテーション・パウリー号"（NARA　208-AA-PAC-10046）

くに墜落した。

　4月16日、VMF-441の功績は目覚ましく、撃墜機数は、ウィリアム・W・エルドリッジ海兵隊少尉が4機でいちばん多く、フロイド・C・カークパトリック海兵隊大尉とセルバ・E・マクギンティ海兵隊少尉がそれぞれ3機だった。(8) チャールズ・H・コペッジ少尉が2機、ウイル・H・ダイサート、クレイ・H・フイタッカー両海兵隊少尉が各1.5機だった。ラリー・フリエス海兵隊少尉は戦死した。マリオン・I・ライアン少尉は撃墜されたが、哨戒艇に救助された。ライアン少尉は1.5機の撃墜を記録した。

［RPS＃1：駆逐艦ラフェイ（DD-724）］
　ラフェイは戦死者と負傷者への対応を始め、自力でできる修理を始めた。32人の戦死者と71人の負傷者がいた。この時には海軍のヘルキャットと海兵隊のコルセアの計24機がRPSの護衛をしていたので、ラフェイにはこれ以上

の攻撃はなかった。(9)
　ラフェイの"地獄の戦い"は次の戦闘報告でも確認できる。

　　80分間の戦闘で艦は合計22機から攻撃を受け、8機が体当たりした。こ
　のうち7機は体当たり攻撃が目的だった。8機目は艦尾に爆弾を投下し
　た九九式艦爆で、上空を通過する際にマストの右舷側の信号桁をへし折
　った。艦を攻撃した7機のうち5機が艦の乗組員・機材に大きな損害をも
　たらした。爆弾を搭載して艦に体当たりした敵機のほかに4発の爆弾が
　艦に投下され、そのうち3発が後部に命中した。艦の射手は、攻撃して
　きた22機のうち9機を撃ち落とした。(10)

　駆逐艦ウィルソン（DD-408）、スナイダー（DE-745）、ワズワース（DD-
516）、高速輸送艦バーバー（APD-57）、リングネス（APD-100）は、RPS＃
1に向かいラフェイを支援する命令を受けた。バーバーは負傷者50人を救出
した。哨戒護衛救難艇（PCE（R）-851）が到着して、ラフェイから36人、
掃海駆逐艦マコーム（DMS-23）から1人を救出した。
　周辺で撃墜されたパイロットを探していたマコームにラフェイから支援要
請が来た。マコームは困難なラフェイの曳航を1時間行なった後、慶良間諸
島に回航するために到着した2隻の艦隊随伴航洋曳船パカナ（ATF-108）、
タワコニ（ATF-114）と曳航を交代した。

[RPS＃1：大型揚陸支援艇LCS（L）-51]
　LCS（L）-51もRPS＃1の戦いに参加していた。艇長H・D・チカーリング
大尉の指揮下、LCS（L）-51は硫黄島侵攻にも参加し、乗組員は百戦錬磨に
なっていた。
　最初は駆逐艦に攻撃が集中していたが、すぐにLCS（L）-51も攻撃対象に
なった。0815、LCS（L）-51の右舷正横から九九式艦爆1機が体当たり攻撃
を行なった。これをLCS（L）-51は40mmおよび20mm機関砲、12.7mm機関
銃で艇までわずか300ヤード（274m）の距離で撃ち落とした。
　0850、ラフェイに向かったLCS（L）-51は、急降下突入の体勢に入った別
の九九式艦爆1機を捕捉し撃墜した。さらに九九式艦爆1機がLCS（L）-51
の左舷前方から攻撃してきたが、これも撃墜した。
　1010、九九式艦爆1機が艦の左舷方向から体当たり突入した。艦上では射
撃員のフランシス・F・ライヤーズ三等兵曹が弾薬を撃ち尽くした後も20mm
機関砲のかたわらに立って、何もできずにカミカゼが突入するのを見てい

4月16日、RPS#1でLCS（L）-51は特攻機を突入間際に撃ち落とした。飛散した特攻機のエンジンだけが舷側にめり込んだ（NARA 80G 359030）

　た。「パイロットをよく見ることができた。彼は操縦席に真っすぐ座って操縦桿を握り、私を見ているようだった。そこで私も見返した」(11)

　ほかの射手の弾薬は残っており、舷側近くで九九式艦爆を撃ち落とした。機体は爆発してエンジンが前に飛び出し、LCS（L）-51の舷側に当たり、船体にめり込んだ。幸いにも喫水線の上に激突したので、甲板の縁が衝撃力の多くを吸収した。

　LCS（L）-51は支援任務を続け、ラフェイを攻撃する日本軍機に砲火を浴びせ、その多くに命中弾を与えた。艦首を横切ってラフェイを攻撃しようとした零戦1機も撃ち落とした。

　この日、LCS（L）-51は6機を撃墜した。戦闘が終わるとすぐにLCS（L）-51はラフェイの横に行き、消火を支援し、生存者を救出した。

　1150、LCS（L）-51は、ラフェイから停泊地に戻って負傷者を降ろす許可を得た。この日の戦闘でLCS（L）-51は大統領部隊感状を授与された。

4月16日、日本軍機の体当たり攻撃で破壊されたLCS（L）-116の後部40mm機関砲の砲座
（NARA 80G 342580）

[RPS＃1：大型揚陸支援艇LCS（L）-116、第45戦闘飛行隊（VF-45）]

　LCS（L）-116にも危機が迫っていた。0755、接近する九九式艦爆１機に砲火を浴びせたが、射程外だった。

　0905、九九式艦爆の編隊が接近し、うち３機がLCS（L）-116に向かって突進して来た。同艇はこれに砲火を浴びせ、２機を撃退したが、３機目は艦尾に体当たりして爆発し、11人が戦死、９人が負傷した。後部の40mm連装機関砲は使用できなくなった。

　負傷者の治療中に、２機の九九式艦爆がLCS（L）-116に体当たりしようとした。１機はすでにヘルキャットの迎撃で被弾しており、これを同艇の前部40mm機関砲が仕留め、左舷距離200ヤード（183m）に撃墜した。２機目の九九式艦爆は同艇の砲火を浴び、アンテナにぶつかって通り過ぎて右舷正横距離100ヤード（91m）の海面に墜落した。

　LCS（L）-116の負傷者２人は駆逐艦プレストン（DD-795）に移送されたが、直後に死亡した。ほかの負傷者と戦死者は大型揚陸支援艇LCS（L）-32と掃海駆逐艦マコーム（DMS-23）に移送された。LCS（L）-32はLCS（L）-116を停泊地に向けて曳航したが、1830、この任務を救難航洋曳船（ATR-

51）に引き継いだ。

　上空では、VF-45の3個編隊が隊形を組み直し、軽空母サン・ジャシント（CVE-30）に帰投した。1030、3個編隊のリーダーのフォークナー大尉は駆逐艦上空で九九式艦爆1機を発見し、迎撃に向かったが、艦艇からの砲火を避けるためコースを変更せざるをえなかった。

　1145、VF-45の編隊は母艦に着艦した。VF-45で実際に戦闘に参加した2個編隊は、計14機の日本軍機を撃墜し、最多撃墜はモラード中尉の九九式艦爆2機と零戦2機であった。

[RPS＃2：駆逐艦ブライアント（DD-665）、第312海兵戦闘飛行隊（VMF-312）]

　4月16日、RPS＃2を哨戒したのはブライアント、LCS（L）-32、-35だった。上空のCAP掩護は効果的で、RPS＃2の艦艇は攻撃を受けていなかった。

　0900、3隻はRPS＃1で艦艇の支援が必要との連絡を受け、RPS＃1に向かうと自分たちが攻撃の目標になった。0934、日本軍機6機がブライアントに攻撃をかけてきた。最初の一式陸攻1機と零戦1機を駆逐艦の砲火で撃ち落とした。

　一方、VMF-312のシャープ、オニール両海兵隊中尉は一式陸攻1機を撃墜した。零戦3機が縦列になって駆逐艦に突入しようとしていたが、先頭の1機は、主砲の砲火を浴びて墜落した。2機目はブライアントと大型揚陸支援艇から命中弾を受けたが、ブライアントの左舷、無線室付近に体当たりした。爆弾が爆発してブライアントに損害を与え、火災を発生させた。

　ブライアントはようやく消火して舵も働くようになったが、戦闘には復帰できなかった。乗組員26人が戦死し、8人が行方不明、33人が負傷した。

　1145、ブライアントは渡具知に向かい、大型揚陸支援艇LCS（L）-32、-35は再びRPS＃1に向かった。1623、哨戒救難護衛艇（PCE（R）-853）が到着してブライアントの死傷者を後送した。

[RPS＃2：駆逐艦ブライアント（DD-665）、第451海兵戦闘飛行隊（VMF-451）]

　1357、空母バンカー・ヒル（CV-17）はVMF-451のコルセア11機を発艦させた。H・H・ロング海兵隊少佐率いる1個編隊は、RP艦艇に向かっていた九九式艦爆2機と交戦した。コルセアと九九式艦爆との戦いが始まると、眼下のブライアントが射撃を始めた。

　最初の九九式艦爆をR・H・スワリー海兵隊中尉が撃墜した。2機目がブライアントに向かったので、ロング少佐が対空砲火の中を追いかけた。ロング

少佐の射撃は正確で、九九式艦爆を炎に包んだが、ブライアントの5インチ砲弾が彼のコルセアに命中した。ロング海兵隊少佐の機体はスピンに入ったため脱出して、30分後にRPS＃3の近くで哨戒中だった大型揚陸支援艇LCS（L)-111に無事救助された。ロング少佐は打撲傷を負ったが、数日でバンカー・ヒルに帰還した。(12)

［RPS＃14：駆逐艦プリングル (DD-477)、第323海兵戦闘飛行隊 (VMF-323)］

　4月16日、RPS＃14を哨戒したのはプリングル、掃海駆逐艦ホブソン（DMS-26)、ロケット中型揚陸艦LSM（R)-191、大型揚陸支援艇LCS（L)-34だった。夜明けに多数の襲来機がレーダー・スクリーンに現れた。その頃、コルセア2機がRPPのため、上空に到着した。

　0730、VMF-323のアクステル海兵隊少佐率いる1個編隊が嘉手納を離陸してRPS＃14に向かった。フェリトン海兵隊中尉と僚機のデューイ・ダーンフォード海兵隊少尉が30分も経たずに到着すると、すぐに飛来する敵味方不明機に向けて誘導を受けた。

　伊江島の北、距離30海里（56km）で、プリングルに向かっている九九式双軽1機を発見した。急降下するこの九九式双軽をダーンフォード少尉が追いかけた。すでにプリングルが九九式双軽に砲火を浴びせていたが、ダーンフォード少尉が胴体に銃弾を命中させて仕留めた。九九式双軽は機首を上げ、墜落した。

　同じ頃、アクステル少佐と僚機のE・L・アブナー海兵隊中尉は雷電2機と零戦2機から攻撃を受けた（訳注：雷電は出撃していない。制空任務で紫電32機、零戦52機が出撃しているので、紫電を雷電と誤認した可能性がある。以降もほかの機体を雷電と誤認している模様）。アクステル少佐の乗機はエンジン、フラップ、主燃料タンクに被弾して少しの間操縦不能になったが、回復した。

［第323海兵戦闘飛行隊 （VMF-323)、呑龍］

　VMF-323のフェリトン海兵隊中尉と僚機のダーンフォード海兵隊少尉は、読谷の西30海里（56km）にいる別の敵味方不明機に向けて誘導を受けた。
　飛行隊の戦闘報告は次のように記されている。

　　ダーンフォードは高度8,000フィート（2,438m）で呑龍を発見した。フルパワーで上昇して後方から攻撃した。呑龍は急激な回避行動をとって爆弾を投棄した。それは尾翼を持ち、切り詰められた主翼、安定板と方向舵を備え、ダーンフォード中尉の目には普通でないように見えた。こ

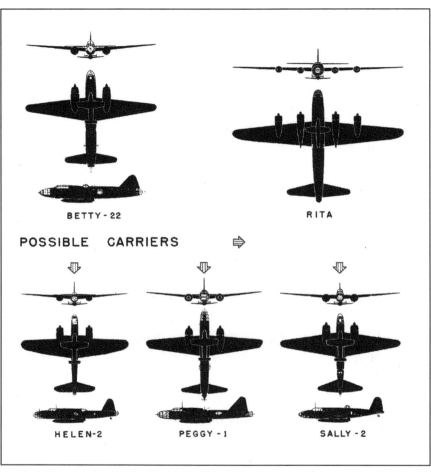

BETTY-22

RITA

POSSIBLE CARRIERS ⇨

HELEN-2

PEGGY-1

SALLY-2

桜花が出現してまもなく、米軍情報当局は桜花の母機として運用される可能性のある爆撃機を識別する資料を作成した。機種名はコード・ネームで記されている。左上からBETTY-22（一式陸攻22型）、RITA（十八試陸攻「連山」）、HELEN-2（百式重爆「呑龍」2型）、PEGGY-1（四式重爆「飛龍」）、SALLY-2（九七式重爆2型）。実際に母機に使用されたのは一式陸攻のみである。（Technical Air Intelligence Center.Summary #31 Baka.June 1945, p .4.）（訳注：米軍は桜花に"BAKA"のコード・ネームを付けた。これは「パイロットは頭がおかしくなった奴」という意味で日本語の「馬鹿」からきている）

　の小型滑空爆弾は胴体の下で運ばれていた。(13)

　　フェリトン機の機関銃が詰まったので、ダーンフォード少尉が最初の突進で呑龍の左エンジンに銃弾を命中させ、次の突進で左翼に命中させて撃墜した。ダーンフォード少尉はそれまで桜花を見たことがなかったので基地に戻

って、爆撃機は「幼児」を落としたと報告した。ダーンフォード少尉はその状況の特異性を理解していなかった。彼が見た桜花の母機は通常の一式陸攻でなく呑龍だった。（訳注：4月16日に第5神風桜花特別攻撃隊神雷部隊が出撃しているが、母機は一式陸攻である。この戦闘に参加した米軍パイロットが母機を百式重爆「呑龍」と誤認している）

［RPS＃14：駆逐艦プリングル（DD-477）、第224海兵戦闘飛行隊（VMF-224）］

4月16日0830、VMF-224のコルセアのM・J・クラウフォード海兵隊中尉率いる1個編隊が読谷を離陸、RPS近くを哨戒していた。W・H・ドノヴァン, Jr.、H・S・コブスキー両海兵隊少尉は敵味方不明機3機を迎撃するため北に誘導された。

ドノヴァン少尉が九九式艦爆の1機目、コブスキー少尉が2機目を撃墜した。旋回して3機目を追いかけようとした時、ヘルキャットがそれを撃墜するのを目撃した。後席に銃手がいなかったので、九九式艦爆はカミカゼだと確信した。

数分後、クラウフォード中尉と僚機のG・M・ワッシュバーン海兵隊少尉は九九式艦爆1機の後方に占位して銃弾を浴びせ、炎上させた。2人はパイロットがパラシュートなしで脱出したのを目撃した。

0900、零戦1機が近づいているのをレーダーが探知したので、RP艦艇は砲火を浴びせ、プリングルと掃海駆逐艦ホブソン（DMS-26）が距離2,000ヤード（1,829m）で撃ち落とした。

0910、九九式艦爆3機がRPSを攻撃した。3機は射手が目標を定めることができないように距離10,000ヤード（9,144m）からジグザグ飛行を始めた。プリングルとホブソンは日本軍機に砲火を浴びせて1機を撃ち落とした。プリングルのソナー員、ジャック・ゲブハード一等兵曹が持ち場の海図室にいた時、九九式艦爆が彼の頭上10から15フィート（3.0〜4.6m）を通過して、1番煙突の付け根に体当たりした。500kg爆弾が上部構造物を貫通し、爆発してキールを破壊した。駆逐艦は突然、巨大な火の玉になった。ゲブハード一等兵曹は次のように証言している。

海図室に轟音が響き、頭上から何年ものごみが大きな音を立てて落ちてきて、この世の終わりのようだった。プリングルが大きな損傷をこうむったと感じたので、右舷側のドアから艦橋に出ようとした。しかし、扉は開かず、入口の梯子は吹き飛ばされていた。何とか扉の上を曲げて、その隙間から艦橋の開口部に出た。艦尾を見ると、艦は炎上してい

4月16日、RPS#14で特攻機の攻撃を受けた駆逐艦プリングル（DD-477）の生存者救助にあたるLCS（L）-34と掃海駆逐艦ホブソン（DMS-26）。LSM（R）-191乗り組みのL・R・ラッセル中尉撮影（Photo courtesy of L.R.Russell）

るただの"でかい船"だった。

　水兵たちはよろけながら、呆然としていた。煙と炎の中、飛散した破片で出血していた。前方を見ると、水兵たちがガンネル（舷縁）を乗り越えようとしているのが見えた。その時、誰かが「総員離艦」と叫んだ。艦橋下の40mm機関砲の弾薬に火がついていたので、艦橋の右舷側に行き、何とか上甲板のほうに進んだ。艦橋の遮風板は吹き飛び、上甲板までやっとのことで降りた。そこで靴と帽子を脱いで、それを上部構造物の間にきちんと押し込んだ。まるで私がまた戻ってくるような行為だった。人はストレスが強い状況では奇妙なことをやりたがる。私はゴム管から空気を吹き込み膨らます救命胴衣を着けて、ガンネルを乗り越える準備をした。しかし、艦橋を離れようと歩いていると、ヘルメットを忘れたことに気づいた。海図室に戻り、ヘルメットを探していると、多くの者が艦外に出て行くのが見えた。そこで何も考えずに海に飛び込み、艦から離れようとできるだけ早く泳いだ。

　どのくらい遠くまで泳いだかわからないが、数百ヤードほど泳いで後ろを振り向くと、プリングルが炎に包まれ、艦の中央で真っ二つになるのが見えた。艦首と艦尾は鋭く上を向いた。艦が海中に滑り、海面から

沈没した駆逐艦プリングルの生存者5人（右下の海面）が救助を求めてLSM（R）-191に向かって泳いでいる（Photo courtesy of L.R.Russell）

消える時、悲鳴を聞いた。プリングルが日本軍機の体当たりを受けてから見えなくなるまでに、5分とかからなかった。(14)

　ゲブハード一等兵曹の目の前で、飛来した日本軍機が海面の水兵を機銃掃射しようとしたが、ほかの艦艇の砲火がこれを追い払った。鮫が近くに現れたが、ほかの艦艇が20mm機関砲を海面に撃ち込んで追い払った。ゲブハード一等兵曹がLCS（L）-34に救出されたのは、約8時間後だった。プリングルは戦死者65人、負傷者110人の被害をこうむった。

［RPS＃14：掃海駆逐艦ホブソン（DMS-26）、第322海兵戦闘飛行隊（VMF-322）］
　その後、九九式艦爆1機がホブソンに体当たりしようとしたが、艦の近くで撃ち落とされ、主翼が艦橋を飛び越えた。250kgらしき爆弾はホブソンの右舷中央の隔壁を突き破って爆発し、内部火災を生じさせて多くの機器に損傷を与えた。この間、何度もCAP機の掩護を要請したが、RPSには1機も現れなかった。
　4月16日、RPS＃1の東、距離約50海里（93km）で大規模な空中戦が行なわれており、対応可能な航空機はすべてこの戦闘に就いていたのだろう。付近にいた別の海兵隊機が日本軍機を何機か撃墜した。

0900、VMF-322のロルフス海兵隊大尉とセーマン、アレン両海兵隊中尉が交戦した九九式艦爆3機のうち2機を撃墜した。編隊4人目のパイロットのピーターソン海兵隊中尉は、九九式艦爆の1機に撃墜されたが、パラシュートで無事に脱出し、まもなく救助された。

［RPS＃14：掃海駆逐艦ホブソン（DMS-26）、ロケット中型揚陸艦LSM（R）-191、大型揚陸支援艇LCS（L）-34］

　LCS（L）-34とLSM（R）-191は、RPS＃14から損傷した艦艇に向かっていたが、彼ら自身も攻撃を受けることになった。

　0945、LCS（L）-34は、九九式艦爆3機の攻撃を受けた。最初の1機がLCS（L）-34の艦首側から突進して来たが、前部40mm機関砲と20mm機関砲の砲火を受けて墜落した。後方から飛来した2機目は、命中弾を受けて変針した。最後にこれを見た時には煙を噴いていた。見張員長は「これも撃墜した」と考えた。3機目は撃退された。

　さらに多くの日本軍機がRPS上空に飛来した。0946、一式陸攻1機と九九式艦爆6機を左舷方向に発見した。LSM（R）-191がさきに攻撃を受けた。同艦の砲術長のL・R・ルッセル中尉は日本軍機1機が突進して来るのを目撃したが、彼の部下が撃ち落とした。2機目は艦の砲火で撃退した。1002、ホブソンを攻撃した1機を撃退し、3分後、LSM（R）-191の左舷方向から突進して来た九九式艦爆1機を撃ち落とした。

　戦闘が終わると、ホブソン、LSM（R）-191、LCS（L）-34は生存者を探して海域を航行した。ホブソンは136人、LSM（R）-191は84人、LCS（L）-34は31人を救助した。哨戒救難護衛艇PCE（R）-852が現場に到着し、軍医と衛生兵がホブソンに乗艦して負傷者を治療した。

［ターナー中将、RP艦艇の栄誉を称える］

　4月16日、ターナー海軍中将は、次の公式文書をRP艦艇に送った。

　　この文書は、レーダー・ピケット任務に就いている艦艇および過去に就いていた艦艇の特別な栄誉を称えるものである。駆逐艦、護衛駆逐艦、中型揚陸艦、揚陸支援艇。繰り返す。揚陸支援艇は艦隊から遠く離れた場所で警備に就き、その働きはわが艦隊がこの作戦で成功することに大きく貢献した。これらの艦艇が困難で危険な任務を果たしたことを、その崇高な勇気と成果を我々は誇りに思う。(15)

［過剰な戦果報告］

　鹿屋では、第5航空艦隊司令長官宇垣中将が再び日本軍の過剰な戦果報告を受けた。この報告によれば、日本軍は＜空母に突入を報ぜるもの八、艦船に突入を報ぜるもの五（中略）艦種不詳一戦又は巡一隻轟撃沈＞したことになっている。(16)

　この時、体当たりを受けた空母はイントレピッド（CV-11）のみで、ほかの艦艇で損害を受けたのはRPSの駆逐艦と大型揚陸支援艇だけだった。

　16日、鹿屋に初めてP-51が攻撃してきたので、宇垣中将は驚いた。彼はP-51が硫黄島から飛来したと推測したが、これは正しかった。第20航空軍の第7戦闘集団が九州に対して行なったP-51による最初の長距離攻撃だった。

4月17日（火）

［菊水3号作戦の結果］

　菊水3号作戦はRP艦艇に大きな損害を与えたが、日本軍も大きな損害をこうむった。＜第三次総攻撃に依り天號作戦開始に方り軍の保有せる特攻隊及當時配属を受けたる特攻隊は其の殆ど全部を使用し剰すところ僅少となれり＞(17)

　本州などの基地から九州に特別攻撃用の航空機を持ち込まなくてはならなかった。

［日本軍飛行場攻撃］

　沖縄の南では英国の第57任務部隊の空母が4月16日と17日、石垣島、宮古島の飛行場に攻撃を実施した。英空母が発艦させるのとほぼ同じ頃、米護衛空母もこれに続いて2日間攻撃を行なった。

　九州からカミカゼ攻撃が増加する警告を受けて、ニミッツ大将はマリアナの第21爆撃集団に対し、一時的な任務変更を指示した。司令官のカーチス・ルメイ陸軍少将は東京などの日本の都市を爆撃するため、隷下のB-29を使用していた。4月17日から5月11日まで、ルメイ陸軍少将は手持ちの戦力のうち75パーセントを九州と四国の飛行場爆撃に集中した。

　4月17日に実施された最初の攻撃は、134機のB-29で鹿屋の2か所と大刀洗、国分、出水、新田原飛行場に対するものだった。この空襲では爆弾が基地から外れて近隣の村に落下するものが多かった。鹿屋だけで15回、笠野原飛行場には7回、国分、大分に9回、宮崎と都城に8回、出水、串良に6回、宇佐、佐伯、松山、新田原に4回の空襲を実施した。富高、大村、指

宿、知覧も空襲し、九州、四国の飛行場に対する延べ出撃機数は合計2,104機になった。(18)

　この攻撃でカミカゼの勢力を完全に食い止めることはできなかったが、日本軍の航空機と施設に大きな損害を与えた。

［RPS＃２：駆逐艦トウィッグス（DD-591）、第84戦闘飛行隊（VF-84）］

　４月17日、RPS＃２を哨戒したのは、トウィッグスと３隻の大型揚陸支援艇だった。

　0834、VF-84のコルセア４機が空母バンカー・ヒル（CV-17）から発艦した。0930、彼らはRPS＃２に到着してトウィッグスの戦闘機指揮・管制士官の統制下に入った。

　RPSに到着してすぐに紫電１機がRPSに向かっているのを発見し、フリーマン大尉とホーナー大尉が攻撃を開始した。両機が接近すると、紫電は爆弾を投下した。フリーマン大尉はすぐにこれを撃墜し、紫電は海面に激突した。

　0950、トウィッグスは、このVF-84の１個編隊を一式陸攻迎撃のために誘導した。ワレット大尉が一式陸攻の後方に占位して射撃、左エンジンから火を噴かせた。ワレット大尉は、海面までこれを追って50ヤード（46m）の距離まで追い詰めたが、一式陸攻が海面に激突すると、彼はその爆発に巻き込まれた。爆風でワレット大尉の機体の尾部が吹き飛び、機体はひっくり返った。ワレット大尉の遺体は回収できなかった。(19)

　爆発の衝撃から、一式陸攻は爆弾を満載していたようだったが、桜花を搭載していた様子はなかった。1220、編隊はバンカー・ヒルに帰投した。

［RPS＃４：駆逐艦ウィックス（DD-578）、第47戦闘飛行隊（VF-47）］

　４月17日、RPS＃４では、ウィックスと大型揚陸支援艇LCS（L）-12、-16、-39、-40、-119が哨戒を行なった。

　0530、軽空母バターン（CVL-29）を発艦したVF-47ヘルキャット２個編隊がCAPに向かった。

　0815、ジョン・W・ライト大尉率いる１個編隊は、RPSの北西、距離50海里（93km）に向かうようウィックスから指示された。

　徳之島のすぐ南の空域に到着すると、高度10,000フィート（3,048m）で格闘戦が始まった。編隊は零戦１機を発見すると後を追い、零戦は編隊を横切るようにして海面に向かって急降下した。

　ウォルター・C・クラップ中尉と、そのすぐ後ろを追う僚機のルドルフ・シ

コラ少尉が高度5,000フィート（1,524m）まで縦列になって降下した。零戦が機首を引き起こしたが、クラップ中尉の1連射で爆発した。

　次はライト大尉の番だった。別の零戦に向かうと、これは被弾しないように旋回して、半宙返りをするため機首を引き起こした。そこをライト大尉が射撃した。零戦は上昇を続けたが、宙返りの頂点で再び被弾して炎に包まれた。零戦は落下したが、パイロットは海にパラシュート降下して、命拾いをした。(20)

　日本軍機の攻撃を一時的にまぬがれた艦艇もあった。RPS＃1、10、12を哨戒していた艦艇は、ごく短時間「総員配置」がかかったが、戦闘はなかった。

4月18日（水）

[全般状況]
　第51.5任務群指揮官フレデリック・ムースブラッガー大佐は、4月1日から17日までの作戦経過に注目していた。日本軍機の攻撃で駆逐艦14隻、掃海駆逐艦4隻、大型揚陸支援艇5隻、ロケット中型揚陸艦1隻が撃沈されたか、損傷した。

　多くの艦艇が損害を受けたことで、レーダー・ピケット配置のスケジュールが守れるかどうか不確実だった。4月18日、ピケット任務に配置されている艦艇に「駆逐艦が指定ステーションの配置に就けない場合は、そのステーションにいる駆逐艦に連絡すること」と通知した。(21)

[RPS＃2：駆逐艦ルース（DD-522）]
　4月18日、RPS＃2を哨戒したのは駆逐艦ルースとトウィッグス（DD-578）、大型揚陸支援艇LCS（L）-12、-25、-61だった。

　上空では常に1個から3個の編隊がCAPを行なっていた。LCS（L）-61にとってこれが最初の夜間RP任務で、乗組員はこれからのことについて神経質になりながらも任務の準備をした。

　LCS（L）-61は、米国から到着したばかりで、初めて慶良間諸島に投錨した。そこで体当たり攻撃で損傷した駆逐艦や大型揚陸支援艇を目撃していた。

　いよいよ現実の戦いが始まる。副長のパウエル・ピアポイント中尉は、次のように回想している。「海の話は知らないことばかりだったので、聞くだけなら素晴らしい。実際問題としては、体当たり攻撃機、体当たり攻撃艇、

体当たり潜水士、さらに多くの体当たり攻撃機、人命救助と生存者。笑って
いる場合でない」(22) (訳注：体当たり攻撃艇：①特攻艇震洋は海軍が開発した船
首に炸薬を搭載した１〜２人乗りベニア製ボートで、陸軍も同様の攻撃機を開発し
た。②特殊潜航艇甲標的は真珠湾攻撃にも使用した潜航艇を改良したもの。③回天は
93式酸素魚雷に搭乗員を乗せた、いわゆる「人間魚雷」。体当たり潜水士伏龍は海軍が
開発し、潜水服を着用して棒付き機雷で海中から上陸用舟艇を攻撃するものだが、実
戦には用いられなかった）

［RPS＃12：駆逐艦ハドソン（DD-475）］

４月18日、1115、RPS＃12でハドソンがカウエル（DD-547）と交替した。
大型揚陸支援艇LCS（L）-11とLCS（L）-13は引き続き哨戒を続けた。

1835、RPSに一式陸攻３機が接近して来た（訳注：台湾高雄から出撃した攻撃
第701飛行隊４機の一部で、実際に出撃したのは一式陸攻２機、九六式陸攻２機）。ハ
ドソンはCAP機４機を誘導して迎撃に向かわせた。1845と1910にこの３機中
２機を撃墜したが、残る１機は久米島方面に逃げられた。

1945、CAPを実施していた海兵隊のコルセアが読谷の基地に戻った。

2015、新たな日本軍機１機が艦艇に接近したが、射程外で台湾方面に逃げ
た。

［日本軍機出撃機数］

米軍情報部隊は、これまでの攻撃に関する日本軍の内部報告とそれに対す
る情報部隊の見解を次のように報告した。

（1）４月18日、第１機動基地航空部隊は、３月16日から４月17日までの
間に琉球列島で連合軍に対して2,086機の出撃を行なったと報告した。こ
の数字はこの期間の琉球における日本軍の攻撃と偵察の出撃回数のおお
よそ三分の二である。明らかに（ⅰ）九州からの第６航空軍の出撃回数、
または（ⅱ）台湾からの陸軍か海軍のいずれかの出撃回数を除いている。

（2）日本軍の報告は、３月16日から４月５日の間に第１機動基地航空部
隊は体当たり攻撃を152機、その他の攻撃を291機実施したとしている。第
１機動基地航空部隊が菊水作戦を開始した４月６日から今までに３回
（６日、12日、16日）実施した攻撃は、体当たり攻撃が中心だった。完全
な報告でないが、４月６日から17日までは、体当たり攻撃が425機、その
他の攻撃は168機のみだった。同じ時期、戦闘機が護衛任務で少なくとも
600機、偵察任務がかなりの機数、機雷敷設任務が13機あった。(23)

4月20日（金）

[RPSの新しい配置]

　4月20日から5月1日まで、RPPで新しい配置が試された。

　ポイント・ボロからRPS＃1、2、3、4の各RPSまでの三分の二の距離に武装小型艦艇（通常はロケット中型揚陸艦）が1隻配置されたのだ。これにより、この武装小型艦艇はRPSの戦闘に直接参加しなくてもよいが、RP艦艇とCAPをすり抜けた日本軍機に対応することになった。そしてRPSで損傷した艦艇を救援できる最も近い距離に位置することになった。

[RPS＃2：駆逐艦ルース（DD-522）]

　4月20日、RPS＃2を哨戒したのはルースと駆逐艦アンメン（DD-527）、大型揚陸支援艇LCS（L）-12、-25、-61、-118だった。

　RPSまで三分の二の距離にはロケット中型揚陸艦LSM（R）-196が1隻だけで不寝番をしていた。その日遅く、ロケット中型揚陸艦LSM（R）-189がRPSに合流した。

　0000過ぎ、敵味方不明機1機が北から飛来しているとの情報が入ったが、最も近いルースでも射撃できなかった。当該不明機は伊是名島に接近するとレーダーから消えた。

　0012、突然、日本軍機がアンメンの艦尾後方に再び現れ、60kg爆弾を投下した。爆弾が艦の右舷後方の水中で爆発して、乗組員8人が負傷した。攻撃があまりにも突然だったので、射手は照準を定めることができず、日本軍機は逃げ去った。

4月21日（土）

[RPS＃2：駆逐艦ルース（DD-522）]

　4月21日、RPS＃2を哨戒したのはルースと駆逐艦アンメン（DD-527）、大型揚陸支援艇LCS（L）-12、-25、-61とロケット中型揚陸艦LSM（R）-189だった。ポイント・ボロから三分の二の距離ではロケット中型揚陸艦LSM（R）-196が哨戒した。

　1644、多数の敵味方不明機を北方距離50海里（93km）に捉え、ルースはCAP機を誘導したが逃げられた。1735、駆逐艦ラッセル（DD-414）がアンメンと交代し、その数分後、ラッセルの左舷方向に飛来する航空機を発見し

た。1748、2機編隊のRPP機を迎撃に向かわせた。

1750、CAP機が九九式艦爆1機を撃墜し、1800、ルースを護衛中のRPP機が別の2機を撃墜した。1819、駆逐艦ベニオン（DD-662）がルースと交代した。

2025、ベニオンが日本軍機1機に砲火を浴びせたが、戦果は不明だった。

[RPS＃4：駆逐艦ブラウン（DD-546）]
4月21日、RPS＃4を哨戒したのはブラウンと駆逐艦パトナム（DD-757）、大型揚陸支援艇LCS（L）-16、-38、-82、機動砲艇PGM-20で、ポイント・ボロから三分の二の距離ではロケット中型揚陸艦LSM（R）-198が哨戒した。

2058、ブラウンとパトナムがRPSに接近している日本軍機4機を探知し、砲火を浴びせ、パトナムが1機を撃墜し、パトナムとブラウンがもう1機を協同撃墜した。

2122と2142にも敵味方不明機が接近したが、遠すぎて砲火を浴びせることはできなかった。

[米軍の九州航空基地爆撃]
ルメイ陸軍少将が指揮する第21爆撃集団は、217機のB-29を鹿屋、大分、宇佐、国分、串良、大刀洗、出水、新田原飛行場の攻撃に送り込んだ。鹿屋の宇垣中将はB-29の空襲を避けるため、朝は掩蔽壕で多くの時間を過ごした。

4月22日（日）

[RPS＃1：駆逐艦カウエル（DD-547）、リトル（DD-803）]
4月22日、RPS＃1を哨戒したのはカウエルとリトル、大型揚陸支援艇LCS（L）-24、-35、機動砲艇PGM-9、ロケット中型揚陸艦LSM（R）-191だった。ポイント・ボロから三分の二の距離ではロケット中型揚陸艦LSM（R）-192が哨戒した。

0117、日本軍機の飛来を距離18海里（33km）で探知し、艦艇に総員配置をかけたが、これは距離10海里（19km）で変針したため、RPSは通常勤務に戻った。

太陽が昇ると、艦艇上空のCAPが始まった。何事もなく1日が過ぎようとしていたが、午後遅くに状況が変わった。1711、九九式艦爆1機が北から接

近したため、リトルとカウエルが砲火を浴びせた。CAP機はカウエルの誘導を受けて迎撃し、九九式艦爆を撃墜した。

1756、西と北西から敵味方不明機数機が接近した。カウエルが誘導したCAP機はこれを迎撃して1機撃墜した。

[RPS＃3：駆逐艦デイリー（DD-519）、第224海兵戦闘飛行隊（VMF-224）]

4月22日、RPS＃3を哨戒したのはデイリー、敷設駆逐艦ヘンリー・A・ワィリー（DM-29）、大型揚陸支援艇LCS（L）-81、-111、機動砲艇PGM-10、-17だった。ポイント・ボロから三分の二の距離ではロケット中型揚陸艦LSM（R）-197が哨戒した。読谷から飛来したVMF-224のコルセア6機がRP艦艇の上空でCAPに就いた。

1730、海兵隊パイロットは北から襲来した日本軍機を迎撃し、30分で九九式艦爆5機を撃墜した。H・R・マーベイ、D・A・マクミラン、E・E・ルーサーの各海兵隊中尉、J・B・ベンダー、H・E・ウイナー両海兵隊少尉はそれぞれ撃墜1機を記録した。九九式艦爆のうち後席に銃手を乗せていたのは1機だけで、海兵隊パイロットは「敵機のパイロットは初心者だった」と報告した。

2005と2108、別の日本軍機が艦艇近辺を通過したが、距離が10から20海里（19〜37km）だったので撃ち落とすには遠すぎた。

[RPS＃14：駆逐艦ウィックス（DD-578）、大型揚陸支援艇LCS（L）-15、第441海兵戦闘飛行隊（VMF-441）]

4月22日、RPS＃14を哨戒したのはウィックスと駆逐艦ヴァン・ヴァルケンバーグ（DD-656）、LCS（L）-15、-37、-83、ロケット中型揚陸艦LSM（R）-195で、三分の二の距離ではロケット中型揚陸艦LSM（R）-199が哨戒した。第31海兵航空群のコルセア10機が近くで旋回していた。

1700、北から日本軍機10機がRPSに接近して来たので、CAP機が迎撃に向かった。1745、CAPをすり抜けて1機がウィックスに突進したが、撃ち落とされ、ウィックスから離れた海面に激突した。

1816、北から向かって来る大規模な襲来を探知した。2群から3群に分かれた10機から20機の日本軍機と思われた。CAPのコルセア2機がRPS＃14に飛来し、誘導を受けて迎撃に向かった。

コルセアは艦艇の北西、距離14海里（26km）で九九式艦爆を発見した。VMF-441のフレデリック・コルブ,Jr. 海兵隊少尉は2機撃墜し、もう1機を不確実撃墜した。(24)　エリオット・F・ブラウン海兵隊少尉も1機撃墜した。その後、コルブ少尉のコルセアに不具合が発生し、不時着せざるを得なかっ

た。1913、RPS＃1で駆逐艦カウエル（DD-547）が救命筏に乗っていたコルブ少尉を発見して引き上げた。

　新たに米軍機4機がCAPに飛来した。1828、CAP機をすり抜けた九九式艦爆1機がウィックスに突進した。九九式艦爆はウィックスから距離1,500ヤード（1,372m）まで接近すると、変針して後方を航行するLCS（L）-15に向かい、1831に艦橋後方の左舷に体当たりした。

　LCS（L）-15は、その爆弾で両舷に穴が開き、3分も経たないうちに海中に没した。この時、持ち場の無線室にいた通信員ハロルド・J・カウプ三等兵曹は次のように回想している。

　　敵味方不明機がすぐ近くにいると感じたので、ヘルメットを着用した。艇後部のどこかに突入され、爆発が起きた。無線室の電力が落ち、煙が充満し始めた。暗闇の中、舷窓閉鎖金具を手探りで探した。その間に誰かが無線室の外の通路に向かうハッチを開けた。外は炎に包まれていた。

　　ようやく舷窓を開けると、無線室に外の新鮮な空気と光が入った。波間には人が浮かんでいた。すでに右舷舷窓の下の甲板を海水が洗っていた。（中略）甲板に降りると、海水は股の高さまで上昇していた。自分の救命胴衣が見つからなかったが、艇はすでに右に大きく傾いており、艦尾は海水に浸かっていた。艦首は海面から持ち上がっていた。救命具を着けずにガンネル（舷縁）を越えた。最初は40mm機関砲の弾薬箱にしがみついていた。（中略）最後は誰かが、（中略）ジャガイモが入っていた木製のロッカーが浮いていたので連れて行ってくれた。ロッカーの上には数人が横たわり、その横には多くの負傷者がしがみついていた。

　　そのうちに、LCS（L）-15は艦首を空中に突き上げ、艦尾を中心に180度回転すると、そのまま艦尾から水没した。(25)

　カウプ三等兵曹はヴァン・ヴァルケンバーグに救助された。ウィックスの乗組員15人が戦死、11人が負傷した。何隻もの武装小型艦艇が円を描きながら生存者を救助し、のちにヴァン・ヴァルケンバーグに移送された。この間、ウィックスが防禦のため哨戒していた。

[RPS＃14：第224、第323、第441海兵戦闘飛行隊（VMF-224、-323、-441）、第12戦闘飛行隊（VF-12）、第12戦闘爆撃飛行隊（VBF-12）］

　4月22日、読谷から発進したVMF-224とVMF-441のCAP機から「攻撃がある」との無線連絡が入ったため、支援機が日本軍機迎撃に向かった。

　1427にVF-12とVBF-12の各1個編隊のヘルキャットが空母ランドルフ（CV-15）から発艦していた。飛来する敵味方不明機を迎撃する誘導を受けた時、J・M・フランクス中尉率いる1個編隊は沖縄本島北端の北東、距離10海里（19km）で空中待機し、R・D・ガトリン中尉率いる別の1個編隊は西北西、距離10海里で空中待機していた。

　編隊は九七式戦7機と戦闘を始めた。九七式戦の速度が相対的に遅かったため、ヘルキャットのパイロットは目標を追い越さないように注意しなくてはならなかった。

　九七式戦1機がW・L・スマート少尉の後方に占位した。スマート少尉はフルスロットルとエンジンの水メタノール噴射で簡単に引き離した。九七式戦7機すべてを撃墜して戦闘は終了した。フランクス中尉は1機、ガトリン中尉は2機、スマート少尉は2機、ボール少尉とノースカット大尉はそれぞれ1機撃墜した。(26)

　VMF-323の3個編隊のコルセアも嘉手納を発進していた。最初の2個編隊をジョージ・アクステル海兵隊少佐が、3個目をジェファーソン・ドロー海兵隊少佐が指揮した。

　駆逐艦ウィックス（DD-578）はRPSに対する大規模な襲来を探知して、VMF-323の3個編隊をこの迎撃に向かわせた。アクステル少佐の編隊が最初に到着して九九式艦爆の大編隊を発見した。数分も経たないうちにこれに向かってコルセアが急降下した。アクステル少佐は九九式艦爆5機を撃墜し、ほかの3機を撃破した。

　僚機のエド・アブナー海兵隊中尉は2機撃墜し、ほかに2機を撃破した。編隊のチャールズ・アレン海兵隊中尉は撃墜1機、不確実撃墜1機を記録した。

　アクステル少佐の2個目の編隊を率いるのはジェリー・オキーフ海兵隊中尉だった。オキーフ中尉と僚機のビル・フード海兵隊中尉は九九式艦爆を追いかけ、素晴らしい戦果を上げた。オキーフ中尉は九九式艦爆5機、フード中尉は九七式戦2機、九九式艦爆1機を撃墜した。フード中尉はこのほかに4機の九九式艦爆を撃破または協同撃墜した。

　ドロー少佐は3機編隊で九九式艦爆に突進した。その日、ドロー少佐は九九式艦爆6機を撃墜し、7機目を不確実撃墜した。ドロー少佐の編隊のほか

の２人のパイロット、ノーマンド・テリアルト海兵隊中尉は３機を撃墜してもう１機をほかのコルセア３機と協同撃墜した。チャールズ・アレン中尉は１機を撃墜し、もう１機を不確実撃墜した。[27]

　1900から1920、CAPのコルセアは読谷に帰投した。VMF-224のパイロットは日本軍機５機を撃墜し、ほかにVMF-441が３機撃墜した。海兵飛行隊は撃墜33.75機、不確実撃墜２機、撃破４機と、日本軍に大きな損害を与えた。

［日米の戦果］

　４月22日の戦闘はこうして終了した。日本軍は大損害を強いられ、またもや言い伝えを信じる気持ちを強くしたであろう。４月22日は日本の暦で十死日だった。[28]　RPSの上空で日本軍機は41機が撃墜されて、その他に３機が不確実撃墜になった。しかも、ほかの機体も損傷を負っていた。

　翌日、第10軍指揮官サイモン・B・バックナー陸軍中将は陸軍第10戦術航空軍指揮官のフランシス・P・ムルカイ海兵隊少将に次の声明を送った。

　　昨夕、貴官と隷下の戦闘集団が、わが艦隊と陸上部隊に対して重大な損害を与えたかもしれない敵機32機を撃墜したことを心から感謝する。すべての部隊にさらなる戦力を！　バックナー [29]

戦闘後、嘉手納飛行場に帰還したVMF-323"デス・ラトラーズ"のパイロットたちを握手しながら労うフランシス・P・ムルカイ海兵隊少将
（NARA 127PX 119257）

4月23日（月）

［米軍機空襲］

22日のB-29の空襲で、九州の多くの航空基地は活動を阻害された。

23日、第21爆撃集団は、飛行場攻撃に80機以上のB-29を送り込んだ。鹿屋の滑走路は損傷を受け、飛行場は数日間使用できなかった。重要な陸攻・爆撃機部隊である海軍第762航空隊は攻撃の損傷を避けるため、美保と宮崎に移動した。宮崎は出水、串良、富高とともに攻撃を受けた。(30)

［RPS＃3：駆逐艦デイリー（DD-519）、第224海兵戦闘飛行隊（VMF-224）］

4月23日、RPS＃3を哨戒したのはデイリーと敷設駆逐艦ヘンリー・A・ワイリー（DM-29）、大型揚陸支援艇LCS（L）-81、-111、機動砲艇PGM-10、-17だった。ポイント・ボロからRPSまでの三分の二の距離ではロケット中型揚陸艦LSM（R）-197が哨戒した。

0505、LCS（L）-111は持ち場を離れた。

RPPを行なったのはVMF-224のR・C・ハモンド, Jr. 海兵隊少佐とバン・サルター海兵隊中尉のコルセア2機だった。

0625、デイリーはレーダー・スクリーン上に敵味方不明機1機を発見した。コルセア2機はデイリーから迎撃誘導を受け、ハモンド少佐が艦の後方5海里（9.3km）の海上で九九式艦爆を撃墜した。

1620、VMF-224のコルセア4機が読谷飛行場から緊急発進した。H・R・マ

ーベイ、D・A・マクミラン両海兵隊中尉とE・L・ラファーティ、C・V・トロランド両海兵隊少尉は北東からRP艦艇に向かっている九九式艦爆7機を発見した。ラファーティ、トロランドの両少尉は高度7,000から2,000フィート（2,134～610m）に急降下して最初の2機を撃墜した。

マーベイ、マクミラン両中尉は別の九九式艦爆2機を攻撃しようとして急降下すると、別のコルセアのペアが九九式艦爆を追い越すのを目撃した。マーベイ中尉は、急上昇反転しようとする九九式艦爆1機を撃墜した。

その後、マーベイ、マクミラン両中尉がRP艦艇に向かうと、別のコルセア2機の射撃を避けている九九式艦爆を見つけた。マーベイ中尉は後方に占位してこの日2機目の九九式艦爆を撃墜した。

4月24日（火）

[朝鮮の日本陸軍機動向]

連合軍の情報機関は第6航空軍の部隊が移動したことを報告した。九州の第6航空軍と在朝鮮の隷下部隊との通信を傍受した結果、朝鮮の基地を集結地としている部隊は少数であることが判明した。マジック極東概略は次のように報告した。

（1）3月27日と30日、飛行第22戦隊の疾風が朝鮮西部の京城集結。
（2）4月18日から支那派遣軍第5航空軍第8飛行団隷下の飛行第16戦隊と第90戦隊の九九式双軽各約10機が沖縄の米軍の2箇所の飛行場攻撃に参加した。新田原を発進基地とし、朝鮮南西部の群山を後方機動基地にした。
（3）また同じ時期に第8飛行団隷下飛行第82戦隊の百式司偵2機も同様に沖縄作戦に参加した。(31)

4月25日（水）

[日本軍機の沖縄飛行場攻撃]

日本軍は沖縄の飛行場を制圧する重要性を考慮し、任務を次の通りとした。

＜米軍は（中略）全面的攻勢を開始し（中略）一方沖縄敵航空基地は本格的活動を開始し之が制壓は天號作戦の遂行を左右すべしと思はれ 中央部亦沖縄敵航空基地制壓に關しては大なる關心を拂ふに至れり 軍は右状

況に鑑み戦力若干回復せる重爆両戦隊を以て沖縄敵航空基地に對し両戦隊交互に連續夜間攻撃を実施することとし四月二十五日夜先づ飛行第百十戦隊の四機を以て實施せり＞(32)

4月26日（木）

［日本海軍航空隊の再編］
一方、米情報機関のマジック極東概略は次の通り報告した。

　4月初めに、シンガポールに司令部を置く日本海軍第13航空艦隊の作戦可能な爆撃機は琉球の作戦に参加するため台湾に移動した。4月25日と26日、第13航空艦隊の作戦可能な戦闘機はパイロットと地上整備員とともに、連合艦隊に戻るよう発令された。戦闘機部隊は「直ちに九州の各基地に移動して鹿屋の第1機動基地航空部隊指揮官の指揮下に入るものとする」となった。4月27日、第1機動基地航空部隊はこの部隊を笠野原、鹿児島、出水に配置した。(33)

［米軍の日本軍飛行場空襲］
沖縄の米軍艦艇に対する日本軍機の攻撃を遅らせるため、第21爆撃集団はB-29をマリアナ諸島から発進させた。4月26日から29日、第73、第313、第314の各爆撃航空団から計537機のB-29が知覧、出水、鹿屋、笠野原、国分、串良、宮崎、都城、新田原、大分、佐伯、富高、宇佐の飛行場を爆撃し、日本軍機が発進できないようにした。投下した爆弾が爆発するまでの時間を1、2、6、12、24、36時間後に遅らせる遅延信管が日本軍を悩ませた。(34)

4月27日（金）～28日（土）

［菊水4号作戦開始］
日本軍は菊水4号作戦を4月25日から29日に実施する予定だったが、天候が悪く、作戦開始を27日に延期した。この時すでに日本軍では特攻用航空機の供給が減ってきた。作戦に充てる特攻機は海軍機65機、陸軍機50機の計115機だった。ほかに特攻機の護衛と通常任務に充てる日本軍機があった。
　菊水4号作戦は、これまでの3回の菊水作戦と攻撃目標が異なっていた。3号作戦までは輸送船と沖縄の飛行場が主目標で、空母機動部隊は二次的な目標だったが、4号作戦では空母機動部隊が主目標になった。

4月27日、日本軍は第58任務部隊の空母を発見できなかったので作戦開始を遅らせた。悪天候で作戦開始はさらに数日延期された。それに加えて、26日にB-29が宇佐、大分、佐伯、富高、新田原、宮崎、国分、鹿屋、都城に対して実施した爆撃で日本軍の攻撃計画が狂い、航空機も損傷を受けた。第21爆撃集団は195機の爆撃機をこれらの飛行場に送り込み、P-51戦闘機が爆撃機の護衛をするとともに、その日の仕上げとして国分を機銃掃射した。

4月28日、国分の日本軍戦闘機隊は、米軍の攻撃を避けるため笠野原に移動した。国分は4月26、27、28日の爆撃で大きな損害を出し、復旧作業が必要になり、5月1日まで使用できなかった。ほかの部隊も航空機を後方に送り、次の作戦が始まればこれらの航空機を前線に戻すはずだった。(35)

マジック極東概略の報告によれば、4月27日と28日に傍受した日本海軍の通信は「国分、宮崎、串良、そしておそらく笠野原の飛行場も、B-29の爆撃で明らかに使用不能になっている」ことを示していた。(36)

米軍爆撃機の攻撃を軽減するため、日本軍は一部で飛行場防空戦闘機（訳注：局地戦闘機）の秘匿を始めた。さらに第302、第332、第352の各海軍航空隊の局地戦闘機「雷電」は、東京地区で対B-29防空戦を行なっていたが、九州に飛来する爆撃機と戦うために鹿屋に向かった。(37)

菊水4号作戦以前、日本軍は沖縄作戦で大きな損害を受けていた。米軍の情報報告によれば、沖縄作戦開始時に第1機動基地航空部隊は運用可能だった作戦機が消滅したとのことだった。

次の数字は、琉球作戦開始時に500機以上の戦力を有していた第1機動基地航空部隊の4月の状況報告に基づく稼働率である。

戦闘機	45パーセント
急降下爆撃機	46パーセント
雷撃機	49パーセント
中型爆撃機	45パーセント

同じ報告は、部隊で十分な訓練を受けているパイロットがわずかであることも示している。

Aクラス（どのような作戦にも対応可能なパイロット）	6パーセント
Bクラス（日中の作戦なら対応可能なパイロット）	10パーセント
Cクラス（初心者）	19パーセント
Dクラス（新たに追加された区分：通常の訓練を完了していない者も含む）	
	65パーセント (38)

体当たり攻撃に使用できる航空機は大幅に減少した。残っている零戦を効果的に使用するために、爆戦機に500kg爆弾の搭載を始めた。

[RPS＃１：敷設駆逐艦アーロン・ワード（DM-34）、駆逐艦マスティン（DD-413）、ベニオン（DD-662）]

　４月27日、RPS＃１を哨戒したのはアーロン・ワード、マスティン、大型揚陸支援艇LCS（L）-11、ロケット中型揚陸艦LSM（R）-191だった。

　2128、アーロン・ワードのレーダーが距離15海里（28km）に襲来する４機を探知し、距離8,700ヤード（7,955m）で砲火を開いた。１機に命中させて火だるまにしたが、距離が遠く、夜間だったため、不確実撃墜となり、ほかの３機は逃げ去った。

　2145、次の襲来で日本軍機１機に砲火を浴びせて追い返した。2207、３回目の襲来も同様だった。

　2215から2243、日本軍機３機がRP艦艇に接近した。2243、マスティンが１機に砲火を浴びせると、３機とも逃走した。

　2243、アーロン・ワードは飛来する２機を発見した。距離6,600ヤード（6,035m）で砲火を開き、１機を撃墜したが、もう１機に逃げられた。

　翌４月28日の0023と0030、３機ないし４機がRPSの横を通過して南に向かったが、アーロン・ワードとマスティンが撃ち落とすには遠すぎた。そのうちの１機がLCS（L）-61に正面から突進して、乗組員が応戦する前に上空を通過し、その直後、艇の後部40mm連装機関砲の射撃を受けたが、戻っては来なかった。

　この時点で上空に到着していた夜間戦闘機が、0033、飛来する日本軍機３機に向けて誘導を受けた。0046、夜間戦闘機は別の敵味方不明機１機を迎撃した。0049、マスティンが艦艇に接近した２機から４機の日本軍機を砲火で撃退した。0204と0215にもこの空域に日本軍機が飛来したが、追い返した。

　0240、アーロン・ワードは鹿屋から飛来した２機の一式陸攻を探知した。一式陸攻は艦艇に向けて爆弾を投下したが、すべて外れたためアーロン・ワードに体当たり攻撃を試みた。２機は40mm機関砲と38口径５インチ連装砲により、右舷正横の距離2,500フィート（762m）の海面に撃ち落とされた。アーロン・ワードはこの夜、確実３機と不確実１機の撃墜を記録した。

　1100、アーロン・ワードはベニオンと、マスティンはアンメン（DD-527）とそれぞれ交代した。RPSまで三分の二の海上を航行していた大型揚陸支援艇LCS（L）-61はRPS＃１に接近し、ほかの艦艇とともに哨戒を続けた。大型揚陸支援艇LCS（L）-11は大型揚陸支援艇LCS（L）-23と交替してRPSを離

れた。

　1830、各艦艇は攻撃を受けた。

［RPS＃１：駆逐艦ベニオン（DD-662）、第323海兵戦闘飛行隊（VMF-323）］
　４月27日、VMF-323のジョー・ディラード海兵隊中尉はRPSの南を僚機の
ジェームズ・バーバウワー海兵隊少尉とともに飛行していた。定常の飛行を
３時間半行なった後、ベニオンからの指示で飛来する魚雷搭載の九七式艦攻
１機に向かうよう誘導された。九七式艦攻は串良から飛来した10機のうちの
１機で、コルセア２機の追跡から逃れようとしたが、果たせなかった。
　1845、ディラード中尉は主翼の付け根に一連射を浴びせると、九七式艦攻
は海面に激突した。

［RPS＃１：駆逐艦ベニオン（DD-662）、第311海兵戦闘飛行隊（VMF-311）］
　第323海兵戦闘飛行隊（VMF-323）とともに艦艇を守っていたのは読谷か
ら出撃したVMF-311の３個編隊のコルセアだった。ベニオンのレーダーが北
から大編隊が飛来するのを捕捉し、コルセアを迎撃に向かわせた。歴戦のパ
イロットたちはいつものように目標に向かい、九九式艦爆と零戦の計12機を
撃墜した。
　ドナルド・H・クラーク、ウィリアム・P・ブラウン両海兵隊少尉はそれぞれ
九九式艦爆２機、ジョン・V・ブラッケニー、ラルフ・G・マコーミック両海兵
隊大尉はそれぞれ九九式艦爆１機を撃墜した。ロナルド・T・ハマー、ロバー
ト・K・シェリル、ローレンス・K・ホワイトサイド、トーマス・M・カービイ、
セオドー・A・ブラウンの各海兵隊少尉は１機ずつ撃墜した。空域にいた別の
CAP機は、ほかに日本軍機８機を撃墜した。

［RPS＃１：駆逐艦ベニオン（DD-662）、第441海兵戦闘飛行隊（VMF-441）］
　読谷のVMF-441のフロイド・C・カークパトリック海兵隊大尉とジョージ・
E・ランツ海兵隊少尉がRPP任務を実施中、艦艇に突進する零戦１機を撃墜
した。
　別の隼１機が旋回して、RPP機の追跡を逃れた。この隼はベニオンに向か
って後方から急角度で降下した。20mmと40mm機関砲が連続して命中して
もそのまま針路を変えず、ベニオンの艦尾を通り過ぎ、機体の破片を飛び散
らした。主翼が２番煙突にぶつかり、胴体などは右舷の海面に激突した。ベ
ニオンにとっては危機一髪だった。

［RPS＃１：第323海兵戦闘飛行隊（VMF-323）］

　４月27日1615、VMF-323のコルセアの１個編隊が嘉手納から発進してRPS
＃１に向かった。駆逐艦ベニオン（DD-662）はコルセアをRPS南の伊是名島
の上空で空中待機するよう指示した。そこで編隊は、国分第２飛行場を発進
して高度15,000フィート（4,572m）で南に向かう九九式艦爆４機を発見し、
その後を追った。（訳注：名古屋航空隊第３草薙隊と百里航空隊第２正統隊で、出撃
機合計22機、それぞれ未帰還14機と６機）

　九九式艦爆は後席に銃手がいなかったので、バーノン・ボール、フランシ
ス・テリル、ビル・フッド、エド・ムラリーの各海兵隊中尉はそれぞれ１機ず
つ撃墜した。銃手が搭乗していないということは、体当たり攻撃機であるこ
とを示している。

　任務を完了後、編隊は西に誘導され、九九式艦爆４機と九八式直協１機と
交戦して撃墜機数に追加した。さらに九九式艦爆１機を読谷のコルセアと協
同で撃墜した (39)。編隊は基地に戻り、9.5機を部隊の撃墜機数に加えた。

［RPS＃１：第83混成飛行隊（VC-83）］

　４月27日、1515、VC-83の２個編隊は護衛空母サージャント・ベイ（CVE-
83）から発艦した。1815に母艦に戻る予定だったが、駆逐艦ベニオン（DD-
662）から敵味方不明機が１機いるとの警報を受けた。D・O・マクニック、
H・C・クック両大尉が率いる２個編隊は九九式艦爆１機を発見し、最後はク
ック大尉が回避機動する日本軍機を撃墜した。

［RPS＃１：大型揚陸支援艇LCS（L）-31、-61、-23］

　４月27日、2200、九七式艦攻１機が大型揚陸支援艇に突進して来た（訳
注：宇佐空隊八幡神忠隊、姫路空隊の白鷺赤忠隊、百里航空隊の第１正気隊の出撃12
機、未帰還６機）。先頭はLCS（L）-31で、-61と-23を従え、駆逐艦ベニオン
（DD-662）の右舷方向３海里（5.6km）で各艇の間隔を800ヤード（732m）
にして一列になって航行していた。LCS（L）-61副長のパウエル・ピアポイン
トは次のように語っている。

　　"ロジャー・ピーター１"（RPS＃１）で夜間も長時間の警戒態勢に就い
　た。駆逐艦は何度も敵味方不明機に砲火を浴びせた。ピケット・ライン
　全体で非常に忙しい夜で、空襲警報が長時間も発令されたり、解除され
　たりした。
　　レーダー員のA・H・ブレイラー二等兵曹が探知して追跡するまで、この

RPS＃１に対する敵味方不明機の報告はなかった。LCS（L）-61は３隻単縦陣の２隻目で、敵味方不明機は前方を右から左に来て、進行方向に対して約201度から向かって来た。（訳注：米海軍下士官〔曹クラス〕の正式な階級は階級〔RATE〕と職種〔RATING〕を組み合わせている。ここのブレイラーの場合、Radarman Petty Officer 2nd Classが正式な階級になる）

　見張員と火器管制員は、単縦陣の右舷方向を敵機が飛行しているのを追尾した。敵機のパイロットが艦の前方を横切るまで射撃を始めなかった。射撃管制員のラリー・ファブローニ二等兵曹が方位盤で指揮する２番40mm機関砲が最初に射撃するのに最適だった。日本軍機のパイロットは射撃の目標になっているのを知ると、LCS（L）-61に向けて旋回したが、遅かった。我々は日本軍機に命中弾を与え、左舷正横の距離100ヤード（91m）の海面に撃墜した。

　18発の40mm機関砲弾を撃っただけで片づいた。戦術指揮士官が残骸を調査し、２人の遺体を発見した（訳注：九九式艦爆と異なり、九七式艦攻は特攻機でも搭乗員は３人の定数で出撃した。１人は機体とともに海没した模様）。戦闘はあっけないものだった。何十機もの敵機に出くわすと思っていたが、それは幻影だった。敵味方不明機なんか恐くない。初めての勝利は我々に自信を与えた。我々は用意ができており、敵機を待ち構えていた。(40)

　LCS（L）-23は縦隊の３隻目で航行していて日本軍機に向け発砲したので「撃墜支援」を記録した。

　2320、敵味方不明機１機がRPS近くを飛行した。その航空機は偵察機で、この日の戦果を評価していた (41) と、ベニオンは戦闘報告に記載した。

［RPS＃２：駆逐艦デイリー（DD-519）］

　４月28日は晴天だった。朝、艦艇がRPS＃２を哨戒している上空にはコルセア２機がRPPを実施し、高度10,000から30,000フィート（3,048～9,144m）では別の12機が哨戒していた。午後は２機のコルセアが艦艇の近くを哨戒し、別の６機が迎撃のためCAPに就いていた。

　1539、デイリーは飛来する敵味方不明機を迎撃するため、６機のコルセアを誘導した。コルセアは誘導を受ける際に飛来するのが大規模な攻撃隊であると知らされていた。コルセアは零戦を主力とする35機から50機と交戦中であると無線で通報した。

　宇垣中将は＜戦闘機の全力を沖縄方面に指向し伊江島上空にてシコロスキ

一（訳注：コルセアのこと）と空戦確實三機撃墜＞と記している。(42)

　1555から1612、CAP機で最初に攻撃した４機が日本軍機12機を撃墜し、ほかに４機ないし６機を不確実撃墜した。1628、残る２機は７機を撃墜し、４機ないし５機を不確実撃墜したと報告した。コルセアは数に勝る日本軍機を一掃したが、燃料と弾薬が尽きてきたので基地に帰投した。

[RPS＃２：駆逐艦デイリー（DD-519）、トゥィッグス（DD-591）、第312海兵戦闘飛行隊（VMF-312）]

　４月28日のRPS＃２の戦いはまだ終わらなかった。1700、８機から10機の日本軍機が100海里（185km）先に現れてRPSに接近中との知らせがあった。

　1719、艦艇に総員配置が発令され、想定される攻撃に備えて態勢を整えた。デイリーはトゥィッグスの後方に位置し、近くには支援艦艇を配置した。

　1730、デイリーとトゥィッグスは右舷側から九九式艦爆の小編隊に砲火を浴びせようと操舵した。まもなく、国分第２飛行場から飛来した別の九九式艦爆の編隊が左舷方向から体当たりしようと突進して来た。

　デイリーは200から1,000ヤード（183〜914m）の距離で３機を撃墜。４機目がデイリーの艦橋に向かって突進して来たので、何度も砲火を浴びせた。この九九式艦爆はデイリーの後部魚雷発射管の上を通過した時に主翼がもげ、艦の左舷から25ヤード（23m）の海面に激突した。その爆発で艦のレーダーが破壊され、機関も損傷した。この突入で２人が戦死、15人が重傷を負った。戦死者の中には艦の軍医もいた。４機目を撃墜した直後、５機目を艦尾から700ヤード（640m）離れたところで撃墜した。

　ほぼ同じ頃、トゥィッグスは２機から攻撃を受け、そのうちの１機を撃墜した。２機ともトゥィッグスのすぐ近くの海面に激突したので、トゥィッグスに大きな損傷が出た。船体外板は内側にへこみ、フレーム46番から60番の間の船体に穴が空いた。幸い、２人が負傷しただけだった。

　1739、攻撃は終了した。

　上空では、RPS＃３のCAPから飛来した航空機の支援を受けたRPPが、６機を撃墜したと報告した。VMF-312のケニス・ロイソン、ヴィクター・アームストロングの両海兵隊中尉はRPS上空でCAPに就いていると、艦艇に向かう九七式戦８機を発見した。アームストロング中尉は２機、ロシソン中尉は１機を撃墜した。

　1910、RPS＃１を航行していた駆逐艦ヴァン・ヴァルケンバーグ（DD-656）は、デイリーを支援するためRPS＃２に向かい、負傷者救護のため、軍医と衛生兵を乗艦させた。

2003、トウィッグス、デイリーは駆逐艦ゲイナード（DD-706）と交代して停泊地に戻った。

［RPS＃10：駆逐艦ブラウン（DD-546）、敷設駆逐艦Ｊ・ウィリアム・ディター（DM-31）］

　４月27日、RPS＃10を哨戒したのは掃海駆逐艦マコーム（DMS-23）、Ｊ・ウィリアム・ディター、ロケット中型揚陸艦LSM（R）-193、-195だった。

　0502、Ｊ・ウィリアム・ディターのレーダーがRPSに接近中の敵味方不明機４機を捉え追尾した。最初の日本軍機がマコームに向かって突入を試み、マコームはこれを艦から50ヤード（46m）後方で撃墜した。マコームとＪ・ウィリアム・ディターはさらに２機に砲火を浴びせ、海面に墜落させた。４機目はとり逃したが、CAP機が撃墜した。

　0929、ブラウンがマコームと交代し、RPS近くで哨戒任務に就いていたCAP機４機を指揮・管制した。1200、大型揚陸支援艇LCS（L）-53がLSM（R）-193と交代した。

　昼間は、沖縄の海兵隊飛行場を発進した４機のCAP機がRPS上空で空中待機していた。別のRPSのCAP機から「敵味方不明機撃墜」との報告があり、RPS＃10上空のCAP機も警戒態勢に就いたが、敵機は現れなかった。

　1805、CAP機が基地に帰投した１時間後、RPSから距離54海里（100km）に九九式艦爆３機が接近しているとの報告があった。九九式艦爆は１時間足らずでRPSから10海里（19km）のところで空中待機し、別の日本軍機も進入して来た。

　1936、ブラウンとＪ・ウィリアム・ディターは突進する日本軍機に砲火を浴びせると、１機は炎に包まれて墜落し、ほかは逃げ去った。

　2055、艦艇は日本軍機６機に対して砲火を開いた。１機がＪ・ウィリアム・ディターの右舷方向から降下して来たので、20mmと40mm機関砲弾を浴びせた。その日本軍機は突進を続け、Ｊ・ウィリアム・ディターの後方を通過しながら旋回して体当たりを試みたが、左舷方向30フィート（9.1m）の海面に墜落した。

　2105、ブラウンに向かって１機が魚雷を投下したが、魚雷は艦の後方を通過した。さらに２機がRPSに接近したが、ブラウンとＪ・ウィリアム・ディターの砲火を浴びた。別の１機はブラウンとLCS（L）-53の間で捕捉され、LCS（L）-53の右舷から30フィート（9.1m）の海面に激突し、同艇に損傷はなかった。最後の日本軍機も複数の艦艇の砲火を浴びて墜落した。

　2153、レーダー・スクリーン上から日本軍機の機影は消えたが、艦艇はそ

のまま哨戒を続けた。

[RPS＃12：駆逐艦ワズワース（DD-516）]

　RPS＃12を哨戒したのはワズワースとロケット中型揚陸艦LSM（R）-190、-192だった。

　4月28日2007、艦艇は攻撃を受けたが、LSM（R）-190が1機を撃墜した。九七式艦攻1機がワズワースの後方から突進して艦の上空を通過しながら機銃掃射し、左にバンクして左舷正横から魚雷を投下したが、これは外れた。この九七式艦攻はワズワースの上空を通過する際、主翼が艦載艇と救命筏に接触し、舷側からわずか10フィート（3.0m）の海面に激突した。ワズワースに損傷はなかったが、危機一髪だった。

　続いて飛来した九七式艦攻1機を左舷前方30フィート（9.1m）で撃ち落とした。2130、2機がRPSに接近したが、ワズワースが1機を撃墜し、もう1機を撃退した。

[RPS＃14：敷設駆逐艦ロバート・H・スミス（DM-23）、駆逐艦バッチ（DD-470）、第323海兵戦闘飛行隊（VMF-323）]

　RPS＃14を哨戒したのはロバート・H・スミス、バッチ、大型揚陸支援艇LCS（L）-62、-64、-83、ロケット中型揚陸艦LSM（R）-196だった。

　4月28日1730、VMF-323は嘉手納から2個編隊を発進させた。ジョージ・アクステル海兵隊少佐は1個編隊を率い、ジョー・マクフェイル海兵隊大尉が1個編隊を率いた。

　VMF-323の編隊はRPS＃14近辺で空中待機すると、すぐに獲物を発見した。アクステル少佐の編隊の中で2機編隊のリーダーを務めるジェリー・オキーフ海兵隊中尉が最初に敵味方不明機を発見した。僚機のデューイ・ダーンフォード少尉とともに目標に向かい、すぐに日本軍機であることをアクステル少佐に連絡した。

　コルセア4機は方向を変えて降下し、5機の九七式戦の背後から襲いかかった。数分で全機を撃墜して、ダーンフォード少尉とオキーフ中尉はそれぞれ2機、アクステル少佐は1機のスコアを記録した。(43)

　バッチから距離6,000ヤード（5,486m）まで接近した屠龍がバッチとCAP機に挟まれ、1836に両方の砲火を浴びて墜落した。RPSのCAP機は日本軍機10機を撃墜し、ほかに何機か不確実撃墜した。

　2150、敵味方不明機2機がRPSに向かっているとの報告があり、バッチがこれに砲火を浴びせた。1機はレーダーから消えたので、見張員はこれを撃

墜したと確信した。2機目は南に逃げ去った。

　RPS＃14の艦艇にとって28日は多忙な一日だった。ロバート・H・スミスは「襲来は42回に達した」と報告した。(44)

　第56任務部隊指揮官バックナー陸軍中将は第10航空軍司令官のムルカイ海兵隊少将に海兵隊パイロットを称える文書を送った。それには次のように記されていた。

　　　沖縄の空から敵機を除き、35機以上の日本軍機を慈悲深い重力に委ねたことで、貴官、隷下部隊とパイロットを推挙したいと考える。(45)

4月29日（日））〜30日（月）

［艦船の追加配置］

　艦艇に今まで以上の支援を行ない、死亡率を減らす努力の一環として、新たに艦艇を配置することが決まった。

　ポイント・ボロからRPS＃3、7、9、10、12までの三分の一の距離の海域に、追加の艦船として中型揚陸艦を配置し、軍医と補給品を載せて曳船と病院船の任務を持たせた。

　さらにポイント・ボロからRPS＃3、7、9、10、12までの三分の二の距離の海域にロケット中型揚陸艦を配置し、軍医を乗艦させて救難船と病院船の任務を持たせた。いずれも指定海域に到着したら、RPSの駆逐艦の指揮下に入った。このため、4月30日から中型揚陸艦LSM-14、-82、-167、-222、-228、-279を第9中型揚陸艦戦隊に配置した。

　これとは別に、RPS＃2、3、4、9、14でロケット中型揚陸艦が駆逐艦の近接支援を継続して行なうことになった。これらの艦艇はLSM（R）-190を除き、軍医は乗艦していなかった。

［RPS＃1：駆逐艦ベニオン（DD-662）、アンメン（DD-527）］

　4月29日、RPS＃1を哨戒したのはベニオンとアンメン、大型揚陸支援艇LCS（L）-23、-31だった。ロケット中型揚陸艦LSM（R）-189は29日から30日までポイント・ボロまでの三分の二の距離の海域で任務に就いた。すぐにRP艦艇が日本軍機の目標になっていることが判明した。アンメンの戦闘報告には次のように記されている。

　　　4月29日から30日にかけての夜、日本から発進した攻撃機がこのRPSだ

けを狙ったことは明らかだった。最初に探知した時から敵機は真っすぐ
こちらにやって来た。東に向かった別の攻撃はすぐ東のRPS（＃２）に向
かい、西に向かった３番目の攻撃は西のRPS（＃14）に向かった。各攻撃
の全機がそれぞれのRPSに向かい、それ以上南にある沖縄島方面には行か
なかった。(46)

　最初の攻撃を30日の0155に発見した。0200、右舷方向から飛来した２機は
アンメンを目標に突入を試みた。アンメンは全速力で運動し、最後の瞬間に
右に急回頭した。２機は艦を通り越して左舷方向距離200ヤード（183m）の
海面に激突した。
　ベニオンに体当たりしようとした別の１機を艦尾のすぐ近くに撃ち落とし
た。艦尾に機体の破片が飛び散り、左舷の救命索を引きちぎった。さらに２
機の日本軍機を駆逐艦の協同射撃で撃墜した。
　アンメンとベニオンは、飛来する日本軍機に砲火を浴びせ続け、撃墜する
か追い払った。襲来した日本軍機のうち１機だけが残った。これがRPS海域
から離脱しようとした時、ベニオンはこれを迎撃するため、夜間戦闘機１機
を誘導した。0315、夜間戦闘機はRPSから南西25海里（46km）で零戦１機
を撃墜した。

［RPS＃２：駆逐艦モリソン（DD-560）、ゲイナード（DD-706）］
　４月29日、RPS＃２を哨戒したのはモリソンとゲイナード、大型揚陸支援
艇LCS（L）-11、-19、-81、-87、-88、-111だった。ポイント・ボロからRPSま
での三分の二の距離で哨戒したのはロケット中型揚陸艦LSM（R）-194で、
そこに29日から30日までとどまった。30日2200、RPS＃２にロケット中型揚
陸艦LSM（R）-191が加わった。
　29日0549、LCS（L）-87が伊平屋島近くを哨戒していると、九九式艦爆が
低空で突進して来るのを発見した。LCS（L）-87は舷側を九九式艦爆に向け
て砲火を浴びせた。40mm機関砲は的確に距離を合わせて左舷方向距離2,000
ヤード（1,829m）で九九式艦爆を撃墜した。この日、近辺でほかの襲来の報
告があったが、RPS＃２には接近しなかった。
　29日から30日にかけての夜、新たに多くの日本軍機が北から飛来した。
0220、ゲイナードは１機に40mm機関砲弾を浴びせた。日本軍機は反転した
が、艦から数海里のところで海面に激突した。
　1051、駆逐艦イングラハム（DD-694）がモリソンから任務を引き継いだ。
モリソンはRPS＃１でベニオン（DD-662）から任務を引き継ぐことになって

いた。

1510、悲劇が起こった。ゲイナードがRPS上空でCAP中だった第311海兵戦闘飛行隊（VMF-311）のコルセアを撃ち落としてしまったのだ。RPS上空を飛行していた2機のCAP中のコルセアは、ほかの2機に任務を引き継いで読谷の基地に戻る命令を受けた。考えられないことに2機は海面上25フィート（7.6m）の低空飛行でゲイナードの右舷後方に接近した。駆逐艦の40mm4連装機関砲がコルセアを日本海軍の艦攻「流星」と間違えて（訳注：流星はコルセアと同様、主翼が正面から見てゆるいW形の逆ガル形状をしている）1機を撃ち落とした。もう1機は基地に戻ったが、穴だらけになっていた。

イングラハムは誤射されたウィリアム・K・オウレット海兵隊中尉の遺体を収容し、水葬の許可を得た。

[RPS＃3：駆逐艦ハドソン（DD-475）、ヴァン・ヴァルケンバーグ（DD-656）]
4月29日、RPS＃3を哨戒したのはハドソンとヴァン・ヴァルケンバーグ、大型揚陸支援艇LCS（L）-18、-52、-110とロケット中型揚陸艦LSM（R）-198だった。RPSまでの三分の二の距離で哨戒したのは大型揚陸支援艇LCS（L）-86だった。4月29日は平穏な一日だった。

30日、ハドソン指揮の下、LCS（L）-18、-52、-110、LSM（R）-198は単縦陣で航行していた。LCS（L）-110の対水上レーダーが飛来する敵味方不明機を距離5海里（9.3km）で探知した。

0300、銀河が左舷後方から飛来し、大型揚陸支援艇3隻が砲火を開き、3隻とも砲弾を命中させた。銀河はRP艦艇の近くに墜落し、大きな爆発音を上げて20分間炎上した。

銀河は、29日夕刻遅くに日本南部の基地から＜沖縄艦船夜間攻撃に出撃し、戦艦又は巡洋艦1隻に魚雷を命中させて撃沈させた8機の銀河＞のうちの1機だった。(47)（訳注：「戦史叢書」では出撃機数は4機になっている）

各機に3人が搭乗して沖縄近海の艦艇を攻撃する任務を帯びていた。翌朝0800、LCS（L）-110の見張員が海面に漂っていた日本軍の生存者を発見して収容した。電信員のカトウヨキレ（訳注：部隊、氏名、階級の特定できず）は生き残った唯一の搭乗員だった。体調はよく、ヴァン・ヴァルケンバーグへ移送後、拘置されて停泊地に向かった。(48)

[RPS＃4：敷設駆逐艦ハリー・F・バウアー（DM-26）]
4月29日、RPS＃4を哨戒したのは、ハリー・F・バウアー、駆逐艦カウエル（DD-547）、大型揚陸支援艇LCS（L）-54、-82、-109だった。RPSまでの

三分の二の距離で単独で哨戒したのはロケット中型揚陸艦LSM（R）-199だった。

4月29日、日本軍は鹿屋から神風特別攻撃隊第5昭和隊など33機の戦闘機を発進させた（訳注：第721航空隊第9建武隊の出撃12機、未帰還10機、筑波航空隊第4筑波隊の出撃6機、未帰還5機、元山航空隊第5七生隊の出撃6機、未帰還4機、谷田部航空隊第5昭和隊の出撃9機、未帰還8機でいずれも零戦）。爆装した各機の目標は沖縄東または南東の米海軍任務部隊だった。そのうちの1機を市島保男少尉が操縦していた。彼はその前週の4月23日に次のように記している。

　　＜わが廿五年の人生も愈々最後が近付いたのだが、自分が明日死んでいく者のような感がせぬ。今や南國の果てに来たり、明日は激烈なる對空砲火を冒し、また戦闘機の目を眩ましつつ敵艦に突入するのだとは思へない＞(49)

だが、市島少尉の部隊の突撃は成功せず、彼は戦死した。鹿屋から発進した部隊の状況は＜機種　爆戦機、発進機数33機、帰投したもの又は突入と認められないもの5機、突入と認められたるもの9機、攻撃目標又は任務　南西諸島東方—南東方機動部隊、戦果不明＞(50) だった。

1635、米軍は襲来を探知し、1650、ハリー・F・バウアーは零戦4機と九九式双軽1機を発見したが、日本軍機は雲に隠れて視界から消えた。

1705、九九式双軽が現れ、ハリー・F・バウアーに突進した。九九式双軽は機体に何発もの砲弾を受け、搭載していた爆弾が爆発し、艦から5,000ヤード（4,572m）の海面に激突してパイロットが機体から放り出された。のちにパラシュートが発見されたが、遺体は見つからなかった。

数分後、零戦1機が右舷正横から飛来した。零戦は胴体とエンジン・カウリングに多くの砲弾を受けた。エンジンが停止し、パイロットはおそらく戦死したようで、機体は横転してハリー・F・バウアーの右舷正横25ヤード（23m）の海面に激突した。

すぐに2機目の零戦が艦に突進して来た。ハリー・F・バウアーの40mm4連装機関砲が砲火を浴びせ、零戦は炎に包まれながら西に向かった。おそらく視程外で墜落したであろう。

ほぼ同時にハリー・F・バウアーを攻撃する3機目の零戦が突進して来た。すべての砲がこれに向かって射撃し、距離2,000ヤード（1,829m）で火を噴いたのを目撃した。ハリー・F・バウアーの見張員は、零戦のパイロットは死亡

して艦の２番煙突の上を通過して左舷方向75ヤード（69m）の海面に激突したと証言している。

　攻撃してきた戦闘機がいずれも機銃を装備していなかったことから、これらは特攻機のようだった。

［RPS＃４：駆逐艦カウエル（DD-547）］

　同時刻、カウエルも攻撃を受けていた。1703、左舷艦首に体当たりしようとした零戦に砲火を浴びせ、艦から1,000ヤード（914m）の海面に激突させた。上空では、CAP機が零戦２機を撃墜した。大型揚陸支援艇は近くを航行していたが、撃ち落とすには離れすぎていた。

　1817、空域から日本軍機がいなくなった。

［４月のRPSの状況］

　RP艦艇にとって４月は悲惨だった。日本軍の襲撃で大きな損害をこうむった。カミカゼ攻撃によりレーダー・ピケットで駆逐艦４隻が沈没し、16隻が損傷した。大型揚陸支援艇は２隻が沈没し、４隻が体当たりを受けた。さらに４隻の掃海駆逐艦と１隻のロケット中型揚陸艦が攻撃で損傷した。艦艇の人的損害も大きく、計416人が戦死し、529人が負傷した。

　どんなに警戒していても、RP艦艇とCAP機ですべての日本軍機の攻撃を防ぐことはできなかった。

　４月の最後の２週間、RP艦艇のほかに13隻が体当たりを受け、この中には戦死者10人、負傷者87人の被害を出した空母イントレピッド（CV-11）も含まれている。(51)

［朝鮮の飛行場状況］

　４月29日、日本陸軍の飛行第90戦隊から飛来した九九式双軽１機が沖縄に墜落した。機体の残骸から回収したものの中に、朝鮮の群山飛行場を後方基地として運用していたことを示す３種類の命令を記した書類が発見された。以前の命令では飛行第16、第90戦隊が群山を使用することになっていたが、この部隊の航空機は群山から九州の福岡に飛行することになっていた。そこから新田原に前方展開して沖縄に向かった。帰路は新田原経由で朝鮮の基地に戻ることになっていた。(52)

［RPSの日常生活］

　戦いに疲れた兵士は消耗していたにもかかわらず、日課の業務をこなし

た。総員配置が常に発令され、1日24時間、死の縁に立たされていることから、極度の緊張を感じるようになってきた。大型揚陸支援艇LCS（L）-118の射撃員のアール・ブラントン三等兵曹は次のように回顧している。

　21日間、服を脱がなかった。とても眠くて、立っていられなかった。実際、立っていると膝がカクッときて転びそうになるので、倒れないように何かにつかまっていた。目を覚ませておくためにいろいろなことをした。それはひどいものだった。朝4時から翌朝4時まで勤務するので、時間は大した意味がなかった。服を着替えることに頭を悩ますような時間もなかった。常に襲来があり、いつも総員配置の状態だった。後部機関砲の配置に就いていた。いつも両舷のエンジン排気口からディーゼル発電機とエンジンの排気と煙が出ていて、艦の後甲板を覆っていた。(53)

第5章 死んだ者がいちばん幸せだった

5月の概況

　悪天候のため、5月は戦闘空中哨戒（CAP）とレーダー・ピケット・パトロール（RPP）任務の飛行が困難だった。第311海兵戦闘飛行隊（VMF-311）隊長のP・L・シュマン少佐は次のように報告した。

　　5月は、最も経験豊かなパイロットにとっても非常に危険な気象状況が続いていた。風速は地上で30ノット（15m/秒）、上空では80ノット（41m/秒）にもなり、北西から北を除くあらゆる方向から吹いていた。1日の四分の一は雲高が1,000フィート（305m）以下で、視程が悪く雲高が100フィート（30.5m）以下で激しい雨の中の着陸も多かった。気象隊が計測した月間降水量は14インチ（355mm）で、そのうち7.5インチ（191mm）は月末の5日間に降ったものだった。このような環境で航空作戦を継続するのが困難であることは容易に想像できる。(1)

　悪天候時は、いつも発令される総員配置と日本軍機の攻撃がないので、レーダー・ピケット・ステーション（RPS）の艦艇は歓迎した。5月の最初の2日間はRPSの艦艇に攻撃を仕掛けてくる日本軍機はなかった。しかし、これは差し迫っている菊水5号作戦の開始までのつかの間の休息だった。

5月3日（木）～4日（金）

[菊水5号作戦]
　菊水5号作戦は5月3日に始まり5月4日に終わった。これには海軍から75機、陸軍から50の計125機の特攻機が参加し、ほかに通常任務の護衛機と攻撃機があった。
　この大規模攻撃は、沖縄を守備する日本陸軍第32軍の地上反攻と同時に行なう予定だった。第32軍は＜五月一日第三十二軍より五月四日を期して攻勢

に轉ずる旨の通報あり而して航空部隊の之迄の協力を謝し特に今回の攻勢移轉に關し航空部隊に對する希望として地上部隊の苦痛とする敵艦砲射撃部隊の攻撃竝に海岸附近敵軍需品集積所の爆砕を要求＞した。(2)

日本陸海軍は＜戰艦に對しては我が輕機種の特攻機を以てしては計算上及實際に於て威力なきこと明らかなるも其の切なる希望を考慮し（中略）第三十二軍地上部隊の行動する方面の沿岸に存在する敵艦を極力求めて攻撃せしむる如く命令し（中略）又第三十二軍は其の運命を賭する攻勢移轉に方り陸軍航空部隊の緊密なる地上作戰直接協力を欲しあるべきは軍に於ても十二分に之を推察し得たるも沖繩敵航空基地の活動に依り晝間の沖繩上空行動は不可能なるを以て第三十二軍の要求する海岸附近敵後方軍需品集積所を攻撃前夜重爆隊を以て爆撃するに止まらざるを得ざりき＞と考えた。(3)

沖縄の米軍艦艇と兵士は幸運だった。米軍情報部隊は、多くの無線通信を傍受して菊水5号作戦の開始日を5月4日と突き止めた。この情報は日本軍機が5月3日の夕刻に現れたことで確度が高まり、日本軍が翌日の攻撃に備えて艦艇の位置を正確に把握しようとしていることを示していた。

日本軍航空部隊を阻止するため、第21爆撃集団はB-29で知覧、指宿、鹿屋、笠野原、国分、松山西、宮崎、大分、大村、佐伯、大刀洗、種子島、富高を爆撃した。

4月30日と5月3日から5日にかけて計225機の爆撃機が飛行場を攻撃した。(4)

米海軍保安群の記録は次のように記している。

朝の「青」軍の航空攻撃で、九州の基地で菊水5号作戦の開始を待っている多くの機体を攻撃した。この攻撃により、九州から美保、広島などの本州西部のより安全な基地に多くの機体が移動することになった。午後、これらの機体は所属する基地に戻り、B-29の攻撃と遭遇した。(5)

［RPS＃1：駆逐艦モリソン（DD-560）、イングラハム（DD-694）］

5月3日、RPS＃1を哨戒したのはモリソンとイングラハム、大型揚陸支援艇LCS（L）-21、-23、-31、ロケット中型揚陸艦LSM（R）-194だった。

3日朝はまだ少し曇り空だったが、昼には晴天になった。敵味方不明機が午後の遅い時間から現れ始めた。1600、モリソンはCAP機を高々度で接近して来た百式司偵2機の迎撃に向かわせ、2機とも撃墜させた。3日は夕方まで敵味方不明機が空域に現れたが、艦艇の砲火の射程範囲内には近づかなかった。

5月4日0150、日本軍機1機が低高度でイングラハムに攻撃してきたが、投下した爆弾は外れ、日本軍機は無傷で逃げ去った。それから夜明けまで、空域では複数の日本軍機が報告されたが、交戦できるほど接近した機体はなかった。

　0540、12機のCAP機がRPSに到着した。0715、モリソンが距離45海里（83km）で敵味方不明機1機を探知して、コルセアの1個編隊を迎撃に向かわせて、隼1機を撃墜した。

　それから1分もしないうちに九九式艦爆1機をレーダーで探知し、CAPに就いている別の1個編隊をそちらに向かわせた。最初、九九式艦爆はCAP機から逃げていた。コルセア4機に追われながらもモリソンの左舷正横に現れて体当たり攻撃を図ったが、モリソンの上空を通過した際に、モリソンとCAP機から命中弾を受け、38口径5インチ単装砲の2番砲塔をかすめて艦の後方20フィート（6.1m）の海面に墜落した。

　同じ頃、PBMマリナー飛行艇が燃料切れで、近くに着水した。2機のPBMマリナーが上空で旋回して着水した機体を掩護した。

　0732、別の敵味方不明機が現れ、モリソンはCAP機を迎撃のために誘導すると、数分もしないうちに空中戦が始まった。駆逐艦は遠くからCAP機が屠龍および九九式艦爆を撃退するのを視認できた。

　日本軍機1機が上空を旋回していたPBMマリナー2機を攻撃してきたが、PBMマリナーはこれを撃墜した。

　CAP機は別の日本軍機1機をイングラハムの射程内に追い込むと、日本軍機はその右舷方向に墜落した。CAP機はさらに多くの日本軍機を撃墜した。

　0742、イングラハムがPBMマリナーの搭乗員を救助するため着水地点に向かっていると、零戦1機が攻撃してきたが、イングラハムと上空で警戒中だったPBMマリナーが砲火を浴びせて撃墜した。

［RPS＃1：第9戦闘飛行隊（VF-9）］

　RPS＃1の上空では、沖縄作戦で最も大規模な空中戦の1つが展開されていた。

　上空を飛行していたCAP機は、空母ヨークタウン（CV-10）を発艦した海軍VF-9の6個編隊のヘルキャットだった。

　最初の3個編隊はユージン・A・ヴァレンシア大尉が指揮し、0510に発艦した。ヴァレンシア大尉はラバウル、タラワ、トラックの戦いで7機撃墜し、すでにエースになっていた。彼の編隊のハリス・E・ミッチェル、ジェームズ・B・フレンチ、クリントン・L・スミス各中尉も同様にベテランの戦闘機パ

イロットだった。

　沖縄作戦の数週間前に「フライング・サーカス」として知られるようになったヴァレンシア大尉の編隊は、日本軍機14機を撃墜、3機を不確実撃墜した。彼らの任務は、日本の南部から飛来する日本軍機の経路上のRPS＃1を防禦することだった。

　RPSに3個編隊が到着すると、モリソン（DD-560）の戦闘機指揮・管制士官はそれぞれ異なる高度で空中待機するよう誘導した。ヴァレンシア大尉の1個編隊は高度20,000フィート（6,096m）、コルドウェル中尉の1個編隊は高度12,000フィート（3,658m）、バート・エカード大尉の1個編隊は高度8,000フィート（2,438m）だった。

RPS＃1上空での大規模空中戦の編隊リーダーの1人、VF-9のユージン・A・ヴァレンシア大尉。1945年5月19日、グアムで撮影（Photo by J.G.Mull PhoM3/c.NARA 80G 329441）

　0715、ヴァレンシア大尉の編隊は高度8,000フィート（2,438m）に降下し、エカード大尉の編隊は高度20,000フィート（6,096m）に上昇するよう命令された。数分後、コルドウェル中尉とエカード大尉の各1個編隊は飛来する敵味方不明機を捜索するため、北に誘導されたが、何も発見できず、艦艇の上空に戻った。

　0800、ヴァレンシア大尉の編隊が高度を下げていると、艦艇に突進する疾風と百式司偵各1機を発見した。ヴァレンシア大尉は疾風の後方に占位して操縦席に向けて2連射した。疾風は炎に包まれ、海面に墜落した。同じ頃、僚機のミッチェル中尉は百式司偵の後方に占位して、右主翼に命中弾を浴びせると、百式司偵は左に横転した。さらに両翼に命中弾を浴びせると、百式司偵は炎に包まれて墜落した。

　数分後、北の方向に高度3,000フィート（914m）から高度50フィート（15m）の間に日本軍機の大編隊を発見したので空中戦が始まった。ヴァレンシア大尉とミッチェル中尉は、RP艦艇に向かう九九式艦爆5機を迎撃し、ヴァレンシア大尉は先頭の九九式艦爆の胴体の端から端まで銃弾を浴びせ、爆発させて火の玉にした。

一方、ミッチェル中尉は高度1,200フィート（366m）で疾風の後方に占位し、1連射で疾風の両翼を炎で包み、海面に激突させた。ミッチェル中尉は駆逐艦に向かう2機目の疾風を眼下に発見し、2連射を浴びせてエンジンと胴体に命中させた。疾風のパイロットは損傷をものともせず針路を維持したが、駆逐艦からわずかに外れて上空を通過すると機体は海中で爆発した。

　ヴァレンシア大尉は駆逐艦の後方で別の疾風を見つけた。そのうちの1機は爆弾を投下すると駆逐艦に機銃掃射し、上昇反転して武装小型艦艇に向かった。ヴァレンシア大尉が疾風を追うと、反撃してきたので、それを捕捉した。疾風はエンジンと胴体に被弾して火を噴き、回転して海面に激突した。

　続いて、ヴァレンシア大尉は九七式戦1機を発見して接近したが、弾薬を使い果たしていることに気づいた。幸い、別の飛行隊のコルセアが好位置にいたので、ヴァレンシア大尉は彼らを九七式戦に誘導すると、コルセアはすぐにこれを撃墜した。

　ヴァレンシア大尉の編隊のほかのパイロットも同じように多忙だった。ジェームズ・B・フレンチ中尉は駆逐艦に向かっていた隼1機に追いついて後方に占位した。隼はヘルキャットを追い越させようとして車輪を出したのでフレンチ中尉も同じ方法で減速し、隼に一撃を浴びせた。隼が駆逐艦上空を通り過ぎると、大きな火の玉になったため、これを避けた。

　疾風を撃墜したフレンチ中尉は上空でスミス中尉、ヴァレンシア大尉と合流すると、RPSから10海里（19km）の位置で九七式戦1機を発見した。フレンチ中尉の僚機2機がこれを追い越したので、フレンチ中尉が九七式戦を撃墜し、直後に別の日本軍機の撃墜も支援した。

　編隊4機の中で最後に日本軍機を撃墜したのはクリントン・L・スミス中尉だった。彼は駆逐艦に爆撃進入していた疾風1機を発見するとこれを追い、エンジンと胴体に命中弾を浴びせた。

　10分後、スミス中尉は駆逐艦に突入しようとする彗星を発見した。スミス中尉は彗星が駆逐艦の射程内に入った時に追いつき、彗星は艦艇とヘルキャットの砲火を浴び、炎を上げて海面に墜落した。スミス中尉は一気に機体を引き起こすと速度を上げて、友軍誤射をかろうじて避けた。

　ヴァレンシア大尉は空母ヨークタウンに帰投するため編隊を組み直したが、燃料不足のため読谷に着陸せざるを得なかった。スミス中尉のヘルキャットの残燃料は10ガロン（37.8ℓ）だった。編隊は給油の後、ヨークタウンに帰投した。

　5月4日、RPS＃1の上空で戦ったのはヴァレンシア大尉の1個編隊だけではなかった。バート・エカード大尉が率いるVF-9の別の1個編隊は、戦闘

機指揮・管制士官から適切なタイミングまで待機するよう指示され、その後、九九式艦爆を迎撃するため高度700フィート（213m）まで降下するよう誘導され、エカード大尉がこれを撃墜した。

僚機のエメット・B・ローレンス中尉は別の九九式艦爆の後方に占位し、連射を右翼に命中させると、九九式艦爆は火を噴いて海面に墜落した。

高度20,000フィート（6,096m）で空中待機をしていたコルドウェル中尉の率いる1個編隊は、空中戦が終盤に近づくにつれ、高度10,000フィート（3,048m）に降下した。ポール・A・アンダーセン少尉はイングラハムに向かっていた零戦1機の後方に急上昇して接近すると、エンジンと主翼に銃火を浴びせた。主翼タンクの燃料が発火して、0833に零戦はLCS（L）-31の近くに墜落した。

コルドウェル中尉の編隊のセオドア・M・スメイヤー少尉は根気強く零戦1機を追って2回突進して、エンジンに3連射を命中させて海面に落とした。スメイヤー少尉は零戦を撃墜した際に、脇をすり抜けた別の日本軍機から何発か被弾した。マーチン・ラリー少尉は疾風1機の横腹にほかの米軍機と同時に銃弾を撃ち込んで撃墜した。そのため、ラリー少尉の撃墜スコアは0.25機だった。

0630、RPS＃1のCAPのため、空母ヨークタウンはVF-9からヘルキャットの3個編隊を発艦させた。これを率いるのはフランガー、エドワード・C・マクゴーワン、クッスマン各大尉だった。

0730、RPS＃1上空に到着して空中待機に就き、0750、クッスマン大尉とフランガー大尉の編隊はRPS＃14の艦艇を防禦するため、北に誘導を受けた。

マクゴーワン大尉の1個編隊はRPS＃1の上空でヴァレンシア大尉の1個編隊に合流した。0845、マクゴーワン大尉が高度4,000フィート（1,219m）で飛行していると、1,000フィート（305m）下を駆逐艦イングラハム（DD-694）に向かう鍾馗1機を発見した。マクゴーワン大尉は急降下して鍾馗の後方に占位してその胴体と操縦席に2連射を浴びせた。鍾馗は炎に包まれ、海面に落下した。

数分後、マクゴーワン大尉は高度300フィート（91m）でRP艦艇に向かっている隼に追いついた。右に急旋回する隼の後方にマクゴーワン大尉が占位して、激しく銃弾を撃ち込むと数分で隼は海面に激突した。大尉の視界を別の隼が横切ったので何発か銃弾を浴びせたが、逃げられた。しかし、最後にはこの隼も別の米軍機に撃ち落とされた。

RPS＃1上空のVF-9の編隊は、疾風7機、九九式艦爆6機、隼5機、零戦3機、百式司偵、九七式戦、彗星、飛龍、鍾馗各1機の計26機を撃墜した。

ヴァレンシア大尉は3.5機、ミッチェル、フレンチ両中尉は各３機、スミス中尉とマクゴーワン大尉は各２機を撃墜した。エカード大尉、ローレンス、レイナー、スメーヒューゼン、ヤング各中尉、アンダーセン、スレッジ、アイザックソン、スメイヤー、ダロー各少尉はそれぞれ１機を撃墜した。(6)

［RPS＃１：駆逐艦モリソン（DD-560）］

　５月４日、モリソンが襲来する日本軍機の規模を報告すると、１時間もしないうちに９個編隊がRPS上空に到着し、48機のコルセアとヘルキャットが集結した。

　各編隊は迎撃するため誘導を受けると、まもなくRPS上空に日本軍機が現れ、空中戦が始まると周辺は混乱した。戦闘が激しくなると、パイロットたちの交信で無線がいっぱいになり、モリソンと戦闘機の通信は途絶えたが、モリソンが数える限り13機の日本軍機を撃墜した。

　燃料切れでモリソンの近くに不時着水していたPBMマリナー飛行艇はまだ危機を脱していなかった。１機の九九式艦爆がPBMマリナーを目標にしたが、４機のコルセアに追いかけられ、攻撃針路を変更した。まず上空を旋回していた別のPBMマリナーを攻撃し、それからモリソンに向けて旋回した。

　0745、九九式艦爆はCAP機とモリソンの砲火を受けて、モリソンから2,500ヤード（2,286m）の海面に墜落した。

　0810、別の九九式艦爆がコルセアに追われながらモリソンに向かっていた。九九式艦爆は機銃掃射しながら左舷方向から突進すると、艦橋をかすめて艦に軽微な損傷を与えて、右舷から25ヤード（23m）の海面に激突した。

　RPSの艦艇は日本軍機を射撃する際は独自に対応しなくてはならなかった。日本軍機の多くは空中戦をしたり、CAP機に追われていたので、友軍機を誤射しないように注意した。

［伊江島：第323海兵戦闘飛行隊（VMF-323）］

　５月４日、0730に嘉手納を離陸したVMF-323の４個編隊のうち、２個編隊のコルセアが伊江島上空で待機するよう指示され、ほどなく１個編隊は艦艇の掩護に向かった。

　伊江島上空に残った１個編隊はジョー・マクフェイル海兵隊大尉が率い、僚機はワレン・ベストウイック海兵隊少尉、それとジョン・W・ラッシャム海兵隊中尉と彼の僚機のボブ・ウェイド海兵隊中尉だった。

　伊江島上空で４機のコルセアは九七式戦１機を発見して追跡した。ラッシャム中尉は速度を出しすぎて九七式戦を追い越してしまったが、マクフェイ

ル大尉は適切な角度で接近して九七式戦に命中弾を与えた。九七式戦は横転して、炎に包まれて海面に激突した。

　ベストウイック少尉の機体のエンジンが不調になり、嘉手納に帰投することになった。マクフェイル大尉は僚機が安全に着陸したら戻ると伝え、護衛を務めた。

［RPS＃１：第323海兵戦闘飛行隊（VMF-323）］

　同じ頃、ラッシャム海兵隊中尉とウェイド海兵隊中尉は、駆逐艦モリソン（DD-560）が体当たり攻撃されて炎上しているRPS＃１に接近した。そこでは複数の九九式艦爆がRP艦艇を威嚇し、攻撃を仕掛けていた。

　ラッシャム中尉は一連射で九九式艦爆の右主翼の一部を切り裂き、炎上させて海面に墜落させた。続いて２機目の九九式艦爆が視界に入り、すぐにこれも撃墜した。

　一方、ウェイド中尉は九九式艦爆１機を撃墜すると、ラッシャム中尉に合流した。２人は協力して、ラッシャム中尉の射撃を逃れた九七式戦をウェイド中尉の射界に追い込んだ。ウェイド中尉は操縦席を狙って連射したので、パイロットは明らかに死亡し、海面に激突した。

　別の九九式艦爆は後方に占位したラッシャム中尉の一連射で炎上し、ウェイド中尉がとどめを刺そうとする前に爆発した。

　ラッシャム中尉は別の九九式艦爆を海面すれすれまで追い詰め、命中弾を何発か与えたが、弾薬が尽きた。ウェイド中尉も射撃を加えながら九九式艦爆を追ったが、同様に弾薬を使い果たした。２機のコルセアから逃げようとして九九式艦爆は急旋回したが、海面に近すぎたため、主翼端が海面に触れて海に激突した。

　弾薬を撃ち尽くしたラッシャム中尉とウェイド中尉は嘉手納に帰投した。その日、ラッシャム中尉は九九式艦爆４機を撃墜し、ほかに３機を撃破してVMF-323の中で最大の撃墜機数を挙げた。(7)

［RPS＃１：駆逐艦モリソン（DD-560）、第224海兵戦闘飛行隊（VMF-224）］

　読谷からの海兵隊機も戦闘に参加した。

　５月４日、0810、北方に誘導されたVMF-224のコルセア９機が戦闘に加わり、VMF-224はその日の終わりまでに日本軍機10機を撃墜した。

　0815、ラッシュフェルド海兵隊中尉が高度50フィート（15m）でRPSに突進して来る九九式艦爆を撃墜した。

　0825、モリソンは再び目標になった。１個編隊のコルセアに追われていた

零戦１機が、突進中にモリソンに向かって機銃掃射を加えた。コルセアと艦はこの零戦に対して射撃し、艦の右舷50ヤード（46m）の海面に激突させた。

　突然、モリソンの上空、高度6,000フィート（1,829m）で空中待機していた零戦２機が急上昇反転して、太陽の影から抜け出してモリソンに向かって突入して来た。零戦は高度50フィート（15m）で水平飛行に移って、モリソンに対して最後の突入を行なった。２機はCAP機に追われ、また艦の砲火を浴びたが、２機ともモリソンへの体当たりに成功した。１機目は１番煙突の付け根に命中して、爆弾が爆発した。２機目は38口径５インチ単装砲３番砲塔近くの甲板に衝突した。

　モリソンはカミカゼ２機の体当たりで大きな損傷を受けた。艦の１番ボイラーが爆発し、艦橋は大きな損傷を受け、艦前部の電力と照明が使用できなくなり、後部機械室近くの右舷防弾板は前部機械室のそれと同様に裂けた。艦内の各所で火災が発生した。

　ほかの日本軍機もモリソンにとどめを刺そうと飛来した。VMF-224のF・P・ウエルディ海兵隊中尉と僚機のC・K・ジャクソン海兵隊少尉が、右舷方向からモリソンに突入しようとしている複葉双浮舟（フロート）九五式水偵６機を発見した。この６機は、その日の早朝に指宿を発った28機の一部だった（８機が帰投）（訳注：北浦航空隊第１魁隊と詫間航空隊琴平水心隊の複葉単浮舟水上機九四式水偵と単葉双浮舟水上機零式水上偵察機〔零式水偵〕が指宿から28機出撃して18機〔資料によっては19機〕が未帰還になっているが、九五式水偵〔実際は複葉単浮舟〕は出撃していない。九四式水偵を九五式水偵と誤認したのであろう）。機速が遅く低高度を飛行するので、速度の速いCAP機が迎撃するのは困難だった。

　ジャクソン少尉は九五式水偵１機を撃墜してから別の１機に向かい、それも撃墜した。ウエルディ中尉の射撃を受けた九五式水偵１機はそのままモリソンを目指して飛行を続けた。九五式水偵の機体や翼は木製羽布張りなので、艦載砲の榴弾は爆発しなかった。

　0834、九五式水偵はモリソンの38口径５インチ単装砲３番砲塔に体当たりして、給弾薬室の弾薬を発火させて大爆発を起こした。２機目の九五式水偵は後方に占位するコルセアをやり過ごすため、モリソンの後部500ヤード（457m）の航跡に着水し、タッチ・アンド・ゴー（着水・離水）を繰り返し、低高度から38口径５インチ単装砲４番砲塔に体当たりした。この突入で爆弾が爆発し、これがモリソンの致命傷となった。艦のさまざまな区画に海水が流れ込み、モリソンは右に傾き、艦尾から650ヤード（594m）の海底に沈んだ。152人の乗組員が艦と運命をともにした。

モリソンが沈没したので、1318に駆逐艦スプロストン（DD-577）がRPSに接近してRPS＃1の指揮・管制を引き継ぎ、その後、駆逐艦ニコルソン（DD-442）と大型揚陸支援艇LCS（L）-23が任務に就いた。

［RPS＃1：第224海兵戦闘飛行隊（VMF-224）］

駆逐艦モリソンが攻撃を受けているのとほぼ同じ頃、VMF-224の別の編隊がRPSの南で九九式艦爆、九七式戦、零戦の計8機と交戦していた。ハモンド海兵隊少佐が九九式艦爆2機、僚機のM・M・ヴァン・サルター海兵隊少尉が九七式戦1機を撃墜した。

約15分後の0830、J・H・キャロル海兵隊大尉とフランクリン、M・S・ブリストウ、T・A・グリビンの各海兵隊少尉はRP艦艇に向かう零戦5機を攻撃した。キャロル大尉が最初に撃墜し、ブリストウ少尉は別の零戦の操縦席に命中弾を浴びせた。グリビン海兵隊少尉は駆逐艦イングラハム（DD-694）の対空砲火をかいくぐりながら零戦を追い詰め、イングラハムから200ヤード（183m）の海面に激突させた。グリビン少尉はこの戦果で海軍十字章を授与された。

［RPS＃1：ロケット中型揚陸艦LSM（R）-194、第9戦闘飛行隊（VF-9）］

5月4日、0832、LSM（R）-194が3隻の大型揚陸支援艇とともに単縦陣で航行していると、この内の1隻のLCS（L）-21が日本軍機3機の攻撃を受けた。同艇は日本軍機に砲火を浴びせたが、3機はそのまま突進を続けた。艇は最終的に直撃をまぬがれたが、日本軍機がかすめたのでわずかに損傷し、小規模の火災が発生したが、すぐに消し止められた。

0833、VF-9のマクゴーワン大尉とレイナー中尉は、LCS（L）-21に体当たり攻撃をしようとしている九九式艦爆1機の後方に占位し、マクゴーワン大尉が何発か射撃した。ところが、コルセアがマクゴーワン大尉のヘルキャットを九九式艦爆と見誤って数発の銃弾を浴びせてきた。射撃を受けたマクゴーワン大尉は九九式艦爆の追跡を諦めざるを得なかった。その九九式艦爆はLCS（L）-21とLSM（R）-194から繰り返し射撃を受け、急に針路から外れて、0838にLSM（R）-194の艦尾に激突した。

火災がLSM（R）-194の後部の舵取機室と機械室を包み、ボイラーが爆発した。爆弾は艦の喫水線部を裂き、消火/スプリンクラー・システムが機能しなくなった。数分後、LSM（R）-194は艦尾から沈み始め、40mm機関砲砲手を除く全員に離艦命令が発せられた。乗組員が離艦すると最後に砲手と艦長が離艦し、艦は海中に沈んだ。

上空では、レイナー中尉とマクゴーワン大尉が隼1機を追跡していた。ヤング中尉とダロー少尉は別の2機を追跡して撃墜した。ほぼ同時刻の0840、LCS（L）-21は接近する零式観測機（零式水上観測機）に砲火を浴びせて海面に落とした。

　その後、LCS（L）-21はLSM（R）-194が沈没した海域に救助に向かった。海中でLSM（R）-194の弾薬が爆発した。LCS（L）-21は沈没した場所から数百ヤードのところにいたので、爆発により若干の損傷をこうむった。

　LCS（L）-21は49人、LCS（L）-23は20人の生存者を救助した。その後、哨戒救難護衛艇PCE（R）-851が到着してLCS（L）-23から負傷者を移送すると停泊地に戻った。

［RPS＃1：大型揚陸支援艇LCS（L）-21］

　5月4日、LCS（L）-21は水平線上に別の日本軍水上機の編隊を発見した。CAP機に警告するために40mm機関砲を日本軍機の方向に向けて発射した。CAP機は水上機を発見すると全機を撃墜した。

　0940、LCS（L）-21は駆逐艦モリソン（DD-560）の生存者を救助するため現場に向かった。戦後、LCS（L）-21の射撃員のW・H・スタンレイ兵曹が救助の状況を次のように語っている。

　　生存者がいるのに驚いた。皆ありとあらゆる傷と火傷を負っていた。足首を吹き飛ばされている者を引き上げるのを手伝った。彼を甲板に横たわらせると内臓が流れ出たので、彼の脚を押し込んでそれをせき止めた。次にもう1人を引き上げようとした。彼は顔を下にして浮いていたので死亡しているのはわかっていた。救命胴衣をつかんで引き上げると、顔が吹き飛ばされていた。[8]

　LCS（L）-21に救助されたモリソンの生存者は計187人で、そのうち108人が負傷していた。LCS（L）-21はLSM（R）-194の生存者も収容していたので、上甲板、下甲板とも負傷者で溢れていた。その後、LCS（L）-21は負傷者後送のため停泊地に向かった。

［RPS＃1：駆逐艦イングラハム（DD-694）］

　5月4日0822、イングラハムは日本軍の攻撃に見舞われた。九九式艦爆1機を右舷前方に発見して38口径5インチ連装砲でこれを撃墜した。

　0823、ヘルキャットに追われながらイングラハムに向かって来た一式陸攻

を艦載砲で艦尾から50ヤード（46m）の海面に落とした。一式陸攻が海面に激突すると、その破片がイングラハムに当たり、プロペラの1翅が甲板に穴を開けた。

イングラハムは別の日本軍機に対して射撃すると、これは針路を変えて大型揚陸支援艇LCS（L）-31近くの海面に激突した。

0833、CAP機とイングラハムの射手は別の日本軍機1機を片付けた。すぐに複葉水上機が艦艇の近くに現れ、1機はイングラハムの近くに着水した。ヘルキャットがこれを仕留めた。

0838から0840にかけて戦闘が激化し、駆逐艦モリソン（DD-560）とロケット中型揚陸艦LSM（R）-194が沈没したので、日本軍は攻撃をイングラハムに集中した。

イングラハムは短時間のうちに4機を撃墜したが、5機目がイングラハムの左舷喫水線に体当たりした。前部機械室で爆弾が爆発して、1番ボイラーを損傷させた。前部38口径5インチ連装砲の動力と方位盤が使用不能になった。(9)

激突したのは、4日の朝、南九州の都城から飛来した零戦でパイロットは、ホリモトカンイチだった。（訳注：都城から発進しているので、零戦は機種誤認。この日都城東から第60振武隊が疾風で発進した。同隊に堀元官一伍長が所属しているが、出撃日は5月4日と11日の二説ある）

［RPS＃1：大型揚陸支援艇LCS（L）-31］

LCS（L）-31の戦いも激しいものだった。

5月4日0822、艇の左舷正横から零戦が体当たりしようと突進して来た。零戦は接近中、何度も艇の20mと40m機関砲の命中弾を浴びた。左主翼が吹き飛ばされ、艇の司令塔の上を飛んでいった。零戦は主翼で軍艦旗用掲旗線を切断して、LCS（L）-31の右舷から10フィート（3.0m）の海面に激突した。

2機目の零戦が左舷方向から飛来した。これも何発も命中弾を受け、右主翼が司令塔と前部40mm連装機関砲の間に当たって2人を戦死、1人を負傷させた。右主翼は操舵室に2×6フィート（0.6×1.8m）の穴を開けて右舷20mm機関砲を破壊した。胴体はLCS（L）-31を横切った後、海中で爆発して、さらに3人が戦死、1人が負傷した。

0832、LCS（L）-31は突進して来た零戦1機を撃墜したが、その直後に九九式艦爆1機の体当たりを受けた。九九式艦爆は司令塔後方の甲板を横切って体当たりした。ガソリンが甲板上にまき散らされ、小さな火災がいくつも

発生した。体当たりの衝撃で後部40mm機関砲の方位盤支筒がなぎ倒され、左舷20mm単装機関砲も破壊された。

　これらの攻撃でLCS（L）-31は、火砲の多くが損傷を受けるか使用不能になった。それでも駆逐艦イングラハム（DD-694）に向かう別の零戦を撃墜しようとしていた。その零戦はLCS（L）-31の右舷後部20mm単装機関砲の命中弾を受けてイングラハムから25ヤード（23m）の海面に墜落した。6機目はLCS（L）-31の40mm機関砲弾を受けて、艦尾から距離1,500ヤード（1372m）に落下した。戦闘の間、LCS（L）-31はCAP機が14機の複葉水上機を撃墜するのを確認していた。後日これは零式水上観測機と判明した。（訳注：この日、零式水上観測機は出撃しておらず、複葉水上機九四式水偵を誤認している）

　イングラハムの推定では、40機から50機の日本軍機がRPS＃1に攻撃をかけてきた。艦艇の対空砲火が19機ほど、ほかにCAP機が25機を撃墜した。LCS（L）-31の腕のよい射手は6機を撃墜した。

　生存者を乗せたLCS（L）-31は停泊地に戻るよう命令を受けた。

　カミカゼの攻撃を受けて得るものは何もないが、LCS（L）-31はそれに見合うものを手に入れた。LCS（L）-31は大統領部隊感状を、艇長のケニス・F・マチェセック中尉は銀星章をそれぞれ授与された。

　艦首の40mm単装機関砲が攻撃で吹き飛ばされたLCS（L）-31は、慶良間諸島でこれを修理する命令を受け、修理不能の別の大型揚陸支援艇から部品を取る許可を得た。

　その結果、LCS（L）-31は40mm単装機関砲を修理不能艦の艦尾にあった40mm連装機関砲に換装したので、RP任務に就いている艇の中で最も強力な大型揚陸支援艇になった。40mm単装機関砲は一時的なもので、前方砲座には方位盤と40mm連装機関砲用の配線が設置済みだったので、換装は容易だった。

［RPS＃1：駆逐艦イングラハム（DD-694）］

　5月4日、イングラハムの損傷は大きかった。1230、艦隊随伴航洋曳船パカナ（ATF-108）が到着した時、イングラハムの艦首は海面に隠れそうだった。パカナはイングラハムを曳航して、1900に慶良間諸島に到着した。

　高速輸送艦クレムソン（APD-31）が生存者救助支援のためにRPSに向かう命令を受けた。クレムソンは大型揚陸支援艇LCS（L）-31から戦死者7人、負傷者7人を移乗させると、付近の海域を捜索して、モリソンの乗組員3人と日本軍パイロット1人の遺体をそれぞれ収容した。

LCS（L）-31の負傷者は重傷だったので、クレムソンは渡具知に戻り、そこで病院船マーシー（AH-8）とサラス（AH-5）の2隻に移送した。

　哨戒救難護衛艇PCE（R）-851も現場に到着し、36人の負傷者を収容した。

[RPS＃2：駆逐艦ロウリー（DD-770）、マッシイ（DD-778）、第23戦闘飛行隊（VF-23）]

　5月3日、RPS＃2を哨戒したのはロウリーとマッシイ、大型揚陸支援艇LCS（L）-11、-19、-87、ロケット中型揚陸艦LSM（R）-191だった。

　軽空母ラングレー（CVL-27）を発艦したVF-23のレスリー・H・ケア,Jr.大尉は、高度27,000フィート（8,230m）で、RPSの上空で偵察中の百式司偵を発見した。ケア大尉は「乗機のF6F-5ヘルキャットを引き起こし、百式司偵の後方に占位して一連射で250発を命中」させて撃墜した。(10)　時刻は1618だった。

　5月4日未明の0224、マッシイは日本軍機に射撃を加えて撃退した。

　0736、ロウリーが日本軍機の襲来を探知し、0833、日本軍機1機に対して射撃し、マッシイの近くに撃墜した。2機目がロウリーに突進して来た。真っすぐ艦尾に向かって来たが、艦橋に体当たりしようとして急上昇反転した。しかし、パイロットは目標を外した。右主翼が38口径5インチ連装砲の3番砲塔にぶつかったが、胴体はその衝撃で放り上げられ、艦の上部構造物を越えて左舷中央部横の海面に激突した。その衝撃と爆弾の爆発で、2人が戦死、23人が負傷したが、ロウリーの損傷はわずかだった。

　その後は特に何も起きなかった。翌日の0224、哨戒救難護衛艇PCE（R）-852がロウリーの負傷者を収容して渡具知に帰投した。

[伊平屋島：第85戦闘飛行隊（VF-85）]

　5月4日0630、空母シャングリ・ラ（CV-38）はVF-85のコルセア3個編隊12機を発艦させた。

　0830、コルセアは担当するRPS＃2に到着した。0842、ロウリーは襲来機を探知して3個編隊を迎撃のために北に誘導した。編隊は伊平屋島の北距離7海里（13km）で日本軍機を発見した。それは複葉機2機種と零戦だった。

　J・S・ジェイコブズ大尉率いる1個編隊は、複葉の零式水上観測機と九三式中間練習機（九三式中練）の8機を追った（訳注：5月4日に零式水上観測機と九三式中練は出撃していない。九四式水偵が出撃しているので、これを零式水上観

測機と九三式中練〔水上機型（?）〕と誤認した可能性はある）。九三式中練は胴体の下に爆弾を縛り付けていた。ジェイコブズ大尉と僚機のW・R・グリーン少尉が接近して、ジェイコブズ大尉が1機を撃墜、2機目を追って命中弾を浴びせたが、それはそのまま飛行して駆逐艦近くの海面に激突した。

　ほぼ同時にグリーン少尉は照準を修正し、九三式中練を炎に包み着水させた。それをローレンス・ソヴァンスキー大尉とともに機銃掃射し、爆発させた。

　グリーン少尉は旋回してほかの零式水上観測機の後方に占位して命中弾を与え、たちまち爆発させて海面に落とした。続けて別の零式水上観測機の後ろにつき、これも撃墜した。

　ソヴァンスキー大尉と僚機のM・M・フォガーティ少尉は複葉機の撃墜機数を増やしていた。ソヴァンスキー大尉は九三式中練1機に命中弾を浴びせると、グリーン少尉の撃墜を支援した。その時、ソヴァンスキー大尉は別の複葉機8機を上空に発見し、そのうちの1機の後方に占位して命中弾を浴びせて爆発させた。さらにもう1機の後ろについたが、別のコルセアが機首前を横切ったので射撃を控え、コルセアをやり過ごしてから九三式中練に何連射かを浴びせて爆発させた。僚機のフォガーティ少尉は零式水上観測機を仕留めた。

　混戦の中、空母ヨークタウン（CV-10）から発進したコルセアが上昇してきて、撃墜機数を増やした。

　VF-85の別の2個編隊のコルセアが、伊平屋島の北距離15海里（28km）、高度17,000フィート（5,182m）に12機から16機の零戦52型を発見した。

　J・D・ロビンス中尉率いる1個編隊が零戦に向かって高度22,000フィート（6,706m）を飛行していると、サウル・チャーノフ中尉の乗機以外は機関銃が凍結したため、戦闘から離脱せざるを得なかった。

　チャーノフ中尉の僚機のE・L・メイヤー少尉は零戦の編隊の後ろを飛行したが、零戦の2番目の編隊に気がつかなかった。チャーノフ中尉は最初の零戦の編隊の下にきて3機を撃墜してから、後方に別の零戦3機がいるのに気づいた。チャーノフ中尉はスプリットSで方向転換したが、零戦に撃たれてエンジンを損傷した。機体から煙を噴き出したので、零戦はチャーノフ中尉機を仕留めたと思ったらしく、高度1,000フィート（305m）で追跡をやめた。

　その後、チャーノフ中尉は空域から離脱して沖縄に向かい、途中で不時着水し、2時間半後に大型揚陸支援艇LCS（L）-11に救助された。同じ編隊のF・S・シダル大尉も撃ち落とされたが、無傷で救助された。

零戦の編隊に向かって誘導を受けていた別の1個編隊を率いていたのは
R・A・ブルームフィールド中尉だった。彼の編隊も機関銃に不具合を抱えて
いたが、D・W・ロウホン中尉だけは乗機の機関銃が作動したので、零戦1機
を撃墜することができた。

　L・W・モフィット中尉は低空に降下して機関銃の作動を復活させると、零
戦1機に何発か撃ち込み、ロウホン中尉がこれを仕留めた。

　VF-85のパイロットたちは零戦52型5機、九三式中練5機、零式水上観測
機3機の計13機を撃墜した。チャーノフ中尉は3機、ソヴァンスキー大尉、
ジェイコブズ大尉、ロウホン中尉、グリーン少尉はそれぞれ2機、フォガー
ティ少尉は1機撃墜した。ほかにソヴァンスキー大尉とジェイコブズ大尉は
1機のスコアを分け合った。2機のコルセアが撃墜されたが、両機のパイロ
ットは救助された。

[RPS＃2：駆逐艦ロウリー（DD-770）、マッシイ（DD-778）]

　CAP機は多くの日本軍機を撃墜したが、何機かは迎撃網を突破してRP艦
艇に接近した。

　5月4日、0800、RPS＃1での日本軍機との激しい航空戦の状況はRPS＃
2にも伝わった。

　0831、零戦2機が駆逐艦2隻に向かっているのを発見した。1機はマッシ
イの近くの海面に激突した。もう1機はロウリーの左舷正横の海面に墜落し
て、その主要部分が弾んで艦から15フィート（4.6m）の海面に落下した。零
戦の爆弾が爆発して2人が戦死、23人が負傷したが、ロウリーの被害は小さ
く致命的な損傷は受けなかった。

　RPS＃2の上空ではCAP機が戦闘を繰り広げていた。九九式艦爆がコルセ
アの迎撃を逃れ、マッシイの艦尾から接近して来た。九九式艦爆は何発もの
砲弾を浴び、主翼を失いながらも突進し、艦首上甲板を飛び越え、左舷前方
75フィート（23m）の海面に激突した。艦上の見張員はパイロットの頭が見
えなかったので、突進する際に死亡したと信じている。

　大型揚陸支援艇LCS（L）-11、-19もこの戦いに参加していた。0840、2隻
に接近する九七式戦2機を発見した。最初の九七式戦は激しい砲火に怖気づ
き、直前に上昇した。これはパイロットの失策で、CAP中のコルセアに狙い
撃ちされた。2機目は突進を続け、大型揚陸支援艇2隻の砲弾を受けてこの
2隻の間に落下した。

　0955、RPS近辺から日本軍機は離脱したので、艦艇は総員配置を解除した。

[RPS＃3：駆逐艦ドレックスラー（DD-741）、ワズワース（DD-516）]

5月3日、RPS＃3を哨戒したのは駆逐艦スプロストン（DD-577）とワズワース、大型揚陸支援艇LCS（L）-18、-52、-86、ロケット中型揚陸艦LSM（R）-197だった。

1502、ドレックスラーがスプロストンと交代した。5月3日は比較的平穏だったが、翌朝に状況が変わった。

5月4日、0831、ドレックスラーのレーダーが飛来する敵味方不明機を探知した。ワズワースが、これを迎撃するためCAP機2個編隊を北に誘導し、18機を撃墜した。

CAP機が雲に隠れた時、ワズワースは一時CAP機との連絡がとれなくなった。突然、ワズワースに向けて突進して来る零戦1機を数海里先に発見した。ドレックスラーとワズワースが射撃し、ワズワースの左舷正横に撃墜した。反対側から2機目の零戦がドレックスラーとワズワースに接近しようとしたが、距離5海里（9.3km）で追い払われた。

ドレックスラーの艦長は「1機が左舷方向の雲から飛び出し、別の1機が右舷方向から低高度で接近する協同攻撃だった。だが2機はタイミングが合っていなかった。何らかの理由で攻撃の協調がとれず、2機目の零戦は徹底的に戦うことができず、逃げてしまった」と分析した。(11)

[RPS＃7：駆逐艦ハドソン（DD-475）]

RPS＃7を哨戒したのは駆逐艦ウィックス（DD-578）、大型揚陸支援艇LCS（L）-13、-16、-61だった。

5月3日1117、ハドソンがウィックスと交代した。RPS＃7も3日は平穏だったが、4日は違った。

5月4日、0330、敵味方不明機1機がRPSに接近したが、対空砲火の射程までは接近しなかった。ほかのRPSに対する襲来の情報が入り始め、朝、複数の敵味方不明機がRPS＃7の遠くを通過して行った。

1854、12機の敵味方不明機が南西からRPSに向かって来た。ハドソンはCAP機を迎撃のために誘導し、CAP機は百式司偵3機と彗星8機を撃墜した。

[RPS＃7：護衛空母サンガモン（CVE-26）、駆逐艦ハドソン（DD-475）]

5月4日、台湾の宜蘭南飛行場を発進した陸軍飛行第105戦隊の飛燕1機が、RPS近くを航行していたサンガモンに突進して来た。サンガモンの射手がこれを撃墜した。

1920、3機が南西からサンガモンに向かって来た。この海域を防衛してい

た駆逐艦フラム（DD-474）が１機を撃墜した。２機目はサンガモンの近くの海面に激突し、３機目の屠龍は爆弾を搭載したままサンガモンの飛行甲板の中央に体当たりして大爆発を起こし火災が発生した。

　各RP艦艇は特攻機が命中したサンガモンの救援に向かい、サンガモンは消火の放水を要請した。2010、ハドソンが接舷し、ホースを格納庫甲板に上げて放水を始めた。艦同士の距離が近いため、空母の上部構造物とガン・スポンソン（訳注：飛行甲板周囲の対空火器砲座が設置されている張り出し部分）が接触して、ハドソンに損傷を与えたほどだった。

　空母の乗組員は、余分な装備品や損傷を受けた航空機の投棄を始めた。ヘルキャットの１機は空母の上から押し出され、ハドソンの艦尾に落下した。

　2025、ハドソンは空母から離れ、代わりに大型揚陸支援艇３隻が横に来た。特殊消火器を装備している大型揚陸支援艇はこの任務に役立った。大型揚陸支援艇も空母の船体で損傷し、空母に積載されていた弾薬が爆発したため、大型揚陸支援艇LCS（L）-13のマストが損傷した。

　LCS（L）-13は空母の甲板上の戦闘機にワイヤをつなぎ移動するのを手伝った。LCS（L）-61の艦首のいたるところで弾薬と照明弾が爆発した。別の爆発によりヘルキャットが大型揚陸支援艇LCS（L）-61の上に落下するところだった。

　2345、空母を救助していたRPS＃７の艦艇は哨戒を再開した。翌日、これらの艦艇に次のような電文が入った。

　　昨晩の"ロジャー・ピーター7（RPS＃７）"の支援艦艇の素晴らしい行動に感謝する。支援艦艇は空母を救う大きな責任を負っていた。"ダンジョン６（LCS（L）-16）"は、"ダンジョン３（LCS（L）-13）"、"アルバート14（LCS（L）-64）"を含むすべての指揮官の名前を連絡されたい。(12)

　LCS（L）-13、-16、-61の艇長のビリー・R・ハート中尉、ホーマー・O・ホワイト、ジェームズ・W・ケリー両大尉は、この夜の働きに対して銀星章を授与された。

［RPS＃９：掃海駆逐艦マコーム（DMS-23）、第323海兵戦闘飛行隊（VMF-323）］
　５月３日、RPS＃９を哨戒したのはマコーム、バッチ（DD-470）、大型揚陸支援艇LCS（L）-89、-111、-117だった。

　日中は平穏だったが、夕方からRPSは攻撃を受けた。バッチは飛来する多数の日本軍機を距離70海里（130km）で探知し、総員配置を発令した。CAP

機との通信がつながりにくかったため、艦艇からわずか9海里（17km）のところに飛来するまで日本軍機を迎撃できなかった。

　CAPは嘉手納のVMF-323のコルセアの1個編隊だった。C・S・アレン海兵隊中尉がJ・ストリクランド、J・A・フェルトン両海兵隊中尉、T・G・ブラックウエル海兵隊少尉を率いていた。

　RPSから距離10海里（19km）で魚雷を搭載する彗星1機の位置を標定した。編隊は機動し、射撃位置についた。ブラックウエル少尉が彗星の主翼付け根、操縦席、胴体に命中弾を浴びせると、爆発して海面に激突した。

　ほかの日本軍機はCAP機から逃れ、2つのグループに分かれた。彗星3機が編隊で突進して来た。1829、バッチが1機目に命中弾を送ると、それは左舷後方の海面に激突した。2機目はマコームに向かい、その3番砲塔に体当たりした。機体から飛散したガソリンに引火し、3番砲塔内の弾薬に着火した。彗星の250kg爆弾は船体を突き抜けて左舷方向の海中で爆発した。

　マコームの機関科配管員ジョー・バゼル上等兵曹は、彗星が体当たりした時に後部下甲板区画にいた。バゼルは衣服に火が移ったので素早く脱いだ。そして後方に向かったが、そこでほかの8人とともに消火班が到着するまで艦尾の区画に閉じ込められた。

　多くの乗組員が戦死するか負傷したが、艦内で爆弾が爆発すればさらに大きな被害が出たであろう。その時点で、戦死者4人、行方不明者3人、負傷者14人だった。

　LCS（L）-89がマコームから吹き飛ばされた乗組員4人を救助し、LCS（L）-117が1人の遺体を収容した。大型揚陸支援艇は、マコームとバッチが射線上にいたため、攻撃してくる日本軍機に対して射撃できなかった。

[RPS＃9：大型揚陸支援艇LCS（L）-111、第96混成飛行隊（VC-96）]

　5月3日、VC-96のワイルドキャットのパイロット、C・H・ハーパー中尉の1個編隊は、護衛空母ラディヤード・ベイ（CVE-81）を発艦し、1600にRPSに到着した。その後、約1時間45分は戦闘がなかった。編隊は久米島の日本軍飛行場を機銃掃射した後、母艦に帰投する許可を得た。

　空域を離れると、日本軍機を迎撃するよう、RPSに呼び戻された。編隊は彗星4機を撃墜したが、ハーパー中尉の機体は味方の対空砲火を浴びて主脚が出てエンジンが停止した。脚を降ろしたままLCS（L）-111の艦尾に近づいたため、九九式艦爆と誤認されて、LCS（L）-111から砲撃された。ハーパー中尉は不時着水したが、1836、LCS（L）-111に救助された。

　5月4日、RPS＃9の艦艇に対する最悪の脅威は終わり、LCS（L）-111、

LCS（L）-117がそのまま哨戒任務に就いた。

［RPS＃10：敷設駆逐艦アーロン・ワード（DM-34）、シャノン（DM-25）］

　５月３日、RPS＃10を哨戒したのはアーロン・ワード、駆逐艦リトル（DD-803）、大型揚陸支援艇LCS（L）-14、-25、-83、ロケット中型揚陸艦LSM（R）-195だった。

　３日の午後までは悪天候のため日本軍の攻撃はなかった。

　アーロン・ワードとリトルの南５海里（9.3km）を武装小型艦艇が航行していた。

　1833、距離27海里（50km）に敵味方不明機２機を探知した。迎撃に誘導されたヘルキャット４機はこれを見つけることができず、すり抜けられてしまった。

　ヘルキャットは旋回して艦艇に接近する九九式艦爆２機を追跡した。アーロン・ワードから「九九式艦爆を射撃するので針路変更せよ」との指示でヘルキャットは左に機体を傾けると、同様に九九式艦爆２機も左に機体を傾けた。そのため味方機を誤射するのを恐れ、艦艇は射撃できなかった。

　突然、２機の九九式艦爆はヘルキャットの追跡を振り切り、１機がアーロン・ワードに向けて突進を再開した。アーロン・ワードはこれに砲火を浴びせ、右舷方向100ヤード（91m）の海面に墜落させたが、海面にぶつかった衝撃で機体はバラバラになり、エンジン、プロペラ、主翼部品が艦の甲板に降り注いだ。

　もう１機の九九式艦爆も突進を開始したが、砲撃を受けて左舷距離1,200ヤード（1,097m）に落下した。ほぼ同時に爆弾を搭載した零戦が左舷方向から突進して来た。アーロン・ワードの射撃を受けながらも、爆弾を投下して、艦に体当たりした。火災と爆発で多くの乗組員が戦死し、負傷した。

　アーロン・ワードの後部機械室と缶室が浸水したため、艦の速度は遅くなった。舵が固定され、左に急回頭した。別の日本軍機が損傷したアーロン・ワードに接近して来たが、艦載砲で撃退された。

　シャノンがアーロン・ワードの救援に向かい、RPSのほかの艦艇も防禦のため接近した。

　1859、新たな日本軍機が襲来した。アーロン・ワードは九九式艦爆１機を距離2,000ヤード（1,829m）で撃墜した。

　1904、一式陸攻がアーロン・ワードに突入を試みたが、艦が回頭しているので体当たりは難しかった。アーロン・ワードの射手は一式陸攻を距離5,000ヤード（4,572m）で撃墜した。

　その後すぐにCAP機に追われた九九式艦爆２機がアーロン・ワードに攻撃をかけてきた。１機をCAP機が撃墜し、アーロン・ワードの砲火が２機目に損傷を負わせた。この九九式艦爆は艦の頭上を横切り、１番煙突に当たり、無線アンテナを切断して、艦の右舷の海面に激突した。

　1913、新たな九九式艦爆が左舷正横から飛来し、何発も命中弾を浴びながらも上甲板に体当たりした。同機が直前に投下した爆弾が艦の左舷から数フィートのところで爆発してアーロン・ワードの前部缶室付近に穴を空けた。

　アーロン・ワードは機関が動かなくなり、海面で停止した。数秒後、もう１機の九九式艦爆が体当たりし、1916に零戦も体当たりした。

　続く数分間にアーロン・ワードは３機のカミカゼ攻撃を受けた。煙と炎が視界を妨げるなか、別の日本軍機が艦の２番煙突の付け根に体当たりし、搭載していた爆弾が爆発し損傷はさらに大きくなった。

　わずかな間にアーロン・ワードは５機のカミカゼの体当たりを受けたが、

応急修理のため慶良間諸島沖に曳航されたアーロン・ワード。1945年6月に沖縄を発ち、米本土に回航されたが損傷が大きいため、同年9月に退役、除籍された （NARA 80G 330113）

4機を撃墜した。

　LCS（L）-14は、アーロン・ワードに突進して来た別のカミカゼに砲火を浴びせ撃墜した。大型揚陸支援艇がアーロン・ワードに接近して、負傷者を移送し、消火を支援した。

　2024、ほぼ消火が完了し、40分でアーロン・ワードはシャノンにより慶良間諸島に曳航された。アーロン・ワードは生き残る可能性はほとんどなかったが、乗組員の勇敢な行動と支援の艦艇の協力で難を逃れた。

［RPS＃10：駆逐艦リトル（DD-803）］

　5月3日、リトルは運が悪かった。担当海域に18機から24機の日本軍機がいると思われた。

　1843、最初のカミカゼが左舷に体当たりした。数秒後、射手は2機目を舷側近くに撃ち落としたが、3機目は砲火の嵐をかいくぐって1機目が衝突した付近に体当たりした。

　1845、零戦が右舷に体当たりし、ほぼ同時に別の零戦が垂直降下で体当たりした。2機のタイミングは完璧で、これがリトルの致命傷となった。火災と爆発が発生し、艦は浸水した。この攻撃でリトルのキールは破壊され、右に大きく傾いた。

1851、リトルの艦長のマジソン・ホール, Jr.中佐が総員離艦を命じた。戦後、同艦の補給科庶務員だったメルヴィン・フェノグリオ三等兵曹は次のように記している。

　　我々が上甲板に殺到するのに１分もかからなかった。そこで見たのは不思議な光景だった。鉄の破片が甲板の四方八方に散らばり、我々が誇りを持っていた艦の舷側に大きな穴が空いているのが目に入った。艦の片側の砲は消え去り、艦内にいた者がどうなったかは想像するまでもなかった。応急処置を施している衛生下士官と、負傷者の傷と包帯が痛ましいほど不釣り合いなのを見て、熱いものが込み上げてきた。士官は甲板をてきぱきと歩き、まだぬくもりがあり、血を流している遺体に静かに灰色の毛布をかけた。いろいろな意味で、死んだ者が我々の中でいちばん幸せだった。彼らは置き去りにする者も、記憶すべきこともないのだから。(13)

　４分後、リトルは水深1,700ヤード（1,554m）の海底に沈んでいった。乗組員のドイル・ケネディは後部20mm機関砲で戦闘配置に就いていた。双発機がリトルに体当たりした時、エンジンの１基が彼のいた砲座で爆発し、彼は足を動かせなくなり、火傷を負った。仲間に助けられ、総員離艦が発せられた時に海に入った。仲間の１人はひどい火傷を負っていて、ケネディは彼が死ぬまで抱えていた。(14)　武装小型艦艇は生存者の救助を開始した。

[RPS＃10：ロケット中型揚陸艦LSM（R）-195]
　LSM（R）-195は、大型揚陸支援艇に続いて損傷した駆逐艦に向かったが、右舷主機が動かなくなり、ほかの艦艇から遅れた。
　数分後、２機の日本軍機が突進して来た。屠龍１機が右舷方向から飛来したので、38口径５インチ単装砲と40mm機関砲の砲火を浴びせた。同時に、屠龍ないし百式司偵が左舷方向から接近したので20mm機関砲で射撃した。しかし、火力が不十分で阻止することができず、日本軍機はそのまま突進を続けて、LSM（R）-195の左舷に体当たりした。
　この突入で艦中央部と前方のロケット弾薬庫と前部乗組員区画が破壊され、ロケット弾が爆発してその破片が甲板の周囲に飛散した。これが新たな火災と爆発を引き起こし、不幸なことにこの衝撃で消火用の主ポンプと副ポンプが使えなくなり、火勢は広がり、ロケット弾も爆発した。
　５月３日、1920、激しく炎上する艦から総員離艦するよう発令された。15

分後、艦は海底に沈み、RPS＃９から駆逐艦バッチ（DD-470）が現場に到着して、生存者の救助を開始した。

　ロケット中型揚陸艦の問題の１つは武装が適切でなかったことである。ロケット中型揚陸艦が体当たりされるのを目撃していたLCS（L）-14の乗組員レイ・バウムラは、のちに次のように回想している。

　　艦尾に38口径５インチ単装砲を１基装備していたが、トラブルのもとになるだけだった。砲弾が近接信管を装備していないことが問題で、そのため艦は格好の大きな標的になっているだけだと確信した。近接信管がないのに加え、発射速度は悲しいほどに遅かった。LSM（R）-195が艦尾から攻撃されているのを見たが、敵機が体当たりするまでに２〜３発しか撃てなかった。次弾を撃つ間に持ち場を離れて煙草を吸いに行けるほどだった。(15)

　バッチはLSM（R）-195の生存者を乗せて渡具知に戻った。

［RPS＃10：大型揚陸支援艇］

　５月３日、敷設駆逐艦アーロン・ワード（DM-34）、駆逐艦リトル（DD-803）、ロケット中型揚陸艦LSM（R）-195が体当たりされ、大型揚陸支援艇は各艦とも手いっぱいだった。

　1909、大型揚陸支援艇LCS（L）-14は、LCS（L）-25に向かっている日本軍機１機に気づいた。その機はLCS（L）-25とLCS（L）-14の砲火を浴び、LCS（L）-25の艦尾後方40ヤード（37m）に落下した。その衝撃で機体からエンジンが分離して海面を跳ねてLCS（L）-25のマストを破壊し、主翼の一部とほかの破片がシャワーのように艇に降り注いで、損傷を大きくした。戦死１人、負傷８人、２人が艦外に吹き飛ばされた。

　1916、LCS（L）-14は、LCS（L）-83に日本軍機２機が迫っているのを目撃したが、２機とも体当たりできずに艇の近くの海面に激突した。

　LCS（L）-83は沈んでいくリトルに向かっていたが、艦尾側から攻撃を受けた。曳光弾が操舵室の上を通過したが、艦の射手は射撃を続け、日本軍機を艦の後方に落下させた。

　LCS（L）-83がリトルの生存者を救助している間、隼１機が左舷方向から突進して来たが、艇の砲弾を受け、最後の瞬間に向きを変えて艦首近くの海面に激突した。

　LCS（L）-83は艦艇の間を航行して、リトルの乗組員を多数救助し、アー

ロン・ワードから乗組員を収容した。LCS（L）-83の艇長ジェームズ・M・ファディズ大尉は乗組員の勇気について戦闘報告で次のように述べている。

　　その前日、乗組員はLCS（L）-15が体当たり攻撃で沈没するのを見た。駆逐艦に対する体当たり急降下も何度も見た。LSM（R）-195への体当たりと炎上も見た。駆逐艦と敷設駆逐艦が体当たりされるのを見た。体当たり攻撃を阻止できる機会はほとんどないようだった。生存者を救出している間、乗組員は落ち着いており、持ち場の火砲から必殺の砲火を浴びせていた。１番40mm機関砲の射手は、敵機が50フィート（15m）に迫っているにもかかわらず砲弾を込めて射撃を続けた。轟音も煙も混乱も乗組員を妨げることはなかった。まるで悪魔のように砲にへばりつき、射撃した。(16)

　この一連の日本軍機の攻撃は、艦艇にとっては奇襲だった。襲来機を遠くで発見したが、その多くはCAPをすり抜け、艦艇が対応する前にRPSに到達していた。

［RPS＃10：駆逐艦カウエル（DD-547）、敷設駆逐艦グウィン（DM-33）、ロケット中型揚陸艦LSM（R）-192］
　翌５月４日、RPS＃10には新たな艦艇が配置された。哨戒したのはカウエル、グウィン、LSM（R）-192、大型揚陸支援艇LCS（L）-54、-55、-110だった。これらの艦艇の任務も楽なものではなかった。
　0944、カウエルは距離26海里（48km）に敵味方不明機１機を探知して、CAP機を迎撃のために誘導した。１分後、CAP機は百式司偵１機を撃墜したと報告してきた。
　その日遅く、陸軍の飛行第19戦隊と飛行第105戦隊の特攻機４機が台湾の宜蘭南飛行場から発進した。これに誘導機として台東の独立飛行第47中隊の１機と宜蘭南の独立飛行第43中隊の１機が合流した。第８飛行師団の特攻機11機と陸上爆撃機９機も台湾の飛行場から発進した。
　1910、カウエルはRPSに向かって来る６機から８機の敵味方不明機の編隊を探知した。緊急警報だったため、夕方の作戦に就いていたCAP機はこれに対応できず、艦艇は自力で対応した。
　敵味方不明機が距離４海里（7.4km）に接近すると、グウィンとカウエルは砲火を浴びせ、25ノット（46km/h）で航行した。２機が編隊から離脱して支援艦艇に攻撃を仕掛けてきた。LCS（L）-110の射手は右舷正横から飛来

する彗星１機を捉えて空中で仕留めた。２機目はLSM（R）-192の乗組員によれば隼とのことで、LSM（R）-192の真正面から攻撃してきた。気づくのが遅かったので、LSM（R）-192は総員が配置に就くまでの時間的余裕がなかった。

　総員配置の警報が鳴った時、補給科倉庫管理員のボブ・ランディス一等兵曹は下甲板で帳簿作業をしていたが、すべてを放り出して戦闘配置である艦尾の３番20mm機関砲に弾薬装填手として向かった。

　甲板に出ると、持ち場のすぐ近くの海上を航過する日本軍機を視認した。のちにランディス一等兵曹は「艦尾後方に現れた機体は艦尾から滑り落ちるように見えた。仲間の１人の手に何かがぶつかった。配管が当たったのだと思う」と回想している。(17)

　40mm機関砲、20mm機関砲の射撃を受けた日本軍機は38口径５インチ単装砲に体当たりしようとしていた。主翼が左舷のロケット・ランチャーにぶつかり、飛行針路がずれて、艦尾の海面に激突した。LSM（R）-192にとっては危機一髪で、軽微な損傷と乗組員の軽傷ですんだ。

　ほぼ同時刻、カウエルは攻撃を受けたが、単発戦闘機１機を左舷後方に撃墜した。グウィンの艦尾後方から別の日本軍機が突進し、カウエルとグウィンの砲火を浴びたが、グウィンの甲板中央部に体当たりして、火災が発生した。

　カウエルは別の日本軍機を撃墜し、LCS（L）-55も１機を仕留めたと報告した。LCS（L）-54も前方から突進して来た隼１機を撃墜したと報告した。

　1930、戦闘は終了した。艦艇は20分の短い時間で台湾から出撃した多くの日本陸軍機を撃墜した。

［RPS＃12：第323海兵戦闘飛行隊（VMF-323）］

　５月４日0145、RPS＃12に、西と北西から大規模な編隊が接近しているとの通報があった。日本軍機はRPS＃12の艦艇に攻撃をかけてこなかったので、渡具知海域に向かっているものと推定された。２機が接近したが、駆逐艦の砲火で撃退された。

　0730、海兵隊VMF-323の４個編隊のコルセアが嘉手納を離陸した。ジョー・マクフィル海兵隊大尉とV・E・ボール海兵隊中尉が率いる２個編隊は伊江島とその近くのRPS＃1、2の上空を守るため北に向かった。ビル・ヴァン・バスカーク海兵隊大尉とジョー・ディラード海兵隊中尉が率いる２個編隊は、RPS＃12に向かった。

　その後、ディラード中尉の率いる１個編隊は戦果を上げた。ディラード中

尉は百式司偵２機と九九式艦爆１機を撃墜し、別の百式司偵１機と九九式艦爆１機を攻撃するため僚機のアクィラ・ブレイデズ海兵隊中尉と集合した。

　この空域で、２機編隊のリーダーのフランシス・テリル海兵隊中尉が九九式艦爆１機と百式司偵２機を撃墜した。僚機のグレン・サッカー海兵隊中尉は一式陸攻１機を撃墜した。

　テリル中尉とディラード中尉は集合して嘉手納に向かったが、サッカー中尉とブレイデズ中尉はさらに１機を掃討した。帰投前、サッカー中尉は頭上に呑龍１機を発見し、これを撃墜した。

［RPS＃12：駆逐艦ルース（DD-522）］

　RPS＃12では、ルースが４機から６機の編隊を距離39海里（72km）で探知し、２個編隊を迎撃に向かわせた。無線機のチャンネルはすべて使われており、通信は困難だった。CAP機は多くの日本軍機を排除したが、すべてではないと報告した。

　５月４日0805、ルースの見張員は左舷方向から九九式艦爆２機が突進して来るのを発見した。距離8,000ヤード（7,315m）で砲火を浴びせると、２機は分かれて両舷方向からルースに接近した。

　九九式艦爆の１機が回避行動をとったが、ルースの艦首を横切ると、鋭くバンクして艦中央部右舷近くの海面に激突した。搭載していた爆弾が爆発して、一時的に艦の電力が失われ、左舷方向から接近する２機目に対する射撃が困難になった。

　この九九式艦爆は、大型揚陸支援艇LCS（L）-118の砲火を浴びて主翼がちぎれたが、飛行を続けて0811にルースの38口径５インチ単装砲の３番砲塔付近に体当たりした。ルースの左舷主機は動かなくなり、船体に穴が空いた。乗組員は別の日本軍機も体当たりしたと報告した。

　ジョン・ウエルシュ大尉とオマー・エドモンド一等水兵は、複葉水上機１機が左舷方向で38口径５インチ単装砲３番砲塔のあたりを狙っていると報告し、航海科信号員フリーマン・フィリップス、リチャード・レブルン両三等兵曹は、別の２機が左舷の38口径５インチ単装砲５番砲塔付近に突入して来るのを目撃した。（訳注：複葉水上機は前述の九四式水偵であろう）

　混乱していたので、何機のカミカゼがルースに体当たりしたかわからなかった。はっきりしているのは、艦が致命的な打撃を受けたということだった。数分して艦は右に傾き、1814に艦長のJ・W・ウオーターハウス中佐は総員離艦命令を発した。艦内の通信機器は破壊されており、甲板から下の者には命令が届かなかった。これが艦の人的被害が大きくなった理由であろう。

ルースの艦内は修羅場だった。最初の爆発で多くの兵士が死亡し、カミカ
ゼの体当たりで重傷を負った者も多かった。補給科調理員ジェームズ・C・フ
ィリップ一等兵曹は艦尾の３番20mm機関砲で飛来する零戦に砲が故障する
まで撃ち続けたが、零戦は艦に体当たりした。弾薬装塡手をしていたパン焼
き係で友人のバージル・G・デグナー二等水兵は爆発で首を吹き飛ばされた。
38口径５インチ単装砲４番砲塔近くの配置にいたデール・マッケイ一等水兵
も同じだった。(18)

　負傷者は無傷の者とともに艦から退避した。デリー・O・モル大尉が負傷者
救助で銅星章を受章したのをはじめとして、この時、多くの英雄的な行為が
あった。

　油が海面を覆い、浮いている弾薬箱やほかの破片に多数の兵士がつかまり
生き延びようとしていた。多くの者が見守るなか、ルースは艦首を上に向
け、海中に滑り落ちた。艦にしがみついていた者や、艦から遠くまで泳ぐこ
とができなかった者が沈没で発生した渦に呑み込まれた。

　生存者にとっても試練はまだ終わらなかった。日本軍機が海面に浮かんで
いる者に対して機銃掃射を加えたので、海兵隊のコルセアがこれを追い払っ
た。

　鮫が群れをなして泳ぎ回り、この餌食になった者も多かった。クリフ・ジ
ョーンズ大尉は、艦の理髪係が海面から引き上げられようとしている時に、
２匹の鮫に食い殺されるのを目撃した。(19)

　４月１日から５月４日まで、毎日のようにRP任務に就いていたルースの
乗組員にとって恐ろしい"地獄の戦い"だった。

［RPS＃12：第311海兵戦闘飛行隊（VMF-311）］

　RPS＃12の南で飛行していたCAP機はVMF-311のコルセアの１個編隊だっ
た。

　５月４日0805、九九式艦爆と隼の11機の編隊を発見した。ノーマン・トル
ーリ海兵隊中尉は九九式艦爆と隼をそれぞれ１機撃墜した。ビリー・クーニ
ー海兵隊中尉は九九式艦爆２機を、ジャック・M・ロスウエイラー海兵隊中尉
は別の九九式艦爆１機を撃墜した。

［RPS＃12：ロケット中型揚陸艦LSM（R）-190、第323海兵戦闘飛行隊（VMF-323）］

　５月４日、LSM（R）-190は駆逐艦ルース（DD-522）の近くを航行してお
り、ルースが攻撃されるのを見ていた。

ルースが体当たりされた直後、百式司偵がLSM（R）-190の上空から爆弾を投下したが、爆弾は外れた。

　0750、RPS＃12のVMF-323の2個編隊は、飛来する敵味方不明機を迎撃するため、誘導を受けた。ヴァン・バスカーク海兵隊大尉の1個編隊が最初に戦闘に入った。バスカーク大尉とサイ・ドレゼル海兵隊中尉は百式司偵がルースに突進するのを見て後方に占位して撃墜した。

　バスカーク大尉がLSM（R）-190に向かっていく九九式艦爆1機を発見して火だるまにしたが、これはLSM（R）-190の38口径5インチ単装砲に体当たりした。

　艦の砲術長が破片で死亡し、艦長のリチャード・H・サウンダーズ大尉は重傷を負った。艦長が指揮を執れなくなったので、代わりに通信長のテニス少尉が操舵室で指揮を執った。

　体当たりの爆発でLSM（R）-190は消火用配管が損傷したため、消火が難しくなった。炎が弾薬庫と給弾薬室に広がった時、別の九九式艦爆が左舷方向から体当たりして、機械室に火災が発生し、補助用の消火ポンプも使用できなくなった。

　3機目の攻撃は百式司偵だった。LSM（R）-190は回避運動を続け、百式司偵が投下した爆弾は外れたが、4機目が投下した爆弾はMk.51方位盤に落下した。ほかにも1機が突進して来たが、これはコルセアが追い払った。

　LSM（R）-190の火災はもはや消火不可能で、傾き始めたため、副長のハーモン中尉は負傷した艦長と相談して、総員離艦の命令を発した。

　0840、LSM（R）-190は波の下に滑り落ち、LCS（L）-84が生存者の救助を開始した。哨戒救難護衛艇PCE（R）-852が現場に到着してLSM（R）-190とルースの負傷者118人を乗艦させ、一式陸攻の士官搭乗員1人も救助した。

　（訳注：前述の百式司偵とあるのは第7神風桜花特別攻撃隊神雷部隊の一式陸攻を見誤った可能性がある。爆弾と見えたのはロケットに点火しなかった桜花か）

　VMF-323の編隊は上空で飛行を続け、ハロルド・ホール、ビル・ドレイク両海兵隊少尉はそれぞれ九九式艦爆1機を撃墜した。

　5月4日、VMF-323は計24.75機を撃墜、11機を撃破した。

[RPS＃12：第312海兵戦闘飛行隊（VMF-312）]
　5月4日、嘉手納のVMF-312のコルセアの1個編隊は、戦闘地域から東に30海里（56km）離れたポイント・キングの上空で空中待機していた。揚陸指揮艦パナミント（AGC-13）の戦闘機指揮・管制士官はRP艦艇支援のため、この編隊を西に誘導した。九九式艦爆がLSM（R）-190に体当たりした時、編

隊は空域に到着した。

　ウィリアム・K・パーデュー海兵隊大尉率いる編隊は攻撃許可を求めると、上空でコルセアと交戦中の日本軍機を発見した。九七式戦1機が混戦から抜け出し、パーデュー大尉のほうに旋回した。パーデュー大尉は速度を落として九七式戦の後方に占位して一連射で命中弾を浴びせると、九七式戦は炎に包まれて落下した。2機目の九七式戦が別のコルセアに追われてパーデュー大尉の照準に飛び込んで来たので、これも撃墜した。

　僚機のビリー・アンダーセン海兵隊中尉は、別の九七式戦が高度200フィート（61m）で駆逐艦に向かっていくのに気づいた。アンダーセン中尉は九七式戦に襲いかかり、海面近くでこれを撃墜した。

　アンダーセン中尉は、20海里（37km）離れたところで別の九七式戦が駆逐艦に爆撃進入をしようとしているのを発見した。コルセアの速度が九七式戦に勝り、これを迎撃して命中弾を浴びせた。これで九七式戦の爆弾は駆逐艦から外れた。

　頭上を見上げると、九七式戦がコルセアに追われて彼のほうに旋回するのが見えた。それは日本軍機パイロットが犯した致命的なミスだった。アンダーセン中尉が放った650発の銃弾が九七式戦に命中し、炎に包まれて海面に落下した。

　編隊のアーネスト・A・シルヴェイン海兵隊中尉は、近くの戦車揚陸艦に向かって突進する九九式艦爆を発見し、距離650ヤード（594m）で射撃した。九九式艦爆は炎に包まれ、主翼の一枚が胴体から剥がれ、機体は横転して海面に落下した。

　ほぼ同じ頃、読谷を発進したVMF-224のコルセアがRPS＃12の近くを哨戒していた。0815、C・H・ラッシュフェルド海兵隊中尉は最初の日本軍機と遭遇した。それは西から飛来する九九式艦爆で、ラッシュフェルド中尉はこの後方に占位して撃墜した。

[RPS＃12：敷設駆逐艦ヘンリー・A・ワイリー（DM-29）、第322海兵戦闘飛行隊（VMF-322）]

　5月4日0822、ヘンリー・A・ワイリーは駆逐艦ルース（DD-522）を支援するよう命じられ、25ノット（46km/h）でRPS＃12に向かった。すぐに攻撃を受け、0852から0858に天山2機を艦の砲火で追い払った。

　0859、ヘンリー・A・ワイリーは距離3,000ヤード（2,743m）で一式陸攻を撃墜した。一式陸攻が砲火を受ける直前に発進させていた桜花は、艦の20mm機関砲を浴びて75ヤード（69m）後方の海面に激突した。

２機目の桜花もヘンリー・A・ワイリーに向かって来たが、距離２海里（3.7km）で砲火を浴びた。桜花は命中はまぬがれたが、至近弾を浴びて針路を外れ、艦から1,200ヤード（1,097m）の海面に激突した。衝撃で弾頭が桜花の機体から外れ、艦に向かって飛んで来たが、艦尾を通過して爆発したため、損傷はなかった。

　0910、天山１機がヘンリー・A・ワイリーに雷撃してきた。それを防いだのは海兵隊パイロットの勇敢な行動だった。ヘンリー・A・ワイリーの戦闘報告は次のように記している。

　　海兵隊のコルセアは（撃たれることなく）右舷方向から真っすぐ本艦の上空に来た。そして、天山を撃ち落とそうとしている本艦の激しい対空砲火をすり抜けて急降下し、距離1,500ヤード（1,372m）で天山を撃墜した。本艦の対空砲火で天山を撃墜できたであろうが、海兵隊コルセアの英雄的な行動が天山の任務を失敗させたことは確実だった。これは海兵隊パイロットの殊勲の１つで、本艦はこの功績を大いに認めるところである。(20)

　コルセアのパイロットは嘉手納のVMF-322のメルヴィン・L・ジャービス海兵隊中尉だった。着陸すると、彼の機体のカウリング、左主翼、胴体後部と尾輪はスイス名産のチーズのように多くの穴が空いていた。ヘンリー・A・ワイリー艦長P・H・ブジャーナソン中佐の推挙でジャーヴィス中尉は海軍十字章を授与された。

［RPS＃12：大型揚陸支援艇LCS（L）-81、-118］

　通常、武装小型艦艇の任務はRPSでの駆逐艦への心強い火力支援と考えられていたが、５月４日のRPS＃12の場合、これは当てはまらなかった。LCS（L）-81の艇長C・C・ロックウッド大尉は「この時、支援艦艇は駆逐艦から４海里（7.4km）に配置されたので、武装小型艦艇の火力を駆逐艦の支援に使うことができなかった」と８月１日付の戦闘報告に記している。(21) LCS（L）-81ができたことは駆逐艦ルース（DD-522）の生存者の救助だけだった。

　武装小型艦艇のうち、LCS（L）-118のみが攻撃を受けた。0819、LCS（L）-118の正面から攻撃してきた一式陸攻をわずか1,000ヤード（914m）で撃墜した。日本軍機の目標はより大型の艦船だったので、"スモール・ボーイズ（小型艦艇）"は難を逃れることができた。

5月4日が終わり、支援艦艇は生存者を乗せて停泊地に戻った。

　戦後、LCS（L）-118の射撃員だったアール・ブラントン三等兵曹は次のように記している。

　　自分自身が駆逐艦（ルース）に救助されてから、ほかの生存者を救助していた。周りに大量の黒いオイルが浮かんでおり、生存者は油まみれだった。海面には生存者の頭が点在していた。手を振っている者もいたが、叫んでいる者はいなかった。砲の配置に就いている者以外、全員で生存者の引き上げを手伝った。周囲はけが人ばかりだった。仲間の1人は顔が吹き飛ばされ、骨折と火傷で体が膨らんだ状態で波間に漂っていた。ほかの1人は腕をなくしていたが、意識はあった。皆、切り傷、裂傷、火傷、骨折を負っており、裸かぼろ切れのような服を身に着けているだけだった。彼らは負傷して出血しているところ以外、黒い大量のオイルに覆われていた。負傷していない者は引き上げられた艇の上で同僚を手伝った。多くの者はただ座って、恐怖でブルブルと震えていた。彼らの眼は「仲間よ、ありがとう」と言っているようだった。[22]

［RPS＃14：敷設駆逐艦シアー（DM-30）、第9戦闘飛行隊（VF-9）］

　5月3日から4日にかけてRPS＃14を哨戒したのはシアー、駆逐艦ヒュー・W・ハドレイ（DD-774）、大型揚陸支援艇LCS（L）-20、-22、-64、ロケット中型揚陸艦LSM（R）-189だった。

　5月4日の0200と0425、シアーは日本軍機に砲火を浴びせて追い払った。

　5月3日夜から4日にかけて渡具知の停泊地で煙幕を張ったので、それがRPS＃14の近くまで流れてきた。0900、シアーは晴天にもかかわらず、海域の視程は3海里（5.6km）と報告してきた。0749に日本軍機がRPSに接近しているとの知らせが届き、艦艇は総員配置を発令した。

　VF-9のヘルキャットの2個編隊は、RPS＃1を護衛することになっていたが、配置をRPS＃14に変更されて0830に到着した。その10分後にアルバート・S・スメーヒューゼン中尉は隼1機をRPS北の高度4,000フィート（1,219m）で発見した。隼は右に針路をとり、編隊に向かって来たので、スメーヒューゼン中尉はこれを攻撃するため急降下した。両機は正面から接近し、スメーヒューゼン中尉は射撃を加え、隼に命中させた。隼はスピンに入り、制御できなくなった。

　同じ頃、レロイ・O・スレッジ少尉とフランガー大尉は、スプリットSで逃げようとしていた九九式艦爆1機に突進した。スレッジ少尉が九九式艦爆の

右側から接近すると、九九式艦爆は再度スプリットSで逃げようとしたが、高度が低すぎて海面に激突した。またジェロルド・A・アイザックソン少尉は飛龍1機を撃墜した。VF-9のヘルキャットは7機を撃墜、1機を撃破した。

[RPS#14：敷設駆逐艦シアー（DM-30）、第90戦闘飛行隊（VC-90）、第7神風桜花特別攻撃隊神雷部隊]

5月4日0730、護衛空母スチーマー・ベイ（CVE-87）からVC-90のワイルドキャットの1個編隊が発艦し、RPS#12の南60海里（111km）の上空で空中待機した。ほどなくRPS#14から「多数機襲来」の知らせを受け、迎撃のため北に向かった。

RPS#14の上空、高度10,000フィート（3,048m）で空中待機していると、0830に距離10海里（19km）で飛来中の敵味方不明機に向けて誘導を受けた。

VC-90のF・J・ギブソン大尉が左方向5海里（9.3km）から10海里（19km）のところに双発機1機を発見し、編隊は交戦しようとした。眼下のRP艦艇から対空砲火があったので、針路を変更して再度、攻撃するために旋回した。日本軍機に近づくと、それは百式司偵だった。しかも桜花を搭載していた。(23) VC-90の戦闘報告は次のように記している。

接近して機種を確認すると、パイロットは全員、百式司偵と識別した。（「バカ」爆弾に関する今までの情報はすべて一式陸攻と関係づけられていたため、注意深く全員に尋ねて、最終的に百式司偵と識別した）
（中略）攻撃は高度8,000から9,000フィート（2,438〜2,743m）で始まり、6,000フィート（1,829m）で仕留めた。
2機編隊を率いたE・E・マキーヴァー中尉は百式司偵が桜花を投下した時、僚機の少し下に位置していた。百式司偵の操縦席後部は見慣れている滑らかな温室のような形でなく、九七式重爆のような丸い回転式銃座があった。(24)（訳注：5月4日には、第7神風桜花特別攻撃隊神雷部隊が出撃しているが、母機は一式陸攻である。著者も原書注でこのパイロットの証言について疑問を呈している）

ギブソン大尉と僚機のD・S・ポールセン中尉は百式司偵の後方についた。ポールセン中尉が連射して後部銃手を殺し、ギブソン大尉が右側主翼付け根に銃弾を撃ち込んで炎上させた。さらにポールセン中尉が右エンジンに命中弾を浴びせると、百式司偵は海に向かって落下した。
マキーヴァー中尉が率いる別の編隊は桜花が投下されたのを目撃してい

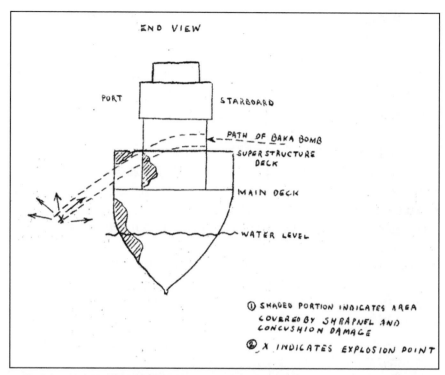

「桜花」が命中した敷設駆逐艦シアー（DM-30）の損傷箇所を示すスケッチ。「桜花」は艦橋右舷から衝突し、船体左舷に突き抜けた（Sketch from USS Shea DM-30 Action Report of 15 May 1945）

た。当初、マキーヴァー中尉は爆弾と思ったが、それはロケット・エンジンを点火した。桜花はマキーヴァー中尉の追跡を簡単に引き離して、シアーに突進した。

　５月４日早朝、＜第７桜花隊の桜花搭載爆撃機７機、爆装戦闘機20機が鹿屋から、九七式艦攻10機が串良から、水上偵察機28機が指宿から＞出撃していた。(25)

　RPS＃14の上空で、大橋進中尉は一式陸攻のパイロットから指示されて桜花に搭乗した。0856、大橋中尉の桜花は母機から切り離され、シアーに向かった。

　シアーは事前警告を何ら受けておらず、攻撃を知ったのは、右舷方向から接近する桜花を目撃した時だった。５秒も経たないうちに桜花はシアーの艦橋の右舷側に体当たりした。

桜花は横転しながらシアーを突き抜けて船体の反対側から飛び出し、艦から10から15フィート（3.0〜4.6m）の距離で爆発した。

桜花は大型艦の厚い装甲鈑を貫通することを目的に設計されていたので、舷側の外板が薄いシアーは命拾いした。桜花の貫通で艦に２つの穴が空いたが、大きな損傷はその後の爆発によるものだった。多くのフレームと鉄板が曲がったり裂けたりしたが、危ないところで戦線にとどまることができた。

［菊水５号作戦の結果］

５月４日、菊水５号作戦は終了したが、多くのRP艦艇が損傷した。駆逐艦モリソン（DD-560）、リトル（DD-803）、ルース（DD-522）、ロケット中型揚陸艦LSM（R）-190、-194、-195は沈没した。

駆逐艦イングラハム（DD-694）、ロウリー（DD-770）、掃海駆逐艦マコーム（DMS-23）、敷設駆逐艦アーロン・ワード（DM-34）、グウィン（DM-33）、シアー（DM-30）、ロケット中型揚陸艦LSM（R）-192、大型揚陸支援艇LCS（L）-25、-31がそれぞれ体当たり攻撃を受け、損傷した。

LSM（R）-194の弾薬庫が海中で爆発した時、大型揚陸支援艇LCS（L）-21は近くにいたため損害を受けた。RPSでは475人が戦死し、484人が負傷した。

陸軍情報部の報告は次のように記している。

　５月３日から４日の菊水５号作戦は、４月27日から29日の作戦より若干規模が大きかった。日本軍が発進させた機数を延べ350機と見積もっているが、そのうち249機を撃墜した。連合軍艦艇の損害は、ほとんどが体当たり攻撃によるもので、損害は大きかった。犠牲の多くはRP任務に就いていた駆逐艦と沿岸にいた小型艦艇だったが、日本軍の作戦命令では空母と輸送船に兵力を指向することになっていた。これにより、体当たり攻撃機のパイロットは、①駆逐艦を大型艦と見誤った、②連合軍大型艦の上空で防禦している多数の戦闘機に落とされる前に成功率の高い目標を狙ったのいずれかと思われる。(26)

5月5日（土）〜6日（日）

［日本軍の認識］

　この時点で、沖縄で日本軍が勝利を収めるとの楽観論はなくなり、日本軍にとってよくない状況になることが現実味を帯びてきた。日本軍は次のように状況を分析している。

　　＜第三十二軍より五月五日興那原北側に進出せるも戦力消耗大にして攻撃困難なるを以て五日一八〇〇攻撃を中止し舊陣地に據り（中略）今后の沖縄陸上戦闘も「ジリ貧」の一途を辿るのみなるべく陸上部隊に沖縄作戦の轉換を期待するを得ず＞ (27)

　それにもかかわらず、菊水6号作戦の準備の最終段階になっていた。

［米軍の状況］

　新たな日本軍の攻撃を減らす試みとして、第21爆撃集団は45機のB-29で大分、大刀洗、知覧、鹿屋を爆撃した。5月6日、第5空軍が台湾の松山飛行場をB-24で爆撃した。

　5月6日で多くの既存のRPSが運用を取り止め、RPS＃5、7、9、15、16が渡具知の米侵攻軍を守ることになり、辺戸岬とその他の場所のレーダー施設が運用を開始した。

　鳥島とその他の島を占領して陸上のレーダーを増やしたので、いくつかのRPSの必要性が減少した。

［RPS＃12：駆逐艦ブラウン（DD-546）、第224海兵戦闘飛行隊（VMF-224）］

　5月6日0154から0405の間、多くの日本軍機がRPS＃12の艦艇に損害を与えた。夜間戦闘機が日本軍機1機をブラウンのほうに追い込んだ。0350、ブラウンはこれに砲火を浴びせたが、結果は不明だった。

　VMF-224のコルセア2機が読谷から発進し、0722に任務に就き、艦艇の上空を低高度で哨戒した。このコルセア2機は飛来する日本軍機2機に向けて誘導され、RPSから距離10海里（19km）で鍾馗1機と飛燕1機と交戦した。鍾馗は大型揚陸支援艇LCS（L）-81に機銃掃射してから針路を変更してブラウンに向かった。

　A・C・サッターホワイト海兵隊中尉が鍾馗の尾部を撃ち抜き、鍾馗は炎に

包まれて高度を失った。飛燕はR・O・ハンセン海兵隊中尉に追われながらもブラウンを攻撃し、もう少しで体当たりするところだったが、ブラウンとコルセアの射撃で撃ち落とされた。

ハンセン中尉は不確実撃墜1機、駆逐艦ブラウンは撃墜支援1機となった。

0915、CAP機は基地に戻り、艦艇は停泊地に向かった。RPS＃12は5月6日で運用を終えた。

５月７日（月）〜９日（水）

[九州空襲]

日本軍の注意をそらすために、第21爆撃集団は41機のB-29で宇佐、大分、指宿、鹿屋を爆撃し、宇佐と大分で日本軍航空機34機を破壊した。

[RPS＃９：駆逐艦パトナム（DD-757）、ウィリアム・D・ポーター（DD-579）、第224海兵戦闘飛行隊（VMF-224）]

5月7日、RPS＃9を哨戒したのはパトナムと駆逐艦アンメン（DD-527）、大型揚陸支援艇LCS（L）-56、-87、-89、ロケット中型揚陸艦LSM（R）-198だった。

何事もなく2日間が経過し、9日0830、ウィリアム・D・ポーターがアンメンと交代した。1530、LCS（L）-117はLCS（L）-87と交代した。

9日1830、日本軍機を探知し、CAP機4機が誘導されたが、接触できなかったため、読谷のVMF-224のJ・B・ベンダー、M・ワルドマン両海兵隊少尉のCAP機が誘導を受けた。2機はRP艦艇に向かっていた緑色の複葉機九三式中練3機を攻撃した

ベンダー少尉が2機を撃墜し、ワルドマン少尉は3機目を撃墜した（訳注：台湾から出撃した忠誠隊の複葉機九六式艦爆が出撃3機、未帰還2機になっており、この可能性がある。忠誠隊であるならば、1機〔ワイルドマン少尉の3機目〕は撃墜されていない。資料によってはこの隊の使用機は彗星になっている）。戦闘が終わって、ベンダー少尉はワルドマン少尉のコルセアを探したが、発見できなかった。パトナムは、艦から11海里（20km）の位置でコルセアが墜落するのを目撃したと連絡した。

2隻の大型揚陸支援艇がパイロットの捜索に向かったが、海面にオイルが漂っているのを確認できただけだった。

5月9日2030、艦艇は再び総員配置になった。2048にウィリアム・D・ポー

ターとパトナムで１機目に砲火を浴びせ、パトナムが距離7,000ヤード（6,401m）で撃墜したと報告した。２機目は旋回して空域を離脱した。

５月10日（木）〜11日（金）

［菊水６号作戦開始］

５月10日から11日にかけて、日本軍は次の攻撃として菊水６号作戦を開始した。攻撃に参加したのは海軍70機、陸軍80機の計150機の特攻機だった。これに陸海軍の航空部隊の作戦機が通常任務に参加した。

菊水６号作戦は、作戦計画に次のように概要が記されている。

＜二、菊水六号作戦に関し作戦指導要領の再検討
（イ）制空兵力の増強
零戦實動数の低下及紫電空中分解事故発生のため著しく制空兵力不足せるを以て陸軍戦闘機隊の協力増勢を要望せるも早急實現の見込みなきを以て 差當り爆戦充當機数一部を制空戦闘機隊に流用し 更に第一三航艦戦闘機隊を再編成し 自隊戦闘機隊を増勢すると共に陸軍戦闘機隊の進出を促進す
（ロ）敵艦艇攻撃強化
敵艦隊の沖縄附近に拘束せられつつあるに乗じ敵艦艇攻撃作戦を強化し 其の勢力を減殺して友軍の逆上陸反撃作戦遂行の契機を作為するに努む 但し第十航空艦隊より當隊に編入せられたる特攻部隊中本作戦に充當すべき艦攻艦爆及爆戦は菊水六號作戦に於て殆んど之を消耗し盡すべきを以て爾后の作戦は陸軍特攻兵力を主体とする作戦に轉移（中略）次期月明期間に水偵及白菊を使用し得る如く準備す
（ハ）前項作戦により敵機動部隊に北上の已むなきに到らしめ好機之を殲滅す 此の場合従来の作戦の経過に鑑み少くも六〇機以上の小型特攻を集結使用し得る如く準備す
（二）五月中に於て極力前諸項の作戦を強化し沖縄本島に對する逆上陸を準備す 之が爲驅逐隊を以て北中飛行場に對し逆上陸を決行一時敵飛行場を制壓し 次で二箇師團の兵力を以て上陸軍を掃蕩す＞(28)

［九州空襲］

日本軍の自軍航空兵力の評価は現実的だった。米軍は日本の工場に対して爆撃を継続しており、日本軍は航空機の製造スケジュールを維持するのが困

難になった。

　5月10日、第21爆撃集団のルメイ司令官は42機のB-29で松山西、宇佐、宮崎、鹿屋を爆撃した。翌日、ルメイは50機のB-29で大分、佐伯、新田原、宮崎、都城も攻撃した。この任務の目的は敵機を地上で破壊し、滑走路に穴を空けて航空機が離陸できないようにすることだった。南方では第5空軍のB-24が台湾の大崗山飛行場を爆撃した。

[工場疎開]

　1か所の施設に対する爆撃で企業の業務が停止することを防ぐため、日本の製造部門が疎開したことで、必要な大量の航空機の完成がさらに遅れた。

　戦後、航空機設計者だった堀越二郎らは次のように記している。

　　航空攻撃による損害と日本国内の利用可能な補給の見直しで、我々の国内輸送施設が混乱に陥った。輸送の妨害と原材料の損失により、航空機組立ラインが減少して、航空機製造に無用の遅れをもたらした。さらに、このような困難な状況の下で我々が何とか製造した航空機は、通常のものより能力が低かった。製造用の材料が劣悪で、飛行性能を悪化させ、整備とオーバーホールが増加した。いつも重要な装備品が故障した。パイロットは大規模な敵の航空部隊を攻撃できなくなるので、いつも故障する航空機に文句を言っていた。(29)

　戦争の最後の段階で、不良品として不合格になった航空機数は30パーセントから40パーセントだったと見積られていた。

[嘉手納と読谷空襲計画]

　連合艦隊司令長官豊田副武大将は、沖縄の状況を改善するつもりなら、断固とした手段が必要だと考えていた。5月8日、鹿屋で次の行動方針を決定するため、兵力を調べた。出撃準備がいちばんできているのは第8神風桜花特別攻撃隊神雷部隊だった。菊水6号作戦の成功にとって最大の障害は嘉手納と読谷の米海兵飛行隊と認識していたので、これを再度攻撃することを決定した。

　これとは別に、神雷部隊（第721海軍航空隊）の桜花パイロットの山崎三夫上等飛行兵曹と勝村幸治上等飛行兵曹が嘉手納と読谷を夜間攻撃することになった。2人は有人爆弾を滑走路に体当たりさせ、コルセアが離陸できなくする計画だった。

5月11日0200に発進することになっていたが、海兵隊にとって幸運にも、桜花の母機の1機のエンジンに不具合が発生、もう1機は雲に阻まれ、両機とも帰投したため、予定していた攻撃ができなくなった。（訳注：攻撃中止になったため、この部隊には攻撃隊名が付いていない）

　「陸軍の第6航空軍の中型爆撃機4機、戦闘機6機、特攻機20機」も同様に飛行場を攻撃する予定で、(30) ほかにも陸軍機50機が別の攻撃に参加する予定だった。

　沖縄作戦をより効果的に統制するため、連合艦隊は航空部隊を再編成した。

　マジック極東概略は「日本時間10日1841に、連合艦隊は日本時間12日0000付で『天航空部隊』と称する連合基地航空部隊を新編した。新たな兵力は第1機動基地航空部隊と第3航空艦隊からなり、第1機動基地航空部隊指揮官・宇垣纏中将が指揮を執ることになった」と報告した。(31)

　宇垣は＜但し実質どれ丈け戦力の増加運用の妙を得るかは疑問なりとす＞と『戦藻録』に記した。(32)

[RPS＃4：敷設駆逐艦ハリー・F・バウアー（DM-26）、第323、第441海兵戦闘飛行隊（VMF-323、VMF-441）]

　5月11日、RPS＃5を哨戒したのは駆逐艦ダグラス・H・フォックス（DD-779）、ハリー・F・バウアー、大型揚陸支援艇LCS（L）-52、-88、-109、-114、機動砲艇PGM-20だった。

　前日の10日早朝、艦艇は総員配置を2回発令したが、RPSに接近する日本軍機はなかった。

　11日0740、北から多数の日本軍機が飛来するとの報告が入った。読谷のVMF-441からコルセア1個編隊4機のCAP機が侵入者を待ち構えて上空を旋回した。嘉手納のVMF-323のコルセア1個編隊4機も付近を哨戒した。

　0801、ハリー・F・バウアーは北西から飛来した百式司偵1機に向かって砲火を開き、これを追い払うと、VMF-441のアディソン・R・ラバー海兵隊大尉がロバート・J・ケーン海兵隊中尉、チャールズ・C・ウィップル、ウィルズ・A・ドボルザーク両海兵隊少尉を率いる1個編隊を北に向かわせた。ハリー・F・バウアーは、日本軍機はまだ何海里も先にいると伝えたが、艦のレーダーは故障していた。

　ラバー大尉たちが空を見渡すと、チャールズ・C・ウィップル少尉が最初に百式司偵1機が9時の方向を南に飛んでいくのを発見した。

　編隊は交戦するため旋回した。百式司偵に向かっていくと、突然90度旋回

してウィルズ・A・ドボルザーク少尉の針路に現れた。彼は２機編隊リーダーのウィップル少尉に確認して攻撃許可を得た。ドボルザーク少尉はのちに次のように回想した。

　胴体下の増槽タンクを投棄した。スロットルを全開にして、くそったれ野郎を追跡して、照準器に敵機を入れることができるくらい接近した。敵機は双発機だった。あのくそったれ野郎に尾部銃手が乗っているかどうか知らなかった。乗っているなら俺のほうを撃たないでくれと思った。引き金を引くと、恐ろしいことに曳光弾が左に飛んでいった。照準は300ヤード（274m）に設定されているはずだ。（中略）焼夷榴弾が何発か見えた。それが命中すると火花を上げる。（中略）そして右エンジンに照準を移して、照星を合わせて引き金を引く。みんな同時に起きた。機銃の連射が始まる。奴の左翼がちぎれた。こちらが追いついたので、奴が雲の中に入っていくのが見えた。たぶん奴に命中した。（中略）主翼が１枚ではそんなに飛べない。奴はらせん降下して、海に激突すると爆発して炎に包まれた。(33)

[RPS＃５：敷設駆逐艦ハリー・F・バウアー（DM-26）、大型揚陸支援艇LCS（L）-88]
　５月11日、広いＶ字陣形で航行していた武装小型艦艇は、頭上に一式陸攻１機を発見して砲火を開いた。
　0803、ハリー・F・バウアーは低空を編隊で接近する隼２機を発見した。隼は砲火を浴び、１機目はハリー・F・バウアーの右舷方向1,200ヤード（1,097m）の海面に墜落した。
　全艦艇でもう１機の隼を狙って、何発も命中させたが、隼はLCS（L）-88の操舵室を狙って突進した。隼は機動砲艇PGM-20の砲火を受けて炎に包まれ、急降下してLCS（L）-88の右舷近くの海面に落下した。海面に激突する直前に投下した爆弾が、LCS（L）-88の後部40mm機関砲に命中し、火災が発生した。爆弾の破片が前方の司令塔に飛散し、それが頭に当たった艇長のカシミール・L・ビゴズ大尉は即死した。
　隼が艇に接近している時、取舵（左転舵）の命令が出ており、爆発で舵がその位置で固定されてしまった。舵の操作ができないので、艇は主機を停止した。
　この攻撃で艇長と乗組員７人が戦死、９人が負傷した。負傷者のうち２人はその傷がもとで死亡した。死傷者の多くは後部40mm機関砲の要員だっ

5月11日、突入直前の特攻機が投下した爆弾が命中した大型揚陸支援艇LCS（L）-88の後部甲板付近の損傷状況（Photo courtesy of Art Martin）

た。

　LCS（L）-88の負傷者は機動砲艇PGM-20に移送され、同艇の軍医の治療を受けた。

[RPS＃5：敷設駆逐艦ハリー・F・バウアー（DM-26）]

　5月11日0821、ハリー・F・バウアーは日本軍機4機が右舷方向で空中待機しているのを発見し、砲火を浴びせた。鍾馗1機が炎に包まれて落下した後、零戦1機が突進して来た。ハリー・F・バウアーは激しく舵を切って全火砲を零戦に向け、その攻撃を避けようとした。

　零戦は艦の砲火を何発も浴びながら上昇して艦のほうに旋回すると、接近しながら機銃掃射を行ない、ハリー・F・バウアーを通過して右舷後方30ヤード（27m）の海面に激突した。搭載していた爆弾が爆発したが、ハリー・F・バウアーに損傷はなかった。

　0833、別の零戦1機がハリー・F・バウアーに向かって来た。大型揚陸支援艇LCS（L）-52が砲火を加えて何発か命中させた。ハリー・F・バウアーの砲手は接近する零戦の尾部を吹き飛ばした。零戦は艦のすぐ上を通過しながら信号索を切断し、艦橋に体当たりして左舷すぐ横の海面に激突した。

　ハリー・F・バウアーは「最後の3回の突入の間に、CAP機から4機目の戦

闘機（零戦）を撃墜したとの連絡があった。これにより、攻撃機が7機いたことになる。逃げ去った敵機はいない。4機の戦闘機に対して、ハリー・F・バウアーも支援艇も射撃していない。上空で射撃するのはCAP機の仕事と思っていた。何も撃墜していない」と報告した。(34)

[RPS＃5：第312、第323海兵戦闘飛行隊（VMF-312、VMF-323）]

5月11日、VMF-312のトーマス・J・カシュマン,Jr.海兵隊大尉と僚機のC・W・ボールドウイン海兵隊中尉はレーダー・ピケット・パトロール（RPP）に就き、艦艇を攻撃から守った。

カシュマン大尉が撃墜した零戦は250kg爆弾を搭載しており、コルセアから逃げるために爆弾を投棄したので、これは艦艇にとって幸運な撃墜だった。

この零戦は11日早朝、鹿屋を発進した37機の1機で、帰投したのは11機だけだった。

RPS近辺で飛行していたVMF-323のC・W・マーチン,Jr.海兵隊中尉と僚機のE・L・イェーガー海兵隊少尉は、伊是名島近辺に飛来する敵味方不明機に向けて誘導を受けた。2人は靄の中を飛行していると、眼下に日本軍機がいるとの連絡を受けた。

急降下して靄を抜けると、鍾馗1機がRP艦艇に爆撃進入をしようとして真っすぐに向かっていくのが見えた。マーチン中尉は上空から鍾馗の操縦席に向かって射撃すると、鍾馗は落下した。

[RPS＃9：駆逐艦ウィリアム・D・ポーター（DD-579）]

5月10日0830、駆逐艦バッチ（DD-470）がパトナム（DD-757）と交代した。RPS＃9を哨戒したのは、ウィリアム・D・ポーターとバッチ、大型揚陸支援艇LCS（L）-23、-56、-87、ロケット中型揚陸艦LSM（R）-198だった。

2025、RPSから距離22海里（41km）の地点で敵味方不明機を探知した。それが艦艇に接近して来たので、ウィリアム・D・ポーターとバッチは砲火を浴びせた。双発機がバッチの左舷方向3,000ヤード（2,743m）に墜落して炎上した。

[RPS＃15：駆逐艦エヴァンス（DD-552）、ヒュー・W・ハドレイ（DD-774）]

RPS＃15を哨戒したのは、エヴァンスとヒュー・W・ハドレイ、大型揚陸支援艇LCS（L）-82、-83、-84、ロケット中型揚陸艦LSM（R）-193だった。

5月10日1935、艦艇に1機が攻撃してきたが、エヴァンスとヒュー・W・ハ

ドレイがこれに砲火を浴びせた。エヴァンスは「敵機を撃墜した」と報告した。10日から11日にかけての夜は、日本軍機が近辺にいたので艦艇では総員配置を繰り返し発令していた。

　5月11日朝、RPS＃15を支援するCAP機3個編隊12機が飛来した。0740、敵味方不明機が北東から飛来との連絡が入った。数分後、指宿から発進した2機のうちの1機の零式水偵が靄の中から現れたので、駆逐艦が砲火を浴びせた（訳注：詫間航空隊第2魁隊の零式水偵と九四式水偵が指宿から出撃）。零式水偵はヒュー・W・ハドレイから距離1,200ヤード（1,097m）に落下し、同艦が1機撃墜の記録を残した。零式水偵が海面に激突した時、巨大な爆発が起きたので、大型爆弾を搭載していたようだった。

　0755、RPSに真っすぐ向かう敵味方不明機を距離55海里（102km）で探知した。ヒュー・W・ハドレイはコルセアの1個編隊を誘導して迎撃に向かわせた。数分もしないうちに新たな敵味方不明機を発見したため、残りの2個編隊をそちらに誘導した。

　日本軍機の攻撃は偏っていた。ヒュー・W・ハドレイは「わが艦の戦闘情報センターの戦闘機指揮・管制士官は、飛来した敵機は異なる高度で156機と見積もった。第1波が36機、第2波が50機、第3波が20機、第4波が20機から30機、第5波が20機で計156機だった」と報告した。(35)

　その後の菊水作戦に関する報告では、特攻機150機が参加して、その多くがRPS＃15に向かったとなっている。これは沖縄作戦のRPSにおける最大の戦闘だった。

[RPS＃15：第85戦闘飛行隊（VF-85）]
　5月11日朝、VF-85のコルセア16機が空母シャングリ・ラ（CV-38）を発艦した。テッド・ハバート少佐率いる4個編隊がRPSに到着して、1時間もしないうちに迎撃のため北に向かうよう誘導された。

　高度5,000フィート（1,524m）で飛行していたジョー・ロビンス大尉と僚機のフランク・シダル少尉は1,000フィート（305m）下に零戦16機を発見した。

　コルセアの1個編隊が零戦に急降下して、最初の航過でこれを散り散りにした。ロビンス大尉は零戦1機に命中弾を浴びせて海面に落とした。ロビンス大尉は機体を引き起こすと、別の零戦1機が彼の照準器に飛び込んで来たので、これを射撃した。零戦は炎に包まれ、パイロットは脱出した。

　ロビンス大尉とシダル少尉は3機目の零戦を10海里（19km）追跡すると、零戦は旋回して彼らに向かって来た。ロビンス大尉が連射を浴びせると、零戦は爆発した。その後、2人は別の零戦を追跡したが、仕留めるのに

少し手間取った。それでも最後にロビンス大尉が命中弾を浴びせて撃墜した。零戦は海面で一度跳ねてから水没した。(36)

　0755、CAP機は飛来する日本軍機と空中戦を行なった。CAP機の交信から推定すると、40機から50機を撃墜した様子だった。日本軍機が多かったので、CAP機は動きがとれず、艦艇を守れなかった。最も近い友軍機はRPSから10海里（19km）も離れているとみられていた。(37)

［RPS#15：駆逐艦ヒュー・W・ハドレイ（DD-774）］

　多数の日本軍機がRPS上空を通過して南に向かって飛行していた。日本軍機がRPSの艦艇に気づく前に、ヒュー・W・ハドレイは4機を撃墜した。

　日本軍機は4機から6機のグループになって各艦艇に攻撃を開始した。ヒュー・W・ハドレイは支援艦艇に接近できる時が何回もあったが、回避運動を繰り返すことで、ヒュー・W・ハドレイとエヴァンス（DD-552）はしばしば支援艦艇から何海里も離れてしまった。

　5月11日0830から0900の間、ヒュー・W・ハドレイはさらに12機以上の日本軍機を撃墜した。

［RPS#15：駆逐艦ヒュー・W・ハドレイ（DD-774）、第323海兵戦闘飛行隊（VMF-323）］

　VMF-323のエド・キーリー海兵隊中尉とラリー・クラウレイ海兵隊少尉は、襲来する日本軍機11機を相手に戦っていた。この日、2人は何度も戦闘に参加し、計7機を撃墜していた。

　日本軍機1機がヒュー・W・ハドレイに突進していくのに気づいたキーリー中尉とクラウレイ少尉はカミカゼの後方に占位し、弾薬がなくなるまで連射を浴びせた。ヒュー・W・ハドレイへの体当たりを防ぐため、2機のコルセアは日本軍機に接近して飛行して、針路を変更させた。日本軍機は駆逐艦の反対側の海面に墜落した。

　ヒュー・W・ハドレイの艦長バロン・J・ムラネイ中佐は、戦闘報告で2人の練度を称賛し、次のように記した。

　　ヒュー・W・ハドレイを担当したCAP機のパイロットが、わが海軍の高尚な歴史の中で、最も手強い敵と戦ったことは記録に値する。我々に接近して支援するように要請された編隊長は「弾薬を使い果たしたが、艦のそばにいる」と答えた。そして、彼は敵機の針路を変えようと、攻撃してくる敵に向かっていった。戦闘の終盤、1人の海兵隊パイロットが

体当たり攻撃機の針路を変更させようとしているのを見た。敵機はわが艦に体当たりしたが、たいしたことはなかった。海兵隊パイロットが一緒ならば、わが艦は喜んで日本の海岸まで行く。(38)

　戦闘が終わるまでに、キーリー中尉は鍾馗1機と九七式戦3機を、クラウレイ少尉は百式司偵1機と九七式戦3機を撃墜した。

［RPS＃15：駆逐艦エヴァンス（DD-552）、ヒュー・W・ハドレイ（DD-774）］

　5月11日0830、エヴァンスは飛来する日本軍機を追尾し射撃した。九七式艦攻3機が突進して来たが、3分ですべて撃墜した。最初の機体は距離6,000ヤード（5,486m）、2機目は4,000ヤード（3,658m）、3機目は500ヤード（457m）だった。

　エヴァンスとヒュー・W・ハドレイは相互支援ができるように距離3,500ヤード（3,200m）に接近した。

　0835、両艦は飛来する日本軍機1機を射撃し撃墜した。零戦2機がエヴァンスの右舷方向から飛来したので、2機とも撃墜した。飛燕1機がヒュー・W・ハドレイを狙ったが、エヴァンスの砲火の正面に突っ込み、炎に包まれてヒュー・W・ハドレイの近くに落下した。両艦でこの飛燕を撃墜した。

　数分後、別の飛燕1機がエヴァンスの頭上から急降下して爆弾を投下した。爆弾は右舷前方に落下した。この飛燕はエヴァンスの5インチ砲弾を受け、爆弾と同様に落下した。

　0849、エヴァンスは隼1機と天山1機を撃墜した。数分後、エヴァンスに突進した九七式艦攻が投下した魚雷は、艦首の先25ヤード（23m）を通過した（訳注：第931航空隊の天山が雷撃で出撃しているので、これを誤認した可能性あり）。九七式艦攻はエヴァンスと大型揚陸支援艇LCS（L)-82の砲火を浴び、墜落した。

［RPS＃15：駆逐艦エヴァンス（DD-552）、大型揚陸支援艇LCS（L)-82、-84］

　5月11日0835、LCS（L)-84は左舷方向から飛来した最初の日本軍機に対して砲火を開いた。0900、零戦を撃墜した。これがその日の最初の撃墜だった。

　後部40mm連装機関砲の配置に就いていたフレッド・W・ウォーターズは「敵機は艇の右舷前方10フィート（3.0m）のところに墜落し、その水しぶきと燃え盛るガソリンが艇を包んだ。右舷艦首と防舷物が燃え出し、1人が海に投げ出され、もう1人が裂傷を負って体に火がついた」と回想している。(39)

LCS（L）-84は、9分後に2機目の零戦を撃墜し、数分後に鍾馗1機を撃墜した。

0845、飛燕1機がエヴァンスの左舷方向から急降下したので、エヴァンスと駆逐艦ヒュー・W・ハドレイ（DD-774）、LCS（L）-82がこれを撃墜した。飛燕は駆逐艦2隻の間に墜落した。（訳注：5月11日出撃した飛燕は第55振武隊と第56振武隊であるが、目的地からこの飛燕は第56振武隊の可能性が高い）

ほぼ同じ頃、LCS（L）-83が日本軍機を砲火で包み、これはエヴァンスの艦尾方向に墜落した。

0846、LCS（L）-83は九九式艦爆1機を左舷方向6,000ヤード（5,486m）で撃墜した。

ロケット中型揚陸艦LSM（R）-193は九七式艦攻1機が艦に向かって急降下しようと高度を上げているのを発見した。0859、LSM（R）-193は38口径5インチ単装砲と40mm機関砲の砲火を開いて、これをLCS（L）-84の近くに撃墜した。

LCS（L）-82も手いっぱいになってきた。0910、隼1機がLCS（L）-82の右舷艦首に向かって急降下したが、LCS（L）-82の砲火を浴び、頭上を通過した時に分解した。艇長のP・G・ベイレル大尉は最大速度を命じていたが、隼の一部が艦尾に激突した。

0901、隼1機がエヴァンスの左舷後方から急降下したが、4,000ヤード（3,658m）も離れている位置で命中弾を受けた。隼は、投下した爆弾が艦を外したので、体当たり攻撃を試みたがうまくいかず、左舷方向1,500ヤード（1,372m）の海面に激突した。

ほぼ同じ頃、艦の右舷側の砲手が天山1機の主翼を吹き飛ばし、同機は海面に墜落した。

0904、エヴァンスは別の飛燕1機も撃墜した。しかし、数分後、エヴァンスの左舷喫水線付近に彗星が体当たりし、開いた穴から海水が艦内に流れ込んだ。

数分後、大型揚陸支援艇LCS（L）-83が艦首に向かって突進する零戦32型1機を捉えて撃ち落とした。さらにエヴァンスが38口径5インチ単装砲で飛燕1機に砲火を浴びせ、飛燕は炎に包まれて左舷方向に墜落した。

その2分後、エヴァンスに左舷方向から急降下した日本軍機が突入した。同機は被弾したにもかかわらず、エヴァンスの喫水線に体当たりし、搭載していた爆弾が艦内部で爆発して、大きな損傷を与えた。

その直後、隼1機がエヴァンスをめがけて急降下し、爆弾を投下してから艦に体当たりした。爆弾は甲板を突き抜けて前部缶室で爆発し、ボイラーが

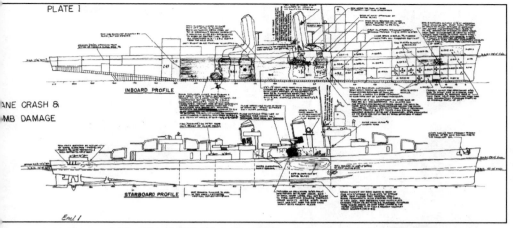

PLATE 1

INBOARD PROFILE

ANE CRASH &
MB DAMAGE

STARBOARD PROFILE

Encl 1

5月11日の攻撃で3機の特攻機が命中した駆逐艦エヴァンス（DD-552）の損傷箇所を示す艦艇局の図面。本艦も沖縄で応急修理後、米本土へ回航されたが1945年11月に退役、除籍された（BuShips USS Evans DD 552 Report of War Damage Okinawa Gunto 11 May 1945）

破裂した。別の隼１機も上甲板に体当たりして、火災が発生した。のちに２人の日本人パイロットの遺体が調理室と甲板で見つかった。

　エヴァンスはボイラーが破裂したので動けなくなったが、まだ浮いていた。

　LCS（L）-83に突進して来た日本軍機２機を艇の射手が撃退した。ロケット中型揚陸艦LSM（R）-193は２機を追い返し、0912には突進して来た零戦32型１機を撃墜した。

　0914、別の３機がLSM（R）-193を攻撃し、同艦が１機を撃墜し、残りの２機は大型揚陸支援艇の砲火が撃ち落とした。

　0925、最後の攻撃機がエヴァンスに飛来した。コルセア２機が艦のほうに追い込み、日本軍機は艦とCAP機の砲火に挟まれた。日本軍機は針路を変更すると、エヴァンスの近くに墜落し、エヴァンスにそれ以上の被害はなかった。

　エヴァンスの消火用配管が損傷したため、乗組員はバケツと消火器を使って消火した。LCS（L）-84が救援に来たが、同じように攻撃を受けた。

　エヴァンスの損傷を見てLCS（L）-82が救援に向かい、エヴァンスの右舷艦首に接舷して消火作業を支援した。エヴァンスにLCS（L）-82を係留していると、CAP機に追われた九九式艦爆がLCS（L）-82の艦首に向けて急降下した。LCS（L）-82の砲手は何発も命中弾を浴びせ、エヴァンスの左舷方向200ヤード（183m）の海面に撃墜した。LCS（L）-82の砲火でエヴァンスの艦首に少し穴が開き、艦首上甲板が炎上した。LCS（L）-82の乗組員は直ち

5月11日、高速輸送艦リングネス（APD-100）から哨戒救難護衛艇PCE（R）-855に移送される駆逐艦エヴァンス（DD-552）の負傷者（NARA 80G 331077）

に駆逐艦の前部甲板に穴を空けて注水した。

　LCS（L）-84もエヴァンスの左舷艦尾に接舷して消火を始めた。エヴァンスに危機的状況が迫っていたので、LCS（L）-84は生存者の救出を始めた。

　エヴァンスから乗組員を救出している間、艦尾上空ではコルセア2機が零戦1機を追っていた。LCS（L）-84が砲火を浴びせると、零戦は距離400ヤード（366m）の海面に墜落した。

　0945、LCS（L）-84は生存者の救助を再開し、エヴァンスに接舷して消火を助け、負傷者を移送した。救難艦デリヴァー（ARS-23）と中型揚陸艦LSM-167に加え、艦隊随伴航洋曳船クリー（ATF-84）とアリカラ（ATF-98）の2隻が到着した。

　1345、アリカラは損傷を受けたエヴァンスを慶良間諸島に向け曳航を始めた。

　LCS（L）-82は3機撃墜し2機の撃墜を支援した。これにより、LCS（L）-82は海軍部隊賞詞を、艇長のピーター・ベイエレル大尉は銀星章を授与された。

漂流中のヒュー・W・ハドレイ（DD-774）の生存者を救助するロケット中型揚陸艦LSM
（R）-193 　（Photo courtesy of the Hugh W. Hadley DD 774 Reunion Group）

[RPS＃15：駆逐艦ヒュー・W・ハドレイ（DD-774）]
　混乱の中、ヒュー・W・ハドレイは駆逐艦エヴァンス（DD-552）から離れた。
　5月11日0900、日本軍機はヒュー・W・ハドレイに攻撃を集中してきたため、同艦はCAP機の支援を要請した。その日のヒュー・W・ハドレイの戦闘報告には次のように記されている。

　戦闘不能になっているエヴァンスと3海里（5.6km）、小型支援艦艇4隻と2海里（3.7km）離れていたので、ヒュー・W・ハドレイは20分間、単独で敵機を撃退した。0920、ヒュー・W・ハドレイを囲んでいた右舷前方の4機は艦の主砲と機関砲、左舷前方の4機は前部機関砲、艦尾側の2機は後部機関砲の砲火をそれぞれ浴びていた。計10機が同時に艦を攻撃してきたが、目覚ましい活躍で全機を撃破した。第3波の攻撃でヒュー・W・ハドレイは次の損害を受けた。①後部に爆弾1発命中、②低高度を飛行中の一式陸攻から投下された「バカ」（桜花）1機命中、③後部に体当たり攻撃機1機激突、④索具に体当たり攻撃機1機命中。(40)

　ヒュー・W・ハドレイは爆弾と特攻機により大きな損傷を受けたが、最終的には桜花で戦闘不能になった。艦後方から接近した一式陸攻が投下した桜花は、高度600フィート（183m）から降下して前部機械室と前部缶室の間の右舷に命中した。爆発で甲板の一部は20インチ（50.8cm）浮き上がり、乗組員

の何人かは膝と足首を骨折したが、ヒュー・W・ハドレイの乗組員は奮闘して艦を救った。

［RPS＃15：大型揚陸支援艇LCS（L）-83］

LCS（L）-83の艇長Ｊ・Ｍ・ファディズ大尉は「駆逐艦の近くに大型揚陸支援艇がいれば、駆逐艦は大型揚陸支援艇の火力を大いに活用できると具申したい。大型揚陸支援艇の複数の40mm機関砲で敵機に集中砲火を浴びせれば、通常、敵機は空中で爆発する。わがLCS（L）-83の集中砲火で敵機が爆発すれば、その爆発を我が艇の乗組員はもちろんのこと、離れていたところにいるLCS（L）-84とLCS（L）-82の乗組員も見ることができるであろう」とコメントした。(41)

５月３日と11日の戦果でLCS（L）-83は海軍部隊賞詞を受賞し、23機撃墜したヒュー・W・ハドレイ（DD-774）と、14機撃墜したエヴァンス（DD-552）はともに大統領部隊感状を授与された。

［RPS＃15：駆逐艦ヒュー・W・ハドレイ（DD-774）、高速輸送艦バーバー（APD-57）］

駆逐艦ワズワース（DD-516）、ハリー・E・ハバード（DD-748）、高速輸送艦リングネス（APD-100）、バーバー、哨戒救難護衛艇PCE（R）-852も攻撃を受けた艦艇を支援するため、RPS＃15に出動した。前日に沖縄に到着したばかりのバーバーにRPSの恐怖が待ち受けていた。

1100、バーバーがRPS＃15に近づくと、ヒュー・W・ハドレイ、ロケット中型揚陸艦LSM（R）-193、大型揚陸支援艇LCS（L）-83を目の当たりにした。バーバーの射撃員だったオスカー・ウエスト,Jr.兵曹はのちに次のように回想している。

　　海は穏やかだった。ヒュー・W・ハドレイは「海を漂う死体」のように血を流していた。風はなく、何も聞こえない。バーバーの乗組員も声を出さない。その沈黙は「何が起きたのだろう。まだ終わってないのでないか」という我々の極度の警戒心からだっただろう。

　　注意深く舷側に近づくと、ベルの音が聞こえた。最初に頭に浮かんだのは「なぜベルの音がするのか？」だった。それは非常に穏やかな音で、それぞれ音程が異なっていた。誰もが無言で、エンジン音も聞こえず、ただ静寂があるだけだった。

　　ベルが見えた。それは真鍮製の５インチ砲弾の空薬莢だった。驚いた

5月11日、特攻機の攻撃を受けた駆逐艦ヒュー・W・ハドレイ（DD-774）の損傷状況。写真上は後部20mm機関砲の砲座付近の上部構造物。写真下は後部5インチ砲塔付近。手前下に砲塔基部のターレットリング（旋回機構）がむき出しになっている。右側奥には爆雷が装塡されたままの3基の投射機が見える（Photo courtesy of the Hugh W.Hadley DD774 Reunion Group）

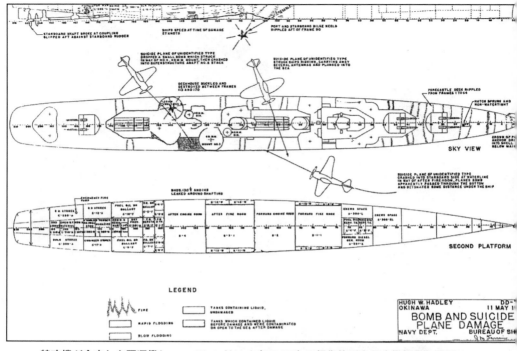

特攻機が命中した駆逐艦ヒュー・W・ハドレイ（DD-774）の損傷箇所を示す艦艇局の図面
（BuShips USS Hugh W. Hadley DD774 Report of War Damage Okinawa Gunto 11 May 1945.）

　ことに重い真鍮製の薬莢が浮いているのだ。駆逐艦の周囲の海は薬莢で埋まっているようだった。薬莢ごとに流れ込んでいる海水の量が違うため、それぞれ音の高さが違っていた。

　その音は今でも頭に残っている。どれほどの砲弾の空薬莢が海に捨てられ、沈んだままになっているか想像できた。まだ先端を見せて浮かんでいる薬莢がたくさんあった。もし海が荒れていたら、この静寂は耳をつんざくようなベルの音で包まれていただろう。(42)

　バーバーは、LSM（R）-193とLCS（L）-83から計50人のヒュー・W・ハドレイの負傷者を移乗させて渡具知に後送した。艦隊随伴航洋曳船タワコニ（ATF-114）も到着し、ヒュー・W・ハドレイを伊江島に曳航した。

[RPS＃15：第221海兵戦闘飛行隊（VMF-221）]

　5月11日、艦艇の上空とRPS＃15の周囲数海里で、CAP機が日本軍機と交戦していた。

　0700、空母バンカー・ヒル（CV-17）がVMF-221のコルセア7機を発艦させた。コルセアが揚陸指揮艦エルドラドー（AGC-11）に連絡すると、駆逐艦ヒュー・W・ハドレイ（DD-774）護衛の配置に就くよう指示された。

　0800、J・E・スエット海兵隊大尉率いる1個編隊がRPS＃15近くで銀河1機を発見、追跡し、スエット大尉が損傷を与え、W・ゴエゲル海兵隊中尉が仕留めた。

　0835、編隊はヒュー・W・ハドレイから敵味方不明機の迎撃を誘導されたが、発見できなかった。

　編隊が哨戒に戻ると、ヒュー・W・ハドレイが攻撃を受けており、飛来する天山1機に砲火を浴びせているのが見えた。激しい対空砲火の中、スエット大尉は2回航過し、天山が艦に命中する前に撃墜した。この時点でヒュー・W・ハドレイはCAP機に対し、通信機器が機能しなくなったので自分の判断で対処するように連絡した。

　0855、スエット大尉の編隊は桜花とそれを搭載していた一式陸攻を迎撃した（訳注：第8神風桜花特別攻撃隊神雷部隊で、一式陸攻・桜花8組出撃して全機未帰還）。桜花の重量で速度が出なかった一式陸攻は、編隊全機の射撃を受け、主翼付け根から燃え始めて錐もみ状態に入った。一式陸攻が海面に激突すると桜花が爆発した。R・O・グレンダイニング海兵隊中尉がいちばん多く命中弾を浴びせたので、撃墜は彼の記録になった。

[RPS＃15：第322、第441海兵戦闘飛行隊（VMF-322、VMF-441）]

　5月11日0915、VMF-322のR・J・ピンカートン、J・E・ウエブスターの両海兵隊中尉は、RPSの東20海里（37km）で九九式艦爆1機を協同で撃墜した。

　同じ頃、VMF-441のエリオット・F・ブラウン海兵隊中尉とクリード・スピーク海兵隊少尉は、RPS＃15の南25海里（46km）で接近する敵味方不明機に向けて誘導され、それぞれ零戦1機ずつを撃墜した。

　VMF-441のレイモンド・N・ワグナー、ウエンデル・M・ラーソン両海兵隊少尉は別の方向に誘導され、低高度を飛行中の零戦32型1機を発見した。ワグナー少尉が左翼とエンジンに20mm機関砲弾を命中させた。零戦は爆発して大きな火の玉になった。おそらく搭載していた爆弾が爆発したのであろう。

　2人はRPS＃15に戻ると、すでに動けなくなっている駆逐艦エヴァンス（DD-552）とヒュー・W・ハドレイ（DD-774）に九七式戦1機が向かってい

るのに気づいた。ワグナー少尉が先に撃ったが、命中させることはできず、ラーソン少尉が九七式戦の７時の方向に占位して、命中弾を浴びせた。ラーソン少尉はのちに次のように報告した。

　　九七式戦のパイロットはすぐに機動をやめた。私はそれが火の玉になってゆっくり降下するまで射撃した。パイロットはその時には死んだか、操縦ができなくなっていたと思う。そして敵機がエヴァンスの左舷後方距離250ヤード（229m）の海面に墜落するまで追いかけただけだった。エヴァンスで唯一機能していた左舷の40mm機関砲は敵機が海中に沈んだ後も射撃を続けていた。(43)

［RPS＃15：第221海兵戦闘飛行隊（VMF-221）］

　５月11日、VMF-221の各機は、これが最後の任務になるとは知らずに空母に帰投した。空母バンカー・ヒル（CV-17）に近づくと、ちょうど２機のカミカゼに体当たりされるのが見えた。この攻撃でバンカー・ヒルは戦線から離脱した。VMF-221のパイロットは海面の生存者の上を旋回して、ほかのカミカゼ攻撃を警戒し、その後、空母エンタープライズ（CV-6）に着艦した。
(44)

［RPS＃16A：駆逐艦ロウリー（DD-770）、第323海兵戦闘飛行隊（VMF-323）］

　RPS＃16Aを哨戒したのはロウリー、敷設駆逐艦ヘンリー・A・ワイリー（DM-29）、大型揚陸支援艇LCS（L）-54、-55、-110、ロケット中型揚陸艦LSM（R）-191だった。

　５月11日朝、RPS＃16A近くでCAP機が九七式艦攻１機を撃墜した。

　VMF-323のフランシス・テリル海兵隊中尉と僚機のグレン・サッカー海兵隊中尉のコルセアがRPS＃16AのRPP任務のため、1700に嘉手納を発進した。

　1917、テリル、サッカー両中尉は、九七式艦攻１機が雲から出てきてロウリーに突進するのを発見した。２人は降下して、九七式艦攻の後方に占位した。ちょうどその時、LCS（L）-55が前部の40mm単装機関砲と40mm連装機関砲の砲火を開いた。

　数秒後、ヘンリー・A・ワイリーとLSM（R）-191も同じように九七式艦攻に砲火を浴びせた。テリル中尉が数連射したが、九七式艦攻は魚雷を投下した。ロウリーは魚雷を避けるため転舵をした。魚雷はロウリーの艦尾から50ヤード（46m）のところを通過して、まもなく爆発した。

　九七式艦攻は魚雷を投下すると機体を傾けて南に向かったが、テリル、サ

ッカー両中尉が追いかけた。彼らは数分で敵機を爆発、炎上させて、完璧な仕事を成し遂げた。

　５月11日は日本軍にとって損害ばかりが大きく、多くの航空機とパイロットを失った。

［菊水５号と６号作戦の戦果］

　日本軍は大きな損失をこうむったが、菊水５号と６号作戦の戦果は非常に大きかった。

　RPSで米軍の戦死者は540人、負傷者は590人だった。駆逐艦が３隻沈没し７隻が損傷した。支援艦艇もロケット中型揚陸艦３隻が沈没し１隻が損傷を受けて大きな損害をこうむった。大型揚陸支援艇は４隻が損傷しただけだった。

　レーダー・ピケットとCAP機の練度が向上したが、多くの日本軍機がそれをすり抜けた。ほかにも沖縄海域で空母２隻を含む５隻が体当たり攻撃された。護衛空母サンガモン（CVE-26）と空母バンカー・ヒル（CV-17）はひどく損傷し、戦線から離脱した。バンカー・ヒルの損傷は非常に大きく、396人が戦死し264人が負傷した。RPSの損害以外にも579人が戦死、564人が負傷した。(45)

第6章 心からの「よくやった」

サンダーボルトが到着

5月14日、サイパンから伊江島に陸軍第318戦闘航空群のP-47Nサンダーボルトが到着して、ここを基地にする運用が可能になった。

これ以後、ヘルキャット、ワイルドキャット、コルセアに加え、サンダーボルトで戦闘空中哨戒（CAP）することが多くなった。ほかのサンダーボルトの飛行隊もこれに続いた。

5月19日、伊江島に陸軍第413戦闘航空群の地上部隊が陸軍輸送船（USAT）コタ・インテンで到着し、6月中旬の飛行部隊到着の準備を行なった。（訳注：コタ・インテンはオランダ船籍の民間船で、1942年に英国戦争省に借り上げられ、43年から米国戦時船舶輸送局にチャーターされた）

P-47は長距離戦闘機だったので、九州、朝鮮、中国の日本軍基地を攻撃することが主任務になった。加えて北部沖縄での航空攻撃を阻止する阻止CAPもRP艦艇上空のCAPと同様に行なった。

サンダーボルトの最も重要な任務の1つは九州のカミカゼの発進基地を攻撃することだった。彼らの継続的な日本軍基地に対する掃討で、日本軍機が沖縄に向けて発進することを妨害した。

5月、英空母機動部隊と米護衛空母は沖縄南方の宮古島と石垣島の飛行場を頻繁に攻撃した。ほかに極東航空軍の爆撃機部隊はB-24とB-25で台湾の飛行場を継続的に爆撃した。

5月12日（土）〜14日（月）

［鳥島占領］

5月12日、米軍は沖縄本島西方の鳥島を占領し、空襲警報ステーションを新設した。これによりRPS＃15、16Aの艦艇の負担は軽減した。

［RPS＃７：駆逐艦プリチェット（DD-561）、第312海兵戦闘飛行隊（VMF-312）］

RPS＃７を哨戒したのはプリチェットと駆逐艦ウォーク（DD-723）、大型揚陸支援艇LCS（L）-14、-115、-118、ロケット中型揚陸艦LSM（R）-192だった。

５月13日1904、プリチェットはRPSに向かう敵味方不明機の迎撃にCAP機を向かわせた。VMF-312のコルセアの１個編隊は、高度500フィート（152m）を西から飛来する百式司偵１機を発見した。

逃げようとする百式司偵に最初に命中弾を浴びせたのは、Ｔ・Ｊ・カッシュマン海兵隊大尉とスターリン海兵隊中尉だった。続いてアル・ソーン、リチャード・Ｆ・マコウン両海兵隊中尉の照準器に飛び込んで来た百式司偵にマコウン中尉が射撃すると、エンジンに命中し、百式司偵は炎に包まれて海面に落下した。

［RPS＃９：駆逐艦ウィリアム・Ｄ・ポーター（DD-579）、第323海兵戦闘飛行隊（VMF-323）］

５月12日、RPS＃９を哨戒したのはウィリアム・Ｄ・ポーターと駆逐艦バッチ（DD-470）、大型揚陸支援艇LCS（L）-23、-56、-87、ロケット中型揚陸艦LSM（R）-197だった。

1730、ジョー・マクファイル海兵隊大尉率いるVMF-323のコルセアの１個編隊が嘉手納を離陸した。ほかにはジョン・ラッシャム、ボブ・ウェイド両海兵隊中尉がいた。

台湾の陸軍第８飛行師団の飛行場から発進した特攻機７機、護衛戦闘機２機、誘導機１機がRPS＃９に向かっていた（訳注：誠第120飛行隊の疾風、誠第123飛行隊の屠龍、第10飛行戦隊の屠龍）。1930、編隊はRPSに接近する百式司偵１機を発見して追跡しRPSのほうに追い込んだ。ラッシャム中尉が百式司偵を捉えて追い越すまで数連射浴びせ、僚機のウェイド中尉がとどめを刺した。百式司偵はウィリアム・Ｄ・ポーターとバッチの近くの海面に墜落した。ほかの日本軍機は艦艇を攻撃してこなかった。

［RPS＃９：駆逐艦カウエル（DD-547）、第224海兵戦闘飛行隊（VMF-224）］

５月12日2014、日本軍機１機が低高度でRPSに向かって来た。駆逐艦バッチ（DD-470）とウィリアム・Ｄ・ポーター（DD-579）は砲火を開いてこれを撃退した。

13日1745、カウエルがウィリアム・Ｄ・ポーターと交代して、RPSの戦闘機指揮・管制任務を引き継いだ。

1830、カウエルは飛来する敵味方不明機に向けてVMF-224のコルセア4機を誘導した。E・F・チェイス海兵隊大尉とL・J・ミッチェル、H・S・コブスキー、L・R・タッカー各海兵隊少尉は複葉機の九三式中練と零式水上観測機それと九九式艦爆の混成編隊と遭遇した。(訳注:「戦史叢書」などによれば5月13日、九三式中練、零式水上観測機、九九式艦爆の出撃記録はない。6機の複葉機の九六式艦爆が特攻隊〔忠誠隊〕として台湾から出撃しているので九三式中練と誤認した可能性はある。資料によってはこの特攻隊の使用機は彗星になっている。浮舟付きの零式水上観測機と誤認されるような機種の出撃は特攻隊以外でも記録されていない。陸軍誠第31飛行隊の九九式襲撃機を九九式艦爆と誤認した可能性がある)

　九三式中練の1機は海面わずか20フィート (6.1m) の低高度で艦艇に向かって飛行していた。コブスキー少尉は機首を九三式中練に向けるとこれを撃墜し、最初の戦果を上げた。

　九九式艦爆2機が北東から攻撃をかけたが、うち1機はRP艦艇の砲火で撃墜され、2機目はコブスキー、タッカー両少尉のチームに撃墜された。チェイス大尉は低高度で飛行していた別の九三式中練1機を捉えてこれを撃墜した。数分後、海面から高度20フィート (6.1m) で飛行していた零式水上観測機もこの編隊が撃墜した。(1)

[RPS#9:駆逐艦バッチ (DD-470)、第311、第322海兵戦闘飛行隊 (VMF-311、VMF-322)]

　5月13日1840、バッチはレーダーでさらに多くの日本軍機を探知したが見失った。バッチは日本軍機がレーダーを避けて低空飛行しているのを警戒して、VMF-311のシェラー海兵隊大尉とナイト海兵隊中尉のコルセアを迎撃のために誘導した。2人は零式水上観測機4機が高度500フィート (152m) で飛来するのを発見して撃墜した。(2)

　そのとき、九九式艦爆2機が支援艦艇の右舷方向から接近して来た。ロケット中型揚陸艦LSM (R) -197とカウエル (DD-547) がこれに砲火を浴びせ、LSM (R) -197の5インチ砲弾が1機を爆発させた。

　同じ頃、RPSから9海里 (17km) の海域に九九式艦爆3機が低高度で飛来して来るのを探知した。バッチは先頭の日本軍機に砲火を浴びせ、艦の右舷方向7,000ヤード (6,401m) で撃墜した。別の九九式艦爆1機が左舷方向から飛来したが、バッチと大型揚陸支援艇LCS (L) -23、-56の40mm機関砲の餌食になった。

　3機目の九九式艦爆はVMF-322のF・E・ワレン海兵隊中尉に追われながら、バッチに向かって急降下した。ワレン中尉は九九式艦爆を仕留めようと

して対空砲火の真っただ中を追いかけた。

1850、九九式艦爆の主翼がバッチの2番煙突に接触し、胴体がスピン状態で艦中央部に猛スピードで落下した。搭載していた250kg爆弾が甲板上で爆発して破片が飛び散り、艦の電力と動力が使えなくなった。

一方、九九式艦爆をバッチから500ヤード（457m）のところまで追いかけたワレン中尉は艦艇の対空砲火で右主翼を撃たれた。損傷したにもかかわらず、嘉手納の近くまで帰投したが、ついに海岸沖で脱出せざるをえなかった。近くの対空火砲の要員が彼を無事に救助した。(3)

同じ頃、ワレン中尉と同じVMF-322のリチャード・S・ウイルコックス海兵隊中尉は零戦1機がバッチとカウエルに突進するのを発見して撃墜した。ウイルコックス、ワレン両中尉は、この英雄的な行為で海軍十字章を授与された。

LSM（R）-197は飛来する零式水上観測機1機を発見して砲火を浴びせたが、CAP機1機がこれを追跡しているのを見て射撃を中止した。

大型揚陸支援艇LCS（L）-87は押し寄せる日本軍機と体当たりされたバッチの間に移動して、バッチの盾となった。LCS（L）-87がバッチに接近する九九式艦爆1機に命中弾を浴びせ、CAP機のパイロットがこれを追って撃墜した。バッチが飛来する百式司偵1機を捉えて40mm機関砲で追い返すまでに、CAP機のパイロットは別の2機を撃墜した。

同じ頃、バッチはVMF-311のコルセア2機を飛来する零式水上観測機4機の迎撃に誘導した。R・F・シェラー大尉が3機、W・H・ナイト少尉が1機を撃墜した。

海上で停止していたバッチに火災が発生した。1900、LCS（L）-56、-87、LSM（R）-197は救援に向かい、消火を助けるとともに負傷者を救護した。LCS（L）-23はバッチの風下の舷側で消火作業を支援した。

哨戒救難護衛艇PCE（R）-855がRPSに到着して、バッチの戦死者1人と負傷者19人をLSM（R）-197から移乗させた。

2128、LCS（L）-56がバッチを曳航して停泊地に向かった。バッチは戦死者41人、負傷者32人を出した。

2日後、第33海兵航空群はバッチから次の公式声明を受け取った。

5月13日夜、RPS＃9上空のF4Uパイロットは、さらなる損害からバッチを救う称賛に値する勇気ある行為を見せた。パイロットは激しい対空砲火の前でも繰り返し体当たり攻撃機を攻撃した。バッチが海面で動けない間、パイロットは艦から距離4,000ヤード（3,658m）で2回敵機を撃

墜した。これらのパイロットにバッチの士官・下士官兵からの感謝の気持ちを伝えて欲しい。さらに艦長とし.て、すべての小型支援艇が献身的な救助をしてくれたこと、とりわけ前部魚雷発射管近くが激しく燃えている時に風下側の舷側に来て、水と電力を供給してくれたLCS（L)-23のことを知ってもらいたい。(4)

米国の情報部隊は、九州に対する空母艦載機の攻撃により九州の基地から発進する攻撃を混乱させていると推測した。RPSに対する限定的な攻撃は台湾から来たようである。(5)

5月15日（火）～19日（土）

[日本陸軍航空部隊の動向]
　傍受した連合艦隊の通信で、日本軍の運用に変化があったことがわかった。日本陸軍は朝鮮の飛行場を集結基地として使用していたが、海軍も同様にしようとしていた。
　5月16日付の通信で、海軍が朝鮮の基地で使用する燃料の配分が明らかになり、ほかの通信では零戦、雷電の整備が困難になっていることを示していた。
　台湾の第1航空艦隊は沖縄の米艦艇の位置を特定するため、18日に偵察機を発進させるように指示を受けた。18日の夜、訓練部隊の8機が慶良間諸島の艦艇を攻撃することになっていた。(6)
　陸軍の第10航空軍と第6航空軍は5月19日に新たな攻撃を計画していた。戦闘機30機と体当たり攻撃機部隊2個が1630から1900の間に渡具知停泊地に到達する予定だった。
　マジック極東概略によると、5月17日に傍受した日本軍の通信は「目標に接近する前に敵は離陸するので、我々が攻撃するのは困難だった。最も攻撃しやすい目標を狙う」となっていた。(7)
　最も攻撃しやすい艦艇とは、台湾と九州にいちばん近い海域を哨戒するRP艦艇だった。RP艦艇に危険が及ぶことが予想された。

[RPS＃7：駆逐艦ブラッドフォード（DD-545）]
　5月17日、RPS＃7を哨戒したのはブラッドフォードとウォーク（DD-723)、大型揚陸支援艇LCS（L)-12、-115、-117、-118、ロケット中型揚陸艦LSM（R)-192だった。

海軍の鹿屋飛行場は日本本土の最も重要な航空基地の1つであり、恒常的に米軍機の攻撃目標になっていた。写真は5月13日の空襲時に撮影。第58任務部隊のSB2Cヘルダイヴァー2機とF4Uコルセア1機が見える（USS Bennington CV 20 Serial 0021 3 June 1945 Action Report of USS Bennington（CV-20）and Carrier Air Group Eighty-Two in Support of Military Operations at Okinawa 9 May-28 May（East Longitude Dates）Including Action Against Kyushu）

　ブラッドフォードは敵味方不明機を距離16海里（30km）で探知し、CAP機を誘導したが、最初の迎撃は失敗した。CAP機が針路を修正すると、西からRPSに向かっている250kg爆弾搭載の九三式中練1機を発見した（訳注：零式観測機が沖縄に挺進連絡に向かい、不成功となっている。不成功が撃墜されたとの意味ならば、同じ複葉機なので、この機体の可能性あり）。0625、VMF-311のC・E・ベーコン海兵隊少尉がRPSから距離14海里（26km）でこれを撃墜した。

［RPS＃9：駆逐艦カウエル（DD-547）、第323、第224海兵戦闘飛行隊（VMF-323、VMF-224）］
　5月15日、RPS＃9を哨戒したのはカウエルとヴァン・ヴァルケンバーグ（DD-656）、大型揚陸支援艇LCS（L）-65、-66、-67、ロケット中型揚陸艦LSM（R）-197だった。

1010、大型揚陸支援艇LCS（L）-53がLSM（R）-197と交代し、カウエルが上空のCAP機の指揮・管制を行なった。

　その日の終わり、RPS近くに日本軍機がいるとの報告が入った。VMF-323のチャールズ・マーチン海兵隊中尉率いる1個編隊のコルセアが艦艇上空で哨戒中だった。

　H・P・ウエルズと僚機のノーマン・ミラー両海兵隊少尉の2機編隊がRPSに突進する天山3機を発見した。防空集団によると戦闘経過は次の通りである。

　　ウエルズ少尉とミラー少尉は下方から後方に占位した。ウエルズ少尉は主翼付け根と操縦席に銃弾を撃ち込み最初の撃墜を上げ、2機目の機体全体に機銃掃射した。ミラー少尉が3機目の胴体と主翼の付け根に命中弾を浴びせると、敵機は炎に包まれた。すべての攻撃は距離300フィート（91m）で始まった。これは太陽の光が弱く、暗闇が迫っていたからだった。3機の天山には後部機銃手が搭乗していた。天山の1機は回避行動中に爆弾を投下した。天山は攻撃を受けた時に全機とも艦艇のほうに向かっていた。(8)

　戦闘が終わると、ウエルズ少尉は2機、ミラー少尉は1機を撃墜した。カウエルはCAP機が日本軍機3機を艦の南西で撃墜したとの報告を受けた。

　数分後、九七式艦攻1機が高度100フィート（30m）でRP艦艇に向かっているのを発見した。

　レーダー・ピケット・パトロール（RPP）に就いていた2機がこの九七式艦攻を追いかけてRPSから距離10海里（19km）で撃墜し、VMF-224のE・F・ブラウン海兵隊中尉とJ・E・クロイル海兵隊少尉がこの撃墜を分け合った。

　同じ頃、天山がカウエルを攻撃したが、艦尾からわずか50ヤード（46m）で艦の射手が撃墜した。1936、CAP機が別の日本軍機1機を撃墜した。

　5月16日0613、空域に複葉水上機1機いるとの報告があり、艦艇に総員配置が発令された（訳注：台湾を出撃した忠誠隊の九六式艦爆であろう。資料によってはこの部隊の使用機は彗星になっている）。まもなくCAP機がその水上機を撃墜した。0720、敵味方不明機がRPSに接近しているとの報告があったが、艦から距離12海里（22km）で追い返した。

[RPS＃9：駆逐艦ダグラス・H・フォックス（DD-779）、第323海兵戦闘飛行隊
（VMF-323）]

　5月16日0851、ダグラス・H・フォックスはカウエル（DD-547）と交代して
CAP機を指揮・管制した。

　1950、RPSからCAP機が基地に帰投し始めたが、帰途に就くなり敵味方不
明機が現れた。CAP機はRPSに戻るよう命じられ、2022に1機、2029にもう
1機、計2機を撃墜した。

　5月17日1900、ダグラス・H・フォックスは飛来する敵味方不明機を距離70
海里（130km）で探知し、VMF-323のコルセア2機を迎撃に向かわせた。ジ
ェイムズ・フェリトン海兵隊中尉と僚機のスチュアート・アレイ海兵隊少尉
は、九九式艦爆1機を発見し2回突進した。2回目の航過でアレイ少尉は目
標を正しく捉え、九九式艦爆を撃墜した。1912、2機に帰投命令が出た。

　ほぼ同じ頃、VMF-323のフランシス・テリル海兵隊中尉率いる別の1個編
隊がRPS＃9近くでCAPに就いていた。編隊は敵味方不明機に向けて誘導さ
れ、高度2,000フィート（610m）を飛行している九九式艦爆1機を眼下に発
見した。

　4機は日本軍機に突進したが、追い越してしまった。テリル中尉とキー
ス・ファウンテン海兵隊少尉が旋回して九九式艦爆の側面から突進した。何
度も激しい機動を行なって、九九式艦爆を撃墜して編隊は嘉手納に帰投し
た。(9)

[RPS＃9：駆逐艦ダグラス・H・フォックス（DD-779）]

　5月17日1730、陸軍飛行第20戦隊の隼が台湾の花蓮港南飛行場を離陸し
た。誘導を務める坂本隆茂中尉が率いる特攻隊のパイロットは、辻俊作、今
野静、白石忠夫、稲葉久光の各少尉だった。

　各特攻機は機銃と無線機を撤去し、左右主翼の下に250kg爆弾2発を搭載
していた。初めは高々度を飛行したが、石垣島を通過すると海面ギリギリの
高度まで降下し、米軍のレーダーに探知されないようにした。1925、CAP機
が任務を離れた直後に日本軍機はRPS＃9に到達した。

　1926、ダグラス・H・フォックスが日本軍機を探知したのは4から5海里
（7.4〜9.3km）の距離だった。ダグラス・H・フォックスは1機を右舷前方
に、1機を右舷後方に撃ち落とした。坂本中尉はこの2機が艦艇の対空砲火
で撃ち落とされるのを目撃した。

　1934、3機目が海面に激突した。1分後、辻少尉が操縦する4機目の隼が
激しい砲火をかいくぐって、ダグラス・H・フォックスの38口径5インチ連装

特攻機が命中した駆逐艦ダグラス・H・フォックス（DD-779）の後部上甲板の被害状況を調べる乗組員。大きく損傷した5インチ連装砲1番砲塔は砲楯が撤去されている。5月18日、慶良間諸島沖にて撮影（U.S.S.Douglas H. Fox（DD 779）Action Report of 24 May 1945）

砲1番砲塔と2番砲塔の間に体当たりした。

　隼が体当たりする直前に投下した爆弾が、機体の体当たりと同時に甲板で爆発した。坂本中尉はこの体当たりを視認したが、艦種はわからなかった。坂本中尉は基地に無線で、特攻機は中型巡洋艦に命中したと連絡した。

　2000、坂本中尉は基地の花蓮港に帰投した。(10)

　［RPS＃9：駆逐艦ダグラス・H・フォックス(DD-779)、ヴァン・ヴァルケンバーグ（DD-656)］

　九九式艦爆1機が大型揚陸支援艇の射程内に飛び込んで来たので、各艇は40mm連装機関砲の砲火を開いた。

　大型揚陸支援艇LCS（L)-67は、1番機関砲の位置に40mm連装機関砲を装備して、RP任務に配置された大型揚陸支援艇25隻の1隻で、25隻中その日、RPS＃9で任務に就いていた唯一の艇だった。

　九九式艦爆は攻撃できずに大型揚陸支援艇LCS（L)-53の左舷後方に墜落した。別の日本軍機もダグラス・H・フォックスの左舷後方に撃ち落とされ

た。ダグラス・H・フォックスは攻撃を受けた時、航行中で、ヴァン・ヴァルケンバーグも攻撃から逃れようと必死になっていた。

　ヴァン・ヴァルケンバーグは天山1機を左舷方向に撃墜し、数分後に隼1機を左舷後方に撃墜して3機目を右舷の距離2,000ヤード（1,829m）で撃墜した。

　5月17日1937、主な戦闘は終わり、ヴァン・ヴァルケンバーグはダグラス・H・フォックスの支援に向かった。10分後、ヴァン・ヴァルケンバーグは日本軍機1機に砲火を浴びせ、これを追い返した。

　ヴァン・ヴァルケンバーグがダグラス・H・フォックスに接近して支援した。2045、ヴァン・ヴァルケンバーグは別の日本軍機に砲火を浴びせて撃退した。

　RP艦艇はダグラス・H・フォックスが5機、ヴァン・ヴァルケンバーグが3機、4隻の大型揚陸支援艇が協同で1機の計9機を撃墜した。

[RPS＃9：大型揚陸支援艇LCS（L）-67、第441海兵戦闘飛行隊（VMF-441）]

　駆逐艦ウィリアム・D・ポーター（DD-579）と敷設駆逐艦ヘンリー・A・ワイリー（DM-29）が、ダグラス・H・フォックス（DD-779）とヴァン・ヴァルケンバーグ（DD-656）と交代した。5月18日昼間、海兵隊VMF-441のコルセア16機が護衛して、艦艇は平穏だった。

　1857、敵味方不明機がレーダー・スクリーンに現れ、CAPに就いていたコルセアが迎撃に向かった。ポイント・エーブルの南方15から20海里（28～37km）、高度1,000から2,000フィート（305～610m）の位置で飛燕を発見した。

　1910、ハーディ・ヘイ海兵隊少佐が上空から1機目の飛燕の後方に近づき、操縦席とエンジンに命中弾を浴びせた。飛燕は爆発して炎に包まれて海面に激突した。

　1920、ジョン・M・メンディンホール海兵隊中尉は2機目の飛燕の後方に占位して射撃を浴びせると、飛燕は空中で火を噴き、横転して海面に激突した。

　LCS（L）-67は3機目が1海里（1.9km）のところから突進して来るのを発見した。ドナルド・H・エドワーズ海兵隊少尉のコルセアに追われたこの飛燕は、LCS（L）-67に向けて機銃掃射したが、同艇の40mm連装機関砲と20mm機関砲の射撃を浴びた。

　エドワーズ少尉はこの飛燕を正確に狙って射撃し、LCS（L）-67の左舷方向800ヤード（732m）の海面に激突させた。しかし、エドワーズ少尉は自身が危険な状況にあることに気づいていなかった。LCS（L）-67の前部40mm機関砲の射手は、視界が砲煙で妨げられたのでコルセアを日本軍機と誤認し

て射撃したが、エドワーズ少尉は無傷で難を逃れた。(11)

　レイモンド・N・ホルツワート海兵隊中尉は4機目の飛燕に対し、2航過目の射撃で銃弾を胴体、主翼、エンジンに命中させると、飛燕は炎に包まれて墜落した。

　5機目は九九式艦爆で、ジェームズ・R・レクター海兵隊少尉のコルセアの12.7mm機関銃弾が命中した。レクター少尉の2挺の機関銃が不具合を起こしたため、残る2挺で九九式艦爆の操縦席とエンジンを狙った。同機は煙を噴き始めて低空の雲の中に消え去り、再び現れることはなかった。レクター少尉は不確実撃墜1機を記録した。

　この時から19日まで、RPS＃9に日本軍機は現れても艦艇を攻撃することはなかった。

［RPS＃15：駆逐艦ゲイナード（DD-706）、ドレックスラー（DD-741）］
　RPS＃15を哨戒したのはゲイナードとドレックスラー、大型揚陸支援艇LCS（L）-22、-62、-81、機動砲艇PGM-9だった。

　5月16日夜遅く、RPS近くに何回も攻撃があった。

　2145、最初の日本軍機がゲイナードの上空高度10,000フィート（3,048m）から突進し、各艦艇からの砲火を浴びて距離7,000ヤード（6,401m）で針路を変更した。この日本軍機はいつの間にか魚雷を投下していた。幸い魚雷は外れたが、航走の最後で爆発した。各艦艇は危ないところだったことを知った。LCS（L）-81はその爆発で艇が振動したが、損傷はなかった。

　2242、ゲイナードは新たな攻撃機に向けて砲火を浴びせ、尾翼を吹き飛ばした。ドレックスラーも射撃に加わり、双発機をゲイナードから距離3,800ヤード（3,475m）で撃墜した。

　艦載砲の射程外で空中待機し、艦艇のレーダーを混乱させるためにチャフを撒いていた2機が体当たり攻撃の態勢に入り、ゲイナードとドレックスラーの両側から突進して来た（訳注：チャフは電波を反射するアルミ箔片などを空中に撒布してレーダー探知を欺瞞する対電波兵器。日本海軍では紙に錫箔を貼ったものを使用していた）。ドレックスラーは北東から進入する日本軍機に砲火を浴びせ、距離200ヤード（183m）で撃墜した。ゲイナードは南から進入する機体に砲火を浴びせ、これを追い返した。

　2350、新たな日本軍機がゲイナードに突進して来た。距離6,000ヤード（5,486m）で38口径5インチ連装砲の砲火が命中すると、方向変更して武装小型艦艇の上空を通過した。武装小型艦艇は、日本軍機は炎に包まれ距離12,000ヤード（10,973m）に墜落したと報告した。

[RPS＃15：第533海兵夜間戦闘飛行隊（VMF（N）-533）]

　5月16日1915、海兵隊の夜間戦闘機6機が読谷から離陸して哨戒空域に向かっていた。

　ロバート・M・ウイルハイド海兵隊中尉は、伊江島に向かう日本軍爆撃機2機を探知し接近した。地上管制官から「艦艇に近すぎるので艦艇から対空砲火を浴びるかもしれない」と警告されたが、追跡を続けた。

　2011、ウイルハイド中尉から最後の連絡があり、その後、通信が途絶えた。この頃、駆逐艦ゲイナード（DD-706）はRPSから距離2海里（3.7km）の海面に敵味方不明機が墜落したことを報告している。

　ウイルハイド中尉はわずか2日前に一式陸攻を撃墜して、VMF（N）-533の沖縄戦での最初の撃墜を記録したばかりだった。ゲイナードは墜落の状況を調査するために現場に向かったが、生存者はいなかった。

　メイナード・C・ケリー海兵隊中尉が操縦するヘルキャットも敵味方不明機を追跡中に同じように対空砲火を浴びたが、艦艇は友軍機であることを知り、射撃を止めた。被弾したケリー中尉は読谷に帰還できなかったものの、何とか伊江島には着陸した。(12)

　その日、ケリー中尉は幸運だったが、1週間後は違った。5月24日、読谷飛行場を襲撃した義烈空挺隊（訳注：米軍飛行場に強行着陸、航空機と飛行場施設の破壊を目的とした挺進部隊。280頁参照）との戦闘に巻き込まれ、ケリー中尉は戦死した。

　僚機のヘルキャットが敵味方不明機を追跡したが、撃墜できなかった。僚機は哨戒飛行を延長したのち、読谷飛行場に戻ろうとしたが、飛行場が煙に覆われていたので、ケリー中尉と同様伊江島に着陸せざるを得なかった。

[RPS＃15：駆逐艦ゲイナード（DD-706）、ドレックスラー（DD-741）、第533海兵夜間戦闘飛行隊（VMF（N）-533）]

　18日1025、大型揚陸支援艇LCS（L）-121がLCS（L）-22と交代し、1245にLCS（L）-85がLCS（L）-81と交代した。

　2203、日本軍機1機がRPSに突進して来たが、艦艇の砲火が撃退した。

　2324、ゲイナードとドレックスラーが飛来する日本軍機1機に砲火を浴びせ、艦艇の近くに撃墜した。

　VMF（N）-533の夜間戦闘機は再び危機に陥った。一式陸攻2機を撃墜した後、R・E・ウエルウッド海兵隊中尉が友軍の対空砲火を受けた。ウエルウッド中尉のヘルキャットは砲火でひどく損傷したが、帰投する前に3機目の一式陸攻を撃墜した。同じ任務に就いていたE・N・レファーブル海兵隊中尉

は零戦32型と一式陸攻各1機を撃墜した。

[RPS＃16A：第322海兵戦闘飛行隊（VMF-322）]

　5月15日、RPS＃16Aを哨戒したのは駆逐艦アンメン（DD-527）とボイド（DD-544）、大型揚陸支援艇LCS（L）-64、-90、-94、ロケット中型揚陸艦LSM（R）-189だった。

　15日の昼間は平穏だったが、1912に敵味方不明機を距離18海里（33km）で探知した。VMF-322のR・ブラウン海兵隊中尉が瑞雲1機を高度2,000フィート（610m）で発見して攻撃した。瑞雲は胴体上部と尾部に被弾して炎に包まれ、その後海面に激突した。

　数分もしないうちに、VMF-322の戦闘機は別の敵味方不明機に向けて誘導されたが、逃げられた。

　1954、CAP機は帰投した。

[5月前半の状況]

　5月前半は厳しい状況だった。第51任務部隊指揮官リッチモンド・K・ターナー海軍中将が指揮した5月17日までのRP艦艇の行動概要は次の通りであった。

ターナー中将の後任で第51任務部隊指揮官に就いたハリー・W・ヒル海軍中将。1944年7月26日撮影（Official US Navy Photo.NARA 208-PU-92QQ-2）

　4月1日から5月17日0900の間、艦艇と支援艦は、2,228機からなる560回の攻撃の矛先をやわらげたものの、消耗は激しかった。最初に配置に就いた戦闘機指揮・管制機材を装備した艦のうち、駆逐艦ハリガン（DD-584）は敵の機雷で沈没、ブッシュ（DD-529）、コルホーン（DD-801）、マナート・L・エーブル（DD-733）、ルース（DD-522)は敵の「必中必殺」部隊により沈没した。ほかに体当たり攻撃機で8隻が重大な損害を受け、3隻が軽微な損傷を受けた。戦闘機指揮・管制艦として代わりの14隻の艦を配置して、そこに損害を受けた艦艇の戦闘機指揮・管制

チームを乗艦させた。追加配置した14隻のうちモリソン（DD-560）が沈没し、5隻が重大な損害、2隻が軽微な損傷を受けた。すべて敵の体当たり攻撃によるものであった。(13)

　これはターナー中将の第51任務部隊指揮官として最後の記述だった。5月17日、彼はハリー・W・ヒル中将と交代し、残る戦争の期間、日本本土侵攻計画に携わった。

[日本軍増強の必要性]
　日本軍は、今後の攻撃準備にあたり、困難な状況に直面していることを認識し、沖縄の米艦艇を攻撃する部隊の1つである第5航空艦隊（天航空部隊）の増強が必要であるとしていた。
　＜使用兵力は白菊水偵を主兵とするに過ぎず新機材の補充なければ保有機材の修理強化によるの外方策なし＞の状態だった。(14)　5月25日、第5航空艦隊は＜六航軍より第九次總攻撃に對する戰鬪機の協力を要望せられたるも總隊と協議の結果右の判断に基き之を拒絶し六航軍不満の色濃厚なり累次の戰鬪に依る兵力の消耗大なる現状に於て両面の用法は相當困難を伴ふを以て此の際陸軍獨自の見地に於て戰鬪機増勢の要切なりと認む＞と報告している。(15)
　米情報部隊は、日本海軍は航空機とパイロットを訓練部隊から充当しており、陸軍も同様の状況であろうと報告した。その兆候は、日本陸軍が立川、各務原などの国内および満洲の瀋陽などの外地の航空廠などで故障、破損機を整備して体当たり機の機数確保を図っていたことでも明らかだった。マジック極東概略によれば、中国の第5航空軍第14教育飛行隊（南苑〔北京〕）などで特攻隊4隊を編成して第6航空軍に送り込んだ。(16)　（訳注：第6航空軍からは第111、第112、第113、第110振武隊として出撃した）

５月20日（日）～22日（火）

[RPSの変更]
　5月20日から22日の間にRPSの設定に変更があった。5月21日、RPS＃7を廃止して、新たにRPS＃11Aを設置した。RPS＃7に配置していた艦艇の多くをRPS＃11Aに配置した。RPS＃15も廃止し、そこから西に5海里（9.3km）に設置した新たなRPS＃15Aに艦艇を配置した。

５月23日（水）～25日（金）

[義烈空挺隊の奇襲]

　米海兵戦闘飛行隊が継続的に戦果を上げているので、日本軍はこれに対抗するさらなる作戦を開始した。

　５月初旬に沖縄の主要な航空基地を無力化するため、陸軍第６航空軍が攻撃準備を始めた。この攻撃は「義号作戦」と呼ばれ、「義号部隊」が読谷と嘉手納の飛行場を奇襲する特殊作戦だった。

　５月初め、奥山道郎大尉指揮の「義烈空挺隊」は、西筑波から熊本（健軍飛行場）に移動して作戦の準備を行なった。空挺隊を輸送する「第３挺進飛行隊」の航空機は浜松の第３独立飛行隊の九七式重爆12機が割り当てられた。義烈空挺隊は指揮班と小隊長以下20人の士官、下士官兵の小隊５個で編成された。彼らが使用する武器は小銃、軽機関銃、機関短銃、拳銃、擲弾筒で、各自が手榴弾と爆薬などを携行した。飛行場に着陸後、できるだけ多くの米軍機を破壊することになっていた。

　出撃準備として九七式重爆から武装を外し、機首と上部に出口を設けた。この特殊任務のため、特別な訓練を受けた熟練のパイロットが操縦することになっていた。発進する熊本の基地には太刀洗陸軍航空廠から増援の整備員を派遣した。台湾の陸軍第８飛行師団と海軍機も作戦を支援することになっていた。

　５月18日、大本営は義号作戦実施の許可を出した。19日に義号作戦に先立つ総攻撃実施の予定だったが、19日は天候不良で総攻撃実施不可となった。第６航空軍司令部は20日に作戦要領を決定し、義号作戦決行日を22日と決定した。日本軍にとって不幸なことに、計画通り作戦が実行されなかった。21日の天気予報では22日は天候不良が予想されたので、第５航空艦隊の菊水７号作戦の打ち合わせの時に義号作戦実施日を５月23日と決定した。

　しかし、23日も天候不良で、読谷と嘉手納に対する事前爆撃を行なうため、飛行第60戦隊から６機、飛行第110戦隊から８機が出撃したが、現地の天候が悪いとの知らせが熊本に入り、これを引き返させ、作戦を翌日に延期した。24日は天候が少し回復した。海軍は米機動部隊を捕捉したので、義号作戦を支援できなくなったが、陸軍は単独で作戦実施を決定した。事前爆撃を行ない、30分後に義烈空挺隊搭乗の４機が読谷、８機が嘉手納に着陸して、可能な限りの海兵飛行隊機を破壊して、翌24日、海軍の菊水７号作戦および陸軍の第８次総攻撃を実施する予定だった。

＜（ハ）翌二十四日計畫の如く義號作戦を決行せるが（中略）（ニ）重爆隊は豫定の如く沖縄（北）、（中）兩飛行場を、第五航空軍は伊江島飛行場をそれぞれ爆撃し義烈空挺隊は概ね豫定時刻強行着陸を實行せり、但し内一機は發動機故障の爲引き返し（中略）又他の三機は主力と離れ（中略）攻撃を斷念して九州に引き返したる（中略）状況視察任務の重爆撃機は其の在空時間中（北）飛行場に四箇、（中）飛行場に二箇の赤信號燈（着陸成功を示す信號）の點ぜる状況迄を確認して歸還せり＞[17]

日本軍は再び十死目の信仰を再確認した。[18]

24日2225、九七式重爆4機が読谷の北西から現れた。3機は対空砲火が命中して墜落、炎上したが、1機が低空から飛来して飛行場に胴体着陸した。（訳注：義烈空挺隊は出撃12機中、4機が突入を断念し帰投、7機が撃墜され、突入に成功したのは1機のみだった）

VMF（N）-533のメイナード・C・ケリー海兵隊中尉とロバート・N・ダイエットリッチ海兵隊二等軍曹が飛行場の管制塔で当直任務に就いていた。ケリー中尉は、双眼鏡を取り出して胴体着陸した機体から少人数の日本軍兵士が出て来るのを見て、38口径回転式拳銃だけを持って管制塔を飛び出し、管制塔の下で待っていたジープで運転手とともに日本軍機に向かった。

近寄ると、義烈空挺隊はケリー中尉らを銃撃し、列線に並んでいる航空機を爆破し始めた。ケリー中尉は管制塔に戻り、飛行隊に警報電話をかけた。管制塔近くで日本兵1人を射殺したが、探照灯を点けようとして管制塔に登ろうとした時、ケリー中尉は胸を撃たれて死亡した。

ほかの海兵隊員が戦っている間、管制塔の兵士は一歩も引かずに守り切った。[19]

銃撃戦のため、その晩は飛行場を運用できなくなり、深夜、読谷に戻る航空機は嘉手納に着陸した。

義烈空挺隊は第31海兵航空群の航空機に甚大な損害を与えた。戦術航空軍は輸送機3機、コルセア3機、R4D輸送機とPB4Y-2爆撃機の各1機が破壊されたと報告した。ほかに戦闘機24機とB-24爆撃機1機が損傷し、少なくとも戦闘機3機は修復不能と思われた。

戦死者は、ケリー中尉とロデリック・J・ウォゴン海兵隊一等軍曹だった。ほかに18人が戦闘で負傷した。[20]

翌日、菊水7号作戦が始まり、海兵隊航空部隊は義烈空挺隊の奇襲によって、すぐには対応できなかったが、ほかの戦闘機が艦艇を護衛した。

写真上は、読谷飛行場に胴体着陸した義烈空挺隊の九七式重爆。乗員と挺進隊員合わせて14人が搭乗、全員戦死した（NARA 208-AA-264S）写真下は、奇襲翌朝の読谷飛行場。義烈空挺隊員の遺体と後方は爆破されたC-46輸送機（NARA 208-AA-41923-FMC）

[菊水7号作戦]

　当初、菊水7号作戦は5月14日に開始の予定だったが、13日と14日の米空母による攻撃で作戦を延期し、開始日を22日に変更したが、悪天候のため再度延期した。

　日本軍の作戦要領は次のようなものだった。

　＜（3）作戦要領
　　（イ）TFB（天航空部隊）はX-1日日没后より終夜に亘り夜間雷撃隊を以て主として沖縄南部並に慶良間方面敵艦船を夜間爆撃隊を以て伊江島飛行場を攻撃す
　　（ロ）六FA（第六航空軍）は義號部隊を以てX-1日夜間沖縄島附近を制空し其間西（ママ）軍空兵力の大部を以て沖縄周邊敵艦船を撃滅す
　　（ハ）右作戦に於て沖縄の制空を概成せる場合は両軍練習機特攻をも注入戦果を擴大す
　　（ニ）TFBは本作戦間好機敵機動部隊を撃滅す
　　（ホ）五FGB（第5基地航空部隊）はTFB及六FA作戦に策應機宜總攻撃を決行す＞(21)

　日本軍は攻撃を計画していたが、九州の飛行場に対する連続爆撃の影響が出始めていた。鹿屋と鹿児島から作戦を実施している第203海軍航空隊は防空能力が落ちたと考え、零戦の新型を「5月末までに出水に、その後岩国に送る」ように要請した。(22)

　次の菊水作戦が始まったため、RP艦艇に対する攻撃の中断は短期間だった。

　菊水7号作戦の特攻機は、海軍機65機、陸軍機100機の計165機だったが、日本軍はこれまでと同様の損害をこうむった。

　菊水7号作戦の体当たり攻撃機の多くは練習機だった。第5航空艦隊司令長官宇垣中将は次のように記した。

　＜特攻隊として機材次第に缺乏し練習機を充當せざるべからざるに至る。夜間は兎も角畫間敵戦闘機に會して一たまりもなき情けなき事なり。從つて之が使用には餘程制空を完うせざるべからず、数はあれ共之に大なる期待はかけ難し＞(23)

　鹿屋と串良を基地にしている機上作業練習機「白菊」は続く数日間、特別

日本海軍の機上作業練習機「白菊」（K11W）。攻撃機、爆撃機、偵察機などの操縦員以外の乗員の訓練用として九州飛行機が設計開発、1943年から量産、約790機生産された。写真は終戦直後に連合軍との連絡飛行に使用された機体で、米軍の指示で白色塗装を施し緑色の十字の識別標識が描かれている。1945年9月佐世保航空基地で撮影（NARA USMC 138377）

攻撃に使用された。24日に20機が鹿屋から、25日には20機が鹿屋と串良から出撃した。27日にも20機が鹿屋から、28日には11機が串良から出撃した。

　この間に出撃した計71機のうち迎撃を免れるか、米戦闘機やRP艦艇の犠牲にならずに基地に帰投できたのは33機だけだった。（訳注：この機数は「日本軍戦史」などを基にしていると考えられるが、「戦史叢書」によれば、5月24日から28日までの間に85機が出撃し、帰還機は43機である）

　マジック極東概略は次のように報告している。

　　菊水7号作戦は、多数の練習機が特攻隊に組み込まれた最初の作戦だった。技術航空情報センターの推定によると、白菊は250kg爆弾を搭載して600マイル（965km）を100マイル/時（161km/h）で飛行し、最大急降下速度は200マイル/時（322km/h）以下だった。(24)　（訳注：特攻機の場合、250kg爆弾2発搭載）

　陸軍第6航空軍は菊水7号作戦に60機の戦闘機と120機の体当たり攻撃機を出撃させる予定だった。最初の計画では、沖縄東方の米機動部隊を捜索するのに陸軍機と海軍機の両方が必要だった。もし機動部隊を発見できなけれ

ば、攻撃は午前中に沖縄の停泊地を攻撃することになっていた。

　計画では、0830から0930の間に桜花を搭載した一式陸攻と九九式艦爆が沖縄周辺の連合軍艦艇を攻撃し、海軍は伊江島の飛行場に追加攻撃を実施して慶良間諸島の艦艇に練習機をカミカゼとして突入させることになっていた。午後は、台湾から飛来する第1航空艦隊の機体が沖縄近海と伊江島の米艦艇を攻撃する予定だった。(25)

　菊水7号作戦は800機の日本軍機が参加する予定だった。しかし、空母艦載機と伊江島に展開した長距離飛行が可能なP-47Nサンダーボルトによる九州の飛行場に対する攻撃で、日本軍機の多くが破壊を免れるために退避していた。これにより、攻撃に使用できる機数は約250機に減り、その多くが5月25日の攻撃に使用されることになった。(26)

［RPS＃5：駆逐艦ベニオン（DD-662）、アンソニー（DD-515）］

　5月25日、RPS＃5を哨戒したのはベニオンとアンソニー、大型揚陸支援艇LCS（L）-13、-82、-86、-123だった。

　0100、これらの艦艇に向かって飛行する敵味方不明機が現れたため、総員配置が発令された。ベニオンはレーダーで距離20海里（37km）に一式陸攻1機を探知し、距離6,300ヤード（5,761m）で砲火を浴びせると、一式陸攻はベニオンの後方1,700ヤード（1,554m）の海面に墜落した。一式陸攻が砲火を受ける前に投下した魚雷が航走して爆発したが、艦艇に損傷はなかった。

　0139、指宿を発った単発水上機1機が大型揚陸支援艇の後方から飛来した。ベニオンとアンソニーはベニオンの左舷方向4,300ヤード（3,932m）でこれを撃墜した。LCS（L）-123もこの水上機が艦首のわずか50フィート（15m）上空を通過した時に射撃した。

　25日は、それ以上何もなかった。

［RPS＃11A：駆逐艦ゲイナード（DD-706）、第311、第312海兵戦闘飛行隊（VMF-311、VMF-312）］

　5月24日、RPS＃11Aを哨戒したのはゲイナードとフラム（DD-474）、ウォーク（DD-723）、大型揚陸支援艇LCS（L）-12、-83、-84、-115だった。

　1915、ゲイナードはレーダーで日本軍機を探知し、久米島上空に九九式艦爆5機を発見した。ゲイナードはVMF-311のRPP機2機を迎撃に誘導し、まもなくVMF-312のCAP機4機も誘導した。

　空中戦の結果、日本軍の損害は九九式艦爆5機、零戦2機、飛燕1機、隼1機だったが、米軍機の損失はなかった。この混戦で撃墜機数の多かったの

は、VMF-311所属で九九式艦爆2機と零戦1機撃墜のドレルと九九式艦爆3機撃墜のソレイデの両海兵隊少尉だった。(27)

[RPS＃15A：駆逐艦ブラッドフォード（DD-545）、マッシイ（DD-778）、大型揚陸支援艇LCS（L）-121]

5月23日、RPS＃15Aを哨戒したのはブラッドフォードとマッシイ、フート（DD-511）、ワッツ（DD-567）、LCS（L）-52、-61、-85、-121だった。

0007から1時間にわたり敵味方不明機がレーダー・スクリーン上に現れていた。飛行パターンからこの海域を捜索していることは明らかだった。レーダーの航跡を精査した結果、日本軍機は特定の海域を捜索してRP艦艇の位置を特定しようとしているようだった。(28)

0106、襲撃があったが、砲火を浴びせて撃退した。

昼間、艦艇の戦闘はなかったが、夜になって襲来が始まった。2017、敵味方不明機がレーダー・スクリーンに現れた。

2020、LCS（L）-121は、日本軍機が左舷方向から飛来したので、総員配置を発令した。

2027、突然、水上機1機が右舷方向の雲から現れた（訳注：第634航空隊の瑞雲7機の1機）。投下した125kgらしい爆弾はLCS（L）-121の右舷方向25ヤード（23m）の海面で爆発した。爆弾の破片がLCS（L）-121に降り注ぎ、2人が戦死して4人が負傷した。

水上機はLCS（L）-121の20mm機関砲を浴びたが、命中した様子はなかった。この日本軍機は突然飛来したので、ほかの大型揚陸支援艇は砲火を開くいとまがなかった。LCS（L）-121は、船体と砲座の装甲壁にいくつもの穴が空き、マスト、消火ホース、搭載艇、20mm機関砲が損傷した。

2031、新たな水上機1機が東から現れ、ワッツが砲火を開いてこれを左舷正横に撃墜した。

2039、ブラッドフォードが別の日本軍機1機に砲火を浴びせて撃退した。続く1時間、日本軍機は艦艇の周囲を飛行していたが、接近してこなかった。

2345、1機が針路を変えて艦艇の後方から突進して来たので、陣形の最後尾にいたマッシイは火力を最大限使えるように右に回頭し、射手は目標を捉えて距離7,000ヤード（6,401m）で撃墜した。

5月24日、新たな襲来が始まった。0033、ブラッドフォードとマッシイは日本軍機1機に砲火を浴びせて撃退した。0041、ブラッドフォード、マッシイ、フート、ワッツは2機目に砲火を浴びせ、数分後に距離7海里（13km）で撃墜した。

沖縄近海で行動中のLCS（L）-121。このクラスのLCS（L）は1944年から1年あまりの間に130隻が建造され、戦後はその多くが日本など各国に貸与や供与された（NARA 80G 325109）

　フートは日本軍機２機が艦隊に向かって飛来するのを発見し、砲火を浴びせた。

　0106に１機を距離3,500ヤード（3,200m）で撃墜し、もう１機を追い返した。２分後、雷電がブラッドフォード、フート、ワッツの左舷前方から突進して来たので、砲火を浴びせた。マッシイが射撃の好位置にいたので、命中弾を与え、距離2,000ヤード（1,829m）で撃墜した。この撃墜記録は日本軍機にそれぞれ命中弾を与えたマッシイとブラッドフォードが分け合った。

　当夜、１回の攻撃が１から２機の合計14から16機の敵機がRPSを攻撃してきたとフートは報告した。このうち６機を撃墜した。LCS（L）-121、ワッツ、フート、マッシイが各１機、マッシイとブラッドフォードが協同で１機、ブラッドフォード、マッシイ、フート、ワッツが協同で６機目を撃墜した。(29)

[RPS＃15A：駆逐艦ストームズ（DD-780）、第224海兵戦闘飛行隊（VMF-224）]

5月25日0215と0305、大型揚陸支援艇LCS（L）-52が接近した敵味方不明機を射撃したが、命中しなかった。

0825、CAP機が飛来する隼1機を撃墜したが、0930に南から接近する別の日本軍機を見逃した。

0904、ストームズが零戦1機を発見したが、近くにCAP機2機がいたので対空射撃ができなかった。

零戦を追跡したのはVMF-224のD・E・ルイル、J・P・マクアリスター両海兵隊少尉だった。2人が短い連射を命中させると、零戦の操縦席から煙が噴き出し、小さな破片が吹き飛んだ。零戦は雲の中に隠れると、その後ストームズの艦尾に現れ、駆逐艦アンメン（DD-527）に向かったので、2隻の駆逐艦が射撃した。

この頃、カミカゼ・パイロットは新しい戦法を使っていた。目標にした艦艇の後方から接近して艦艇の針路と並行に飛行して、目標艦艇の正横に接近すると上昇反転した。

零戦はこの新戦法を使って、ストームズの後部魚雷発射管に体当たりした。激突の直前に投下した爆弾が甲板の上部構造物を突き抜け、第3弾薬庫で爆発した。(30)

爆風で甲板と艦底に穴が空き、浸水が始まった。まもなく甲板の火災は消えたが、浸水は続いた。21人が戦死、6人が負傷した。キールの後端が吹き飛び、船体がひどく損傷したので、ストームズは戦線を離脱したが、危機は去らなかった。

[RPS＃16A：駆逐艦カウエル（DD-547）、インガソル（DD-652）]

5月24日、RPS＃16Aを哨戒したのはカウエル、インガソル、レン（DD-568）、大型揚陸支援艇LCS（L）-14、-17、-18、-90だった。

2030、レンが20ノット（37km/h）で艦艇に向かって来る約15個の小型水上目標を探知した。レンは、これをRP艦艇を狙った体当たり攻撃艇であろうと判断して、砲火を浴びせた。1隻が炎上するのが見え、ほかはレーダー・スクリーンから消えた。レンは1隻を撃沈、ほかの多くを撃破したとしているが、目標のいくつかは艇の動きを欺瞞するために海面に置かれたレーダー反射板の可能性がある。

日本海軍の体当たり攻撃艇「震洋1型改1」。ベニア板製モーターボートの船首内部に約250kgの爆薬を搭載した。全長5.1m、最高速度23kt。写真は1945年秋、長崎にて撮影（NARA 127-GW-1523-140563）

［RPS＃16A：駆逐艦レン（DD-568）］

　5月25日0130、レンは飛来する敵味方不明機1機を探知して距離3,500ヤード（3,200m）で撃墜した。機体は炎に包まれてカウエル（DD-547）の近くに墜落した。15分後、新たな敵味方不明機1機が艦艇に接近したので、レンが射撃した。敵機はレーダー・スクリーンから消えたので、見張員はこれを撃墜したと信じた。

　0845、一式陸攻が艦艇に突進したので、カウエル、インガソル（DD-652）、レンが距離9,980ヤード（9,126m）で38口径5インチ単装砲を撃った。一式陸攻はレンとインガソルの間に墜落した。これは鹿屋を離陸した桜花搭載の一式陸攻12機のうちの1機だった。RP艦艇にとって幸運だったのは、9機が悪天候と機器不具合で攻撃を諦めたことだった。

　0919、新たな敵味方不明機1機が艦艇に接近しているのを距離15海里（28km）で探知した。当該機は飛燕で、その後、インガソルが砲火を浴びせると、飛燕は急降下して体当たり攻撃しようとした。パイロットが急降下を始めようとしたが、20mm機関砲弾を受けて戦死した。飛燕は艦の上を通過し、右舷方向15フィート（4.6m）の海面に激突した。

0945、RPSの南でVMF-224のD・R・マールバーグ海兵隊中尉が天山１機を撃墜した。

５月26日（土）～31日（木）

[陸上レーダー施設設置]

これまでのRP艦艇の損害は甚大だった。問題の１つは陸上レーダー施設の設置が遅れ、RPSを減らせなかったことだった。５月26日、第58任務部隊指揮官で第５艦隊司令長官レイモンド・スプルーアンス大将が、第38任務部隊指揮官で第３艦隊司令長官ハルゼー大将にそれを伝えると、その日遅く、ハルゼー大将は第56任務部隊（遠征部隊）指揮官で第10軍司令官サイモン・B・バックナー陸軍中将と会って本件に関する海軍の懸念を伝えた。

バックナー中将は、すぐに状況を改善すると回答して (31)、６月３日に伊平屋島、９日に粟国島を占領した。第１海兵航空警戒隊が６月９日から伊平屋島で、29日から粟国島で、第８海兵航空警戒隊が７月３日から粟国島で陸上レーダーの運用を開始した。

この運用がもっと早くから始まっていたなら、伊平屋島のレーダーはRPS＃１と＃２の艦艇を救うことができ、粟国島のレーダーはRPS＃11Aと＃16の艦艇に対する圧力を軽減できたかもしれない。

第51.5任務群指揮官ムースブラッガー大佐は司令部を揚陸指揮艦パナミント（AGC-13）に移し、第53任務部隊指揮官L・F・レイフスナイダー少将がビスケイン（AGC-18）を伊平屋島と粟国島の攻撃指揮に使用した。

[菊水８号作戦命令]

菊水８号作戦は５月27日から29日の予定で、海軍から60機、陸軍から50機の計110機の特攻機が参加する予定だった。宇垣中将は次のように記している。

＜六航軍第九次沖縄總攻撃に呼應菊水八號作戦を下令實施す。即ち薄暮發進の白菊二〇機を始めとし水偵一五機特攻として用ふる外、銀河六、重爆一一、天山四、陸攻四を以て艦船攻撃、陸爆六、夜戦一一を以て北飛行場の制壓に當たらしむ＞(32)

[RPS＃５：駆逐艦ブレイン（DD-630）、アンソニー（DD-515）]

５月26日、RPS＃５を哨戒したのはブレインとアンソニー、大型揚陸支援艇LCS（L）-13、-82、-86、-123だった。

0830、ブレインはCAP機を飛来する敵味方不明機に誘導し、鍾馗2機を撃墜した。

　7分後、ブレインとアンソニーが砲火を浴びせたのは桜花を搭載した一式陸攻1機で、パイロットが桜花を切り離す前に撃墜した。26日はこれ以上の戦闘はなかった。(訳注：5月26日、一式陸攻は出撃していない。陸軍第5航空軍の99式双軽4機が伊江島飛行場攻撃に出撃しているので、これを誤認したか)

　5月27日早朝、ブレインの戦闘機指揮・管制士官はRPS上空を飛行しているサンダーボルト8機から、悪天候で作戦ができないので、伊江島の基地に帰投する許可を求められた。(33)

　その直後の0737、RPS＃5の艦艇は総員配置を発令した。LCS（L）-123は九九式艦爆1機が正面から接近するのを発見した。九九式艦爆はLCS（L）-123の40mm連装機関砲の砲火を受けて距離2,000ヤード（1,829m）で方向変換し、アンソニーに向かった。幸いにもLCS（L）-123が九九式艦爆に大きな損傷を与えていたので、0750にアンソニーの艦尾後方に墜落した。

　この直前の0743、ブレインの見張員は別の九九式艦爆が雲から現れたり隠れたりしているのを目撃していたが、その九九式艦爆を含む3機を距離7海里（13km）で探知した。そのうちの1機がアンソニーに向かって来た。ブレインが砲火を浴びせると、それは炎に包まれ操縦不能に陥ったように見えたので、ブレインは2機目の九九式艦爆に砲を向けた。しかし、1機目の九九式艦爆がアンソニーの頭上50フィート（15m）を通過すると、操縦を回復してブレインに前方から突進し、ブレインの38口径5インチ単装砲2番砲塔給弾薬室に体当たりした。

　1分後、砲火を受けて炎に包まれた2機目の九九式艦爆がブレインの隔壁番号100番の位置に正横から体当たりして2番煙突を舷外に吹き飛ばした。九九式艦爆の爆弾が甲板を突き抜け、艦内の医務室で爆発した。爆風が内部の区画をいくつも破壊し、艦橋構造物に大きな損傷を与えた。艦内の通信は途絶し、火災が複数発生して実質的に艦内を3区画に分断したので、それぞれが連絡をとるのは不可能だった。

　3機目はLCS（L）-86に向かって突進したが、距離1,200ヤード（1,097m）で撃退され、次にアンソニーに向かったが、LCS（L）-82、-86、-123の砲弾を何発も受けて動きが不規則になり、0808にアンソニーの右舷方向距離500ヤード（457m）に墜落した。

　ブレインは操舵装置の損傷で操艦不能になり、火災も発生したので、10ノット（19km/h）で航行した。救援に駆けつけたLCS（L）-123は、危うくブレインに衝突しそうになったが、艇長のD・A・オリバー,Jr.大尉がプロペラ

を最大回転で後進をかけたので、ブレインをかわすことができた。ブレインはLCS（L）-123の艦首のわずか10ヤード（9.1m）先を通過した。

LCS（L）-123は火災と爆発でブレインに接舷できず、ブレインの乗組員は海に飛び込み始めたが、周辺の海域には鮫が群れをなしていたため、これは艦にとどまるのと同様、危険な状況だった。

ブレインの補給科庶務員のポール・コンウエイ兵曹は、LCS（L）-123に救助される時、大型揚陸支援艇の乗組員が彼に向かってライフルを撃ったので、頭が混乱したが、すぐに彼と仲間に鮫が迫っているのに気がついた。仲間の１人が鮫に襲われ、開いた鮫の口に飲み込まれるのを見て、ブレインの補給科調理員のフランク・スジマネック水兵は恐怖に慄いた。(34)

LCS（L）-82の射手は機関銃を使って鮫を撃退したが、ほかの大型揚陸支援艇ではライフルを使って鮫を追い散らした。戦後、LCS（L）-82の無線員だったジョン・ルーニーは当時のことを回想して「助からなかった者を引き上げた。救命胴衣の中で青白くぐったりとして、息がなかった。足首はちぎれ、腕はなくなり、鮫に内臓を食われていた。鮫を機関銃で撃った。恐ろしいことに鮫はお互いを食い合った。この時、海は鮫の血で真っ赤に染まった」と語った。(35)

大型揚陸支援艇とアンソニーは生存者を引き上げ、損傷したブレインを掩護した。アンソニーはブレインの横に来て消火を手伝った。LCS（L）-86とLCS（L）-82はブレインに接舷して消火機器を使った。0957、LCS（L）-123はブレインに消火要員を送り込んだ。

［RPS＃５：駆逐艦ブレイン（DD-630）、アンソニー（DD-515）］

ブレインの乗組員の多くは海中に飛び込み、すぐにほかの艦艇に救助されたが、戦場における混乱で全員が幸運だったわけではない。ブレインのいる鮫の群がる海面から流されて遠く離れたのは船務科無線員のアーネスト・Y・トマソン一等兵曹、スティーブ・ジョンソン、ロバート・J・コーネリアス両三等兵曹、砲雷科魚雷員のアール・F・ビエンス一等兵曹、短艇長のローレンス・B・アーマー、ウォルター・E・ティーッツエル両兵曹、それとトーマス・J・バーク、アーサー・L・クイン、サーマン・ロード、ホーマー・L・シュッツ各一等水兵だった。彼らは戦闘状況を目にすることはできたが、艦艇が発見してくれるには遠くまで流されたと感じた。

ブレインが体当たり攻撃を受けた直後、慶良間諸島の水上機基地に連絡が入った。水上機母艦ハムリン（AV-15）はPBM-5マリナー飛行艇３機を捜索のために向かわせた。

駆逐艦ブレイン（DD-630）。フレッチャー級の118番艦として1943年5月に就役。沖縄で損傷後、米本土へ回航され修理、戦後は保管船となったが1951年に再就役した。1971年に退役、除籍。アルゼンチンに売却され同国海軍駆逐艦「アルミランテ・ドメック・ガルシア」として再就役。1983年に実艦標的になり海没処分された（NARA 80G 335070）

5月27日、2機の特攻機が命中したブレインは艦橋が大破、中央部の上部構造物は2番煙突が吹き飛ばされるなどの損傷を受けた。手前の前部40mm機関砲の砲座は大きく傾いている（U.S.S.Braine DD 630 Action Report of 8 June 1945）

0837、M・W・コウンズ大尉操縦のマリナーは離水して、0917にRPS上空に到着し、漂流中の乗組員を発見した。コウンズ大尉は機体を要救助者から1,000フィート（305m）離れた海面に着水させた。15分で全員を救助するとハムリンに帰投した。火傷と外傷を負っていたティーッツエルは死亡したので病院船に移送された。(36)

アンソニーは海域に日本軍機がいたので現場を離れたが、幸いそれ以上の攻撃は受けなかった。

アンソニーは体当たり攻撃機が近くに墜落したため損傷を受けていたが、ブレインを曳航して慶良間諸島に向かい、艦隊随伴航洋曳船ユート（ATF-76）に引き渡した。

5月27日はRP艦艇にとって恐ろしい1日だった。ブレインは戦死者67人と負傷者103人を出した。アンソニーは大型揚陸支援艇が救助した者を収容して、停泊地に戻った。

[RPS＃5：駆逐艦ウィリアム・D・ポーター（DD-579）、第323海兵戦闘飛行隊（VMF-323）]

5月27日1120、駆逐艦マッシイ（DD-778）がRPS＃5に到着し、1300にウィリアム・D・ポーターが到着した。ダイソン（DD-572）はマッシイとともに到着したが、ブレイン（DD-630）を護衛して停泊地に戻った。

5月28日0103、RPSに敵味方不明機2機が接近した。ウィリアム・D・ポーターが1機に射撃すると、2機とも針路を変更した。

0730、レーダーが鍾馗1機の飛来を探知し、VMF-323のコルセア1個編隊が迎撃に向かった。D・L・ディヴィス海兵隊中尉とR・J・ウッズ海兵隊少尉のチームが、鍾馗を艦艇の東距離8海里（15km）で撃墜した。

[RPS＃9：駆逐艦プリチェット（DD-561）]

5月28日、RPS＃9を哨戒したのは、プリチェットとオーリック（DD-569）、大型揚陸支援艇LCS（L）-11、-20、-92、-122だった。

0050、オーリックは飛来する一式陸攻1機を距離8海里（15km）で探知した。0105、オーリックとプリチェットはこれに砲火を浴びせたが、命中させることはできなかった。

一式陸攻は艦艇の砲火を避けるため高度30フィート（9.1m）の低空で飛行し、LCS（L）-122に突進する針路をとった。LCS（L）-122は距離800ヤード（732m）で砲火を開き、一式陸攻に20mm機関砲弾を命中させた。オーリックとプリチェットが射撃をするまでにLCS（L）-20も一式陸攻に何発か命

中させたが撃墜できず、一式陸攻はチャフをまきながら退避して雲の中に消えた。

　5月29日に哨戒したのは、駆逐艦ダイソン（DD-572）、オーリック、プリチェット、大型揚陸支援艇LCS（L）-11、-20、-92、-122だった。

　1915、零戦3機が攻撃してきたので艦艇は再び総員配置を発令した。LCS（L）-20、-92が高度75フィート（23m）で駆逐艦に向かう1機を発見した。大型揚陸支援艇は砲火を開いてこれに砲弾を命中させて炎で包み、海面に激突させた。この機体の約四分の一海里（0.5kmm）後方にいた2機目にもLCS（L）-20、-92、-122が砲火を浴びせ、駆逐艦も命中弾を浴びせた。何隻もの艦艇から射撃を受けた零戦は操縦不能になり、海面に触れそうになったが、高度を回復した。零戦はプリチェットの煙突のすぐ上を通過した後、再び操縦不能になった。

　プリチェットの戦闘報告によれば、零戦は「本艦から200ヤード（183m）のところで主翼を海面に接触させて弾み、最後は海面に激突して、オーリックと本艦を結んだ線上の左舷方向500ヤード（457m）に水没した。3機目の零戦が右舷後方から飛来したが、本艦後部の40mmと20mm機関砲、12.7mm機関銃の砲火を浴び」(37)、ほかの艦艇からも砲火を浴びた。零戦はプリチェットの後方800ヤード（732m）の海面に墜落した。

　戦闘が終わると艦艇は哨戒を再開した。2035、再び敵味方不明機が現れたとの報告があったが、RPS近辺には何も来なかった。

　2135、ベニオン（DD-662）が到着してプリチェットから戦闘機指揮・管制の任務を引き継いだ。

　5月30日は何も起きなかった。5月31日0358、ダイソンは敵味方不明機1機に砲火を浴びせて撃退した。

　0847、駆逐艦ウィラード・ケース（DD-775）がオーリックと交代した。昼すぎまで何事もなかったが、1449、敵味方不明機が再び空域に現れた。

　レーダーが1機を距離25海里（46km）で探知し、艦艇は攻撃に備えた。すぐに銀河1機がRPSに突進して来たが、コルセア4機が艦艇の弾幕に追い込み、ダイソン、プリチェット、ウィラード・ケースが銀河に砲弾を浴びせた。銀河は炎に包まれてLCS（L）-20の右舷後方200ヤード（183m）に落下した。

　まもなく艦艇は総員配置を解除した。

［RPS＃11A：駆逐艦ワズワース（DD-516）、スプロストン（DD-577）］

5月27日にRPS＃11Aを哨戒したのは、ワズワース、スプロストン、大型揚陸支援艇LCS（L）-54、-83、-84、-115だった。

昼間は穏やかだったが27日から28日にかけての夜間は状況がまったく異なった。2229から2328の間、艦艇に突進して来た多くの日本軍機を砲火で撃退した。

ワズワースは夜間戦闘機1機をその中で最後の日本軍機に誘導し、零戦32型をRPSから9海里（17km）で撃墜したとの報告を受けた。LCS（L）-83は、艦の東側にいた2機ないし3機の日本軍機に砲弾を浴びせた(38)と報告した。

5月28日0016、敵味方不明機がRPSに接近したので、総員配置の号令が鳴り響いた。久米島上空から飛来した一式陸攻と思われる双発機だった。0040、大型揚陸支援艇はこれに砲火を浴びせたが、撃墜できなかった。一式陸攻が大型揚陸支援艇の後方を通過した後、ワズワースとスプロストンが砲火を開き、ワズワースが撃墜したと報告した。

ほぼ同じ頃、0045にこの2隻が、艦隊に接近した九七式艦攻1機を撃墜したと報告した。約1時間後の0135、九七式艦攻4機が大型揚陸支援艇の後方から接近した。LCS（L）-115は1機を撃墜し、数分後にLCS（L）-84が2機目を撃墜するのを支援した。近辺にはほかの敵機もいたので、乗組員はその夜が明けるまで"地獄の戦い"が続いた。

［RPS＃11A：駆逐艦シャブリック（DD-639）］

5月28日1746、駆逐艦ブラッドフォード（DD-545）がワズワース（DD-516）と交代した。

2357、ブラッドフォードは距離13海里（24km）で敵味方不明機を発見し、新しく設置されたRPS＃16Aに向かっていたシャブリックにその確認を要請した。

シャブリックから連絡が来なかったが、ブラッドフォードから襲来が二手に分かれ、1機が自艦に、もう1機がシャブリックに向かうのが見えた。一方、シャブリックも敵の位置を突き止め、RPS＃11Aの艦艇がこれに砲火を浴びせたものの撃墜できなかったことを確認した。

シャブリックは日本軍機に航跡を見られないように速度を10ノット（19km/h）に落としたが、この欺瞞は効果がなかった。数分後に1機目がシャブリックに体当たり攻撃してきたからだ。

29日0010、シャブリックは25ノット（46km/h）に増速し、1機目に砲火

5月28日、特攻機の体当たりで大破した駆逐艦シャブリック（DD-639）。5月30日、慶良間諸島沖で応急修理中の同艦の上甲板の状況。2番煙突後方の構造物は原型をとどめないほど破壊されている（NARA 80G 331221）

を浴びせ、距離3,500ヤード（3,200m）で撃墜したが、2機目がシャブリックに突入し右舷艦尾に体当たりした。搭載していた250kg爆弾が爆発して上甲板に30フィート（9.1m）の穴を空けた。右舷側にも穴が空き、後部機械室と缶室に浸水が始まった。日本軍機が激突した40mm機関砲と20mm機関砲の砲座の弾薬が爆発を始め、破片が甲板上に飛び散った。

　0029、火災で熱くなった爆雷が爆発してさらに被害を与え、1人が死亡した。爆風の勢いでこの区画の火災は消えたが、すでにシャブリックは艦尾から沈み始め、左に3度傾いた。艦を安定させるために甲板上の用具を投棄した。

　これに先立つ0013、RPS＃16Aを哨戒していた駆逐艦ヴァン・ヴァルケンバーグ（DD-656）がシャブリックの横に来て、負傷者の移送を始めていた。

　0130、シャブリックの艦尾は波に洗われ、沈没の危機に瀕していたが、ヴァン・ヴァルケンバーグから提供された小型ポンプで少しずつ排水した。高速輸送艦パブリック（APD-70）が到着し、同艦の高圧ポンプにより状況は改

善し始めた。

　0400、航洋曳船メノミニー（AT-73）が到着して、シャブリックを慶良間諸島に曳航する準備を始めた。風速は18ノット（9m/秒）と強くなり、不具合を起こすポンプも出てきて、再び浸水が増えたので、帰投は容易ではなかった。

　1339、シャブリックは何とか慶良間諸島に到着した。

　最初の仕事は38口径5インチ単装砲3番砲塔の下にある給弾薬室に20時間以上も閉じ込められていた3人を救助するため、防水用囲いを作ることだった。

　5月29日、シャブリックでは11人が戦死、士官1人と下士官兵20人が行方不明、士官1人と下士官兵27人が戦闘で負傷する損害を出した。シャブリックは戦線を離脱し、7月15日に帰国の途に就き、11月16日に除籍された。

　シャブリックが攻撃を受けていたのと同じ頃、ブラッドフォードは、シャブリックを攻撃したのと同じ襲来の1機から攻撃を受けた。

　5月29日0007、ブラッドフォードは日本軍機を艦尾後方200ヤード（183m）で撃墜した。その後、プロストンとともにシャブリックの救援に向かった。2隻は数人の生存者を救助して高速輸送艦パブリクに移送した。

　0530、RPP機が到着して海域で生存者を捜索したが、誰も発見できなかった。

[RPS＃15A：駆逐艦アンメン（DD-527）、大型揚陸支援艇LCS（L）-52、-61]
　5月27日にRPS＃15Aを哨戒したのは、アンメンとボイド（DD-544）、LCS（L）-52、-55、-56、-61だった。RPS上空の雲は低いままだったが、午後には晴れた。

　1739、アンメンは日本軍機4機が飛来するのを探知して、CAP機を迎撃に向かわせた。日本軍機は針路変更したので、CAP機は捕捉できなかった。1918、CAP機は基地に帰投し、停泊地の艦艇は日本軍機に備えた。

　2028、アンメンとボイドは飛来する日本軍機1機に砲火を浴びせて距離3,000ヤード（2,743m）で撃退し、2047にも接近したもう1機を撃退した。

　27日の夜は駆逐艦の乗組員にとって安全だったが、大型揚陸支援艇の乗組員はそうではなかった。

　2221、アンメンとボイドは零戦1機を距離4海里（7.4km）で探知して、大型揚陸支援艇とともに射撃を加えると、零戦は駆逐艦から方向を変え、大型揚陸支援艇に向けて後方から接近した。零戦はLCS（L）-61の頭上を通過する時、艇から何発も命中弾を受けたが、そのまま飛行を続け、LCS（L）-

52に突入しようとした。零戦はLCS（L）-52とLCS（L）-61の砲火を浴びてコースを外れたが、機体と爆弾の両方がLCS（L）-52の右舷後方わずか20ヤード（18m）で爆発した。

　LCS（L）-52は危機一髪で突入を免れたが、損害が大きかった。士官1人が戦死、士官1人と下士官兵9人が負傷した。別の1機が突進して来たので、LCS（L）-61がLCS（L）-52を掩護するため移動し、LCS（L）-61とLCS（L）-52でこれを撃退した。

　LCS（L）-52は戦傷者の移送と修理のため、停泊地に戻るよう命じられ、LCS（L）-61が護衛して帰投することになった。しかし、帰投の道のりは容易ではなかった。2隻でRPSを離脱した直後、敵味方不明機4機が接近し、このうちの一式陸攻1機が艦尾後方から突進して来た。LCS（L）-52が距離2,000ヤード（1,829m）でこの一式陸攻に向け射撃した。LCS（L）-52の射撃は散発的だったため、一式陸攻はその上空を通過してLCS（L）-61に向かい、同艇の砲火を浴びた。

　LCS（L）-61の艇長ジム・ケリー大尉は操舵室から一式陸攻が艇に真っすぐ飛来するのを見ていた。一式陸攻はLCS（L）-61の後部40mm連装機関砲の砲火を受けていたが、司令塔めがけて突進しているのは明白だった。最後の瞬間、ケリー艇長が取舵（左転舵）いっぱいの命令を出すと、操舵員のボブ・リエリー（訳注：著者の父親）は舵輪を鋭く回してLCS（L）-61を左に急回頭させた。

　一式陸攻は艇のすぐ上を通過して右舷前方わずか20フィート（6.1m）の海面に激突した。(39)

　一式陸攻の海面への激突と急回頭による艦の傾斜で、乗組員は体当たりされたと思った。ガソリンと一式陸攻の破片が艇の上に降り注いだが、すぐに体勢を立て直して航行を続けた。

　一式陸攻は海面に激突した衝撃で分解して、尾部がLCS（L）-61の艦首に飛んできて、甲板員のジョー・コロンバス兵曹を気絶させた。パイロットのパラシュートが前部甲板で見つかった。艦艇にはこれ以上は何事もなく、停泊地に帰投した。

［RPS＃15A：駆逐艦ドレックスラー（DD-741）、ロウリー（DD-770）、第322海兵戦闘飛行隊（VMF-322）］
　5月28日0410、ドレックスラーとロウリーは、アンメン（DD-527）とボイド（DD-544）にそれぞれ交代した。大型揚陸支援艇LCS（L）-52とLCS（L）-61が離脱したので、RPSには駆逐艦と大型揚陸支援艇が各2隻いるだけだっ

た。晴天で海は穏やかで、水兵は好むが、カミカゼは嫌がる天候だった。

0643、ドレックスラーの対空捜索レーダーが敵味方不明機の飛来を探知した。CAP機はそれをPBMマリナー飛行艇だと報告したが、すぐにそれが誤りだとわかった。銀河または屠龍と思われる複数の日本軍の双発機が高々度を飛行していたので、ドレックスラーとロウリーは双発機に対して横向きになるように操舵した。ほぼ同じ頃、VMF-322のR・ブラウン海兵隊中尉とJ・B・シーマン海兵隊少尉が日本軍機を発見して攻撃を始めた。戦闘でブラウン中尉とシーマン少尉は2機を撃墜し、2機を撃破した。

日本軍機の1機が高度を下げてドレックスラーとロウリーに向かって来たので、2隻は砲火を開いた。ドレックスラーの戦闘報告は、敵機は何発も砲弾を浴びながらロウリーの上を通過して、ドレックスラーに体当たりしたと報告している。ドレックスラーの右舷に重大な損傷が生じ、後部缶室が使用不能になり、40mm機関砲2基も使えなくなった。突入機のガソリンに引火したが、すぐに消火された。

2機目はロウリーに真っすぐ向かって来たが、ドレックスラーとロウリーから砲火を浴びてロウリーの艦尾後方の海面に激突した。

0703、ドレックスラーは右舷方向から飛来した3機目を狙ったが、目標を捉えることができなかった。日本軍機は旋回してドレックスラーの正面から突進した。VMF-322のブラウン中尉とシーマン少尉が操縦するコルセア2機が艦の対空砲火も顧みず、日本軍機を追った。日本軍機はCAP機と駆逐艦の砲火に挟まれて撃墜されそうになったが、何とか飛行を維持し、再び旋回してドレックスラーの上部構造物に体当たりした。

日本軍機は1,000kg爆弾を搭載していたようだった。爆発で両側の舷側は外側に吹き飛び、ドレックスラーは急速に右に傾き始めた。2回目の体当たりから1分もしないうちにドレックスラーは横転し、艦尾から波間に沈んでいった。(40)

沈没があまりにも早かったので、艦内に取り残された者が多数いた。

一方、再び攻撃を受けていたロウリーは0718と0838に日本軍機を迎撃し、0842にCAP機が九九式艦爆1機を撃墜した。

この間、嘉手納のVMF-323のデル・ディヴィス海兵隊中尉率いるコルセアの1個編隊が空域を飛行していた。ロウリーは4機をポイント・ボロの東40海里（74km）に誘導すると、コルセアがRPSに向かう鍾馗1機を発見した。ディヴィス中尉と僚機のロバート・ウッズ海兵隊少尉は高度300フィート（91m）まで急降下し、RPS＃15Aに向かう鍾馗に砲火を浴びせた。鍾馗は艦艇の甲板めがけて急降下したが、ディヴィス中尉とウッズ少尉の交互連射

を受けて、炎に包まれ爆発した。(41)

　大型揚陸支援艇LCS（L）-114が戦闘の最中に到着し、LCS（L）-55とLCS（L）-56を支援して生存者を引き上げた。

　0915、駆逐艦ワッツ（DD-567）とレン（DD-568）が支援のため艦艇に合流した。生存者全員を収容してワッツは停泊地に戻った。ドレックスラーの損害は戦死者158人、負傷者51人だった。

　ロウリーの戦闘報告は、この日の成果は「２機を対空砲火で破壊、５機をCAP機が破壊、２機がドレックスラーに体当たり攻撃」(42)となっている。

　ドレックスラー艦長のR・L・ウィルソン中佐は次のように記している。

　　攻撃はうまく調整されており、確固たる信念を持っていた。その日の朝の目標がRPS＃15の駆逐艦だったことに疑いの余地はない。奇襲攻撃ではなかった。しかし、日本軍がふだんよりも若干早く攻撃してきたことは興味深い。パイロットは素人でも繰り上げ卒業生でもなかった。腕の立つパイロットで、機体をどのように扱えばよいかを知っていた。(43)

[RPS＃16A：敷設駆逐艦ロバート・H・スミス（DM-23）]
　RPS＃16Aを哨戒したのは、ロバート・H・スミスと敷設駆逐艦シャノン（DM-25）、大型揚陸支援艇LCS（L）-14、-17、-18、-21だった。

　５月27日の昼間は、近くのRPSで若干戦闘があっただけで平穏だった。1949から2235の間、敵味方不明機の報告があったが、RPSに接近しなかった。2232、敵味方不明機１機が飛来したので、艦艇は針路と速度を変更した。ロバート・H・スミスとシャノンがこれに砲火を浴びせ、2308にシャノンの砲が右舷正横に撃墜した。

　翌28日0026、４機から６機の日本軍機がRPSに飛来したが、ロバート・H・スミスとシャノンが撃退した。ロバート・H・スミスが右舷正横と右舷後方から２機が飛来するのを発見し、0127に撃墜した。続く30分間にも敵味方不明機が何機も飛来したが、艦艇がこれに射撃して撃退した。

５月のRP艦艇状況

　５月29日、RP艦艇の大きな犠牲を認識した第31任務部隊指揮官ヒル海軍中将は次のメッセージを出した。

　　最近の攻撃に際し、部隊は襲ってくる日本軍機の多くを撃破して、そ

の俊敏性と効果的な働きを再び示した。この2日間で攻撃は115回に及んだ。RP艦艇"巨大な超小型艇（大型揚陸支援艇の愛称）"と直衛部隊が敵の攻撃に耐え、すでに栄光ある伝統になった沖縄作戦にその正確な射撃と勇気と忍耐を加えた。また最悪の状況の中で素晴らしい働きをしたCAP機と救援部隊に対して敬意を表する。諸君は日本軍を撃破し、日本軍はそれを思い知った。総員よくやった。(44)

5月はRP艦艇にとって悲惨な月だった。カミカゼ攻撃で撃沈されたのは、駆逐艦リトル（DD-803）、ルース（DD-522）、モリソン（DD-560）、ドレックスラー（DD-741）、ロケット中型揚陸艦LSM（R）-190、-194、-195だった。

損傷したのは、敷設駆逐艦アーロン・ワード（DM-34）、グウィン（DM-33）、シアー（DM-30）、掃海駆逐艦マコーム（DMS-23）、駆逐艦アンソニー（DD-515）、イングラハム（DD-694）、ヒュー・W・ハドレイ（DD-774）、ロウリー（DD-770）、エヴァンス（DD-552）、バッチ（DD-470）、ダグラス・H・フォックス（DD-779）、ストームズ（DD-780）、ブレイン（DD-630）、シャブリック（DD-639）、ロケット中型揚陸艦LSM（R）-192、大型揚陸支援艇LCS（L）-25、-31、-52、-88、-121だった。

損傷した艦艇のうち、アーロン・ワード、ヒュー・W・ハドレイ、エヴァンスは損傷が大きいため、除籍されスクラップになった。イングラハム、シアー、バッチ、ダグラス・H・フォックス、LCS（L）-88は終戦まで修理が完了しなかった。RPSの海軍軍人の損害は戦死者840人、負傷者834人だった。

カミカゼは沖縄周辺でRP艦艇以外にも損害をもたらした。5月13日から31日までの間に、3隻が沈没、14隻が損傷した。空母エンタープライズ（CV-6）は大破し戦線から離脱した。同艦は戦死者13人、負傷者68人を出した。この間RP艦艇以外の艦艇の損害は、戦死者139人、負傷者366人だった。(45)

第7章 勇気の代償

6月の概況

6月で沖縄作戦は終結したが、カミカゼの襲来は終わらず、菊水9号と10号作戦が実施された。だが、レーダー・ピケット艦艇（RP艦艇）は作戦中の数日間忙しかっただけで、特攻機の数も減少した。

それまで日本軍は米艦艇に向けて特攻機を何百機も投入したが、機数を絞り始めた。6月の2回の菊水作戦で送り出したのはわずか95機だった。日本軍は航空攻撃を継続したものの、沖縄作戦に失敗して次の目標が本土であることを認識し、手持ちの航空兵力を最終決戦である本土侵攻に備えた。

6月1日（金）〜2日（土）

[RPS＃11A：敷設駆逐艦ロバート・H・スミス（DM-23）]

6月1日、RPS＃11Aを哨戒したのは、ロバート・H・スミス、トーマス・E・フレイザー（DM-24）、駆逐艦カッシン・ヤング（DD-793）、大型揚陸支援艇LCS（L）-16、-54、-83、-84だった。

6月1日1917、ロバート・H・スミスの艦内に総員配置が発令された。不幸にも、戦闘空中哨戒（CAP）機はこの直後の1932に基地へ帰投を命じられていた。数分するとロバート・H・スミスは、後方から飛来した日本軍機1機に雷撃されたが、魚雷を回避し砲火を浴びせた。大型揚陸支援艇は日本軍機が左舷正横距離3,000ヤード（2,743m）を通過するのを見て砲火を浴びせたが、命中させることはできなかった。

ロバート・H・スミスは2機目が右舷方向から飛来して魚雷を投下したので、再び回頭し、砲火で追い返した。1953、3機目がロバート・H・スミスの正面から現れたので、これにも砲火を浴びせ、追い返したが、同艦にとって危機一髪だった。ロバート・H・スミスは魚雷2発から逃げることができた。

2日0058、各艦は総員配置を解除した。

6月3日（日）〜7日（木）

[日本海軍航空隊の改編、菊水9号作戦]

　米軍情報機関は「日本海軍は新たに戦闘集団を編成した。第71航空戦隊は東京、名古屋地区のすべての海軍戦闘機隊で構成し、第72航空戦隊は九州の戦闘機部隊を指揮して、（1）九州と本州西部で迎撃し、（2）琉球の作戦に参加する」(1)。さらに九州の大村、福岡、西戸崎の各飛行場は燃料補給基地として使用すると報告した。

　菊水9号作戦は6月3日から7日の間で、陸軍機30機、海軍機20機、計50機が参加した。この攻撃を陸軍の第10次総攻撃と同時に実施した。RP艦艇にとって、6月もまた危険な月となった。

[RPS＃5：駆逐艦アンメン（DD-527）、第323、第441海兵戦闘飛行隊（VMF-323、VMF-441）、陸軍第333戦闘飛行隊（333FS）]

　6月3日にRPS＃5を哨戒したのは、アンメン、ゲスト（DD-472）、フラム（DD-474）と大型揚陸支援艇LCS（L）-67、-87、-93、-94だった。

　その日の朝は曇りで、時折激しく雨が降ったが、海は凪いでいた。

　0915と1316に日本軍機が海域に現れたので、艦艇は総員配置を発令した。アンメンは襲来をRPSの北34海里（63km）の空域で探知してCAP機に迎撃を指示した。

　日本軍機迎撃に誘導されたのはVMF-323のC・E・スパングラー海兵隊中尉以下のコルセア3機だった。コルセアはRP艦艇の近くで九九式艦爆6機と九七式戦1機の編隊と戦闘を開始した。スパングラー中尉が1機、S・C・アレイ海兵隊中尉が3機を撃墜した。デューイ・ダーンフォード海兵隊少尉は九九式艦爆と九七式戦各1機を撃墜した。

　艦艇上空でレーダー・ピケット・パトロール（RPP）中だったVMF-441のコルセア2機が迎撃支援に向かった。マルコム・M・フィフィールド海兵隊中尉は戦闘で九九式艦爆1機を撃墜した。ジェームズ・R・レクター海兵隊少尉は、高度200フィート（61m）でRP艦艇に突進する九九式艦爆1機を発見し、これに急降下して撃墜した。戦闘終了後、アンメンは爆装している九九式艦爆6機、九七式戦1機、鍾馗1機をCAP機が撃墜したと報告した。九九式艦爆6機は九州の国分第2飛行場から沖縄の米艦艇攻撃のために飛来したものだった。

　陸軍第318戦闘航空群第333戦闘飛行隊のP-47Nの1個編隊もこの空域で

CAPを行なっていた。

1345、アート・ボウエン陸軍大尉と僚機のアルバート陸軍中尉が高度500フィート（152m）で巡航していると、アルバート中尉が九七式戦2機を発見してこれを追跡した。

1機は素早く雲の中に隠れ、もう1機は急降下して、アルバート中尉の砲火を避けるため急旋回した。アルバート中尉はそれを撃墜しようとして降下しすぎ、海面に激突した。サドラー陸軍中尉とエリス陸軍中尉がこの九七式戦を追跡し、サドラー中尉が撃墜した。

僚機を失ったボウエン大尉は、雲の中に逃げられた九七式戦を追跡し、何発かの命中弾を与えたが、再び雲の中に逃げられた。その後、ボウエン大尉はこの空域でPBY-2カタリナ飛行艇の尾部銃手がこの九七式戦を撃墜したのを目撃した。

VMF-441のマルコム・M・フィフィールド中尉とロバート・L・ギブソン海兵隊少尉のコルセアは艦艇上空でRPPに就いていた。1350、2人は北の戦闘空域に誘導を受けた。高度500フィート（152m）で南に向かう九七式戦2機と九九式艦爆1機を発見して、これを攻撃するため急降下した。フィフィールド中尉は九七式戦の操縦席に銃弾を命中させ、続いて九九式艦爆のエンジンと左翼にも命中させ、被弾した2機は海面に激突した。ギブソン少尉たちは別のコルセアが残る九七式戦を撃墜するのを目撃した。

米艦隊に台風接近の情報が伝わった。1700、駆逐艦ロウリー（DD-770）とロウ（DD-564）がフラムとアンメンと交代したが、嵐をやり過ごすため帰投命令を受けた。翌朝0845、艦艇はRP任務に復帰した。

[RPS＃5：駆逐艦ロウ（DD-564）、第422海兵戦闘飛行隊（VMF-422）]

6月6日にRPS＃5を哨戒したのは、ロウ、レン（DD-568）、ロウリー（DD-770）、大型揚上支援艇LCS（L）-17、-67、-87、-93だった。

1710、ロウは敵味方不明機をRPSの南方に探知し、1504に伊江島を発進していたVMF-422のR・A・リスレイ海兵隊中尉以下、E・H・スピナス、E・C・ハーパー、D・A・ウエストンの各海兵隊中尉のCAP機を誘導した。

数分後、彼らは低高度を飛行中の九九式艦爆1機を発見してこれを追跡した。リスレイ中尉は一連射を与えたが、別の飛行隊のコルセアが彼の機先を制して九九式艦爆を撃墜した。リスレイ中尉の1個編隊は高度4,000フィート（1,219m）まで上昇して金武岬に向かった。

6月7日1900、敵味方不明機を距離24海里（44km）で探知したが、レーダー・スクリーンから消えた。RPSに接近する日本軍機が、レーダー探知を

避けるため、海面上50フィート（15m）から100フィート（30m）に高度を下げることはよくあることだった。この高度ならば発見されることなく距離13,000ヤード（11,887m）まで艦艇に接近できた。

　九九式艦爆2機がレン、ロウリー、ロウの右舷方向から突進して来た。駆逐艦3隻は全艦が砲火を開き、ロウとロウリーの間に最初の九九式艦爆を撃墜し、2機目を3隻の艦尾後方に撃墜した。

［RPS＃9：駆逐艦マッシイ（DD-778）、陸軍第19戦闘飛行隊（19FS）］

　6月6日夕方、RPS＃9は攻撃を受けた。哨戒していたのは、マッシイ、ストッダード（DD-566）、クラックストン（DD-571）、大型揚陸支援艇LCS（L）-12、-85、-117、-123だった。

　1627、クラックストンは飛来する敵機を15海里（28km）の距離で探知してCAP機を誘導した。CAP機は海面近くを飛行していた飛燕2機をRPSから11海里（20km）と8海里（15km）でそれぞれ撃墜した。

　ほぼ同じ頃、陸軍第19戦闘飛行隊のサンダーボルト4機が久米島の北でCAPに就いていた。チャールズ・W・テナント陸軍少佐が率いる編隊にはハリー・E・マカフィー陸軍中佐、チャールズ・S・マーチンコ、クネオの両陸軍中尉がいた。

　高度3,000フィート（914m）でRPSに向かっている彗星1機を発見して、マカフィー中佐が攻撃、炎上させた。(2)

　1854、マッシイが飛来する敵味方不明機を探知した。マッシイは、敵味方不明機が7海里（13km）まで接近しないと探知できないほかの駆逐艦に敵機襲来を伝えた。襲来したのは九九式艦爆1機、零戦3機の計4機だった。すぐに零戦2機がマッシイの左舷正横から突進して来るのが見えた。マッシイはこれに砲火を浴びせたが、コルセア2機が割って入ったので射撃を中止した。

　マッシイは距離7,000ヤード（6,401m）で射撃を再開して、20mm機関砲と40mm機関砲で敵機に命中弾を与えた。1902、1機目の零戦はマッシイの艦尾後方を通過し、ストッダードとLCS（L）-117の砲火を浴びて墜落した。2機目の零戦もマッシイの艦尾を通過して右舷後方40ヤード（37m）の海面に激突した。

　3機目の九九式艦爆は艦艇の陣形の後方から突入しようとしたが、ストッダードとクラックストンがこれに弾幕射撃を浴びせて撃墜した。4機目の零戦はこれに狙いを定めようと機動するマッシイに急降下して来た。コルセアがマッシイの砲火に被弾しそうになりながら零戦を追跡したが、最後はマッ

伊江島飛行場は米軍侵攻前に日本軍の手で破壊されたが、4月16日に上陸した米軍は5月中旬から陸軍航空軍の展開を始め、第318、第413、第507戦闘航空群（P-47Nサンダーボルト、P-61ブラック・ウィドウ）が配置され任務に就いた。写真は同飛行場に展開中の第507戦闘航空群のP-47N。1945年7月中旬撮影（NARA 58185 AC）

シイが右舷後方1,500ヤード（1,372m）で零戦を撃墜した。

[RPS#9：第314、第422、第113海兵戦闘飛行隊（VMF-314、VMF-422、VMF-113）]

　艦艇の激しい対空砲火のため、少なくともVMF-314の１個編隊のコルセアがRPSに接近できず、奄美大島に向けて移動した。VMF-314の２個編隊が残り、E・F・ウォール海兵隊中尉が九九式襲撃機を横当島西方10海里（19km）で撃墜した。大型揚陸支援艇LCS（L）-85は百式司偵１機を撃墜し、ほかの大型揚陸支援艇の支援も受けて飛燕１機を撃墜した。LCS（L）-12は艦尾後方から攻撃を受けたが、艇の砲火で敵機は針路を外れ、艦首から15フィート（4.6m）の海面に激突した。

　危機が去り、夜も近づいたので、1925、VMF-314の各機は基地に帰投したが、VMF-113とVMF-422の編隊は上空にとどまった。VMF-314が持ち場を離れるのと同じ頃、VMF-113のコルセアは西方の敵味方不明機に向けて誘導され、VMF-422のコルセアがRP艦艇上空に残った。

6月6日の日没時、西に向かったVMF-113のコルセアから、敵味方不明機を見失ったとの連絡があり、RP艦艇上空に残っていたVMF-422も迎撃に向かった。だが、この連絡は不正確だった。VMF-422のコルセアは艦艇から5海里（9.3km）の距離で、VMF-113のコルセアの攻撃を受けた銀河1機が右エンジンから火を噴いているのを発見した。銀河は爆弾を投棄すると、高度を50フィート（15m）に下げた。VMF-113のコルセア2機がこれを追跡し、VMF-422の4機も正面から攻撃して何発も命中させた。この銀河を撃墜したのはVMF-113だった。(3)

［RPS＃9：駆逐艦マッシイ（DD-778）、クラックストン（DD-571）］

　ほぼ同じ頃、別の敵味方不明機の一隊がRPSに飛来した。最初の報告は、1933に九九式艦爆がRPSに接近するのを探知したというものだった。日本軍機5機が低高度で艦艇に接近したので、マッシイ、クラックストン、ストッダード（DD-566）は回避運動を行なった。距離9海里（17km）で、艦艇に向かって直進する2機、北に旋回する2機、艦艇の射撃の射程外にとどまる1機に分かれた。マッシイとクラックストンは30ノット（56km/h）で航行して砲火を浴びせ、日本軍機を北に追い返した。

　その時、百式司偵が急降下してクラックストンめがけて突進して来た。百式司偵は40mm機関砲、20mm機関砲、38口径5インチ砲の弾幕の中を飛び続けたが、クラックストンの右舷後方わずか10ヤード（9.1m）の海面に激突した。幸いなことに、百式司偵の爆弾は爆発せず、クラックストンの乗組員は無事だった。もし爆弾が爆発したら艦が受けるダメージは非常に大きかったであろう。

　攻撃が激しくなったので、CAP機は艦艇を守るために呼び戻され、1945、RPS＃9に到着した。

　マッシイは日本軍機2機をそれぞれ4海里（7.4km）と7海里（13km）の距離で発見して砲火を浴びせ、2機とも撃墜した。別の日本軍機は西に逃走したので、夜間戦闘機が追跡した。大型揚陸支援艇LCS（L)-12はこの日本軍機に向け射撃をしていたが、距離4,000ヤード（3,658m）で別の日本軍機が艇の正面に急降下してくるのを発見した。LCS（L)-12はこれに40mm連装機関砲、20mm機関砲で砲火を浴びせた。日本軍機は艇の上空約10フィート（3.0m）を通過して艦尾から25フィート（7.6m）の海面に激突した。RPS＃9の艦艇にとって、6月6日は危険な1日だったが、何とか無傷で終えた。

[RPS＃９：駆逐艦ワズワース（DD-516）、第113海兵戦闘飛行隊（VMF-113）]

　６月７日1417、ワズワースがクラックストン（DD-571）と交代した。艦艇は早朝から夕方まで何回も総員配置を発令したが、日本軍機と遭遇しなかった。

　1820、マッシイ（DD-778）が、敵味方不明機がRPSに向かって接近中と報告したので、ワズワースがVMF-113のW・F・ブランド海兵隊中尉以下、B・N・タトル、R・F・スコット両海兵隊中尉とH・L・ミクソン海兵隊少尉の１個編隊のコルセアを迎撃のために誘導した。

　編隊は高度2,500フィート（762m）を飛行中の屠龍を発見して上昇した。スコット中尉の一連射は外れたが、ブランド、タトル両中尉は屠龍の胴体に命中弾を与え、左エンジンに損傷を与えた。パイロットは爆弾を投棄して損傷が拡大するのを防ごうとした。

　屠龍はワズワースに突進しようとしてRPSに向かって旋回したが、ブランド中尉がこれを撃墜した。この日はこれ以上の日本軍機の攻撃はなかった。

[RPS＃11A：敷設駆逐艦ロバート・H・スミス（DM-23）、大型揚陸支援艇LCS（L）-16、-54]

　６月３日にRPS＃11Aを哨戒したのは、ロバート・H・スミスとトーマス・E・フレイザー（DM-24）、駆逐艦カッシン・ヤング（DD-793）、LCS（L）-16、-54、-83、-84だった。

　未明の0215から0358の間にレーダー・スクリーンに敵味方不明機が何機か現れたが、艦艇から離れたので、戦闘はなく、その朝も平穏だった。

　1330、駆逐艦が日本軍機をレーダーで捜索しているなか、大型揚陸支援艇４隻のダイヤモンド陣形で先頭を進むLCS（L）-16が、雲間を入ったり出たりしている零戦１機を発見した。数分後、零戦は再び現れると上昇反転し、LCS（L）-54に向かって体当たり攻撃を仕掛けてきた。

　零戦はLCS（L）-16とLCS（L）-54の砲火を浴び、目標をLCS（L）-16に変えたが、同艇の左舷から50フィート（15m）の海面に激突した。零戦を撃墜したのはLCS（L）-16で、LCS（L）-54がこれを支援した。

　直後に別の１機が現れたが、大型揚陸支援艇はこれに砲火を浴びせて追い返した。数分して大型揚陸支援艇の見張員が、陣形の正面でコルセア２機が日本軍機１機を撃墜したのを目撃した。

　CAP機が別の日本軍機２機をRPS近辺で撃墜したが、雲が出ていたので、艦艇の乗組員はこれを視認することはできなかった。

　戦闘が激しくなり、混乱してくると、艦艇が報告する日本軍機の機種は零

戦か隼のどちらかになることが多かった。

　1450、艦艇は総員配置を解除したが、すぐに警戒態勢に戻した。1802、75海里（139km）の距離に襲来機との通報があり、CAP機が迎撃に向かった。CAP機は、一式陸攻2機を撃墜したと報告した。

　1915、艦艇は夜間哨戒の海域に向かった。

［RPS＃11A：駆逐艦カッシン・ヤング（DD-793）、スモーレイ（DD-565）、ヴァン・ヴァルケンバーグ（DD-656）］

　6月5日、RPS＃11Aを哨戒したのは、カッシン・ヤング、スモーレイ、ヴァン・ヴァルケンバーグ、大型揚陸支援艇LCS（L）-13、-14、-16、-21だった。

　1950、駆逐艦に向かって急降下した日本軍機2機に砲火を浴びせた。2012、別の3機がRPSを攻撃したが、このうちの1機にスモーレイが砲火を浴びせた。日本軍機は全機損傷を受けることなく逃げ去った。

　6月7日1740、インガソル（DD-652）がRPSで合流した。1852、日本軍機1機が低高度で艦艇に接近したが、数分後、CAP機がこれを撃墜した。久米島上空で敵味方不明機1機を発見し、CAP機を誘導して1908にこれを撃墜した。

　7隻の艦艇は哨戒を続け、6月9日0927、駆逐艦ハリー・E・ハバード（DD-748）がスモーレイと、カッシン・ヤングがプリチェット（DD-561）と交代した。

　1919、日本軍機2機が接近し、艦艇に総員配置がかかった。この2機を20分も経たずにCAP機が、艦艇から7〜8海里（13〜15km）の位置で撃墜した。

［特別RPS：駆逐艦ゲイナード（DD-706）、第113海兵戦闘飛行隊（VMF-113）］

　6月3日に始まった伊平屋島侵攻の艦艇を守るため、さらにレーダー・ピケットによる哨戒が必要になり、伊平屋島から北方5マイル（8km）に特別RPSを設置した。この海空域はRPS＃15Aから東に20マイル（32km）、RPS＃1とRPS＃2の中間の10マイル（16km）南方だった。

　6月3日1000からゲイナードと護衛駆逐艦エドモンズ（DE-406）がここで哨戒を開始した。ゲイナードは戦闘機指揮・管制チームを乗艦させており、CAP機8機とRPP機2機を指揮・管制していた。

　1215、多数の敵味方不明機を探知して、RPS＃15Aの駆逐艦の指揮・管制を受けたCAP機がこれを撃墜した。

　何度もこの空域に追加のCAP機を送り、戦闘が最も激しい時点ではゲイナードは28機を指揮・管制した。この戦闘で計45機の日本軍機を撃墜した。こ

のうちゲイナードが指揮・管制を担当していたCAP機２個編隊の撃墜機数は零戦12機、RPP機は九九式艦爆１機だった。

　1330、伊江島のVMF-113のロバート・デイリー海兵隊大尉が率いるK・フリン海兵隊中尉、J・L・スコット、R・J・マンロの両海兵隊少尉の１個編隊は誘導を受けて北に向かった。高度16,000フィート（4,877m）で零戦約20機と遭遇した。交戦のため上昇すると、別のコルセアに追われて降下して来た零戦７機と空中戦になった。

　デイリー大尉の編隊は、最初の零戦２機の横をすれ違いざまに射撃したが、結果は不明だった。すぐに次の２機が正面に現れ、スコット少尉は１機を高度10,000フィート（3,048m）まで追って撃墜した。

　デイリー大尉とマンロ少尉は、別の零戦１機の背後に占位した。零戦はデイリー大尉の射撃から逃れようと回避機動したが、マンロ少尉が１連射で命中弾を浴びせた。零戦は海面に向かって急降下してから機首を引き起こしたので、フリン中尉は目いっぱい見越し射撃した後、正面から攻撃した。零戦から煙が噴き出したので、デイリー大尉とマンロ少尉は再度射撃して敵機のエンジンを停止させた。零戦は着水し、パイロットは脱出しようとしたが、デイリー大尉の機銃掃射で殺された。フリン中尉が撃墜を記録した。

　伊平屋島の攻略が終わると、６月７日のうちに特別RPSは廃止された。

［RPS＃15A：駆逐艦ワズワース（DD-516）、第441海兵戦闘飛行隊（VMF-441）］

　６月３日、RPS＃15Aを哨戒したのは、ワズワース、コグスウェル（DD-651）、ケーパートン（DD-650）、大型揚陸支援艇LCS（L）-55、-56、-66、-114だった。

　0215、レーダー・スクリーンに多くの日本軍機が現れたので、艦艇は総員配置を発令した。夜間戦闘機が警戒態勢に入り、数分で３機を撃墜した。夜が明けると次に日本軍機が襲来するまでのいっとき、艦艇に休息が訪れた。

　1235、ワズワースが６機の日本軍機を探知した。ワズワースはCAP機のコルセアを北に誘導した。コルセアから、九七式艦攻１機と九九式艦爆１機を撃墜したとの連絡があった。この戦闘で敵の編隊は散開して、個々にRPSに接近を始めた。

　この時、１機が南から艦艇に向かって接近して来た。読谷のVMF-441のコルセア２機がRPS上空でRPPを行なっていたので、ワズワースはこの２機を九九式艦爆の迎撃に向かわせた。ロバート・C・ベネット海兵隊中尉が銃弾を何発か命中させたが、追い越してしまった。続いて僚機のジェームズ・R・レクター海兵隊少尉が攻撃して20mm機関砲弾を操縦席とエンジンに命中さ

せた。九九式艦爆はLCS（L）-55の砲火も浴びて操縦不能になり墜落した。

[RPS＃15A：第323海兵戦闘飛行隊（VMF-323）]

　VMF-323のサイ・ドレッツェル海兵隊中尉率いるアル・ウエルズ、ビル・ド
レイク両海兵隊中尉、ジェリー・コナーズ海兵隊少尉の1個編隊のコルセア
は、伊江島の第22海兵航空群（MAG-22）の1個編隊とともに飛行していた
時、飛来する日本軍機を迎撃するための誘導を受けた。

　数分後、VMF-323の編隊は伊平屋島の米軍上陸地点に向かっている零戦25
機の編隊と遭遇した。コルセア4機は零戦12機と空中戦に入った。数は1対
3で劣っていたが、ドレッツェル中尉たちだけで戦った。激しい空中戦の
末、ドレイク中尉が撃墜4機と不確実撃墜1機、コナーズ少尉、ウエルズ中
尉が各2機、ドレッツェル中尉が1機で、計9機を撃墜した。

　ドレイク中尉は戦闘で計器が壊れたため救助を要請したが、飛行隊は彼の
位置を特定できなかった。ドレイク中尉は帰路を探そうとして高度を下げる
と、P-47Nサンダーボルトの1個編隊が急降下して来た。ドレイク中尉は陸
軍機が自分を識別できるように飛行すると、サンダーボルトは攻撃を止め、
ドレイク中尉を嘉手納まで護衛してくれた。(4)

　帰投後、ドレッツェル中尉は操縦席後方の装甲板に20mm機関砲弾が命中
していたことに気づき、驚いたが、すぐに気を取り直して戦闘機の設計者に
感謝した。

[RPS＃15A：第314海兵戦闘飛行隊（VMF-314）]

　6月3日1310、RP艦艇が敵味方不明機の大編隊を距離60海里（111km）で
探知し、CAP機を迎撃のために向かわせた。1315、VMF-314のチャールズ・
W・イーガン海兵隊中尉率いる1個編隊が高度3,000フィート（914m）で零戦
32型1機を迎撃した。

　零戦32型はコルセアに追われると、機速を遅くするため脚を出した。これ
でコルセア4機は全機零戦を追い越してしまった。イーガン中尉は編隊から
離れて左に向かい、再度零戦の後方に占位した。イーガン中尉が零戦の主翼
とカウリングに銃弾を撃ち込むと、零戦は降下した。ほかのCAP機は九七式
艦攻1機、零戦1機、九九式艦爆1機を撃墜した。

　12分後、艦艇に向かう九九式艦爆2機が距離7,000ヤード（6,401m）に現れ
た。CAP機が1機を撃墜したが、残る1機が大型揚陸支援艇LCS（L）-114に
機銃掃射を始めたので、直ちにLCS（L）-114はこれに砲火を開いた。CAP機
が日本軍機を追っていたので一時射撃を中止したが、CAP機が回避したので

射撃を再開した。

LCS（L）-114の砲火が九九式艦爆を追い返したが、すぐに旋回してLCS（L）-56に体当たり攻撃をかけてきた。LCS（L）-56、-114の両艇はこれに砲火を浴びせ、LCS（L）-56が多くの命中弾を与えて、左舷前方200フィート（61m）に撃墜した。

0920、エルバート・E・ルットリッジ海兵隊中尉率いるVMF-314の2番目の1個編隊が伊江島を離陸した。大型揚陸支援艇のすぐ北で、4機は高度800フィート（244m）を飛行する天山1機を発見して、これを追った。天山の後部銃手が反撃し、マックスウエル・M・ウエストオーバー海兵隊中尉の乗機が被弾した。何回も回避機動をする天山にコルセア4機が連射を浴びせると、1330、天山は炎に包まれ墜落した。

天山に何度も射撃を加えたので、4機のうちの誰が撃墜したかは確定できなかった。典型的な米国のやり方で、パイロットたちはコイントスして、ルットリッジ中尉がそれに勝って撃墜を記録した。(5)

［RPS＃15A：駆逐艦ケーパートン（DD-650）］

数分後、九九式艦爆1機がケーパートンの正面から飛来して機銃掃射しながら体当たり攻撃してきた。攻撃があまりにも突然だったので、撃ち返すことができたのは50口径12.7mm機関銃だけだったが、幸い狙いが正確で、九九式艦爆は針路を外れ、艦尾から20ヤード（18m）の海面に激突した。

上空を飛行していた2機目の九九式艦爆がケーパートンに向かって急降下して来た。ケーパートンは38口径5インチ単装砲と40mm機関砲で命中弾を与え、ワズワース（DD-516）も砲火を開き、九九式艦爆をケーパートンの左舷正横の舷側近くに撃墜した。

数分後、ワズワースとケーパートンは両艦で隼1機を撃墜した。

［RPS＃15A：第314海兵戦闘飛行隊（VMF-314）］

6月3日、CAP機の任務は続いた。1345、VMF-314のチャールズ・W・イーガン、ブルース・J・トーマス両海兵隊中尉が高度7,000フィート（2,134m）でRP艦艇に向かっている九九式艦爆1機を迎撃した。

イーガン、トーマス両中尉が突進を開始すると九九式艦爆は旋回して、正面から向かって来たので、2人は射撃するタイミングを逸した。その後、九九式艦爆はトーマス中尉の背後に占位したが、3番目の1個編隊長のジェームズ・A・クレイン海兵隊中尉がこの動きを見て、九九式艦爆の胴体と主翼付け根に20mm機関砲を射撃すると、九九式艦爆は火の玉になって、空中で爆

発した。

　1415、VMF-314のパイロットはその日最後の戦果を上げた。4機のコルセアは高度7,000フィート（2,134m）で別の九九式艦爆1機の背後に占位して射撃し、撃破した。別の飛行隊のコルセアが戦闘に参加しようと彼らの正面に来たので針路を変更したが、この飛行隊は撃墜に貢献できなかった。

　九九式艦爆が海面に激突する前に後席の銃手が脱出したことで、パイロットが戦死したのは明らかだった。銃手は海面に浮かんでいたが、VMF-314のパイロットは確認すると、すでに死亡しているようだと報告した。(6)

　戦闘の最中、別の九九式艦爆が落下傘機雷を投下したので、LCS（L）-56はこれを射撃して沈めた（訳注：6月3日に出撃した99式艦爆は沖縄の泊地艦船攻撃に向かった特攻機6機のみで、搭載爆弾は25番〔250kg〕爆弾。落下傘で投下した物は不明。4月上旬に陸攻が中城湾に機雷敷設に出撃したことがあるが、特攻機が機雷を搭載する可能性は極めて低い）。当面の危機が通り過ぎ、艦艇は哨戒を再開した。

[RPS＃15A：第441海兵戦闘飛行隊（VMF-441）]

　6月3日1803、北から新たな襲来機がいるとの報告が入った。VMF-441のジョセフ・A・ロス海兵隊中尉とジェームズ・H・テイラー海兵隊少尉が誘導を受けてこの迎撃に向かうと、南に向かっている零戦32型1機と鍾馗1機を発見した。

　ロス中尉は零戦32型の後方に占位したが、零戦が内側に回り込んで来ると予測した。最終的にロス中尉は零戦の上方7時の位置に占位して射撃、命中弾を受けた零戦は空中で爆発した。テイラー少尉も鍾馗に銃弾を命中させ、その衝撃でこれも空中で爆発した。

[RPS＃15A：第85戦闘飛行隊（VF-85）、駆逐艦アンソニー（DD-515）]

　6月6日は、艦艇ごとに戦闘の状況が異なった。1117から1125の間と1240から1250の間、艦艇は戦闘配置に就いた。

　1555、敵味方不明機が多数現れ、空母シャングリ・ラ（CV-38）のVF-85の1個編隊のF4U-1Cが迎撃に誘導された。1606、コルセアは迎撃に成功し、飛燕3機と雷電1機を撃墜した。上空ではRPPに就いていた2機が別の米軍機から逃れてきた飛燕2機を撃墜した。

　駆逐艦アンソニーが真上にいる隼1機を発見して機関砲の砲火を浴びせるのと、RPP機のコルセアが射撃をするのと同時だった。隼は撃墜され、パイロットは高度500フィート（152m）で脱出したが、パラシュートが開かないまま、海面に激突した。機体はウォーク（DD-723）の艦首から1,500ヤード

（1,372m）に落下した。

[RPS＃15A：第9戦闘飛行隊（VF-9）、駆逐艦ブラッドフォード（DD-545）]
　J・P・スナイダー大尉率いる空母ヨークタウン（CV-10）のVF-9のF6F-5
ヘルキャットの1個編隊がRPS上空に現れ、海軍パイロットは待ち望んでい
た戦闘に参加できた。
　スナイダー大尉は高度2,000フィート（610m）に飛燕1機を発見して、こ
れに向かって急降下し、エンジンめがけて銃弾を放った。飛燕は炎に包まれ
て横転して海面に激突した。
　この空域にさらに日本軍機がいるとの報告があった。飛燕1機がブラッド
フォードの左舷方向に現れ、1607にブラッドフォードに向かって急降下し
た。ブラッドフォードは40mm機関砲で砲火を浴びせ、左舷前方の距離1,000
ヤード（914m）に撃ち落とした。パイロットは機体が炎に包まれて艦に突
っ込むことができないのを悟り、機体から脱出した。しかし、パラシュート
は完全に開かず、海に激突して死亡した。
　RPS＃15Aの艦艇と戦闘機は日本軍機9機を撃墜した。2125、日本軍1
機が上空に現れて爆弾を投下したが外れた。駆逐艦はこれに砲火を浴びせて
追い返した。
　6月6日2150、艦艇はRPS＃1の夜間哨戒に向かった。

[RPS＃15A：駆逐艦アンソニー（DD-515）、ブラッドフォード（DD-545）]
　6月7日1427から1505の間、艦艇は総員配置になった。この間、CAP機が
迎撃して日本軍機3機を撃墜した。
　1856、ブラッドフォードが北東から飛来する九九式艦爆2機を発見した。
九九式艦爆は海面をすれすれに飛行し、分かれて別々の方向からアンソニー
に体当たり攻撃を図った。
　1機目はアンソニーの40mm機関砲弾とブラッドフォードの砲弾を受け
て、アンソニーから2,000ヤード（1,829m）の海面に激突した。2機目はアン
ソニーの周囲を旋回して艦尾を航過し、左舷方向から突進した。九九式艦爆
は何発もの砲弾を受けながらもブラッドフォードの左舷のすぐ横まで来たが
墜落した。
　その墜落の衝撃でブラッドフォードに小さな穴が空き、舷側が鉢状にへこ
んだ。燃えるガソリンが甲板を覆ったが、すぐに鎮火した。機体の墜落と回
避運動で生じた波で乗組員5人が海に放り出されたが、大型揚陸支援艇LCS
（L）-66、-86が救助した。3人が第Ⅱ度の火傷を負い、2人は動揺していた

が負傷はなかった。アンソニーは間一髪で危機を逃れた。

[RPS＃16A：駆逐艦プリチェット（DD-561）]

　6月3日、RPS＃16Aを哨戒したのは、プリチェットとナップ（DD-653）、ハリー・E・ハバード（DD-748）、大型揚陸支援艇LCS（L）-63、-64、-118、-121だった。

　0205、飛来する敵味方不明機2機をそれぞれ11海里（20km）と17海里（31km）の距離で探知し、この日最初の戦闘をした。4隻の大型揚陸支援艇は、プリチェット、ナップ、ハリー・E・ハバードの周囲をダイヤモンド陣形で哨戒した。しばらくして駆逐艦に向かって来る九七式艦攻1機を距離800ヤード（732m）で発見し、LCS（L）-118、-121が砲火を開いた。九七式艦攻は命中弾を受け、2隻の左舷方向1,000ヤード（914m）の海面に墜落した。

　0236、2機目が駆逐艦に向かって来たので、砲火を浴びせた。遠くに青い炎が見えたので、見張員は撃墜を確信したが、レーダー員は、日本軍機は上昇してから離脱したと報告した。

　日中はRPP機とCAP機が上空にいた。0810、CAP機がRPSから12海里（22km）で2機を撃墜した。1301、九九式艦爆2機がRP艦艇に接近したので、プリチェットはCAP機に追跡させ、RPSから14海里（26km）で2機を撃墜した。

　1352、九九式艦爆2機をレーダーで探知し、5分後にCAP機がこれを撃墜した。それ以降、その日は何もなかった。

[RPS＃16A：駆逐艦カウエル（DD-547）、第88戦闘飛行隊（VF-88）]

　6月6日、RPS＃16Aを哨戒したのは、カウエルとワッツ（DD-567）、オーリック（DD-569）、大型揚陸支援艇LCS（L）-63、-64、-118、-121だった。

　1600、艦艇は15海里（28km）の距離に敵味方不明機1機を発見し、総員配置を発令した。日本軍機が距離8,000ヤード（7,315m）に接近した時、カウエルとワッツは砲火を開いた。空母ヨークタウン（CV-10）のVF-88のヘルキャットが現れたので、艦艇は射撃を中止した。CAP機がこの日本軍機を撃墜した。

　その後すぐにH・R・ハドソン、ボール両大尉率いるF6F-5の2個編隊が駆逐艦に向かっている飛燕4機を発見した（訳注：飛燕で出撃したのは第59、第60、第65振武隊）。2機は高度2,000フィート（610m）で、もう2機は海面をかすめながら目標に向かっていた。

ハドソン大尉と僚機のマクロウリン中尉は高度2,000フィート（610m）の飛燕2機を襲って2機とも撃墜した。ほかのヘルキャットのパイロット、チャンピオン、ハズペス両中尉は協同で残りの飛燕を撃墜した。

　ハドソン大尉の1個編隊は再度編隊を組み、RP艦艇の上空に戻ろうとした時、ヘルキャット1機とコルセア1機に追われている飛燕1機を発見した。2機とも飛燕を追い越してしまったので、ハドソン大尉が射撃すると飛燕の主翼と胴体に命中した。飛燕は上昇反転して海面に落下した。

　一方、ボール大尉が率いる1個編隊は飛燕を何機か発見したが、陸軍のP-51と判断したため攻撃を控えた。その後、これが飛燕であるのが識別できたので、ボール大尉は僚機の2機に攻撃を指示し、2機は撃墜を記録した。

　ダイヤモンド陣形で哨戒していた大型揚陸支援艇の中でLCS（L）-118がカウエル、ワッツ、オーリックに最も近い位置にいた。

　1606、LCS（L）-118は隼1機を駆逐艦上空に発見した。乗組員が見守るなか、隼はワッツの上空で垂直降下を始めた。LCS（L）-118はすべての砲火を開いて何発も命中させ、隼の針路を変更させた。隼はワッツの左舷正横50ヤード（46m）の海面に激突した。

　戦闘が終了すると艦艇は哨戒に戻った。

　菊水9号作戦は終わり、間一髪の状況は何度かあったが、艦艇は危機を脱した。RP艦艇とCAP機は多くの日本軍機を撃墜した。

6月8日（金）～12日（火）

［陸軍第548夜間戦闘飛行隊（548NFS）到着］
　6月8日、RPSの新たな防衛部隊として陸軍第548夜間戦闘飛行隊のP-61ブラック・ウィドウが伊江島に到着した。1週間以内に海兵隊のヘルキャットとともに夜間哨戒に就き、RP艦艇の上空を飛行した。

　この間に、戦術航空軍指揮官がフランシス・ムルカイ海兵隊少将からルイス・E・ウッズ海兵隊少将に代わった。第51.5任務群指揮官フレデリック・ムースブラッガー大佐は、司令部を揚陸指揮艦パナミント（AGC-13）からビスケイン（AGC-18）に戻した。

　6月9日1400から夜間のRPSを変更することについて、第51任務部隊指揮官兼第31任務部隊指揮官ヒル中将は次の通り報告した。

　　RPS＃5を残波岬から方位角80度の方向、距離50海里（93km）に移動する。RPS＃15をRPS＃1に移動する。RPS＃16Aを残波岬から方位角320

度の方向、距離30海里（56km）に移動する。RPS＃11AをRPS＃11に移動する。RPS＃9を残波岬から方位角225度の方向、距離50海里（93km）に移動する。RP艦艇は日没後1時間で持ち場を離れ、日の出に戻る。(7)

［RPS＃11A：陸軍第333戦闘飛行隊（333FS）］

6月8日にRPS＃11Aを哨戒したのは、駆逐艦ヴァン・ヴァルケンバーグ（DD-656）、カッシン・ヤング（DD-793）、スモーレイ（DD-565）、インガソル（DD-652）、大型揚陸支援艇LCS（L)-13、-14、-16、-21だった。

0230、夜間戦闘機がRPS近くで日本軍機を撃墜した。

0733、伊江島から陸軍第333戦闘飛行隊のハリー・ヴォーン、スワンバーグ、S・ディヴィス、オーチス・W・ベネット各陸軍中尉のP-47サンダーボルト1個編隊が離陸した。編隊はRPS＃11A近くの高度2,000フィート（610m）で空中待機した。ヴォーン中尉の僚機が地上管制ステーションの通信をモニターしていたが、日本軍機探知の情報は来なかった。ベネット中尉が無線のチャンネルを海軍の周波数に切り替えると、戦闘機指揮・管制駆逐艦がサンダーボルトの近くに敵味方不明機がいることを探知していたのを知った。すぐに確認すると、零戦2機がサンダーボルトの数百フィート上空を南に向かっているのがわかった。

ヴォーン、スワンバーグ両中尉は1機目の零戦を追尾し、両機が命中弾を浴びせた。零戦は急上昇して方向変換、宙返りなどの回避機動を行なったが、ヴォーン中尉は宙返りの頂点でこれを捉え、長い連射で主翼付け根に命中させ、零戦を海面に落とした。

2機目の零戦は方向を変えて正面からスワンバーグ中尉に向かって来たので、スワンバーグ中尉は左に急降下したが、零戦の射撃で何発か被弾して乗機は煙を噴いた。スワンバーグ中尉は戦闘から離脱し、帰投を余儀なくされ、0835に無事着陸した。

スワンバーグ機が被弾したのを見て、ベネット中尉が零戦に向かい、両機は激しい空中戦に入った。10分間に及ぶ戦闘の間、零戦はベネット中尉から逃れようと何度も激しい機動を行なった。明らかに零戦のパイロットは優秀だった。ベネット中尉は零戦に向かって2回突進し、いずれも命中弾を与えた。3回目の突進ではベネット中尉が零戦を追った。

ベネット中尉によれば、零戦はベネット機に体当たりしようとしたが、わずか2フィート（0.6m）の差で外れた。ベネット中尉は零戦の下に隠れて背後から接近し、主翼付け根、胴体、操縦席に命中弾を与えて撃ち落とした。サンダーボルトのパイロットは「零戦は2機とも250kg爆弾を搭載してお

り、空中戦が始まる時に投棄した。敵機のパイロットは２人ともその練度から判断すると非常に経験を積んだパイロットだった」と報告した。(8)

［RPS＃11A：陸軍第333戦闘飛行隊（333FS）、第314海兵戦闘飛行隊（VMF-314）］

　６月８日0800、陸軍第333戦闘飛行隊のサンダーボルトが伊江島を離陸した直後、VMF-314のブラス、Ｃ・Ｂ・キャロル両海兵隊中尉も伊江島を離陸してRPS＃11Aに向かった。２人がRPS＃11Aに向かっていると、零戦１機を陸軍第333戦闘飛行隊のサンダーボルト３機が追いかけ、ヴォーン陸軍中尉が撃墜するのを目撃した。

　12時の方向に別の零戦１機が高度100フィート（30m）で飛行しているのを発見した。ブラス、キャロル両中尉は急降下して、キャロル中尉が零戦とすれ違う直前に素早く一連射を浴びせ、旋回して、零戦の背後に占位した。零戦はキャロル中尉の射撃を避けるため、左にバンクした。キャロル中尉は速度を減ずるため主脚を降ろし、零戦の主翼付け根と操縦席に銃弾を浴びせた。パイロットが死亡したので、零戦は針路が変わり海面に落下した。

　2038と2109、駆逐艦インガソル（DD-652）とスモーレイ（DD-565）は別の日本軍機を追い返した。同じ頃、夜間戦闘機が日本軍機を撃墜した。

［RPS＃11A：第113海兵戦闘飛行隊（VMF-113）］

　６月９日0920、駆逐艦プリチェット（DD-561）とハリー・Ｅ・ハバード（DD-748）がカッシン・ヤング（DD-793）とスモーレイ（DD-565）と交代した。日中は何事もなく過ぎたが、1919に飛来する敵味方不明機を探知した。

　上空を飛行していたのは伊江島から発進したVMF-113のコルセア４機だった。Ｗ・Ａ・ボールドウイン海兵隊大尉とＢ・Ｎ・タットル海兵隊少尉、Ｄ・Ｃ・ホールクィストとＨ・Ｌ・ジャンギ両海兵隊少尉はそれぞれ２機編隊を組んでいた。

　1940、高度1,200フィート（366m）を飛行していると、海面からわずか25から50フィート（7.6〜15m）の高度をプリチェットに真っすぐ向かっている彗星１機を見つけた。コルセアは旋回しながら降下し、散開して彗星の後方に占位した。

　ボールドウイン大尉が150フィート（46m）まで接近すると、彗星の後部銃手が射撃を開始した。ボールドウイン大尉が短く連射を浴びせて左翼から炎を噴かせたが、追い越してしまった。続いてホールクィスト少尉が連射すると、彗星の左翼が海面を叩き、２回バウンドして爆発した。

［RPS＃15A：駆逐艦ウィリアム・D・ポーター（DD-579）］

　6月10日0639、艦艇はRPS＃15Aに戻って哨戒を続けた。RPSで戦闘機指揮・管制を務めたのはウィリアム・D・ポーターで、これをオーリック（DD-569）とコグスウェル（DD-651）が支援し、4隻の大型揚陸支援艇LCS（L）-18、-86、-91、-122がともに哨戒した。

　上空では泡瀬の第212海兵戦闘飛行隊（VMF-212）と伊江島の第314海兵戦闘飛行隊（VMF-314）の2個編隊がCAPを行なっていた。ほかにも2機がRPPを行なった。

　VMF-314のクレイン海兵隊中尉が九九式艦爆1機を1.5海里（2.8km）の距離で発見し、迎撃に向かったが、クレイン中尉機は艦艇からの対空砲火を避けるため、距離800フィート（244m）で方向を変えた。

　0823、オーリックとウィリアム・D・ポーターが飛来する体当たり攻撃機を発見した。九九式艦爆がウィリアム・D・ポーターの艦尾近くに激突する寸前に、オーリックは5インチ砲弾を6発撃つことができた。ウィリアム・D・ポーターの戦闘報告は沈没に至る攻撃を次のように記している。

　この時（0815）、本艦の後方約1,000ヤード（914m）にいたオーリックから無線で「敵味方不明機。方位角100度、距離7,000ヤード（6,401m）」との連絡があった。すぐに艦の見張員が「九九式艦爆1機がこちらに向かって急降下中」と報告した。九九式艦爆は、距離約5,000ヤード（4,572m）で空を覆う雲から飛び出して左に急旋回した。そして、本艦正面の北北東からエンジン出力を絞って降下しながら艦の進路のすぐ左側から向かって来た。九九式艦爆の後方からコルセア2機が追撃していた。

　見張員からの報告を受け、当直士官は総員配置を発令した。敵機は左舷側、後部機械室すぐ横の海面に激突した。激しいがほとんど音のない爆発が1回起きた。急激に船体が持ち上がり、落ちたようだった。艦長室で寝ていた艦長は爆発で目を覚まし、艦橋に出て来ると、当直士官から九九式艦爆が体当たりしたことを聞いた。

　九九式艦爆の機内に爆発物があったのか、投下したとみられる爆弾のいずれかは不明だが、本艦の直下か、後部機械室の下か、またはそのすぐ後ろで爆発が起きた。すべては数秒以内の出来事だった。

　一緒に行動していたどの艦艇も敵機を距離7,000ヤード（6,401m）まで探知できなかった。そして、本艦もまったくレーダー探知することができなかった。のちに大型揚陸支援艇が回収した九九式艦爆の部品から、

6月10日、RPS#15Aで九九式艦爆
の体当たりで大破した駆逐艦ウィ
リアム・D・ポーター（DD-579）
と、同艦の救援にあたるLCS（L）-
86とLCS（L）-122（NARA 80G
490024）

ウィリアム・D・ポーターの後部上
甲板が水没しつつあるなか、LCS
（L）-18が排水の支援と乗組員を
救助している。LCS（L）-122から
撮影（Photo courtesy of Richard K.
Bruns）

浸水のため傾斜したウィリアム・
D・ポーター。写真は2番煙突後方
の上部構造物付近で、5連装21イ
ンチ魚雷発射管下の甲板で乗組員
が救助を待っている。LCS（L）-
122から撮影（Photo courtesy of
Richard K. Bruns）

6月10日、RPS#15Aでウィリアム・D・ポーターとともに哨戒任務に就いていた駆逐艦オーリック（DD-599）。フレッチャー級の88番艦として1942年10月竣工。1946年4月に退役。1959年ギリシャに貸与され同国海軍駆逐艦「スフェンドニ」として再就役した。1991年に同国海軍を退役後に解体（NARA　80G 450224）

その原因は紙と木材を広範囲に使用した構造によるものと判断された。(9)

　（訳注：6月10日に九九式艦爆は出撃していない。陸軍から固定脚の九七式戦が第214振武隊として1機出撃しているので、これと機種を誤認した可能性はある。ただし九七式戦は全金属製のため「紙と木材を広範囲に使用した構造」が何を指しているのか不明である）

　大型揚陸支援艇の戦闘報告は、このカミカゼを探知できなかった最大の問題は、この空域の多くの米軍機の敵味方識別が不適切だったことによるとした。CAP機が誘導を受けて迎撃に向かっても、それは常に友軍機だった。(10)

　大型揚陸支援艇はすぐにウィリアム・D・ポーターの支援に向かい、接舷すると、急速に右に傾いて艦尾から沈み始めた同艦から海水をくみ出した。

　駆逐艦オーリックとコグスウェルはウィリアム・D・ポーターの周囲を哨戒しながら対空戦闘を続けた。後日、コグスウェルの無線員トム・スパーゴは次のように語った。「敵機が接近する時、40mm機関砲の射撃音を聞いた。その後、永遠に時間が止まったような気がした。次は20mm機関砲の音だ。12.7mm機関銃の射撃が始まった。敵機が近づく。もうこの世の終わりだと感じた」(11)

　コグスウェルは搭載していた爆雷の投棄を始めた。間違って安全解除（作動）したと思われる1発がLCS（L）-86の下で爆発したが、幸いにも損傷はなかった。

　ウィリアム・D・ポーターの負傷者はLCS（L）-86に移送されて救護を受け

沈没するウィリアム・D・ポーターと、周囲の海上から生存者を救助中の大型揚陸支援艇（NARA 80G 490028）

た。大型揚陸支援艇はウィリアム・D・ポーターを曳航しようとしたが、状況は悪化し、ウィリアム・D・ポーター艦長のC・M・キーズ中佐は総員離艦を命じた。

　1113、キーズ艦長は艦を離れ、LCS（L）-86に移乗すると、同艇はウィリアム・D・ポーターから離れた。キーズ艦長は艦首を空中に突き立て、艦尾から海中に没していく姿を見つめた。ウィリアム・D・ポーターは沈没し、61人が負傷したが、戦死者はいなかった。

　1340、高速輸送艦フラメント（APD-77）、艦隊随伴航洋曳船テクスタ（ATF-93）、駆逐艦スモーレイ（DD-565）、LCS（L）-18は負傷者を乗せてRPSを離れ、沖縄に向かった。

[RPS＃15A：大型揚陸支援艇LCS（L）-122]

　6月11日0730、駆逐艦オーリック（DD-569）とアンメン（DD-527）、LCS（L）-19、-86、-94、-122がRPS＃15Aに戻った。その20分後、北の方向に敵味方不明機1機を発見したとの通報があり、CAP機がそれを撃墜した。

　日中は平穏だったが、1845、九九式艦爆の編隊が北方40海里（74km）にいてRPSに接近中との連絡が入った。CAP機が2機を撃墜したが、ほかの3機が艦艇に向かって来た。

　1901、大型揚陸支援艇は九九式艦爆を発見し、最初の1機が艦艇に向かって急降下して来たので全艦艇が砲火を開き、これをLCS（L）-86の左舷方向、LCS（L）-122の後方に撃墜した。2機目の九九式艦爆は大型揚陸支援艇とオーリックの砲火を受けながらも、LCS（L）-122の司令塔の下部に体当た

りした。すぐに３機目がLCS（L）-86に突進して来たが、LCS（L）-86と駆逐艦コグスウェル（DD-651）の射撃でLCS（L）-86から距離1,000ヤード（914m）に撃墜された。

　体当たり機が命中したLCS（L）-122は11人が戦死、艇長のリチャード・M・マックール大尉を含む29人が負傷した。マックール艇長はのちに次のように記している。

　　２機目が突進開始したので、途中で針路を変更させ、突入される可能性が低くなるように「取舵いっぱい」を命じたが、舵が効くまでの時間があったかは疑問である。固定脚の九九式艦爆らしい機体が私から６から８フィート（1.8〜2.4m）しか離れていない司令塔の下部に体当たりした。激突する直前のパイロットの顔を実際に見たと思うが、幻想かもしれない。爆弾または砲弾が激突直後に爆発したのは明らかで、左舷側の無線室と通路を吹き飛ばした。おそらく操舵室の円筒状構造のおかげで私は助かったのだと思う。(12)

　衝撃で発生した火災で多くの乗員が火傷を負い、23人が甲板から海に飛び込んだ。マックール艇長は衝撃で意識を失い、ひどいけがをしたが、意識が戻ると艇の指揮を執った。

　マックール艇長のリーダーシップの下、乗組員は艇を救う任務に従事し、負傷者をLCS（L）-86に移送した。大型揚陸支援艇が消火作業を支援した。マックール艇長は、LCS（L）-122を安全な状態にして、副長に指揮を委ねたのち離艦した。マックール艇長の戦いは終わった。

　2110、LCS（L）-122と大型揚陸支援艇各艇は渡具知への帰途に就いた。

　第２次世界大戦中、440個の議会名誉勲章が軍人に与えられたが、海軍軍人が受章したのはわずか57個、このうち沖縄戦では５個だけだった。しかも４個は沖縄に上陸して海兵隊地上部隊とともにいた海軍の衛生下士官だった。艦艇に乗り組みの海軍軍人への授与はわずか１個で、それはこのLCS（L）-122の乗組員と艇を救った艇長のリチャード・M・マックール大尉に贈られたものだった。マックールの議会名誉勲章の感状は次の通りである。

　　1945年６月10日と11日、琉球列島で日本軍との戦闘作戦の間、自らの生命を顧みず示した勇敢と大胆さと、米海軍軍艦LCS（L）-122の艇長として任務以上の行為を成し遂げたことに対するものである。６月10日、沖縄近海のRP任務に就く連合国艦艇に対する激しい航空攻撃に際し、マック

九九式艦上爆撃機22型（D3A2）。愛知航空機が設計開発、1939年に制式化。日本海軍の代表的な艦上爆撃機で約1500機が生産された。米軍コード・ネーム「Val」（NARA 80G 345604）

6月11日、RPS#15Aで九九式艦爆に体当たりされた大型揚陸支援艇LCS（L）-122の損傷状況。特攻機は司令塔の下部に衝突した。散乱した残骸の中に九九式艦爆の主脚車輪が見える（Official U.S. Navy Photograph, courtesy of Captain Richard M.McCool USN（Ret.））

ール大尉は細心の注意をもって警備を行ない、激しい攻撃で致命的な損害を受けて沈みゆく駆逐艦からすべての生存者を救出することに大いに貢献した。

　6月11日夕刻、自らの艇が敵の体当たり攻撃機2機から同時攻撃を受けた時、突入する敵機に対して最大限の砲火を浴びせて最初の1機を撃墜した。2機目に損傷を与えたが、これが司令塔の彼の持ち場に体当たりしてすぐに付近を炎で包んだ。破片による傷と火傷の痛みを負いながらも、激突でショックを受けた者を集め、果敢に消火作業を開始して、炎に包まれる艇内に取り残された者を救出し、自分自身が重い火傷で痛みがひどいにもかかわらず、乗組員の1人を安全な場所に運んだ。

　マックール大尉は、個人的な危険を顧みず、ほかの艦艇からの救援が来るまで一刻の休みもなく任務を果たした後、救出された。危機に際して、マックール大尉は確固たるリーダーシップ、指揮能力、断固とした決断力で、非業の死を遂げることになったかもしれない多くの命を救い、彼の艇を将来の戦闘任務のために救うことに貢献した。危機的状況に直面した時の彼の英雄的で自己犠牲の精神は米海軍の最高の伝統を維持し、高めるものである。(13)

　翌12日、LCS（L）-118の修理チームがLCS（L）-122に乗り込み、瓦礫を取り除いた。そこには日本人パイロットの遺体が散乱しており、そのバラバラの遺体を郵便袋に詰めて、古いタイプライターを重石の代わりにして舷側から海に沈めた。（訳注：6月11日、九九式艦爆は出撃していないが、固定脚の陸軍の九九式襲撃機で第64振武隊が出撃しているので、これと誤認した可能性はある）

　LCS（L）-122の機関砲は砲弾が装填されて射撃できる状態になっていたので、カミカゼが激突するまで射手は射撃していたことがわかった。(14)

[RPS＃15A：駆逐艦アンメン（DD-527）、陸軍第73戦闘飛行隊（73FS）]
　6月11日、アンメンは、陸軍第73戦闘飛行隊のケーン陸軍大尉が率いるP-47サンダーボルトの1個編隊を指揮・管制した。
　大型揚陸支援艇LCS（L）-122に九九式艦爆が体当たりして30分ほど過ぎた

1935頃、アンメンは飛来する敵味方不明機を探知し、P-47を向かわせた。5分後、P-47の4機のうちの1機、J・T・スピヴェイ陸軍中尉がRPSに向かう隼2機を発見し、1機を炎上させて海面に撃ち落とした。僚機のキャンベル陸軍中尉はもう1機の隼をRP艦艇の射程に入るまで追撃し、アンメンが撃墜した。台風接近の情報が出たため、艦艇は安全な場所に移動した。

［RPS＃16A：第314海兵戦闘飛行隊（VMF-314）、陸軍第19戦闘飛行隊（19FS）］

6月8日、RPS＃16Aを哨戒したのは、駆逐艦カウエル（DD-547）、ワッツ（DD-567）、オーリック（DD-569）と大型揚陸支援艇LCS（L）-63、-64、-118、-121だった。

0804、オーリックが距離16海里（30km）に日本軍機1機を探知し、すぐにCAP機が九九式艦爆1機を撃墜した。数分後、左舷方向から体当たり攻撃をかけてきた鍾馗1機に駆逐艦が砲火を開くと、針路を変更してカウエルの艦首を横切り、その右舷方向5ヤード（4.6m）の海面に激突した。この空域にはほかにも日本軍機がおり、RPPに就いていたVMF-314のC・B・キャロル海兵隊中尉が零戦1機を撃墜した。

0715、伊江島から離陸した陸軍第19戦闘飛行隊のP-47の1個編隊がRPSの南で哨戒中、RPSから距離10海里（19km）に南へ向かう零戦3機を発見した。編隊長のマイケル・スレペッキー,Jr.陸軍大尉が先頭の零戦の胴体に1連射を浴びせて撃墜した。

2機目をドナルド・E・ケネディ陸軍少尉が、3機目をスレペッキー大尉が撃墜した。

0845にもCAP機が艦艇から15海里（28km）の距離で飛燕1機を撃墜した。

1318、駆逐艦ウィラード・ケース（DD-775）がRPSに到着してオーリックと交代し、1330、LCS（L）-53がLCS（L）-118と交代した。夕刻、総員配置が発令されたが、日本軍機は飛来しなかった。

6月13日0200、RPSに接近する日本軍機1機を探知した。艦艇が砲火を浴びせると、接近と退避を繰り返した。0036、最後にカウエルとウィラード・ケースの砲手が狙いを定め、艦艇の右舷方向7,000ヤード（6,401m）で撃墜した。ほかにも日本軍機が飛行していたが、射程内に飛来するものはなかった。

6月13日（水）～17日（日）

[サンダーボルト増強]
　6月14日、増援の陸軍第413戦闘航空群第34戦闘飛行隊のサンダーボルト34機がサイパンから長距離飛行で伊江島に到着した。6月17日、最初のCAPを行なう予定だった。第413戦闘航空群の戦闘記録には次のように記されている。

　　第413戦闘航空群は、最初のCAPを伊江島で開始した。前日、戦術航空軍は沖縄から陸軍大尉1人を派遣して、事実上の海上レーダー・ステーションであるRP艦艇の位置を知ることの重要性をパイロットに教育していた。彼は、RP艦艇がいる海域には多くの敵味方不明機が飛来するので、RP艦艇の乗組員は常に緊張状態にあり、どのような航空機でも疑わしいものには射撃すると教えた。(15)

　傍受した日本軍の通信で、機上作業練習機「白菊」を鹿屋と串良の航空基地に移動させていることが判明した。水上機も指宿水上機基地に移動させる予定だった。計画ではこれらの機体を6月17日の夜間攻撃から使用する予定だった。さらに台湾の第1航空艦隊を6月15日付で廃止することになった (16)（訳注：6月15日、第1航空艦隊を解隊し、所属の第132、第205、第765航空隊は第29航空戦隊に再編成して高雄警備府に編入した）。九三式中練もいずれ体当たり攻撃機として使う予定だった。航空機を秘匿できるような飛行場を設定するなどの方法もとって米軍の銃爆撃から航空機を守るよう指導が出た。(17)

6月18日（月）～22日（金）

[菊水10号作戦実施]
　この間、日本軍は10回目で最後となる菊水作戦を実施した。実際の攻撃は6月21日から22日の間に海軍機30機、陸軍機15機の計45機の特別攻撃機で実施された。日本軍航空兵力は減少し、次のように日本軍は報告している。

　　＜陸軍兵力は戦闘機約五〇機、特攻約五〇機にして海軍は沖縄泊地に指向すべき昼間特攻兵力は殆んど消耗せる状況なるを以て櫻花を攻撃兵力の主体とし爆戦の一部之に協同、爾餘の兵力を全幅活用して櫻花作戦の

必成を期す 但し櫻花作戦は天候の障害を受くる場合を考慮し作戦をＡ法（夜間攻撃に引き續き畫間攻撃）Ｂ法（畫間攻撃のみ決行）Ｃ法（櫻花を除き畫間攻撃決行）に區分計畫せり＞ (18)

菊水10号作戦は、6月12日に天航空部隊に対して次の通り発令されていた。

＜陸軍第一〇次総攻撃に協同Ｘ日を14日と豫定 菊水一〇號作戦を決行す
　一、作戦方針：作戦可能の全兵力を以て櫻花作戦の必成を期す
　二、作戦要領
　（イ）Ｘ−１日より敵艦船攻撃を随時Ｘ日黎明時基地発進戦闘機の全力
　　　　櫻花・爆戦の一部を以て畫間強襲を決行
　（ロ）Ｘ日右攻撃に策應偵察機を以て電探欺瞞・戦果確認を実施
　（ハ）Ｘ−１日より南大東島に對し偽交信を実施 敵機動部隊を牽制
　三、本作戦に協同する陸軍兵力
　　　　戦闘機約五〇機、特別攻撃隊約五〇機＞ (19)

　菊水10号作戦は、当初6月14日から開始される予定だったが、日本軍の動向に関する情報では21日の夜まで延期された。天候不良のため、22日遅くに予定していた攻撃の一部は中止になった。通信傍受による報告では、日本軍は通信機器に問題を抱えているとのことだった。
　4月と5月に実施したB-29の東京、川崎に対する継続的な空襲で、無線機器の主要製造会社だった東洋通信機と沖電気が被害を受けた。空襲のため「6月18日、第十二航空戦隊（九州）は隷下の各部隊宛『今月の中旬の時期は特別攻撃機部隊に無線機を補給することはできない』」 (20) と通達していた。
　米軍は、日本軍の攻撃を遅らせるために飛行場に対する攻撃を継続していた。6月18日から19日にかけて、第21爆撃集団は、480機のB-29で豊橋、福岡、静岡を爆撃した。同時に伊江島からP-47が徳之島の飛行場を攻撃した。
　菊水10号作戦の発動と同時の6月21日1830、ロイ・ガイガー海兵隊中将は沖縄を確保したと発表した。ガイガー中将は6月18日に砲弾の破片に当たって戦死したサイモン・ボルバー・バックナー陸軍中将から沖縄遠征部隊（第10軍）の指揮を引き継いだ。もし、この発表が日本軍の耳に届いたとしてもカミカゼを思いとどまらせることはできなかった。

［RPS＃7：駆逐艦ヴァン・ヴァルケンバーグ（DD-656）、ウォーク（DD-723）、ゲイナード（DD-706）］

　6月22日にRPS＃7を哨戒したのは、ヴァン・ヴァルケンバーグ、ウォーク、ゲイナードと、大型揚陸支援艇LCS（L）-34、-62、-81、-118だった。未明から艦艇は攻撃を受けた。

　駆逐艦クラックストン（DD-571）が、RPS＃7から距離15海里（28km）を敵味方不明機2機がRPS＃7に向かっていると通報してきた。この時、大型揚陸支援艇は方陣形でヴァン・ヴァルケンバーグなどの駆逐艦の北5,000ヤード（4,572m）を航行していた。

　0055、艦艇からわずか2海里（3.7km）の距離まで一式陸攻1機が150ノット（278km/h）で迫っているのを大型揚陸支援艇のレーダーが探知した。

　一式陸攻は陣形の左舷方向に降下して艦艇の後方で旋回すると、右舷方向に現れた。最も近くを航行していたLCS（L）-62が40mm機関砲の砲火を浴びせた。LCS（L）-81も20mm機関砲弾を数発命中させたが、LCS（L）-62の射手が一式陸攻の左ンジンに命中させて、陣形の中央に撃ち落とした。撃墜はLCS（L）-62が記録し、これがその日の最後の戦闘だった。

［RPS＃15A：第533海兵夜間戦闘飛行隊（VMF（N）-533）］

　6月18日、RPS＃15Aを哨戒したのは、駆逐艦プリチェット（DD-561）、ピッキング（DD-685）、ウィラード・ケース（DD-775）と、大型揚陸支援艇LCS（L）-11、-18、-36、-63だった。

　2200から夜明けの間に、艦艇は哨戒海域をRPS＃1に変更し、プリチェットがCAP機とRPP機を指揮・管制した。

　6月22日午前零時過ぎ、VMF（N）-533のロバート・ベアド海兵隊大尉、K・B・ウイット、J・M・マハニー、R・S・ヘンプステッド各海兵隊中尉がF6F-5Nで伊江島のC滑走路を離陸した。RPSの北に向って飛行中、VMF（N）-533は艦艇に向かう日本軍双発機4機を迎撃し撃墜した。

　ベアド大尉は、0045に銀河1機、0233に一式陸攻1機を撃墜し、撃墜機数がいちばん多かった。0057、ウイット中尉が九七式重爆1機を撃墜した。

　0150、ヘンプステッド中尉は一式陸攻1機をRP艦艇に向けて追撃し、艦艇が砲火を開くものと思い、その前に空域を離脱した。しかし、一式陸攻が艦艇から離れたのでそれを捕捉し、数分間追って好位置につくと、一式陸攻の右エンジンと主翼の付け根に命中弾を与えた。一式陸攻は炎を上げ、0157、ピッキングの近くに墜落した。0230、マハニー中尉が別の一式陸攻を撃墜した。

これら爆撃機のうち6機は21日の夜遅く鹿屋を離陸し、4機がVMF（N）-533の夜間戦闘機の射撃の名手によって撃墜された。

［RPS＃15A：第224海兵戦闘飛行隊（VMF-224）］

　RPS＃15Aの艦艇は戦闘に遭遇しなかったが、これは艦艇がうまく防禦されていたためだった。RPSでは16機のコルセアのCAP機と2機のRPP機が艦艇を直衛していた。

　6月22日0749、戦闘が始まった時、駆逐艦マッシイ（DD-778）とダイソン（DD-572）はコルセア16機のCAP機を二手に分け、飛来して来る推定約40機の日本軍機に向かわせた。CAP機はこの戦闘で29機を撃墜したと報告した。

　0815、RPS＃15A附近でCAPを実施していたVMF-224のJ・E・モンターニュ海兵隊大尉率いる1個編隊は一式陸攻1機と零戦4機を発見し、H・L・トリエス海兵隊少尉と僚機のジョージ・トレゲイ海兵隊少尉がこれを追った。

　迎撃に気づいた一式陸攻は桜花を発進させたが、桜花はRP艦艇を外して海面に激突した。トリエス少尉は一式陸攻の銃弾を受けたが無事だった。しかし僚機のトレゲイ少尉は悲劇に見舞われた。乗機は行方不明となり、戦死したと考えられた。

　モンターニュ大尉と僚機のP・R・レゼン海兵隊少尉は零戦を追いかけて協同で1機を撃墜し、レゼン少尉は別の1機も撃墜した。

［RPS＃16A：駆逐艦アンメン（DD-527）］

　この間、RPS＃16Aでは激しい戦闘が行なわれた。哨戒したのは駆逐艦ウィックス（DD-578）、コグスウェル（DD-651）、ブラウン（DD-546）と大型揚陸支援艇LCS（L）-35、-82、-86、-124だった。

　6月19日0146、敵味方不明機1機が接近したので、艦艇は総員配置を発令した。日本軍機は艦艇から16海里（30km）以内には接近しなかったが、夜間戦闘機がこれを撃墜した。

　0844、LCS（L）-124がRPSに合流し、20日0800、駆逐艦コンヴァース（DD-509）、アンメン（DD-527）、インガソル（DD-652）がウィックス、コグスウェル、ブラウンと交代し、コンヴァースが戦闘機指揮・管制駆逐艦になった。

　21日夜遅く、RPSで日本軍機が戦闘を開始した。アンメンの戦闘報告には次のように記されている。

この夜の日本軍機は非常に低速の機体が多かった。平均速度は約100マイル/時（161km/h）だった。敵機は奇妙な機動を行ない、急な旋回、不規則で取りとめのない針路をとっていた。敵機がレーダーを持っていないことは明らかだった。各機の間で調整がとれていないので無線機も持っていないことも明らかだった。飛行高度は非常に低かったので、対空捜索レーダーでは十分に探知できなかった。(21)

この日本軍機は白菊練習機だった。6機が九州南部の鹿屋から離陸した。最大速度は143マイル/時（230km/h）で、前期型の主翼外板は金属製だったが、後期型は木製になり、レーダーで探知するのが困難だった。戦争末期にはしばしば250kg爆弾を搭載して、カミカゼ攻撃に使用された。(22) 速度が遅く、武装がないためCAPのコルセアとヘルキャットにとって与しやすい相手で、日本軍は夜間または護衛戦闘機が十分にある時しか使用しなかった。

［RPS＃16A：第10神風桜花特別攻撃隊神雷部隊］

6月21日2245から22日0230の間、しばしば敵味方不明機が艦隊に接近したが、艦艇が砲火でこれらを追い返した。命中の有無を判断するのは不可能だった。

22日の朝、新たな攻撃が始まった。0741、駆逐艦アンメン（DD-527）が5〜6機の攻撃機が75海里（139km）の距離に接近していると通報して、CAP機の増強を要請した。

CAP機が位置を特定した日本軍機は一式陸攻10機、零戦9機だった。一式陸攻の何機かは桜花を搭載しており、命中弾を受けると爆発した。（訳注：6月22日に出撃した一式陸攻は桜花搭載の第10神風桜花特別攻撃隊神雷部隊6機のみ。一部は前日夜遅く発進していた機体が残っていたか）

22日0543、桜花を搭載した一式陸攻6機が鹿屋を離陸したとの連絡があった。日本側は＜零戦六六機櫻花隊直接掩護櫻花六機、爆装八機〇五四〇發沖縄艦船特攻（中略）櫻花二機引き返し爆戦一機不時着＞(23) して、桜花と一式陸攻をそれぞれ4機失った。（訳注：爆戦機は第1神雷部隊爆戦隊で、出撃8機、未帰還7機。この爆戦隊は以前、筑波航空隊、元山航空隊、大村航空隊、谷田部航空隊に所属していたパイロットを各航空隊の機体減耗にともない、第721航空隊に異動させて編成したもの）

桜花パイロットの1人は堀江眞上等飛行兵曹で、最後に鹿屋基地を発った桜花部隊の1人だった。日本の同盟通信社は、彼はこの攻撃で戦死したと報じた。(24)

CAP機は日本軍機16機を撃墜し、友軍機3機を失ったが、勇猛果敢な海兵隊パイロットは日本軍機を圧倒したので、RP艦艇攻撃に成功した機体はなかった。

［RPS＃16A：第314海兵戦闘飛行隊（VMF-314）］

　6月22日0720、伊江島を離陸したVMF-314の2個編隊のコルセアを率いたのはJ・D・コンスタンチン、L・H・スミス両海兵隊大尉だった。コンスタンチン大尉の1個編隊は高度16,000フィート（4,877m）で一式陸攻1機を発見したが、周囲に20機以上の零戦、雷電、隼が一式陸攻を掩護していた。（訳注：雷電の出撃は記録されていない）

　R・F・ウエブ、C・W・グランクの両海兵隊中尉は一式陸攻の後方に占位して、夾叉射撃を行なった。2人は12.7mm機関銃弾を一式陸攻に命中させたが、機関銃に不具合が発生した。日本の戦闘機はこれを見て、両機に反撃してきたので、2人は戦闘から離脱して伊江島に帰投した。

　コンスタンチン大尉は雷電の後方に占位し、僚機のJ・B・ブラウン海兵隊中尉は、雷電を追って急降下すると彼に伝えた。コンスタンチン大尉は雲の中で雷電を見失い、雲から出ると駆逐艦アンメン（DD-527）に接近しすぎていた。アンメンは最初、コルセアとわからず、砲火を開いた。コンスタンチン大尉は急降下して艦の砲火を避けたが、その時のG加重で無線機のスイッチが切れた。コンスタンチン大尉はスイッチが壊れたと思って基地に向かうと、ブラウン中尉がコンスタンチン大尉に追いつき、両機とも無事基地に帰投した。

　一方、スミス大尉の1個編隊は高度7,000フィート（2,134m）にいる一式陸攻を追ったが、スミス大尉の機関銃は電気的な不具合が発生した。

　0800から0830の間、ジョン・W・リーパー海兵隊中尉と僚機のW・L・ミルネ海兵隊中尉はそれぞれ一式陸攻1機、零戦1機の撃墜を記録した。複数の日本軍機と交戦して弾薬が残り少なくなった時、リーパー中尉は零戦1機が正面から飛来するのを発見した。スプリットSで機動して零戦の後ろ下方に占位し、最後の10発を射撃したが、撃ち損じたため、零戦の尾部をプロペラで切り裂こうとした。

　海上ではLCS（L）-35の乗組員が、上空のコルセアが零戦を撃ち損じたため降下してその零戦のプロペラと操縦席の間に激突するのを目撃した。零戦は落下し、その激突でコルセアの右パイロンのタンクが爆発して右主翼が取れ、機体はスピンに入った。(25)

　LCS（L）-35でこれを見ていた乗組員のチャーリー・トーマスは次のように

記している。

　コルセアは致命的な爆発を起こし、左主翼（ママ）がもぎ取られた。
壊れた主翼の破片が空中をひらひらと舞っており、コルセアは水平スピ
ンに入り、前方に回転して落下し始めた。艦上にいる全員が制御不能に
なって落下するコルセアからパイロットが脱出するのを固唾を飲んで待
った。幸い、白いパラシュートが現れてゆっくり降下したが、コルセア
は海面に激突した。(26)

　リーパー中尉は何とか脱出したものの、パラシュートが損傷していた。降
下中に零戦が突進して来たため、パラシュートをすぼめて降下速度を早め、
海面近くで再び広げて攻撃を免れた。1010、リーパー中尉はアンメン（DD-
527）に無傷で救助された。(27)

［RPS＃16A：第113海兵戦闘飛行隊（VMF-113）、第533海兵夜間戦闘飛行隊
（VMF（N）-533）］
　6月22日0530、VMF-113のE・G・ディック海兵隊中尉以下、S・R・クロウ
エル海兵隊中尉、ジョン・J・カイゼル、M・W・ハーク両海兵隊少尉のコルセ
ア1個編隊が伊江島を離陸した。基地の北東約10海里（19km）の空域で空
中待機した後、誘導を受けてRPS＃16Aの駆逐艦アンメン（DD-527）上空に
向かった。
　0830、RPSに接近すると、RP艦艇上空の戦闘の音が聞こえた。アンメンは
ディック中尉らの近くに敵味方不明機が1機いることを連絡した。彼らはす
ぐにコルセア2機に追われている一式陸攻を発見した。一式陸攻は雲の中に
急降下したので、出て来るところをディック中尉ら4機は待った。一式陸攻
がアンメンに向かって旋回したところをディック中尉が右エンジンに銃弾を
命中させて火を噴かせ、続く連射で右主翼の先端を撃ち落とした。一式陸攻
は急に落下し、海面で爆発した。
　ディック中尉は編隊を組み直すと、RPSの西を哨戒した。コルセア1機に
追われた零戦1機が急降下旋回をして逃げようとしているのが見えた。クロ
ウエル中尉とハーク少尉は零戦の後方に占位して夾叉射撃を加えた。零戦は
煙を噴きながら海面に落下して爆発した。
　戦闘は激しさを増した。RPS上空の雲の中から射撃音が聞こえ、錘追の犠
牲になったコルセアが墜落してきた。0910、アンメンは墜落するコルセアを
避けるため最後の瞬間に急激な運動を行なった。同機の墜落場所は右舷から

わずか10ヤード（9.1m）の距離で、アンメンの艦上に破片をまき散らした。

　この戦いで海兵隊はコルセア３機、パイロット２人を失い、日本軍は一式陸攻10機、零戦２機、その他の航空機４機を失った。

　2201、艦艇は総員配置を発令し、１時間にわたって艦艇に突進して来た多くの日本軍機を砲火で追い返した。

　VMF（N）-533のM・M・マグルーダー海兵隊中佐がF6F-5Nヘルキャットで RPS近くを飛行中、地上管制の誘導を受けて高度15,000フィート（4,572m）を飛行する敵味方不明機２機に向かった。マグルーダー中佐は２機を探知したが、一式陸攻の１機は方向を変え、目標は１機になった。一式陸攻の機速は130ノット（241km/h）だったので、マグルーダー中佐は車輪を出して減速した。

　一式陸攻が右に旋回したところをマグルーダー中佐は数連射して、両エンジンから火を噴かせた。一式陸攻は方向を変えて向かって来たので、マグルーダー中佐はそれをかわすと、胴体に一連射し、海面に墜落させた。（訳注：この時刻に、陸軍飛行第７戦隊の飛龍が海軍の指揮下で雷撃に出撃している。飛龍を一式陸攻と誤認した可能性が大きい）

　RP艦艇は撃墜できなかった別の機体が2242に海面に落下したのを視認したと報告した。その後、日本軍機は空域を離れたが、2327まで艦艇は哨戒を続けた。

［菊水10号作戦の結果］

　菊水10号作戦は、日本軍にとって失敗だった。体当たりできたRP艦艇はなく、CAP機に多くの日本軍機が撃墜された。RP艦艇以外の米軍艦船の損害は中型揚陸艦LSM-213と戦車揚陸艦LST-534だけだったが、２隻の損害は大きかった。（訳注：資料によっては掃海駆逐艦エリソン〔DMS-19〕となっているが、これは直撃を受けなかった）

　第５航空艦隊司令長官の宇垣中将は＜空母らしきもの、巡三雷撃（内一確實）駆一、不詳一雷撃効果確認せず（中略）梅雨の合間の第十號作戦全體觀よりすれば、相當の成果ありたるものと認むるなり＞⑵⑻と実際の戦果よりも大きな成果があったと考えた。

　日本軍は22日の作戦で「米軍は艦船１隻を失い、ほかに１隻が損傷を受けた」と報告した。白菊練習機などを運用する海軍の第12航空戦隊は、米軍艦艇が修理のために撤収する前の27日まで攻撃を継続するよう命令を受けた。⑵⑼

［RP艦艇の問題と評価］

　沖縄作戦終了後、指揮官の中には改めてこの戦いを振り返る者がいた。駆逐艦ワズワース（DD-516）艦長のフッセルマン中佐は、任務中に起きた多くの問題の１つを次のように分析した。

　　どのような艦艇でも敵と24時間戦っていると、乗組員全員に疲労と心理的ストレスが生じてくる。レーダー・ピケット（RP）の任務は、孤独な場所で、より激しい敵の攻撃にさらされていたことを考慮すべきである。作戦の影響は個人の心理的な性質によって違う。大きな緊張には耐えることができても、実際の攻撃に直面すると小さなことにも耐えられない者もいるし、逆の場合もある。個人の勇気が大事で、これに代わるものはない。問題は疲労と心理的な緊張である。(30)

　沖縄作戦の終了にともない、多くの部隊が戦闘報告を提出した。第５艦隊司令長官レイモンド・A・スプルーアンス大将はRP艦艇の任務について次のように記している。

　　RP艦艇は敵の航空攻撃から上陸作戦を防衛する効果を実証した。航空警戒を行ない、艦艇の対空砲火で多くの敵機を撃墜し、レーダー・ピケットの周囲を指揮・管制して、多くのCAP機による敵機の破壊に貢献した。敵の攻撃でRP艦艇は多くの損害を受けた。しかし、敵はRP艦艇を避けたり無視したりして、輸送艦を狙う代わりにRP艦艇に集中攻撃をかけるという重大な失敗を犯したと考えられている。
　　敵が外周のRPSに攻撃を集中させているのが明らかだったので、RPSを強化しなくてはならないことは確かだった。戦闘機指揮・管制チームを乗せた駆逐艦２隻と大型揚陸支援艇４隻の部隊は、よい結果を出すことができた。ピケット任務で乗艦していた士官はレーダー・ピケットとしての最善の戦術を決めるように第51任務部隊指揮官の下に集められた。
　　（中略）早期にレーダーと地上管制迎撃施設を沖縄近海の周辺の島に設置することが望ましかった。これがあれば、RP艦艇と戦闘機指揮・管制駆逐艦の代わりになり、艦艇の損害を低減することができた。(31)

6月24日（日）

[RPS＃16A：第533海兵夜間戦闘飛行隊（VMF（N）-533）]

　6月24日にRPS＃16Aを哨戒したのは、駆逐艦モール（DD-693）、チャールズ・オースバーン（DD-570）、インガソル（DD-652）と、大型揚陸支援艇LCS（L）-35、-82、-86、-124だった。

　0235、艦艇は敵味方不明機1機が14海里（26km）の距離に接近したので、警戒態勢に入った。

　上空では伊江島を0020に離陸したVMF（N）-533のR・S・ヘンプステッド海兵隊中尉がF6F-5Nヘルキャット夜間戦闘機で哨戒していた。1時間後、ヘンプステッド中尉は高度20,000フィート（6,096m）でRPS＃16A近辺に接近する敵味方不明機1機を迎撃するように地上管制官から誘導を受けた。

　伊江島から約40海里（74km）を飛行中の敵味方不明機を探知すると、当該機は離脱しようとしてチャフをばら撒いた。後方50ヤード（46m）まで迫り、それが九七式重爆であることが判別した。短い連射で爆撃機の右エンジンから火を噴かせ、再度の連射で主翼付け根と胴体に命中弾を与えた。

　ヘンプステッド中尉は状況を確認するため、機体を右に引き起こすと、九七式重爆は激突しようとして彼のほうに向かって来るところだった。ヘンプステッド中尉は再び射撃し、九七式重爆の操縦席に銃弾を撃ち込むと、それは急降下してRP艦艇の近くの海面に激突した。

　インガソルがこの戦闘を目撃しており、撃墜を報告した。数分後、インガソルはヘンプステッド中尉のヘルキャットを日本軍機と間違えて数発射撃したが、幸い命中弾はなかった。

6月25日（月）

[米軍が見た日本軍の航空兵力]

　沖縄本島の占領によって、戦時情報局は日本の航空兵力の評価を次のように報告した。

　現在、敵は約4,000機の戦闘用航空機を保有し、毎月1,250機から1,500機を生産し、毎月1,000機以上を失っている。生産機数は、戦闘機がほかの機種よりもはるかに増加している。日本軍は戦闘機の品質を向上させてきた。やむを得ず採り入れた防衛戦術、特に夜間戦闘戦術も向上させて

きた。一方、パイロットの質は確実に低下した。(32)

　戦時生産の数値は興味深いものだったが、RP艦艇にとっては何の慰めにもならなかった。米軍情報当局が傍受した日本軍の通信は、各種合わせて40機が沖縄の艦艇と飛行場を攻撃することを示していた。(33)

［RPS＃15A：駆逐艦ケーパートン（DD-650）］

　6月25日、RPS＃15Aを哨戒したのは、ケーパートン、ボイド（DD-544）、ロウリー（DD-770）と、大型揚陸支援艇LCS（L）-63、-97、-98、-99だった。

　日中は何事もなかったが、2215、RPSの北東25海里（46km）で敵味方不明機1機が飛来するのをレーダーが探知し、艦艇は総員配置に就いた。ボイドが4.5海里（8.3km）の距離でこれを捕捉し、最初に砲火を開いた。

　続く5時間、約25機の襲来機がRPSに接近したが、数機を追い返し、何機かに艦艇の砲火で命中弾を浴びせた。ケーパートンと大型揚陸支援艇は別の敵味方不明機1機に砲火を浴びせ、ケーパートンがこれを撃墜したと報告した。

　5時間に及ぶ"地獄の戦い"で、艦艇の運命は期せずして好転した。光輝く月明かりが月食でほとんど真っ暗になったのだ（訳注：1945年6月25日21時25分頃から26日03時30分頃まで沖縄地方で部分月食が見られた）。戦闘が終了した26日0309、一式陸攻2機を撃墜し、ほかの数機を撃破した。艦艇に損傷はなかった。

［天航空部隊（第5航空艦隊）］

　米軍情報機関は、天航空部隊の作戦が拡大することを示す通信を傍受した。それによれば「6月25日から26日にかけての夜、白菊練習機の体当たり攻撃機14機を含む計58機が沖縄を攻撃するために離陸した。爆撃機3機と白菊7機が『機体不具合』で引き返した。爆撃機3機は基地に戻れず、2機が大きな損傷を受けた。白菊7機は帰投できなかった模様である」(34)　（訳注：白菊は徳島航空隊第5白菊隊と菊水第3白菊隊。資料によっては第5白菊隊の未帰還機数が1機少なくなっている。また第3白菊隊の出撃日が26日になっている。爆撃機は銀河で通常作戦機）

　第51任務部隊は、沖縄に接近した16機のうち12機を撃墜したと報告した。

6月30日（土）

［沖縄の大規模航空戦終了］

　6月末、沖縄上空での大規模な航空戦は終了した。本土侵攻が迫っていると判断した日本軍は戦闘機兵力を温存した。

　戦術航空軍司令部が保管している記録によると、戦術航空軍機は6月30日までに602機の日本軍機を撃墜した。(35)　ほかにも空母艦載機とRP艦艇が撃墜している。

　RP艦艇、CAP機、地上レーダーが日本軍機を消滅させ、沖縄と伊江島の飛行場の地上要員は、日本軍機の襲撃を受けない生活を送れるようになった。

　伊江島の陸軍第413戦闘航空群のパーカー・R・タイラー陸軍大尉は「日本軍機を効率的に大空から追い出した。昼間、航空機の爆音を聞いても、好奇心で見る以外に空を見上げることはなくなった」と記している。(36)

　沖縄を失った日本軍は、沖縄の米艦艇に対する戦略を見直して、艦艇攻撃用の航空部隊を本土防衛用に各地の基地に撤退させた。新たな飛行場を本土に建設し、そこでカミカゼの小さな部隊を運用できるようにした。特攻機の多くは機数が多い練習機から転用されたものだった。

　九州南部の航空基地は、沖縄、任務部隊の空母、硫黄島とマリアナから飛来する海軍、海兵隊、陸軍航空軍の継続的な攻撃を受けていた。可能な限り多数の機体を温存するため、日本軍は北九州、本州、四国の航空基地に航空機を移動させた。

　中国南部で作戦を行なっていた航空機を中国と朝鮮の国境に移動して、本土決戦に備えて集結させた。陸軍情報部が傍受した日本軍の通信によると、海軍の第12航空艦隊は900機以上の攻撃機（大半が練習機）を九州に集結させ、(37)　ほかの体当たり攻撃機は東京近郊に集中配備した。

7月1日（日）

［7〜8月の概況］

　7月と8月は、RP艦艇に対する攻撃が激減した。これは、沖縄陥落後の日本軍の戦略変更と機体不足の結果である。協同作戦を効率的に行なうため、台湾の海軍航空隊は陸軍第8飛行師団の指揮下に置かれた。各部隊と航空機の稼働率も低下した。

　第343海軍航空隊を指揮した源田實大佐は「（稼働率は）最初70パーセント

だったが、7月から始まったB-24による激しく継続的な爆撃後は連続的に低下した。最終的には50パーセントぐらいになったと思う」と語った。(38)

この変化は、RPSの艦艇に直接影響した。同じ頃、第5航空艦隊は＜航空燃料不足し小型機に對する邀撃を中止するの已むなきに至れるを以て此の旨關係各部隊に示達す＞(39)と指示した。

7月2日から16日までの間、艦艇を配置したRPSはRPS＃9Aと15Aだけだった。7月17日からはRPS＃9Aだけが運用された。

7月1日から8月13日の各種時間帯に交代で哨戒した艦艇は、駆逐艦アルフレッド・A・カニンガム（DD-752）、オーリック（DD-569）、カラハン（DD-792）、カッシン・ヤング（DD-793）、チャールズ・オースバーン（DD-570）、クラックストン（DD-571）、コンプトン（DD-705）、コンヴァース（DD-509）、ダイソン（DD-572）、フート（DD-511）、フランク・E・エヴァンズ（DD-754）、ゲイナード（DD-706）、ハリー・E・ハバード（DD-748）、ヘイウッド・L・エドワーズ（DD-663）、アーウィン（DD-794）、ジョン・A・ボール（DD-755）、ロウズ（DD-558）、プレストン（DD-795）、プリチェット（DD-561）、リチャード・P・リアリー（DD-664）、大型揚陸支援艇はLCS（L）-61、-64、-74、-76、-78、-82、-84、-85、-86、-96、-97、-98、-99、-100、-101、-102、-103、-104、-105、-107、-120、-121、-123、-124、-125、-128、-129、-130だった。

7月2日（月）〜13日（金）

［陸軍第10戦術航空軍解散］

7月2日から13日は、日本軍の攻撃が一時中断したので、RP艦艇にとって平穏な期間だった。

ときどき敵味方不明機がレーダー・スクリーンに現れたが、通常は友軍機と判明した。CAPのパイロットは広大な青い海と青空で退屈な飛行をしていた。

陸軍第10戦術航空軍は、海兵航空群4個、陸軍航空軍戦闘航空群3個、陸軍航空軍爆撃航空群4個とこれらの支援部隊の規模に膨れ上がったが、役目を終えた。

この部隊はもともと沖縄侵攻に参加する部隊を支援し、防衛するのが目的だったが、次第に日本本土の日本軍を目標にする任務に組み込まれた。7月13日深夜をもって陸軍第10戦術航空軍は解散した。

ルイス・E・ウッズ陸軍少将は、戦術航空軍の戦闘機は625機を撃墜したと報告している。海兵隊機が496機、陸軍航空軍機が129機で、ほかにも29機を

不確実撃墜している。

　また戦術航空軍は沖縄での対地攻撃、日本の艦船に対する攻撃、日本本土の陸上目標攻撃など計38,192回出撃した。戦術航空軍の最終陣容はコルセア378機、サンダーボルト259機、ヘルキャット夜間戦闘機30機、ブラック・ウィドウ夜間戦闘機12機、TBMアヴェンジャー雷撃機48機、B-24リベレーター爆撃機91機、B-25爆撃機68機、F5B偵察型ライトニング17機だった。(40)

　海兵航空群は再び第2海兵航空団の一部になり、陸軍航空軍の航空群とともに極東航空軍の作戦管理下に置かれた。海兵航空群の主任務は沖縄防衛となり、ほかに日本の基地に対する遠距離攻撃、護衛任務にも就いた。

　陸軍航空軍の戦闘航空群と爆撃航空群は、日本本土と朝鮮、中国、周辺海域の目標に対する攻撃、護衛任務に就いた。

［日本軍航空部隊の再配置］
　米軍情報機関は日本軍航空部隊の再配置を次のように報告した。

　　7月6日、北西九州の福岡に司令部を置く第6航空軍は「本州にあった2個飛行団を7月4日に南西九州の知覧と南九州の都城西にそれぞれ移動させた。（中略）1個飛行団は双発爆撃機飛行戦隊1個、別の飛行団は戦闘飛行戦隊3個を保有していた」と報告した。同じ報告で第6航空軍は「7月1日に訓練未了の体当たり部隊を中部方面に編成して、7月6日までにこのような部隊14個を九州方面に移動した。体当たり部隊は7月10日頃には展開を完了する予定」と述べていた。(41)（原書注：日本軍の通信によると、体当たり部隊の平均的な兵力は約10機である）

　一式陸攻と桜花の主要運用部隊である第721海軍航空隊は、鹿屋を離れて小松に向かい、最終的には朝鮮に配置される予定だった。第722海軍航空隊は小松で別の桜花部隊を編成する指示を受けた。この部隊の母機は銀河の予定だった。(42)

　傍受した別の通信によれば、海軍航空本部はカミカゼに使用する白菊と九三式中練には編隊灯を装備しないように指示した。これらの機種は、目標まで誘導機に頼って飛行をすることになった。(43)

　7月10日、日本軍は燃料、補給品、整備要員の減少により、パイロットの訓練計画を断念せざるをえなかった。搭乗員が余り「機体数に比べ、搭乗員数が58パーセントも多い」状況と、米軍は推定している。(44)（訳注：海軍は6月1日以降、飛行専修予備学生・予備生徒、飛行予科練習生の教育は燃料、機材の

保有状況から実施できないと判断した。代わりに本土決戦に備え、航空・水上・水中特攻隊要員として教育を行なうことにした）

7月14日（土）

[RPS＃15A：駆逐艦オーリック（DD-569）]

　7月14日、RPS＃15Aを哨戒したのは、オーリック、フート（DD-511）、コンヴァース（DD-509）と大型揚陸支援艇LCS（L）-97、-102、-103、-104だった。

　0402、オーリックのレーダーが48海里（89km）の距離で敵味方不明機1機が飛来するのを探知し、0411、艦艇は総員配置を発令した。

　敵味方不明機にとって不幸だったのは、米軍夜間戦闘機が近くにいたことだった。VMF（N）-533のロバート・ベアド海兵隊大尉はF6F-5NでRPS近くを飛行中、伊江島を攻撃した爆撃機1機が彼のほうに向かっているとの連絡を受けた。

　その日本軍機は伊江島爆撃後、別の夜間戦闘機から逃げていたもので、ベアド大尉は誘導されて高度21,000フィート（6,401m）で発見した。ベアド大尉は一式陸攻であることを識別すると、20mm機関砲と12.7mm機関銃の一連射を命中させた。0441、一式陸攻は炎に包まれて落下した。

夜間戦闘機で6機目を撃墜したVMF（N）-533のロバート・ベアド海兵隊大尉（右）に賛辞を伝える第2海兵航空団司令ルイス・E・ウッズ海兵隊少将（NARA 127 GW-528-128785）

この空中戦はヘルキャットのパイロットにとって問題が解決したことを示した。これまで機関銃で一式陸攻を撃墜するのは難しかったが、20mm機関砲を装備したことで大きく改善した。（訳注：F6F-5/5Nの後期型はヘルキャットの武装を12.7mm機関銃6挺から12.7mm機関銃4挺と20mm機関砲2門に換装）

この戦果はベアド大尉にとって二重の勝利だった。彼はヘルキャットだけでエースになった唯一の海兵隊パイロットで、この一式陸攻が6機目の撃墜だった。しかも海兵隊で唯一の夜間戦闘機のエースになった。

一方、撃墜された日本軍パイロットにとって14日は、よくないことが起きる日だった。彼が基地を飛び立ったのは1945年に6回ある「十方暮」の日の1つで、十方暮は「10種類の自然界の印（十干）と12種類の動物の印（十二支）が相剋して、人間にとって危険なことが起こる日」とされている。(45)

7月29日（日）

[RPS＃9A：駆逐艦カラハン（DD-792）、プリチェット（DD-561）]

7月29日と30日、RP艦艇に対する最後の大きな攻撃が実施された。

終戦まで残りわずかだったが、RPSの要員は死の危険と隣り合わせだった。RPS＃9Aを哨戒したのはカラハン、プリチェット、カッシン・ヤング（DD-793）と、大型揚陸支援艇LCS（L）-125、-129、-130だった。

7月29日0030、艦艇は13海里（24km）の距離に襲来機を探知した。距離10,000ヤード（9,144m）までカラハンが敵味方不明機1機を追尾し、カラハンとプリチェットがこれに砲火を浴びせた。日本軍機はカラハンの艦尾方向を横切ろうとしながら、最後の瞬間にカラハンに向けて舵を切り、38口径5インチ単装砲3番砲塔の右前方の甲板に体当たりした。

125kg爆弾が甲板を突き抜け、後部機械室で爆発した。爆発で発生した火災で、ポンプと消火装置の多くが使用不能になり、火災を止めることができなかった。

多くの乗組員が戦死、負傷した。2分も経たずに3番砲塔上部給弾薬室が爆発。船体に穴が空き、それが致命傷となって、すぐ右に15度傾き、艦尾から沈み始めた。

LCS（L）-125の艇長ハウエル・C・コッブ大尉は、自艇をカラハンの左舷に接舷すると、消火活動を始めた。右舷ではLCS（L）-130の艇長ウィリアム・H・ファイル,Jr.大尉もカラハンに接近させて消火しようとしたが、新たな日本軍機が出現したので、離れざるをえなかった。

LCS（L）-129（艇長、ルイス・A・ブレナン大尉）は、周辺の海から生存者

を引き上げた。第55駆逐戦隊司令Ａ・Ｅ・ジャレル大佐は次のように報告した。

　0155、カラハンの火災はほとんど鎮火した。しかし、この時、積載して
いた砲弾の近接信管が爆発を始めた。爆発は激しさを増しながら続い
た。LCS（Ｌ）-125は数分間、艦首をカラハンの艦首の左舷側に押しつけ
て支えていた。LCS（Ｌ）-130は離れるように指示を受けた。爆発は激し
さを増していたが、LCS（Ｌ）-125とカラハンに残っていた乗組員は爆発
に耐えていた。私は艦長のＣ・Ｍ・バートホルフ中佐に直ちに退艦するよう
に勧めた。これは0200から0205の間のことだった。(46)

　カラハンから少し離れたところにいたLCS（Ｌ）-130は、艦艇の右舷方向か
ら日本軍機１機が接近するのを発見し、これに砲火を浴びせてプリチェット
の近くに撃墜した。
　0234、カラハンは艦首を上に向け、1,200ヤード（1,097m）下の海底に向か
って沈み始めたが、生存者の救助作業はまだ続いていた。カラハンが波間に
消え始めるとボイラーが轟音を立てて爆発し、その姿は見えなくなった。カ
ラハンへの体当たり攻撃で47人が戦死、73人が負傷した。カラハンは沖縄作
戦で沈没した最後の艦艇となった。
　この夜、８機から12機の日本軍機が攻撃を仕掛け、カラハンが１機目の攻
撃を受けた直後の0148、２機目がプリチェットに急降下して体当たりを試み
た。機体はプリチェットのすぐ横に墜落したが、搭載していた爆弾が爆発し
てプリチェットの乗組員２人が戦死した。

［RPS＃９Ａ：駆逐艦カッシン・ヤング（DD-793）］
　カッシン・ヤングはRPSの近くで日本軍機を発見し、砲火を浴びせて１機
を撃墜、ほかを追い返した。その後、複葉機１機が突進して来たので、砲火
を浴びせて右舷前方100フィート（30m）に撃墜した。
　７月29日、RPS＃９Ａに対する日本軍機の攻撃が成功したのは、使用した
航空機にその要因がある。艦艇から回収された破片と日本軍の情報から複葉
機は九三式中練だった。同機は木製羽布張りで、レーダーの探知が困難で、
対空火砲の砲弾に装着された近接信管も作動しなかった。プリチェット
（DD-561）は次のように報告している。

　旧式の複葉機が攻撃に耐える能力は驚くほどだった。0148、複葉機が攻
撃してきた時、距離200から400ヤード（183～366m）で銃砲弾（40mm、

九三式中間練習機
（K5Y1）。川西航空機
が海軍横須賀工廠造兵
部（1939年、海軍航空
技術廠に改編）と協力
して開発、1934年に制
式化。日本海軍の代表
的な操縦課程練習機で
陸上機のK5Y1とフロ
ート付きの水上機
K5Y2があり、海軍機
製造各社（愛知航空機
除く）で、合わせて約
5600機が生産された。
米軍コード・ネーム
「Willow」（NARA 80G
193114A）

20mm機関砲、12.7mm機関銃）が何発も命中したが、ほとんど損傷を与
えることができなかった。2回の突入で対空射撃の砲弾は近接信管によ
り何発も爆発したが、見張員は、砲弾は敵機の後方で炸裂した（中略）
この爆発ではほとんど敵機に損傷を与えることができなかったと述べて
いる。(47)

　日本海軍の九三式中練の最高速度は123マイル/時（198km/h）で、巡航速
度は86マイル/時（138km/h）だった。同機はレーダーで探知されにくく、
機動性が高かったので体当たり攻撃には都合がよかった。日本では「赤とん
ぼ」の愛称で知られていた。九三式中練は台湾を母基地とする第29航空戦隊
第132海軍航空隊所属だった。(48)
　九三式中練を操縦したのは新人パイロットではなく、歴戦の戦闘機パイロ
ットで、5月から6月に南西地域から台湾に移動していた。
　RPS＃9Aに対する攻撃に先立つ7月24日、冨士信夫少佐率いる九三式中
練8機が台湾を発進して宮古島に向かった。28日2100、8機は特別攻撃隊
（第3龍虎隊）として離陸したが、エンジン故障のため帰投した。翌29日、
再出撃を試み、4機が発進してRPS＃9Aで艦艇攻撃に行なった。別の1機
はエンジン不調のため帰投した。(49)（訳注：「戦史叢書」では7月29日に出撃8

第548夜間戦闘飛行隊（548NFS）のP-61ブラック・ウィドウ。同隊は1945年6月から伊江島に展開し、陸軍の夜間戦闘機は同年8月までに第421、第547夜間戦闘飛行隊が加わり増強された（Photo courtesy of Colonel David B.Weisman USAF（Ret.））

機、未帰還4機、引き返し帰投4機、30日に出撃3機、未帰還3機となっている。未帰還の7人に対する布告は高雄警備府司令長官名で出されている）

　30日、RPS＃9Aでは攻撃を免れたカッシン・ヤングがLCS（L）-129とともに生存者を乗せて渡具知に戻り、中城湾口の防衛の任務に就いた。そこで複葉機1機の体当たりを受けて大きな損害をこうむり、22人が戦死し、45人が負傷、カッシン・ヤングは戦列から離れた。（訳注：カッシン・ヤングのこの損傷はRPSにおけるものではないため、資料1のリストには記載していない）

［RPS＃9A：第543海兵夜間戦闘飛行隊（VMF（N）-543）、陸軍第548夜間戦闘飛行隊（548NFS）］

　駆逐艦フランク・E・エヴァンズ（DD-754）は、RPS＃9Aの支援に向かい、7月29日0207に一式陸攻1機を撃墜した。上空では泡瀬から飛来したVMF（N）-543の夜間戦闘機が敵味方不明機を追いかけていた。

　0145にT・H・ダナハー海兵隊少尉が1機撃墜し、0245にP・モーザー,Jr.海兵隊少尉が1機を撃墜した。

　ダナハー、モーザー両少尉はほぼ同時にRPS近くで別の一式陸攻1機を発見した。ダナハー少尉は銃弾がなくなるまで射撃したが、損傷を与えたものの撃墜はできなかった。近くで哨戒していた伊江島から発進した陸軍第548夜間戦闘飛行隊のP-61"ハンガー・リル号"を操縦するロバート・O・バートラム

陸軍中尉がこの戦闘に気づき、敵機の追跡に加わり一式陸攻を撃墜した。

[RPS＃9A：大型揚陸支援艇LCS（L）-130、-125、-129]
　7月29日0638、駆逐艦アルフレッド・A・カニンガム（DD-752）、フランク・E・エヴァンズ（DD-754）、ロウズ（DD-558）がRPS＃9Aに到着して、日本軍機に付きまとわれていた駆逐艦と交代した。
　この日の駆逐艦に対する支援で3隻の大型揚陸支援艇の艇長は表彰された。LCS（L）-130のファイル大尉は銀星章、LCS（L）-125のコッブ大尉とLCS（L）-129のブレンナン大尉は銅星章を受章した。

7月30日（月）〜31日（火）

[RPS＃9A：第542海兵夜間戦闘飛行隊（VMF（N）-542）、駆逐艦フランク・E・エヴァンズ（DD-754）]
　7月30日未明、艦艇は再び攻撃を受けた。0120、駆逐艦アルフレッド・A・カニンガム（DD-752）は飛来する敵味方不明機数機を探知した。VMF（N）-542に派遣されていたVMF（N）-533のアーヴィング・B・ハーディ海兵隊少尉はF6F-5NヘルキャットでRPS近辺のCAPに就いていた。
　地上管制官の誘導で敵味方不明機に向かい、高度19,000フィート（5,791m）を飛行する一式陸攻1機を発見した。その後、30分にわたり、ハーディ少尉は何度も回避機動する一式陸攻を追跡した。ついにハーディ少尉が後方に占位して連射すると、一式陸攻は両エンジンが炎に包まれ、機首を下げたので、ハーディ少尉はとどめの一撃を加える位置につき、後方から胴体と主翼付け根に銃弾を浴びせた。一式陸攻はRPS＃9Aから13海里（24km）の海面に墜落した。
　0237、フランク・E・エヴァンズは距離3,000ヤード（2,743m）に接近した敵味方不明機1機を射撃したが、それは駆逐艦の上を通過して逃げ去った。
　0325、別の敵味方不明機1機が接近したので、フランク・E・エヴァンズは主砲で射撃したが、戦果はなかった。

8月1日（水）〜6日（月）

[九州空襲]
　米軍の九州の飛行場に対する攻撃は日本軍に大きな打撃を与えた。7月の末にP-47、A-26、B-25が大刀洗、指宿、知覧、出水、大村を攻撃した。鹿屋

には３日間にわたって継続的な爆撃と機銃掃射が行なわれた。

　鹿屋に対する攻撃を受けて、宇垣長官は第５航空艦隊司令部を北九州の大分に撤退させることにし、８月１日に移動する予定だったが、天候が悪かったため、大分到着は８月３日になった。これ以降、大分は第５航空艦隊の第72航空戦隊と第12航空戦隊の司令部になった。第72航空戦隊は戦闘機、第12航空戦隊は体当たり攻撃機で編成された。

　８月の第１週、米軍は都城、築城、知覧、出水を攻撃した。最大の攻撃は６日の都城に対するもので、計150機のP-47とA-26が参加した。

　８月の最初の４日間は、天候不良のためRPS＃９Ａでは何事もなかった。

８月７日（火）〜８日（水）

[RPS＃９Ａ：陸軍第548夜間戦闘飛行隊（548NFS）]

　８月７日から８日の夜、RPS＃９Ａを哨戒したのは、駆逐艦フランク・E・エヴァンズ（DD-754）、アルフレッド・A・カニンガム（DD-752）、アーウィン（DD-794）と、大型揚陸支援艇LCS（L）-97、-98、-99、-101で、陸軍第548夜間戦闘飛行隊のP-61何機かが哨戒飛行していた。

　ポール・M・ヘロン陸軍少尉が操縦、レーダー観測員のプチック陸軍中尉と銃手兼見張員のヴィクター・ハリス陸軍伍長が搭乗したP-61がRPS＃９Ａ付近を飛行していた。

　0245、彼らは９海里（17km）の距離に敵味方不明機を探知した。500フィート（152m）まで接近すると、日本軍機も気づいて激しく回避機動をとった。P-61は500フィート（152m）まで３回接近したが、日本軍機は旋回・降下して、最終的には逃げ去った。

　これは典型的な夜間戦闘機の哨戒だった。続く数日間、夜ごとに夜間戦闘機乗員は敵味方不明機を追ったが、戦果はなかった。

　８月８日は福山市（広島県）と北九州の５都市に対する大規模空襲に加え、九州各地の飛行場に対する攻撃が続いていた。宇佐と築城の飛行場を攻撃したのはB-24、B-25、A-26、P-51、P-47だった。

８月９日（木）〜13日（月）

[最後のRP任務]

　８月９日もRPS＃９Ａの哨戒は続いた。10日も哨戒したが日本軍機は飛来しなかった。

2235、日本軍機襲来の通報があり、駆逐艦フランク・E・エヴァンズ（DD-754）、アルフレッド・A・カニンガム（DD-752）、アーウィン（DD-794）と、大型揚陸支援艇LCS（L）-97、-98、-99、-101が総員配置を発令した。しかし、RPSに接近する日本軍機はなかった。

　伊江島のP-61ブラック・ウィドウの夜間戦闘飛行隊が時折、敵味方不明機を追跡したが撃墜できなかった。

　4か月半に及ぶRP任務には206隻の艦艇、39,000人以上の人員が投入された。

　8月13日0040、RPS＃9Aで哨戒していた駆逐艦フート（DD-511）、チャールズ・オースバーン（DD-570）、ジョン・A・ボール（DD-755）と大型揚陸支援艇のLCS（L）-76、-78は渡具知に戻るよう命令を受けた。終戦まであと2日を残してレーダー・ピケットの"地獄の戦い"は終了した。

　日本軍は菊水9号作戦および10号作戦で出撃した航空機は少なかったものの、RPSに大きな損害を与えた。

　6月1日から8月13日までに駆逐艦2隻が撃沈され、ほかに駆逐艦2隻と大型揚陸支援艇1隻が損傷し、RPSで58人が戦死、166人が負傷した。沖縄周辺で前衛哨戒網をすり抜けたカミカゼはほとんどなかった。

　駆逐艦トウィッグス（DD-591）は6月16日、沖縄南方で特攻機の攻撃で沈没、126人が戦死、34人が負傷した。駆逐艦3隻、護衛駆逐艦1隻、その他の艦艇5隻が空襲とカミカゼの攻撃を受け、RPSでの被害は戦死者211人、負傷者218人を数えた。(50)　（訳注：この沈没はRPSにおけるものでないため、資料1のリストには含まれていない）

8月15日（水）

[終戦後の特別攻撃]

　RP艦艇の"地獄の戦い"は終了したが、カミカゼの脅威はまだ去らなかった。日本軍の一部の頑迷な者は米国に対して戦闘を続けようとしており、わずかながらも翌週までカミカゼ攻撃を敢行しようとした者もいた。

　宇垣纒中将は最後に武人の本懐を遂げようとして沖縄の米軍を攻撃することにした。連合艦隊司令部は隷下の部隊に対して、米軍に対する攻撃を禁止していたが、宇垣は同意せず、戦闘継続を決心した。彼の日記の最後に次のように書いた。

　＜多数殉忠の將士の跡を追ひ特攻の精神に生きんとするに於て考慮の餘地なし（中略）事茲に至る原因に就ては種々あり、自らの責亦軽しとせざるも

（後略）＞(51)

　宇垣は、大分基地で第701海軍航空隊に彗星3機を準備させた。彼は飛行場に到着した時、この最後の任務に11機、22人が出撃準備していることを知った。多くの者は宇垣の決意に感銘を受け、同行を決心した。簡単な決別式の後、階級章をすべて外した宇垣は中津留達雄大尉が操縦する彗星の後席に乗り込んだ。見張員の遠藤秋章飛行兵曹長は残されるのを拒否して宇垣とともに後席に乗り込んだ。

　宇垣は双眼鏡と山本五十六提督から送られた短剣を携えた。まもなく彗星は離陸して沖縄に向かった。4機はエンジンの不調で基地に帰投せざるをえなかった。残る7機が沖縄に体当たり攻撃に向かった。沖縄近辺のどこかで宇垣は最後の思いを無線で送った。宇垣は自分の決定のすべてに責任をとり、武人の本懐を遂げてほかのカミカゼ・パイロットのもとに行くことを誓った。

　米艦艇に突入することを伝える宇垣搭乗機と他機からの通信は1924に終了した。(52)

　この日、米艦艇に対する攻撃の記録はないので、宇垣が米艦艇の上空に到達していたか、またはまもなく上空に到達しようとしていたかは明らかでない。宇垣の編隊の一部または全機が自機の位置を見失うか燃料切れによって、太平洋の海に墜落したか、その運命は永遠の謎である。第2海兵航空団戦闘日誌は、終戦間近に2機が伊江島に激突した (53) と報告している。

［遅れて登場した新型夜間戦闘機］

　一方、沖縄の飛行場の夜間戦闘機は警戒態勢に就いていた。沖縄本島の金武飛行場を発進した第533海兵夜間戦闘飛行隊（VMF（N）-533）は「第2区分帯、第4区分帯の哨戒配置に就いた」と報告している。

　第1区分帯の時間に非常警報が発令されたのでパイロットは身構えたが、第2区分帯、第4区分帯のいずれの哨戒中も敵味方不明機は現れなかった。(54)

　泡瀬に駐屯するVMF（N）-543の夜間戦闘機パイロットは「延べ9機22時間出撃したが何もなかった」(55) と報告している。

　新たな夜間戦闘機が到着したが、勝利に貢献するには遅すぎた。沖縄作戦の期間中、海兵夜間戦闘飛行隊は沖縄の上空をF6F-5Nで哨戒した。

　熱望していたF7F-2NタイガーキャットがVMF（N）-533に到着したのは8月18日で、戦争には間に合わなかった。彼らは夜空で特別攻撃隊の亡霊を探したが、無駄だった。

第8章 RP艦艇がこうむった大きな損失

損失は許容範囲内である

レーダー・ピケット・ステーション（RPS）における損失は大きかったが、米海軍は許容範囲内と見なした。第54任務部隊指揮官アレン・E・スミス少将は次のように報告した。

> しかし、沖縄周辺の駆逐艦レーダー・ピケット・パトロール（RPP）線は敵機が接近する情報を事前に与えてくれた。作戦全体を担保するには、時宜を得た情報は最も重要な要素だった。ピケット任務に就いた多くの駆逐艦が沈没したが、これらは非常に多くの敵機を撃墜した。レーダー・ピケットが与えた安心感を考えると損失は極めて妥当であり、海軍全体の状況から鑑みると十分満足できるものだった。(1)

沖縄におけるレーダー・ピケットの"地獄の戦い"に関する研究を終えるにあたり、RPSにおける損失要因の評価が必要である。レーダー・ピケット艦艇（RP艦艇）がこうむった大きな損失は1つの要因によるものでなく、複数の要因が組み合わさったものであるという結論になるであろう。

損失要因の中で重要なものは以下の通りである。
①カミカゼ攻撃の特性、日本軍パイロットの経験不足
②武装小型艦艇の不適切な運用
③任務に適していない艦艇の配置、不適切なRPSの戦力
④陸上レーダーを早期に設置するのに失敗
⑤乗組員の疲労

カミカゼ攻撃の特性

沖縄作戦の初期段階では、カミカゼ攻撃の本質は明確ではなかった。沖縄侵攻の「アイスバーグ作戦」の立案者は、日本軍がフィリピンの戦いと同

様、沖縄でも体当たり攻撃を行なうのは間違いないと思っていた。フィリピンの戦いでは、多くの艦船が航空機の体当たり攻撃で沈没または損害を受けた。さらに、マニラ湾では大型揚陸支援艇LCS（L）-7、-26、-49が体当たり攻撃艇で沈没した。体当たり攻撃機と体当たり攻撃艇の作戦が成功したことは、その後、起きることの前兆だった。

第51任務部隊指揮官兼第31任務部隊指揮官のH・W・ヒル中将は、のちに次のように述べた。

日本軍航空攻勢の矢面に立つRP艦艇の安全について作戦当初から常に心配していた。RPSにおける対空火力を実情に合わせて増強し、最後は各RPSで駆逐艦３隻、揚陸支援艇４隻を標準にした。航空攻撃が予想される時は駆逐艦をさらに増強した。RPS近辺で艦艇と戦闘空中哨戒（CAP）を組み合わせる方針が、最終的にはRP艦艇に対する日本軍機の集中を軽減した。(2)

フィリピンの戦いで、少数機編隊によるカミカゼ攻撃はあった。当時、日本軍は３機から５機の少数機の編隊が、米艦艇に探知されずに接近できる最適な方法と考えていた。

菊水１号作戦が体当たり攻撃機355機、その他の航空機344機という規模になるとは誰も予想できなかった。(3)

ヒル中将の前任として第51任務部隊指揮官を務めたリッチモンド・K・ターナー中将は次のように報告した。

最初、敵はわが海軍部隊１隻に対して51機で攻撃するような大規模な体当たり攻撃機の動員を行なった。我々はこの攻撃を想定して手を打っていた。前衛のRPSの艦艇が得た体当たり攻撃機に関する早期警戒情報は素晴らしかった。敵飛行場に対する攻撃とCAP機による損害にもかかわらず、多くの敵機が全海域、特に直衛部隊の海域に対して激しい攻撃を行なった。駆逐艦と武装小型艦艇の目覚ましい砲撃と敢闘精神により、敵の恐るべき脅威に効果的に対応できた。(4)

RPSに飛来する日本軍機は、カミカゼとその護衛機、通常の攻撃を行なう作戦機で、CAP機が対応できる機数を超えていた。

日本軍パイロットの経験不足

　逆にRP艦艇をさらなる大きな損害から救った要因の１つは、日本軍パイロットの経験不足だった。米軍パイロットは、迎撃で多数の日本軍機を容易に撃墜することができた。多くの場合、日本軍機はRP艦艇に体当たり突進しようとする時、米軍戦闘機を相手にしようとしなかった。

　事実、日本軍機の中には重い爆弾を搭載するため、機銃を取り外したものもあった。RP艦艇の指揮官の中にはこの戦術を知らなかったので、日本軍機が突進の最後でなぜ機銃掃射を行なわないのか不思議に思う者もいた。

　回避しないで突入する航空機を艦艇の対空砲火で撃墜するのは簡単だが、カミカゼは高度と方向をいろいろと変えて艦艇の射手を混乱させようとした。

　攻撃する日本軍機が戦闘空域にいる米軍戦闘機よりも多い場合、何機かはCAPをすり抜けた。沖縄作戦後に海軍情報部がまとめた研究で、CAP機が多くの日本軍機を撃墜しても、それをすり抜けた機体が少なくなかったことが明らかになった。海軍情報部は次のように報告した。

　（前略）沖縄作戦を支援した部隊の平均の敵機撃墜率は低く、40から60パーセントの間だった。この比率は体当たり攻撃機と体当たり攻撃機でない場合も同様と推察される。

　（c）目標空域に侵入できた体当たり攻撃機のうち47パーセントが艦艇に体当たり、または近くに突入して艦艇に損害を与えた。この比率は1944年10月から1945年１月までの間のフィリピン作戦における研究から導き出された。(5)

武装小型艦艇の不適切な運用

　４月初め、RPSの名称に「R」または「L」と識別記号を付けていた。多くの場合、これは駆逐艦がRPSで哨戒して、武装小型艦艇を右隣または左隣のRPSとの距離の三分の一に配置する編成を意味していた。

　この編成では、武装小型艦艇はカミカゼを戦闘機指揮・管制駆逐艦に接近させないようにするには役に立たなかった。沖縄作戦の初期、多くの大型揚陸支援艇が日本軍の体当たり攻撃艇などの小型舟艇に対する沿岸哨戒に就いており、大型揚陸支援艇を十分揃えることができず、この編成は必要だった。

LCS（L）-57艇長のハリー・L・スミス大尉は「RPSの任務で、各艦の間隔がもっと狭ければ体当たり攻撃に対処できると考えていた。攻撃を受けている艦艇と本艇の間隔が4海里（7.4km）以内になることはなかった。結果として火力支援はできなかった」と記している。(6)

　菊水1号作戦の後、戦闘機指揮・管制駆逐艦を防禦するのにはさらなる火力が必要なことが明らかになった。RPSで、戦闘機指揮・管制駆逐艦はほかの駆逐艦1隻または2隻と武装小型艦艇何隻かとともに行動することになった。

　戦闘機指揮・管制駆逐艦が使用できる防禦力は武装小型艦艇の運用方法で決定した。それでも大型揚陸支援艇の艇長の多くが、RPSの戦術指揮・管制士官は大型揚陸支援艇を駆逐艦から何海里も離しており、大型揚陸支援艇の効果を活かしていないと文句を言っていた。

　大型揚陸支援艇を適切に活用すれば、それは価値あるものになった。5月4日にRPS＃12Aで沈没した駆逐艦ルース（DD-522）は武装小型艦艇の支援を得ることができなかった。LCS（L）-118の艇長P・F・ギルモア,Jr. 大尉は戦闘報告で「その日、ステーションで近接支援ができていれば、支援艦艇はルースに対してよりよい掩護を行なうことができたであろう」と書いた。(7)

　LCS（L）-94艇長のジョン・L・クロンク大尉は次のように記している。

　　レーダー・ピケット任務に就いている駆逐艦が犯した間違いは記録に値する。RPPに就くたびに、ほとんどいつも駆逐艦は大型揚陸支援艇から3から4海里（5.6〜7.4km）離れて展開していた。そのため大型揚陸支援艇が駆逐艦を支援できず、駆逐艦も大型揚陸支援艇を支援できなかった。晴れた日に駆逐艦と大型揚陸支援艇がいたら、体当たり攻撃機は十中八九、大きな艦船を狙うことを駆逐艦は覚えておくべきだ。(8)

　多くの駆逐艦艦長は、武装小型艦艇の支援がどれほど重要か十分認識していた。駆逐艦オーリック（DD-569）艦長のW・R・ハニカット,Jr.少佐は、6月1日の戦闘報告に「駆逐艦を最大限護衛できるように小型支援艦艇を駆逐艦の近く、可能ならば4,000ヤード（3,658m）以内に置くべきである」と記した。(9)

　駆逐艦艦長の中には大型揚陸支援艇の火力を活用しようとした者もいたが、できない場合もあった。5月17日、RPS＃9Aで体当たりを受けたダグラス・H・フォックス（DD-779）は、武装小型艦艇を近くに置こうとしたが、激戦の最中にそれは不可能だとわかった。5月24日にダグラス・H・フォックスに乗艦していた戦闘機指揮・管制士官のB・M・デマレスト大尉は戦闘報告

でこう記している。

　　たった一度だけ第12揚陸支援艇群指揮官から支援艦艇に間隔を詰める操
舵の命令が出たが、より重要で緊急なことのために撤回された。それは
支援艦艇が駆逐艦の火砲の障害物にならないようにすることだった。戦
闘が小康状態になれば、グラス・H・フォックスは小型艦艇に接近したが、
そうでなければ戦闘が終わって小型艦艇に接近が可能と思えるまで接近
しなかった。(10)

　駆逐艦艦長の多くが、駆逐艦の最大のメリットは艦の速度だと考えてい
た。駆逐艦は高速で運動することができ、火砲をカミカゼに向けることがで
きる。その速度は大型揚陸支援艇の倍以上で、大型揚陸支援艇をはるか後方
に置き去りにした。

任務に適していない艦艇の配置

　RPSに駆逐艦（DD）、敷設駆逐艦（DM）、掃海駆逐艦（DMS）、護衛駆逐
艦（DE）、大型揚陸支援艇（LCS（L））、機動砲艇（PGM）、ロケット中型
揚陸艦（LSM（R））の７種類の艦艇を配置した。
　駆逐艦は高速機動が可能だが、対空戦闘能力は十分でなかった。護衛駆逐
艦はボウアーズ（DE-637）、エドモンズ（DE-406）の２隻を配置したが、い
ずれも対空戦闘能力に欠けていた。
　２基ないし３基の40mm連装機関砲を装備する大型揚陸支援艇は自己防衛能
力に優れ、目標としても小型だった。機動砲艇は高速だが、40mm機関砲の搭
載数が少なかった。ロケット中型揚陸艦は対空戦闘能力が最も低かった。
　多連装ロケット発射機と38口径５インチ単装砲で海岸を攻撃するために設
計されたロケット中型揚陸艦の兵装はカミカゼに対抗するにはほとんど役に
立たなかった。ほかに40mm単装機関砲２基、20mm単装機関砲３基を装備し
ていたが、これらの兵装も体当たり攻撃機と戦うには理想的ではなかった。
　RPSの任務に配置された11隻のロケット中型揚陸艦のうち３隻が沈没し、
２隻が損傷した。そのうちの１隻は非常に大きな損傷を受けたので修理が終
わったのは戦後だった。ロケット中型揚陸艦がRPSで任務に就いていた期間
が限定されていたので、駆逐艦101隻、大型揚陸支援艇88隻との比較はでき
ない。
　ロケット中型揚陸艦がこの任務に向いていないことは、沖縄戦の初期から

指摘されていた。4月21日、第9中型揚陸艦戦隊指揮官デニス・L・フランシス中佐は次のように報告した。

　　ロケット中型揚陸艦は本任務に適していないと考える。主任務は侵攻作戦でロケット攻撃を行なうことで、継続的に航空攻撃の対象となって物理的な損傷を受けることは、副次的任務が主任務を果たす能力に重大な影響を与えることになる。38口径5インチ主砲用方位盤管制が不適切なことと、対空レーダー、40mm単装機関砲用方位盤管制を欠いていたことから敵航空機と戦うには大して役に立たなかった。また大量の爆発物であるロケット弾を発射機に装填しているので別の問題もあった。一般論として、これを本任務に割り当てるのは避けるべきである。(11)

　ロケット中型揚陸艦はその大きさと速度も問題だった。全長203フィート（62m）で最大速力は13.2ノット（24km）のロケット中型揚陸艦は、大きく、遅く、どちらかというと無防備な目標だった。RPSでロケット中型揚陸艦の乗組員34人が戦死、62人が負傷した。

　7月7日、リッチモンド・K・ターナー中将はRPSに対する配置を「ロケット中型揚陸艦は大きな艦影と不適切な武装にもかかわらずRP任務の配置に就いた。救難と曳航作業には大型揚陸支援艇が小さすぎたため、ロケット中型揚陸艦が必要だった」と報告した。(12)

　RPSの初期の艦艇配置は、駆逐艦1隻と支援用の大型揚陸支援艇1隻ないし2隻だった。菊水1号作戦があった4月6日から7日には計19隻の駆逐艦と武装小型艦艇が日本軍機と対峙した。

　その直後の10日には、多くの艦艇が急速にRP任務に投入されて計37隻に膨れ上がった。最初の沖縄上陸が終了して、大型揚陸支援艇とロケット中型揚陸艦をRP任務に使用できるようになったからである。

　ロケット中型揚陸艦は4月7日から5月22日までRPSで任務に就いた。この時までに多くの大型揚陸支援艇が本国から到着するとともに、駆逐艦がほかの任務から解放され、RPSの哨戒が可能になった。

　ロケット中型揚陸艦以外の艦種は、ロケット中型揚陸艦よりもRP任務に適していたが、それぞれの本来の任務のために設計されたもので、いずれも対空艦艇として設計されたものではなかった。

　上陸支援と島と島を結ぶ小型内航輸送船攻撃用の大型揚陸支援艇が、前衛哨戒ラインで駆逐艦を支援することになった。この任務に配置された88隻のうち、航空攻撃で2隻が沈没、12隻が損傷し、大型揚陸支援艇の上で60人が

戦死、123人が負傷した。

　ターナー中将は、大型揚陸支援艇は体当たりされにくい艦であると指摘し、おそらくこれは正しい評価であろう。大型揚陸支援艇は、RPSの中で最も小さい目標で、素早く機動できた。

　5月27日、大型揚陸支援艇LCS（L）-61は一式陸攻の攻撃を受けたが、最後の瞬間に急回頭して、一式陸攻を艦首から20フィート（6.1m）の海面に激突させ体当たりを避けた。

　武装小型艦艇で駆逐艦並みの速力を出せるものはなかった。体当たりを避けるには、低速すぎ、貧弱な火力しかなかった。これが大きな欠点だった。

　駆逐艦はほかの艦種に比べて数的に最も大きな損害をこうむった。101隻にのぼる駆逐艦がRP任務に配置され、継続的にRPPに就いていたので、最大の損失を出したのは当然だった。RP任務中の駆逐艦で1,254人が戦死、1,404人が負傷した。新型の駆逐艦は40mm連装機関砲と40mm4連装機関砲を多数搭載しており、旧型に比べると対空戦闘能力が向上していた。

　機動砲艇は高速機動力があり、40mm機関砲も備えており、RPSにいた時間が比較的短かったため、体当たり攻撃機による命中または損傷を受けることはなかった。

不適切なRPSの戦力

　次頁のデータはRPSに配置されていた艦種ごとの隻数と任務日数に焦点を当てたものである。

　"地獄の戦い"の期間中、駆逐艦（DD、DM、DMS）と大型揚陸支援艇（LCS（L））は継続的に哨戒に就いていたが、機動砲艇（PGM）とロケット中型揚陸艦（LSM（R））はRP任務に就いている日数の比率が小さかった。

　RPSで任務中に体当たり攻撃を受けたロケット中型揚陸艦の比率がほかの艦艇よりも高いことから、ロケット中型揚陸艦が攻撃に対して最も脆弱だったことを示している。駆逐艦、大型揚陸支援艇が継続的に使用されたのに対し、ロケット中型揚陸艦は継続的に使用されていないが、この表から脆弱だったことが明らかである。

　2つのデータが示す通り、RP任務に就いた艦艇の相対的な危険度は明らかである。ロケット中型揚陸艦（LSM（R））は、任務の期間中わずか三分の一しか任務に就いていないが、カミカゼの命中が最も多く、45パーセントにのぼっている。

　駆逐艦（DD、DM、DMS）は任務の期間中、必ず配置に就いていたが、

ＲＰ任務における特攻機による艦艇の損害

艦　種	RP任務に 就いた隻数	特攻機の攻撃で 沈没または 損傷した隻数	損害を 受けた比率
DD、DM、DMS*	101	42	0.42
LCS (L)	88	13	0.15
LSM (R)	11	5	0.45
PGM	4	0	0.00

ＲＰ任務に就いた艦種別の日数比較

艦　種	RP任務に 就いた日数	RP任務の日数 3月26日～8月13日	艦種別のRP任務 に就いていた比率
DD、DM、DMS*	141	141	1.00
LCS (L)	134	141	0.95
LSM (R)	46	141	0.33
PGM	27	141	0.19

※：ボウアーズ（DE-637）とエドモンズ（DE-406）の護衛駆逐艦2隻は、いずれもRP任務に1
日しか就いておらず、上記2つの表には含まれない。両艦とも特攻機の攻撃を受けていない。

カミカゼが命中したのはロケット中型揚陸艦（LSM（R））より若干低い42
パーセントだった。大型揚陸支援艇（LCS（L））は95パーセントの割合で
任務に就いていたが、カミカゼの命中はわずか15パーセントだった。

　この数値は、カミカゼの目標選択を考慮していないので、誤解を与える可
能性がある。カミカゼは、選べるならばより大型の艦艇を目標にしたので、
大型揚陸支援艇よりも駆逐艦またはロケット中型揚陸艦を目標にした。

　全般として、レーダー・ピケット任務に配置されることは非常に危険だっ
た。RP任務に就いた206隻の艦艇のうち60隻が損害を受けるか沈没した。こ
れは沖縄でRP任務に就いた艦艇の29パーセントにあたる。

　RP任務に就いた駆逐艦が体験したことは、沖縄作戦全体を通じたものと
同じだった。7月23日、海軍情報部が「沖縄作戦における連合軍艦艇に対す
る日本軍体当たり攻撃の統計分析」を発表した。これは駆逐艦が最も大きな
損害を受けていることを証明していた。

航空母艦（CV）、駆逐艦（DD）、護衛駆逐艦（DE）、戦艦（BB）は戦力全体の隻数に比べると、攻撃を受けている比率が著しく多いことを注目すべきである。最も驚くべきことは、戦力全体に占める隻数の比率が10.7パーセントの駆逐艦が、30.6パーセントの特攻機命中を受けていることである。(13)

　第54任務部隊指揮官アレン・E・スミス少将はRPSに配置された艦種について、沖縄での経験に基づき、RPSの戦力は不適切だと感じていたと見解を述べている。スミス少将は、各種艦艇を組み合わせてどのような状況にでも対応できる高速空母任務群が理想的な部隊と考えていた。
　しかし、空母任務群を活用できないので、各RPSに軽巡洋艦1隻、駆逐艦4隻を配置すればカミカゼの脅威に対抗するのに必要な火力を有すると提案した。不幸にも、この任務を行なうには巡洋艦が不足していた。RPSに巡洋艦を配置できないなら、各RPSに駆逐艦5隻を配置すべきだと勧告した。しかし、そのためには多くの駆逐艦が必要になり、ほかの作戦に支障をきたすことになったであろう。
　RPSの数を減らすことが必要だったが、陸上へのレーダー配備が早期に完成しなかったので、それができなかった。結果として、それぞれのRPSで昼間の戦闘機によるCAPとそれが帰投した後の夜間戦闘機1機ないし2機が必要だった。
　RP艦艇の防禦を強化するため、RPSから襲来機の発進基地に近い方向50海里（93km）に潜水艦によるレーダー網を設定すべきだったかもしれない。(14)
　ターナー中将の見解は異なり、「理想的な編成は駆逐艦4隻ないし6隻と、同じ速度と機動性を有する支援艇6隻である」と述べている。(15)

陸上レーダーの早期設置に失敗

　輸送区域と上陸した兵員を日本軍の航空攻撃から守るため、沖縄の周囲に環状の早期警戒レーダーサイトの設置が必要だった。
　しかし、アイスバーグ作戦の立案者がそれを認識しなかったので、日本軍は菊水作戦で多くのカミカゼ攻撃を実施できた。作戦立案者は、侵攻艦隊の目となり耳となるRPSの位置を日本軍が探知すればすぐにRP艦艇が激しい攻撃にさらされることに考えが及ばなかった。
　ターナー中将は『沖縄群島作戦報告 2月17日〜5月17日』で次のように述べている。

将来の作戦計画作成時には、脆弱な艦艇を攻撃にさらしてでも設置するRPSの数を必要最小限にするため、可能な限り早期に離れた土地または島を確保して、適切な陸上レーダーと戦闘機指揮・管制部隊をそこに設置することに力を注ぐことを勧告する。(16)

　H・W・ヒル中将も「早期の陸上レーダーの設置が最も重要なことを強調しすぎることはない。陸上レーダー基地を設置する時に不必要な遅延が生じた場合、RP艦艇が悲惨な状況で長期にわたり敵の攻撃にさらされるという代償を払うことになる」と同意した。(17)

乗組員の疲労

　定性的な評価が難しいもう1つの要因は、乗組員の疲労である。
　艦艇は計画的にローテーションを組んで運用されているが、通常は1日ないし2日で補給を受けた後、RPSに戻る。駆逐艦と大型揚陸支援艇が特に大きな影響を受け、H・W・ヒル中将は「人員、特にRP艦艇乗組員の疲労は大きく、看過できなくなった」と記した。(18)
　駆逐艦ベネット（DD-473）艦長のJ・N・マクドナルド中佐は、4月17日付の戦闘報告に「4月7日朝、全乗組員は非常に疲労している兆候を見せ始めた」と記した。(19)
　その日、ベネットはカミカゼの体当たり攻撃で戦死者2人、負傷者18人を出した。通常の任務ローテーションなら適宜休養をとることができたが、RPSではいつ敵味方不明機が飛来して総員配置が発令されるか、乗組員にはわからなかった。
　停泊地も安全ではなかった。カミカゼはCAPおよびRP艦艇の警戒をすり抜け、渡具知または慶良間諸島にも出現したが、停泊地の敵味方不明機情報の多くは誤報で、敵味方不明機は艦艇から遠いところで追い返されていた。
　実際、多くの敵味方不明機は哨戒中または救難任務に就いていた米軍機、そして艦艇の近くで哨戒している夜間戦闘機と判明した。
　駆逐艦ケーパートン（DD-650）艦長のG・K・カーマイケル中佐は、たとえ米軍機であっても未確認の航空機が近くにいると総員配置を発令しなければならず、それが乗組員に疲労を与えると不満をもらした。(20)
　オーリック（DD-569）艦長のW・R・ハニカット,Jr. 少佐は、5月28日から6月9日までに友軍機でもそれが未確認のため20回総員配置を発令し、7月

９日付の戦闘報告に「これにより艦艇の運用効率は低下し、乗組員が疲労し、実際に敵機を発見する注意力を低下させた」と記した。(21)

　長時間戦闘配置に就き、体当たり攻撃機が襲来するかもしれないという緊張は、乗組員に克服しがたい精神状態をもたらした。アンソニー（DD-515）艦長のＣ・Ｊ・ヴァン・アースドール.Jr.中佐は６月26日の戦闘報告で次のように記した。

　（前略）ほかの艦艇への体当たり攻撃を目撃し、自分も攻撃の目標になっている艦艇の将兵に与える影響は、この任務に定期的に就いたことがない者でも認識できる。緊張はいろいろな要因で起きるので、補給のためにRPSから離れていく航行の間に解消するものではない。それは次の任務も「同じことが続く」ことを知っているからだ。本艦には移送が必要なほど重度の心身症患者はいなかったが、乗組員があとどのくらい耐えることができるかは疑問である。その限界を超えた後では、どのような「士気向上」も無意味になる。兵士たちはこれから直面する困難さを知っており、誰も彼らを騙せない。(22)

大型揚陸支援艇LCS（L）-51艇長のＨ・Ｄ・チッカーリング大尉は、前衛哨戒任務に就いている水兵の過酷な状況を次のように記している。

　休むことのない襲撃で、本艇の機関砲には常に砲手を配置し、彼らは文字どおりそこで寝ていた。私は艇長として、ほとんど艦橋を離れたことがなかった。食事はコーヒー、固いゆで卵と時折サンドイッチだった。トイレはバケツだった。時には椅子で仮眠した。１週間、何十回もの襲撃に対して射撃し、報告を行なった。襲撃は何十回も続き、すぐに数えきれなくなった。緊張は耐えがたいものになった。皆、やつれて、不潔になり、眼は充血し、悪臭を放っていた。艦内は空薬莢でごちゃごちゃだった。私の戦闘配置場所からわずか３ヤード（2.7m）でエリコン対空機関砲（訳注：スイスのエリコン社製が原型の20mm機関砲Mk.Ⅳの別称）を撃つので、燃焼した火薬カスが飛び散り私の顔にあばたができた。我々は悪天候を望んでいた。それだけが日本軍機の飛来を遅らせることができたからだ。(23)

見張りに就いた者はしばしば睡魔に襲われ、時には目を開いたまま眠り込んだ。前衛哨戒ラインの水兵にとって激しい疲労より怖いものはなかった。

ハドソン（DD-475）艦長のR・R・プラット中佐は5月13日付の戦闘報告で次のように報告している。

　　厳しい作戦スケジュールのため、艦内は非常に神経が高ぶっていた。多くの者は時間がなく、睡眠できなかったことは明らかである。ある者は食欲減退を訴え、人数は少ないが船酔いを訴える者もいた。6人が鎮静剤投与で食事と睡眠が可能になった。（中略）4月15日から患者数は毎日約3人で、通常はほとんど病人がいなかったことに比べると注目に値する事態だった。(24)

　乗組員に患者が多いのは、前衛哨戒ラインにいる緊張と、その結果として睡眠を十分にとれないことは直接関係しているというのが、プラット艦長の結論だった。これが原因で艦艇の戦死傷者が増えたと結論づけるのは早計だが、疲労した見張員が襲来を見逃すことで、複数のカミカゼが艦艇に到達することはありえた。もし見張員がそれほど疲労していなければ、場合によっては、艦長は違う決断をしていたかもしれない。決死の覚悟で容赦のない敵に対してうまく対応したことが、恐ろしい"地獄の戦い"を経験した艦艇の将兵にとって誇りである。
　LCS（L）-37の通信長だったロバート・ワイズナーは支援武装小型艦艇の特殊な苦境を次のように記した。

　　何日もピケット任務に就いていた。水兵は休養をとり、緊張をやわらげ、少なくとも着替えることを心待ちにしていたが、エンジンは一晩中動いていた。これはピケット任務に就いていたすべての大型揚陸支援艇に共通だった。いつもエンジンを動かしていなくてはならなかった。休養をまったくとれず、着替えもできず、シャワーを浴びることのできない者もいた。皆臭かった。そして、カミカゼの体当たりを受けた。(25)

　ターナー中将は「任務に就いていないRP艦艇の乗組員に休養の機会を与えるべきである。最初に陸上に運動場を設置すべきである。これで士気を大いに向上させることができる」と提案した。(26)

訓練時間の不足

　カミカゼの危機に瀕していたのは乗組員だけではなかった。疲労で自ら事

故を起こすケースもあった。5月16日、RPS＃7で、大型揚陸支援艇LCS（L）-118は僚艇のLCS（L）-12の砲撃を受けた。前部40mm連装機関砲の射手が居眠りをして、うっかり40mm機関砲弾8発をLCS（L）-118に向けて発射してしまったのだ。幸い全弾が外れたものの、まさに危機一髪だった。(27)

RP艦艇の乗組員は常に緊張を強いられ、限界だった。4月16日にカミカゼ攻撃を受けて沈没した駆逐艦プリングル（DD-477）のソナー員だったジャック・ゲブハード一等兵曹は、戦後この〝地獄の戦い〟を次のように振り返った。

いったん沖縄の飛行場を確保すると、海兵隊パイロットがそこを使用し始めたが、常に日本軍機の攻撃があったため、皆がむやみに砲を撃ちたがる大変な時期だった。空襲に終わりがなく、神経がすり減り、恐ろしい爆風かガソリンの炎の中で殺されるのではないか、との思いで胃が痛くなった。(28)

第54任務部隊指揮官アレン・E・スミス少将は『戦闘報告・沖縄群島攻略段階Ⅱ（5月5日〜28日）』に次のように記した。

（前略）45から65日間に及ぶ昼間とこの半分の期間で夜間に火力支援を行ない、5日ごとに激しい補給任務にあたっていた艦艇の要員は、カミカゼに対して最善の防衛を行なうのに必要な警戒心がなかったともいえる。(29)

スミス少将は、カミカゼと戦う訓練が不十分だったとも感じていた。その原因は、駆逐艦を恒常的に戦闘に使用し、訓練を完了させるのに必要な時間が不足していたためと考えた。これに加えて指揮系統が複雑すぎて、各艦艇指揮官が任務を達成するのが難しくなったと記している。

RP艦艇が多くの艦艇を損害から救った

RP艦艇は沖縄作戦で非常に大きな損害を受けたが、彼らは〝地獄の戦い〟の全期間、米海軍の伝統である「戦う勇気」を実践し続けた。ターナー中将は次のように賞賛した。

勇気あるステーションの艦艇は、文字通り常に沖縄防衛の最前線にいた。その練達した襲来報告と見事な戦闘機指揮・管制により敵機をタイ

ミングよく迎撃することが可能になった。ステーションの艦艇がなければ、敵機は大挙してわが軍の輸送船と補給船を攻撃することが可能だった。敵は狂信的な決意を持って攻撃を強行したが、わが軍の前進を阻止することはできなかった。これはRP艦艇が敵にとっての障害物になり、敵はこれを打ち負かすことができなかったからである。士気を打ち砕くような状況下で、確固たる勇気を持って神経をすり減らす任務を崇高に遂行したことで、RP艦艇の乗組員は栄光に包まれた新たな1章を海軍の歴史に加えた。(30)

H・W・ヒル中将の賛辞もRP艦艇の名声をさらに高めるものだった。

　　レーダー・ピケットの特筆すべき任務は作戦のハイライトとして戦史に残り続ける。その任務の重要性は、敵機がレーダー・ピケットに注目したことと、レーダー・ピケットが直接・間接的に受けた損害が大きいことで明らかである。(31)

RP艦艇が多くの艦艇を損害から救ったことも重要なことである。1947年、ターナー中将はマックスウェル空軍基地の空軍戦争大学で、次のようにスピーチした。

　　わが軍の輸送船と兵士にとって幸運だったことの1つは、日本軍の体当たり攻撃機はわが軍が外周に配置した戦闘機から攻撃を受けるや否や、輸送船を攻撃するために防衛網を突破する代わりに、わが軍のRP艦艇を攻撃したことだった。
　　それはRP艦艇にとって大変なことだったが、脆弱な上陸部隊の防衛に日本軍自身が貢献してくれる結果となった。(32)

第2次世界大戦において、戦闘グループの任務遂行をどのように評価するか。広範な戦場で勇気をもって戦い、大きな犠牲を払った者は数多くいた。空中、陸上、海上で、兵士、水兵、海兵隊員は国家の召集に応えて、自らの生命を捧げた。
　　どこであろうと勇敢な者たちを思い出す時、沖縄でRP艦艇の乗組員とその上空を守ったパイロットの名前を忘れてはならない。

資料1 レーダー・ピケット（RP）任務における艦艇の損害
（1945年3月26日～7月29日）

DD：駆逐艦
DM：敷設駆逐艦
DMS：掃海駆逐艦
LCS（L）：大型揚陸支援艇
LSM（R）：ロケット中型揚陸艦

月 日	場所	艦艇名	沈没	損傷	戦死	負傷者数
3月26日	RPS#9	キンバリー（DD-521）		×	4	57
4月2日	RPS#15	プリチェット（DD-561）*		×	0	0
4月3日	RPS#1	プリチェット（DD-561）*		×	0	0
4月6日	RPS#1	ブッシュ（DD-529）	×		94	32
4月6日	RPS#1	コルホーン（DD-801）	×		35	21
4月7日	RPS#1	ベネット（DD-473）		×	3	18
4月8日	RPS#3	グレゴリー（DD-802）		×	0	2
4月9日	RPS#4	スタレット（DD-407）		×	0	9
4月12日	RPS#1	スタンリー（DD-478）		×	0	3
4月12日	RPS#1	LCS（L）-115		×	0	2
4月12日	RPS#1	パーディ（DD-734）		×	13	27
4月12日	RPS#1	カッシン・ヤング（DD-793）		×	1	59
4月12日	RPS#1	LCS（L）-33	×		4	29
4月12日	RPS#1	LCS（L）-57		×	2	6
4月12日	RPS#12	ジェファーズ（DMS-27）		×	0	0
4月12日	RPS#14	マナート・L・エブール（DD-733）	×		79	35
4月12日	RPS#14	LSM（R）-189		×	0	4
4月16日	RPS#1	LCS（L）-51		×	0	0
4月16日	RPS#1	LCS（L）-116		×	12	12
4月16日	RPS#1	ラフェイ（DD-724）		×	31	72
4月16日	RPS#2	ブライアント（DD-665）		×	34	33

日付	RPS	艦名				
4月16日	RPS#14	プリングル（DD-477）	×		65	110
4月16日	RPS#14	ホブソン（DMS-26）		×	4	8
4月16日		RPS#14へ移動中ハーディング(DMS-28)	×	22	10	
4月17日	RPS#3	マコーム（DMS-23）*		×	0	0
4月20日	RPS#2	アンメン（DD-527）		×	0	8
4月22日	RPS#10	ワズワース（DD-516）*		×	0	1
4月22日	RPS#14	LCS（L）-15	×		15	11
4月28日	RPS#1	ベニオン（DD-662）		×	0	0
4月28日	RPS#2	トウィッグス(DD-591)		×	0	2
4月28日	RPS#2	デイリー（DD-519）		×	2	15
4月28日	RPS#12	ワズワース（DD-516）*		×	0	0
5月3日	RPS#9	マコーム（DMS-23）*		×	7	14
5月3日	RPS#10	リトル（DD-803）	×		30	79
5月3日	RPS#10	アーロン・ワード（DM-34）		×	45	49
5月3日	RPS#10	LSM（R）-195	×		8	16
5月4日	RPS#1	LCS（L）-31		×	5	2
5月4日	RPS#1	イングラハム（DD-694）		×	14	37
5月4日	RPS#1	モリソン（DD-560）	×		159	102
5月4日	RPS#1	LSM（R）-194	×		13	23
5月4日	RPS#2	ロウリー（DD-770）		×	2	23
5月4日	RPS#10	LCS（L）-25		×	1	8
5月4日	RPS#10	グウィン（DM-33）		×	2	9
5月4日	RPS#10	LSM（R）-192		×	0	1
5月4日	RPS#12	ルース（DD-522）	×		149	94
5月4日	RPS#12	LSM（R）-190	×		13	18
5月4日	RPS#14	シアー（DM-30）		×	27	9
5月11日	RPS#15	エヴァンス（DD-552）		×	30	29
5月11日	RPS#15	LCS（L）-84		×	0	1
5月11日	RPS#5	LCS（L）-88		×	7	9
5月11日	RPS#15	ヒュー・W・ハドレイ(DD-774)		×	28	67
5月13日	RPS#9	バッチ（DD-470）		×	41	32
5月17日	RPS#9	ダグラス・H・フォックス(DD-779)		×	9	35

日付	RPS	艦名			
5月23日	RPS#15A	LCS（L）-121		×	2	4
5月25日	RPS#15A	ストームズ（DD-780）		×	21	6
5月27日	RPS#5	ブレイン（DD-630）		×	66	78
5月27日	RPS#5	アンソニー（DD-515）*		×	0	0
5月27日	RPS#15A	LCS（L）-52		×	1	10
5月28日	RPS#15A	ドレックスラー（DD-741）	×		158	51
5月29日	RPS#16A	シャブリック（DD-639）		×	32	28
6月7日	RPS#15A	アンソニー（DD-515）*		×	0	3
6月10日	RPS#15A	ウィリアム・D・ポーター（DD-579）	×		0	61
6月11日	RPS#15A	LCS（L）-122		×	11	29
7月29日	RPS#9A	カラハン（DD-792）	×		47	73
7月29日	RPS#9A	プリチェット（DD-561）*		×	0	0
合　計			15	50	1,348	1,586

沈没・損傷の内訳

	DD	DM	DMS	LCS（L）	LSM（R）
沈没	10隻	0隻	0隻	2隻	3隻
損傷	25隻*	3隻	4隻*	11隻	2隻

プリチェット（DD-561）*は、3回突入・損傷を受けた。
アンソニー（DD-515）*とワズワース（DD-516）*は、2回突入・損傷を受けた。
マコーム（DMS-23）*は、2回損傷を受けた。一度は至近距離だった。
各艦がこうむった損害の程度は、きわめて重大なものから軽微なものまであり、それぞれ異なる。損害の中には通常の爆撃によるもので、特攻機の命中による損害ではないものもある。

資料2 沖縄のレーダー・ピケット（RP）任務に就いた艦艇

（各級の艦名はアルファベット順）

駆逐艦：DD

BENHAM CLASS（ベンハム級）

Lang（ラング）DD-399、Sterett（スタレット）DD-407

SIMS CLASS（シムス級）

Mustin（マスティン）DD-413、Russell（ラッセル）DD-414

LIVERMORE CLASS（リヴァモア級）

Nicholson（ニコルソン）DD-442、Shubrick（シャブリック）DD-639、Wilkes（ウィルクス）DD-441

（訳注：付表「沖縄海域でPR任務に充てられた艦艇」（27頁参照）ではグリーブス級としている。グリーブス級はベンソン級で、ベンソン級はリヴァモア級の準同型艦）

FLETCHER CLASS（フレッチャー級）

Ammen（アンメン）DD-527、Anthony（アンソニー）DD-515、Aulick（オーリック）DD-569、Bache（バッチ）DD-470、Beale（ビール）DD-471、Bennett（ベネット）DD-473、Bennion（ベニオン）DD-662、Boyd（ボイド）DD-544、Bradford（ブラッドフォード）DD-545、Braine（ブレイン）DD-630、Brown（ブラウン）DD-546、Bryant（ブライアント）DD-665、Bush（ブッシュ）DD-529、Callaghan（カラハン）DD-792、Caperton（ケーパートン）DD-650、Cassin Young（カッシン・ヤング）DD-793、Charles Ausburne（チャールズ・オースバーン）DD-570、Claxton（クラックストン）DD-571、Cogswell（コグスウェル）DD-651、Colhoun（コルホーン）DD-801、Converse（コンヴァース）DD-509、Cowell（カウエル）DD-547、Daly（デイリー）DD-519、Dyson（ダイソン）DD-572、Evans（エヴァンス）DD-552、Foote（フート）DD-511、Fullam（フラム）DD-474、Gregory（グレゴリー）DD-802、Guest（ゲスト）DD-472、Heywood L. Edwards（ヘイウッド・L・エドワーズ）DD-663、Hudson（ハドソン）DD-475、Ingersoll（インガソル）DD-652、Irwin（アーウィン）DD-794、Isherwood（イシャ

ーウッド）DD-520、Kimberly（キンバリー）DD-521、Knapp（ナップ）DD-653、Laws（ロウズ）DD-558、Little（リトル）DD-803、Luce（ルース）DD-522、Morrison（モリソン）DD-560、Picking（ピッキング）DD-685、Preston（プレストン）DD-795、Pringle（プリングル）DD-477、Pritchett（プリチェット）DD-561、Richard P. Leary（リチャード・P・リアリー）DD-664、Rowe（ロウ）DD-564、Smalley（スモーレイ）DD-565、Sproston（スプロストン）DD-577、Stanly（スタンリー）DD-478、Stoddard（ストッダード）DD-566、Twiggs（トゥィッグス）DD-591、Van Valkenburgh（ヴァン・ヴァルケンバーグ）DD-656、Wadsworth（ワズワース）DD-516、Watts（ワッツ）DD-567、Wickes（ウィックス）DD-578、William D. Porter（ウィリアム・D・ポーター）DD-579、Wren（レン）DD-568

ALLEN M. SUMNER CLASS（アレン・M・サムナー級）

Alfred A. Cunningham（アルフレッド・A・カニンガム）DD-752、Barton（バートン）DD-722、Compton（コンプトン）DD-705、Douglas H. Fox（ダグラス・H・フォックス）DD-779、Drexler（ドレックスラー）DD-741、Frank E. Evans（フランク・E・エヴァンズ）DD-754、Gainard（ゲイナード）DD-706、Harry E. Hubbard（ハリー・E・ハバード）DD-748、Hugh W. Hadley（ヒュー・W・ハドレイ）DD-774、Ingraham（イングラハム）DD-694、James C. Owens（ジェームズ・C・オーエンス）DD-776、John A. Bole（ジョン・A・ボール）DD-755、Laffey（ラフェイ）DD-724、Lowry（ロウリー）DD-770、Mannert L. Abele（マナート・L・エーブル）DD-733、Massey（マッシイ）DD-778、Moale（モール）DD-693、Purdy（パーディ）DD-734、Putnam（パトナム）DD-757、Stormes（ストームズ）DD-780、Walke（ウォーク）DD-723、Willard Keith（ウィラード・ケース）DD-775

敷設駆逐艦：DM

（訳注：いずれもアレン・M・サムナー級駆逐艦を改造、艦種変更。「/DD-ハルナンバー」は艦種変更前）

Aaron Ward（アーロン・ワード）DM-34/DD-773、Gwin（グウィン）DM-33/DD-772、Harry F. Bauer（ハリー・F・バウアー）DM-26/DD-738、Henry A. Wiley（ヘンリー・A・ワイリー）DM-29/DD-749、J. William Ditter（J・ウィリアム・ディター）DM-31/DD-751、Robert H. Smith（ロバート・H・スミス）DM-23/DD-735、Shannon（シャノン）DM-25/DD-737、Shea（シアー）

DM-30/DD-750、Thomas E. Fraser（トーマス・E・フレイザー）DM-24/DD-736

掃海駆逐艦：DMS

（訳注：いずれもリヴァモア級駆逐艦を改造、艦種変更。「/DD-ハル・ナンバー」は艦種変更前）

Ellyson（エリソン）DMS-19/DD-454、Emmons（エモンズ）DMS-22/DD-457、Harding（ハーディング）DMS-28/DD-625、Hobson（ホブソン）DMS-26/DD-464、Jeffers（ジェファーズ）DMS-27/DD-621、Macomb（マコーム）DMS-23/DD-458

護衛駆逐艦：DE

Bowers（ボウアーズ）DE-637、Edmonds（エドモンズ）DE-406

支援艦艇

大型揚陸支援艇：LCS（L）
11、12、13、14、15、16、17、18、19、20、21、22、23、24、25、31、32、33，34，35，36，37，38，39，40，51，52，53，54，55，56，57，61，62，63，64，65，66，67，70，71，74，76，78，81，82，83，84，85，86，87，88，89，90，91，92，93，94，95，96，97，98，99，100，101，102，103，104，105，107，109、110，111，114，115，116，117，118，119，120，121，122，123，124，125，128，129，130

機動砲艇：PGM
9、10、17，20

ロケット中型揚陸艦：LSM（R）
189、190、191、192，193，194，195，196，197，198，199

資料3 日本軍機 RPS攻撃に使用された機体

（陸海軍別にコード・ネームのアルファベット順）

日本陸軍航空部隊

コード・ネーム	用途	会社	計画名称	制式名称 愛称	本文中の名称
Ann	軽爆撃機	三菱	キ-30	九七式軽爆撃機	九七式軽爆
Babs	偵察機	三菱	キ-15	九七式司令部偵察機	九七式司偵
Dinah	偵察機	三菱	キ-46	一〇〇式司令部偵察機	百式司偵
Frank	戦闘機	中島	キ-84	四式戦闘機 疾風	疾風
Helen	重爆撃機	中島	キ-49	一〇〇式重爆撃機 呑龍	呑龍
Ida	偵察機	立川	キ-36	九八式直接協同偵察機	九八式直協
Ida	練習機	立川	キ-55	九九式高等練習機	九九式高練
Lily	軽爆撃機	川崎	キ-48	九九式双発軽爆撃機	九九式双軽
Mary	軽爆撃機	川崎	キ-32	九八式軽爆撃機	九八式軽爆
Nate	戦闘機	中島	キ-27	九七式戦闘機	九七式戦
Nick	戦闘機	川崎	キ-45	二式複座戦闘機 屠龍	屠龍
Oscar	戦闘機	中島	キ-43	一式戦闘機 隼	隼
Peggy	重爆撃機	三菱	キ-67	四式重爆撃機 飛龍	飛龍
Sally	重爆撃機	三菱	キ-21	九七式重爆撃機	九七式重爆
Sonia	襲撃機	三菱	キ-51	九九式襲撃機	九九式襲撃機
			キ-51	九九式軍偵察機	九九式軍偵
Tojo	戦闘機	中島	キ-44	二式戦闘機 鍾馗	鍾馗
Tony	戦闘機	川崎	キ-61	三式戦闘機 飛燕	飛燕

日本海軍航空隊

コード・ネーム	用途	会社	略符号	制式名称	本文中の名称
Alf	水上偵察機	川西	E7K2	九四式水上偵察機	九四式水偵
Babs	偵察機	三菱	C5M2	九八式陸上偵察機	九八式陸偵

（訳注：九七式司令部偵察機とほぼ同型の機体を海軍が採用したもので、コード・ネームは同一）

Baka	有人爆弾	横須賀	MXY7	特別攻撃機 桜花	桜花

Betty	攻撃機	三菱	G4M1	一式陸上攻撃機	一式陸攻
Dave	水上偵察機	中島	E8N1	九五式水上偵察機	九五式水偵
Frances	爆撃機	横須賀	P1Y1	陸上爆撃機 銀河	銀河
（訳注：量産は中島）					
George	迎撃戦闘機	川西	N1K1-J	局地戦闘機 紫電	紫電
			N1K2-J	局地戦闘機 紫電改	紫電
Grace	艦上攻撃機	愛知	B7A2	艦上攻撃機 流星改	流星
Hamp	艦上戦闘機	三菱	A6M3	零式艦上戦闘機三二型	零戦三二型
Irving	夜間戦闘機	中島	J1N1	夜間戦闘機 月光	月光
	偵察機	中島	J1N1-R	二式陸上偵察機	二式陸偵
Jack	迎撃戦闘機	三菱	J2M2	局地戦闘機 雷電	雷電
Jake	水上偵察機	愛知	E13A1	零式水上偵察機	零式水偵
Jill	艦上攻撃機	中島	B6N2	艦上攻撃機 天山	天山
Judy	艦上攻撃機	横須賀	D4Y1	艦上爆撃機 彗星	彗星
Kate	艦上攻撃機	中島	B5N2	九七式艦上攻撃機	九七式艦攻
Myrt	偵察機	中島	C6N1	艦上偵察機 彩雲	彩雲
Paul	水上偵察機	愛知	E16A1	水上偵察機 瑞雲	瑞雲
Pete	水上観測機	三菱	F1M2	零式水上観測機	零式観測機
Rufe	水上戦闘機	中島	A6M2-N	二式水上戦闘機	二式水戦
Shiragiku	機上練習機	九州	K11W1	機上作業練習機 白菊	白菊
Val	艦上爆撃機	愛知	D3A2	九九式艦上爆撃機	九九式艦爆
Willow	中等練習機	川西	K5Y1	九三式中間練習機	九三式中練
（訳注：量産は日本飛行機、日立ほか）					
Zeke/Zero	艦上戦闘機	三菱	A6M2	零式艦上戦闘機	零戦

上記のコード・ネームは連合軍が使用したものである。日本海軍は1942年途中までは数字識別をしていたが、その後は機体名を使用するようになった。読者が日本機の識別、機体比較するのに役立つように、以下のページに米海軍情報部が発行した「機体識別（AIRCRAFT IDENTIFICATION）」を掲載する。本マニュアルは1945年4月15日付のもので、沖縄作戦の期間使用された。（訳注：数字識別は陸海軍の「九七式」などを指し、機体名は海軍機の「銀河」などで、1942年途中から使用された。陸軍機の「疾風」などは愛称として適宜つけられたもの。上記の表には制式名称の機種〔司令部偵察機など〕、陸軍機の愛称〔疾風など〕、海軍機の制式名称〔陸上爆撃機「銀河」など〕を追記した。海軍機の略符号〔「E7K」など〕は各機種の代表的なもののみ示す）

資料４ 機体識別（海軍省海軍情報部）

RESTRICTED

SUPPLEMENT NO. 2

PHOTOGRAPHIC INTERPRETATION HANDBOOK—UNITED STATES FORCES

AIRCRAFT IDENTIFICATION

15 APRIL, 1945

PHOTOGRAPHIC INTELLIGENCE CENTER,
DIVISION OF NAVAL INTELLIGENCE, NAVY DEPARTMENT

RESTRICTED

部外秘

補足 No.2

図版解説ハンドブック／合衆国軍

機体識別

1945年4月15日

写真情報センター

海軍省海軍情報部

部外秘

報告を簡略にするため、日本軍作戦機に連合軍のコード・ネームを付与している。コード・ネームはTONY、SALLYのように男性および女性の名称である。男性名は陸海軍の戦闘機および海軍の浮舟付き水上偵察機に付与されている。ほかの全機種は女性名が付与されている。

　現時点で今後のコード・ネームを付与する唯一の権限は、ワシントンD.C.アナコスチア海軍航空基地の技術航空情報センターが保有している。新型と推定される機体の写真および関連情報を速やかに上記センターに連絡するものとする。前線およびほかの機関において暫定的なコード・ネームを使用してはならない。

　各機種にはコード・ネームのほかに制式名称がある。以前は任意に付与された「改修型番号（Mk番号）」を機種ごとの各種改修を示すのに使用していた。しかし、これは混乱を招き、直面する数多くの改修型を扱うには不適切だった。結果として「改修型番号（Mk番号）」は廃止して、代わりに日本軍が採用した機体命名法を適用した。これは海軍と陸軍で異なる方法で構成されている。

　日本海軍機の型式番号は２桁の数字で構成され、航空機の最初の型は常に11型となる。最初の型に機体構造が改修された場合、型式番号の前の桁の数字が増加し、エンジンが換装された場合、後ろの桁の数字が増加する。したがって、ZEKE（零戦）11は、主翼の形状が変更されたのはZEKE21、エンジンだけが変更されたのはZEKE12、形状、エンジンともに変更されたのはZEKE22になる。さらなる変更の場合、当該桁の数字が連続して増えていく。

　日本陸軍機の型式番号は１桁だけで、航空機の最初の型は常に１型となる。この型式番号はエンジンまたは機体構造のいずれかが変更された場合は、型式番号の数字が１つ増える。

　練習機のコード・ネームも同様に付与される。名称は作戦機との混乱を避けるため「CEDAR（杉）」および「OAK（樫）」のように樹木名とする。

　図版解説報告は、航空機のコード・ネームおよび可能な場合は型式番号を記載するものとする。「川西97飛行艇」のような航空機の製造会社、制式年、用途を記載する命名法は扱いにくく不要である。

JAPANESE AIRCRAFT

AIRCRAFT
(IDENTIFICATION)
scale 1″ = 40′

FOUR ENGINE LANDPLANES

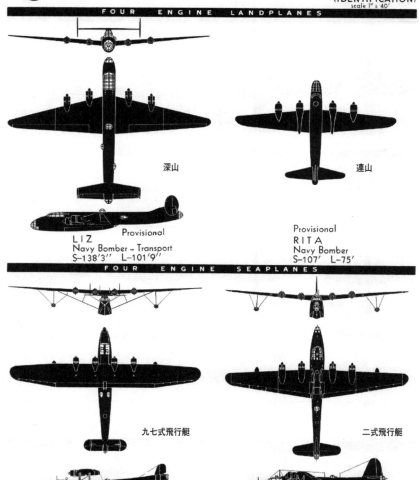

深山

連山

Provisional
LIZ
Navy Bomber – Transport
S–138′3″ L–101′9″

Provisional
RITA
Navy Bomber
S–107′ L–75′

FOUR ENGINE SEAPLANES

九七式飛行艇

二式飛行艇

MAVIS 22
Navy Patrol Bomber
S–131′4″ L–84′1″

EMILY 22
Navy Patrol Bomber
S–124′8″ L–92′3″

AIRCRAFT
(IDENTIFICATION)
scale 1″=50′

JAPANESE AIRCRAFT

RESTRICTED
15 APRIL 1945

TWIN ENGINE LANDPLANES

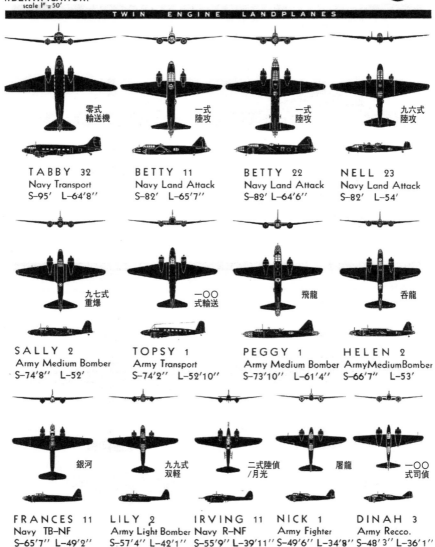

TABBY 32
Navy Transport
S–95′ L–64′8″

BETTY 11
Navy Land Attack
S–82′ L–65′7″

BETTY 22
Navy Land Attack
S–82′ L–64′6″

NELL 23
Navy Land Attack
S–82′ L–54′

SALLY 2
Army Medium Bomber
S–74′8″ L–52′

TOPSY 1
Army Transport
S–74′2″ L–52′10″

PEGGY 1
Army Medium Bomber
S–73′10″ L–61′4″

HELEN 2
ArmyMediumBomber
S–66′7″ L–53′

FRANCES 11
Navy TB–NF
S–65′7″ L–49′2″

LILY 2
Army Light Bomber
S–57′4″ L–42′1″

IRVING 11
Navy R–NF
S–55′9″ L–39′11″

NICK 1
Army Fighter
S–49′6″ L–34′8″

DINAH 3
Army Recco.
S–48′3″ L–36′1″

13.02

JAPANESE AIRCRAFT

AIRCRAFT
(IDENTIFICATION)
scale 1" = 30'

SINGLE ENGINE LANDPLANES

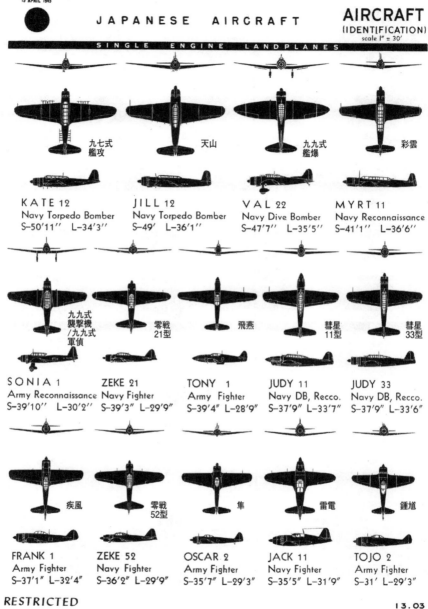

九七式
艦攻

天山

九九式
艦爆

彩雲

KATE 12
Navy Torpedo Bomber
S—50'11" L—34'3''

JILL 12
Navy Torpedo Bomber
S—49' L—36'1''

VAL 22
Navy Dive Bomber
S—47'7'' L—35'5''

MYRT 11
Navy Reconnaissance
S—41'1'' L—36'6''

九九式
襲撃機
/九九式
軍偵

零戦
21型

飛燕

彗星
11型

彗星
33型

SONIA 1
Army Reconnaissance
S—39'10'' L—30'2''

ZEKE 21
Navy Fighter
S—39'3" L—29'9"

TONY 1
Army Fighter
S—39'4" L—28'9"

JUDY 11
Navy DB, Recco.
S—37'9" L—33'7"

JUDY 33
Navy DB, Recco.
S—37'9" L—33'6"

疾風

零戦
52型

隼

雷電

鍾馗

FRANK 1
Army Fighter
S—37'1" L—32'4"

ZEKE 52
Navy Fighter
S—36'2" L—29'9"

OSCAR 2
Army Fighter
S—35'7" L—29'3"

JACK 11
Navy Fighter
S—35'5" L—31'9"

TOJO 2
Army Fighter
S—31' L—29'3"

AIRCRAFT
(IDENTIFICATION)
scale 1" = 45'

JAPANESE AIRCRAFT

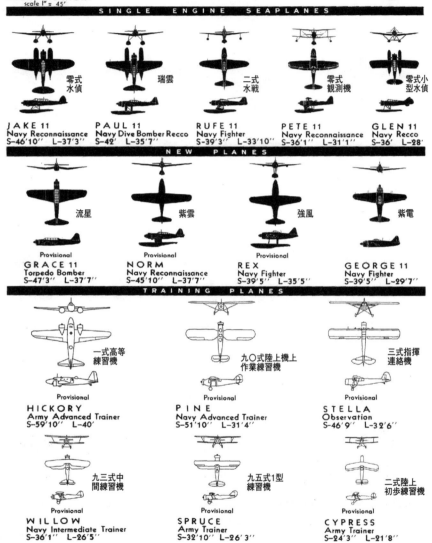

SINGLE ENGINE SEAPLANES

零式
水偵
JAKE 11
Navy Reconnaissance
S-46'10'' L-37'3''

瑞雲
PAUL 11
Navy Dive Bomber Recco
S-42' L-35'7''

二式
水戦
RUFE 11
Navy Fighter
S-39'3'' L-33'10''

零式
観測機
PETE 11
Navy Reconnaissance
S-36'1'' L-31'1''

零式小
型水偵
GLEN 11
Navy Recco
S-36' L-28'

NEW PLANES

流星
Provisional
GRACE 11
Torpedo Bomber
S-47'3'' L-37'7''

紫雲
Provisional
NORM
Navy Reconnaissance
S-45'10'' L-37'7''

強風
Provisional
REX
Navy Fighter
S-39'5'' L-35'5''

紫電
GEORGE 11
Navy Fighter
S-39'5'' L-29'7''

TRAINING PLANES

一式高等
練習機
Provisional
HICKORY
Army Advanced Trainer
S-59'10'' L-40'

九〇式陸上機上
作業練習機
Provisional
PINE
Navy Advanced Trainer
S-51'10'' L-31'4''

三式指揮
連絡機
Provisional
STELLA
Observation
S-46'9'' L-32'6''

九三式中
間練習機
Provisional
WILLOW
Navy Intermediate Trainer
S-36'1'' L-26'5''

九五式1型
練習機
Provisional
SPRUCE
Army Trainer
S-32'10'' L-26'3''

二式陸上
初歩練習機
Provisional
CYPRESS
Army Trainer
S-24'3'' L-21'8''

JAPANESE AIRCRAFT

AIRCRAFT
(IDENTIFICATION)
scale 1" = 45'

OBSOLETE PLANES

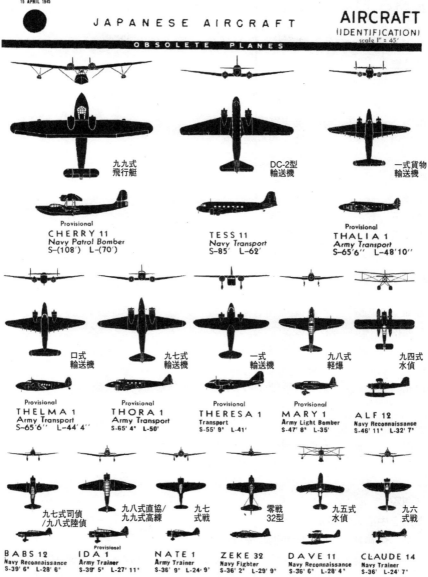

九九式
飛行艇

DC-2型
輸送機

一式貨物
輸送機

Provisional
CHERRY 11
Navy Patrol Bomber
S–(108') L–(70')

TESS 11
Navy Transport
S–85' L–62'

Provisional
THALIA 1
Army Transport
S–65'6'' L–48'10''

ロ式
輸送機

九七式
輸送機

一式
輸送機

九八式
軽爆

九四式
水偵

Provisional
THELMA 1
Army Transport
S–65'6'' L–44' 4''

Provisional
THORA 1
Army Transport
S–65' 4" L–50'

Provisional
THERESA 1
Transport
S–55' 9" L–41'

Provisional
MARY 1
Army Light Bomber
S–47' 8" L–35'

ALF 12
Navy Reconnaissance
S–46' 11" L–32' 7"

九七式司偵
/九八式陸偵

九八式直協/
九九式高練

九七
式戦

零戦
32型

九五式
水偵

九六
式戦

BABS 12
Navy Reconnaissance
S–39' 6" L–28' 6"

Provisional
IDA 1
Army Trainer
S–39' 5" L–27' 11"

NATE 1
Army Trainer
S–36' 9" L–24' 9'

ZEKE 32
Navy Fighter
S–36' 2" L–29' 9"

DAVE 11
Navy Reconnaissance
S–36' 6" L–28' 4"

CLAUDE 14
Navy Trainer
S–36' L–24' 7"

資料4 機体識別（海軍省海軍情報部）379

資料5 日本軍飛行場と主要用途

［陸軍］
九州
知覧	偵察機、特別攻撃機
福岡	第6航空軍司令部
唐瀬原	輸送機、空挺隊訓練
熊本	双発爆撃機
隈の庄	双発爆撃機
都城	戦闘機
新田原	双発爆撃機
太刀洗	双発爆撃機

台湾
塩水	訓練
宜蘭	戦闘機
花蓮港	戦闘機
嘉義	中型爆撃機
台中（豊原）	戦闘機
台北（松山）	第8飛行師団司令部、双発爆撃機、偵察機

朝鮮
群山	戦闘機訓練
京城	第5航空軍司令部、戦闘機

［海軍］
九州を中心とする本土
天草（御領）	水上機特別攻撃隊
博多	瑞雲などの水上機、零式水上偵察機・九四式水上偵察機の特別攻撃隊
指宿	瑞雲などの水上機、零式水上偵察機・九四式水上偵察機の特別攻撃隊
出水	戦闘機
鹿屋	第5航空艦隊司令部、戦闘機、迎撃機、零戦爆戦隊、一式陸攻/桜花などの双発攻撃機部隊

鹿児島	戦闘機
木更津	第3航空艦隊司令部
笠野原	戦闘機
霞ヶ浦	第10航空艦隊司令部
第1国分	戦闘機、第10航空艦隊特別攻撃機（零戦、九九式艦爆）
第2国分(論地)	第10航空艦隊特別攻撃機（零戦、九九式艦爆）
小松	一式陸攻/桜花などの双発攻撃機部隊
串良	単発雷撃機部隊、第10航空艦隊隷下教育部隊
美保	一式陸攻/桜花などの双発攻撃機部隊
宮崎	一式陸攻/桜花などの双発攻撃機部隊
大分	陸上機、水上機
大村	迎撃機、哨戒機、特攻機
佐伯	単発雷撃機部隊、第5航空艦隊の教育、整備
詫間	水上機、水上機特別攻撃隊
富高	零戦爆戦隊、一式陸攻/桜花などの双発攻撃機部隊
築城	戦闘機
宇佐	単発雷撃機部隊、一式陸攻/桜花などの双発攻撃機部隊

台湾

新竹	第1航空艦隊司令部（1945年4月中旬から）、戦闘機
台中（豊原）	戦闘機
松山（台北）	偵察機
高雄（小崗山）	第1航空艦隊司令部（1945年4月中旬まで）
淡水	水上機

朝鮮

群山	戦闘機、練習機

脚　注

［前文］

(1) Lt. Gen. Masakazu Kawabe. *USSBS Interrogation # 277.* 2 November 1945. p.5.

［序章］

(1) Commander Task Force Fifty-One. Commander Amphibious Forces U.S. Pacific Fleet. Report on Okinawa Gunto Operations from 17 February to 17 May, 1945, p.（V）（E）–18.

(2) *USS Dyson（DD 572）Report of Capture of Okinawa Gunto–Phases 1 and 2.* 27 June 1945, Enclosure（H）I. "Present strength" at the time of the report usually included four destroyer types along with four support gunboats, primarily LCS（L）s.（訳注：報告当時の「現有兵力」は駆逐艦4隻および主にLCS（L）の支援舟艇4隻だった）

(3) *Amphibious Forces Pacific Fleet（TF52）Serial 000166 16 March 1945 Operation Order A6-45, Annex A-2.*

(4) *Commander Task Force Fifty-One. Commander Amphibious Forces U.S. Pacific Fleet. Report on Okinawa Gunto Operation from 17 February to 17 May,1945,*（V）（D）–6-7.

(5) *U.S.S. Pritchett（DD 561）Serial 037 Action Report 10 July 1945,* p.10.

(6) *USS Dyson（DD 572）Report of Capture of Okinawa Gunto–Phases 1 and 2.* 27 June 1945,Enclosure（H）II.

(7) Charles Thomas, *Dolly Five：A Memoir of the Pacific War.*（Chester, VA：Harrowgate Press, 1996）, p.191.

(8) James W. Vernon, *The Hostile Sky A Hellcat Flier in World War II.*（Annapolis：Naval Institute Press, 2003）, p.146.

(9) United States Strategic Bombing Survey（Pacific）Naval Analysis Division, *The Campaigns of the Pacific War.*（Washington：United States Government Printing Office）, p.325.

(10) It should be noted that of the sixty ships serving on radar picket duty, four were hit on more than one occasion, with *Pritchett* hit three times and *Macomb, Anthony* and *Wadsworth* each hit twice.（レーダー・ピケット任務に就いた60隻の艦艇のうち4隻が2回以上突入を受け、そのうち駆逐艦プリチェットは3回、マコーム、アンソニー、ワズワースはそれぞれ2回突入を受けたことは注目すべきことである）

［第1章］

(1) *USS Eldorado AGC 11 Serial 034 Action Report of the U.S.SS. Eldorado（AGC-11）Report of the Capture of Okinawa Gunto, Phases One and Two–12 March 1945 to 18 May 1945. 7 June 1945,* VI-D（1）–p.5.

(2) *CTF 5 Action Report 20 July 1945,* p.17.

(3) Commandant, Navy Shipyard, S.C. letter to Bureau Of Ships/ Bureau of Ordnance. 1 Dec. 1944.

(4) *U.S.S. LSM（R）194 Action Report 6 May 1945,* pp.1-2.

(5) Nicolai Timines, *An Analytical History of Kamikaze Attacks against Ships of the United States Navy During World War II.* Arlington, VA：Center for Naval Analyses, Operations Evaluation Group, 1970, p.67.

(6) Air Intelligence Group Division of Naval Intelligence. *Observed Suicide Attacks by Japanese Aircraft Against Allied Ships.* OpNav-16-V #A106. 23 May 1945, p.11.

(7) *Secret Information Bulletin, No. 24.*

(8) *U.S.S. Mustin（DD413）Serial 068 Action Report, Okinawa Gunto Operation–0930（Item），17 April to 0815（Item）2 May 1945* dated 3 May 1945, pp.5-7.

(9) *USS Shubrick DD639 Serial 003 Action Report 16 June 1945*, p.6.

(10) *USS Laffey DD724 Serial 023 Action Report 29 April 1945.* p.44.

(11) *USS Hobson DMS 26 Serial 014-45 1 May 1945 Report of Action, Invasion of Okinawa, 19 March 1945 to 28 April 1945*, p.27.

(12) John Rooney, "Sailor."

(13) Philip M. Morse and George E. Kimball, *Methods of Operations Research*（Cambridge：The M.I.T. Press, 1970），pp.82-84.

(14) Headquarters of the Commander in Chief Navy Department. *Anti-Suicide Action Summary CominCh P-0011.* 31 August 1945, p.16.

(15) *U.S.S. Bennion（DD 662）Serial 00120 9 May 1945 Tactical Plans for Radar Picket Groups*, Enclosure（C），p.1.

(16) *USS LCS（L）（3）118 Serial 02 Action Report 8 May 1945.*

(17) Morse and Kimball, pp.89-92.

(18) *USS Caperton（DD 650）Serial 096-43 Action Report 12 July 1945.*

(19) *USS LCS（L）（3）114 Serial 6 Action Report 14 April 1945.*

(20) *Commander Task Force Fifty-One. Commander Amphibious Forces U.S. Pacific Fleet. Report on Okinawa Gunto Operation from 17 February to 17 May 1945* page（V）（D）–p.6.

(21) As noted previously, this included three ships that were struck on two or three occasions. See end note 10 in my Introduction.（前述の通り3隻が2～3回突入を受けた。前文、謝辞の脚注10を参照）

(22) *USS Douglas H. Fox DD779 Serial 002 Action Report 18 May 1945*, p.5.

(23) *Commander Destroyer Squadron 55 Serial 0023 of 7 August 1945*, Enclosure（A）pp.9-10.5

[第2章]

(1) *Air Defense Command（Fighter Command）Operation Plan 1-45*, p.3.

(2) *CTF 51 CAFUSPAC Fleet, Report on Okinawa Gunto（V）（E）*–p.15.

(3) *USS Lowry DD 770 Serial 021 Action Report 30 June 1945*, p.10.

(4) *USS Ingraham（DD 694）Serial 004 Action Report 8 May, 1945*, p.21.

(5) Don Ball, First Lieutenant *LCS（L）85.* Interview of 10 August 2002.

(6) According to Commander Ryosuke Nomura IJN. See USSBS *Interrogations of Japanese Officials Vol Ⅱ.*（Washington：United States Government Printing Office, 1945），p.532.

(7) Captain Minoru Genda IJN in USSBS *Interrogations of Japanese Officials Volume Ⅱ.* p.495. Genda commanded Air Group 343 of the Fifth Air Fleet which was based on Kyushu during the Okinawa campaign.（源田は沖縄作戦の間、九州で第5航空艦隊第343海軍航空隊を指揮した）

(8) Military History Section–General Headquarters Far East Command Military Intelligence Section General Staff. *Japanese Monograph No. 86. War History of the 5th Air Fleet（The "Ten" Air Unit) Operational Record from 10 February 1946 to 19 August 1945*, pp.41-42.（引用出典「日本軍戦史」No. 86『第五航空艦隊の作戦記録』（自1945年2月至1945年8月）昭和21年8月調製 p.37）

(9) Military History Section–General Headquarters Far East Command Military Intelligence Section General Staff. Japanese Monograph No.141（Navy）"Okinawa Area Naval Operations" Supplement Statistics on Naval Air Strength. August 1949.（引用出典「日本軍戦史」No. 141『沖縄方面の海軍作戦』附録 沖縄方面作戦（自1945年2月至1945年8月）における海軍航空兵力使用状況諸統計 1945年8月調製 p.16）

(10) Military History Section–General Headquarters Far East Command Military Intelligence Section

General Staff. *Japanese Monograph No. 51 Air Operations on Iwo Jima and the Ryukyus,* p.33. Hereafter
M 51.（引用出典「日本軍戦史」No. 51『硫黄島及南西諸島方面航空作戦記録』昭和21年8月調製
p.48）

(11) Axtel quoted in William Wolf. *Death Rattlers Marine Squadron VMF-323 over Okinawa.*（Atglen,
PA：Schiffer Military History, 1999）, p.124.

(12) *History of the 318th Fighter Group,* p.10.

(13) *Headquarters 318th Fighter Group Operations Memorandum.* 16 May 1945.

(14.) Durwood B. Williams, pilot 333rd Fighter Squadron, 318th Fighter Group, 7th AF, E-mail of 11
August 2001.

(15) *Headquarters 318th Fighter Group Operations Memorandum.* 15 May 1945.

(16) *VC-85 Aircraft Action Report 6 April 1945.*

(17) *USS Robert H. Smith*（DM 23）*Serial 034 Action Report 26 June1945,* p.47.

(18) *VF 10 Aircraft Action Report 11 May 1945.*

(19) *VF 84 Aircraft Action Report 17 April,1945.*

(20) John Pomeroy Condon, *Corsairs and Flattops*（Annapolis：Naval Institute Press, 1998）, p.55.

(21) Eric Hammel,*Aces Against Japan The American Aces Speak. Volume I*（Pacifica, CA：Pacifica
Press,1992）, p.276.

(22) Wolf, p.102.

(23) *VMF 314 Aircraft Action Report 3 June 1945.*

(24) Division of Naval Intelligence, *Technical Air Intelligence Center Report # 17 Combat Evaluation of
Zeke 52 with F4U-1D, F6F-5, and FM-2*（Anacostia, DC：Technical Air Intelligence Center,
November 1944）, p.2. Hereafter *TAIC Report # 17.*

(25) ibid., pp.3-4.

(26) Second Lieutenant Willis A. "Bud" Dworzak, VMF-441. Interview of 21 July 2003.

(27) Saburo Sakai with Martin Caidin and Fred Saito, *Samurai!*（New York：ibooks, Inc. 2001）, p.317.

(28) CPO Takeo Tanimizu quoted in Henry Sakaida, *Imperial Japanese Navy Aces 1937-45.*（Oxford：
Osprey Publishing Limited, 1999）, pp.81-82.（引用出典『日本海軍航空隊のエース1937-1495』p.82）

(29) *TAIC Report # 17,* p.3.

(30) ibid., pp.3-4.

(31) *VF 23 Aircraft Action Report 11 April.*

(32.) Masatake Okumiya, Jiro Horikoshi with Martin Caidin, *Zero! The Air War in*（the Pacific During
World War II from The Japanese Viewpoint*（Washington, D.C.：Zenger Publishing Co., Inc.,
1956）, p .222.

(33) Division of Naval Intelligence, *Technical Air Intelligence Center Report # 38 Comparative
Performance Between Zeke 52 and the P-38 ,P-51, P-47*（Anacostia, DC：Technical Air Intelligence
Center, April, 1945）, pp.6-7. Hereafter *TAIC Report # 38.*

(34) Commander Ryosuke Nomura IJN. USSBS Interrogations of Japanese Officials Vol. II, p.532.

(35) Superior Petty Officer Ichiro Tanaka. *ADVATIS Interrogation Report No. 11,* p.13.

(36) *TAIC Report # 38,* p.7.

(37) Far Eastern Bureau, British Ministry of Information. Japanese Translation, Series No. 163, 31st
January, 1944. Jiro Takeda. "The Present State of Aircraft Production." *Fuji Magazine* November 1943.
（引用出典 雑誌「富士」1943年11月号 p.16-19 航空機生産の現状

(38) Col. Ichiji Sugita. Doc. No. 58512 in General Headquarters Far East Command Military Intelligence
Section, General Staff. *Statements of Japanese Officials on World War II.*（English Translations）
Volume 3. 1949-1950, p.342.

(39) Capt. Toshikazu Omae. Doc. No. 50572 in General Headquarters Far East Command Military

Intelligence Section, General Staff. *Statements of Japanese Officials on World War II. (English Translations)* Volume 4. 1949-1950, p.319.

(40) Comdr. Yoshimori Terai. Doc. No. 50572 in General Headquarters Far East Command Military Intelligence Section, General Staff. *Statements of Japanese Officials on World War II. (English Translations)* Volume 4. 1949-1950, p.321.

(41) Comdr. Yoshimori Terai, Rear Adm. Sadatoshi Tomioka, and Capt. Mitsuo Fuchida. Doc. No. 50572 in General Headquarters Far East Command Military Intelligence Section, General Staff. *Statements of Japanese Officials on World War II. (English Translations)* Volume 4. 1949-1950, p.317.

(42) Headquarters Far East Command Military History Section, *Imperial General Headquarters Navy Directives Volume II. Directives No. 316-No 540 (15 Jan 44-26 Aug 45) Special Directives No. 1–No. 3 (2 Sep 45-12 Sep 45)*, p.143. Hereafter *Navy Directives Vol. II.* (引用出典 大海指第510号別冊 大海令・大海指」p.343-344

(43) ibid., pp.161-162.（引用出典 大海指第513号別紙「大海令・大海指」p.349)

(44) United States Strategic Bombing Survey (Pacific), *The Campaigns of the Pacific War* (Washington：United States Government Printing Office, 1947), p.328.

(45) *Navy Directives Vol. II.* p.164.（引用出典 大海指第516号別紙「大海令・大海指」pp.354-356)

(46) Rear Adm. Sadatoshi Tomioka. Doc. No. 50572 in General Headquarters Far East Command Military Intelligence Section, General Staff. *Statements of Japanese Officials on World War II. (English Translations)* Volume 4. 1949-1950, p.326.

(47) Headquarters XXI Bomber Command Tactical Mission Report, Missions No. 46 and 50, 27 and 31 March 1945 30 April 1945, p.2.

(48) The last *kanji* in General Sugawara's name may be read as either *"wara"* or *"hara."* Some authors have used the second reading and his name sometimes appears in print as "Sugahara." I have based my romanization on post-war interrogations of Japanese officials conducted by various branches of the U.S. military. During their conversations it is apparent that his name was pronounced as Sugawara.（菅原将軍の名前の最後の漢字は「わら」とも「はら」とも読むことができる。何人かの著者は後者を使い、書物では「すがはら」となっている。著者は戦後、米軍の各軍種が実施した日本人官僚に対する尋問をローマ字にしたものに基づいている。尋問の間の会話で、彼の名前は「すがわら」となっている）

(49) National Security Agency. *"Magic" Far East Summary Number 400.* 24 April 1945, pp.1-2.

(50) Based on *Japanese Monograph No. 35 Okinawa Operations Record (8th Air Division)*,p.249, CinCPacCinCPOA Bulletin No. 102-45. *Translations Interrogations Number 26 Airfields in Formosa and Hainan.* 25 April 1945, p.6 and *CINCPAC PEARL Dispatch AI88009.* 18 June 1945.

(51) Maj. Gen. Ryosuke Nakanishi. USSBS Interrogation # 312. 4 November 1945.

(52.) *JM 51*, p.24.（引用出典 「日本軍戦史」No. 51『硫黄島及南西諸島方面航空作戦記録』昭和21年 8 月調製 p.35)

(53) *Japanese Monograph No.51* claims a large warship, two smaller warships and a transport hit. Morison indicates that no American shipping was hit that day near Okinawa. See *JM # 51*, p.27 and Morison *Victory in the Pacific*, p.390.（引用出典 「日本軍戦史」No. 51『硫黄島及南西諸島方面航空作戦記録』昭和21年 8 月調製 p.39-40)

(54) Director Air Intelligence Group, *Statistical Analysis of Japanese Suicide Effort Against Allied Shipping During OKINAWA Campaign.* 23 July, 1945, p.4.

[第3章]

(1) National Security Agency. *"Magic" Far East Summary # 377.* 1 April 1945, pp.1-2（引用出典 機密第300137番電（ 3 月30日）、「戦史叢書」第17巻『沖縄方面海軍作戦』pp.315-316)

(2) *Headquarters XXI Bomber Command Tactical Mission Report, Missions No. 46 and 50,* 30 April 1945.

(3) National Security Agency. *"Magic" Far East Summary # 394.* 1 April 1945, pp.1-2.

(4) ibid., pp.12-13.

(5) Military History Section–General Headquarters Far East Command Military Intelligence Section General Staff. *Japanese Monograph No. 51 Air Operations on Iwo Jima and the Ryukyus,* p.32. Hereafter *JM 51.* (引用出典「日本軍戦史」No. 51『硫黄島及南西諸島方面航空作戦記録』昭和21年8月調製 p.46)

(6) *JM 86,* p.41（引用出典「日本軍戦史」No. 86『第五航空艦隊の作戦記録』（自1945年2月至1945年8月）昭和21年8月調製p.36、ただしこの日本軍戦史に相当する「戦史叢書」第17巻『沖縄方面海軍作戦』p.334では特攻機として発進したのは爆戦26機、彗星20機）

(7) ibid., p.42.（引用出典「日本軍戦史」No. 86『第五航空艦隊の作戦記録』（自1945年2月至1945年8月）昭和21年8月調製p.36-38)

(8) *JM 51,* p.34.（引用出典「日本軍戦史」No. 51『硫黄島及南西諸島方面航空作戦記録』昭和21年8月調製 p.49)

(9) *VF-33 Aircraft Action Report No. 8,* 5 April 1945.

(10) Records of the Naval Security Group Central Depository, Crane, Indiana. *Explanatory Notes on the KAMIKAZE Attacks at Okinawa, April-June 1945.* 6 May 1945.

(11) *VF-82 Aircraft Action Report No. 62,* 6 April 1945.

(12) *War Diary VMF（CV）12 and 123 1-30 April 1945.*

(13) *USS Colhoun DD 801 Serial None Action Report 27 April 1945,* p.7.

(14) *VF-30 Aircraft Action Report No. 35-45, 6-7 April 1945.*

(15) *VF-45 Aircraft Action Report No. 87,* 6 April 1945.

(16) *VF-82 Aircraft Action Report No. 62,* 6 April 1945.

(17) Aircraft Action Reports frequently credit a pilot with a fractional kill. This means that credit for the destruction of the enemy airplane was shared with another pilot.（航空機の戦闘記録で小数点が付いているものがある。これは敵機をほかのパイロットと共同で撃墜したことを示している）

(18) *VF-82 Aircraft Action Report No. 62,* 6 April 1945.

(19) *VF-17-VBF-17 Aircraft Action Report No. 90,* 6 April 1945.

(20) *The History of Fighting Squadron Seventeen 18 April 1944-30 June 1945* pp.10-11.

(21) ibid., p.13.

(22) Air Intelligence Group Division of Naval Intelligence. *Air Operations Memorandum No. 83.* OPNAV-16-V- #S243. 1 June 1945, p.16.

(23) Robert J. Wisner, Communications Officer, *LCS（L）37.* Interview, 10 August 2002.

(24) Gordon H. Wiram, *LCS（L）64,* Letter to Ray Baumler, 13 April 1991.

(25) Air Intelligence Group Division of Naval Intelligence. *Air Operations Memorandum No. 83.* OPNAV-16-V- #S243. 1 June 1945, p.16.

(26) *Commander Task Force Fifty-One. Commander Amphibious Forces U.S. Pacific Fleet. Report on Okinawa Gunto Operation from 17 February to 17 May, 1945.* Page（II）–p.17.

(27) H.D. Chickering, Lieutenant. CO *LCS（L）51. World War II.* Typescript–undated, p.32.

(28) *VF-82 Aircraft Action Report No. 65,* 7 April 1945.

(29) *VF-29 Aircraft Action Report No. VF-108,* 7 April 1945.

(30) *VF-84 Aircraft Action Report No. 41, 7 April, 1945.*

(31) National Security Agency. *"Magic" Far East Summary # 397.* 21 April 1945, pp.1-2.

(32.) *LCS（L）33* [Serial not available] *Action Report 15 April 1945.*

(33) *VMF-224 Aircraft Action Report No. 125,* 8 April 1945.

(34) *ATIS Research Report No. 76, Prominent Factors in Japanese Military Psychology.* Part IV. 7 February 1945, pp.6-7.

(35) National Security Agency. *"Magic" Far East Summary # 385.* 9 April 1945, A pp.1-2.

(36) *War Diary VMF（CV）112 and 123 1-30 April 1945.*

(37) National Security Agency. *"Magic" Far East Summary # 383.* 7 April 1945, B–p.2.

(38) Vice Adm. Matome Ugaki, *Fading Victory The Diary of Admiral Matome Ugaki 1941-1945.* Chihaya, Masataka, Translator（Pittsburgh：University of Pittsburgh Press, 1991），pp.575-579.（引用出典『戦藻録』1945年4月7日および9日）

(39) ibid.,p.578.（引用出典『戦藻録』1945年4月9日）

(40) ibid., p.581.（引用出典『戦藻録』1945年4月12日）

(41) Air Defense Command Intelligence Section. *Chronological Account of Air Action During Morning of 12 April, 1945, At Yontan and Kadena Air Fields.* 12 April 1945, p.2.

(42) *VC-93 Aircraft Action Report No. 37, 12 April 1945.*

(43) *The History of Fighting Squadron Ten,* p.17.

(44) *USS Purdy DD 734 Serial 024 Action Report 20 April 1945,* pp.7-10.

(45) ibid., p.28.

(46) *USS LCS（L）(3) 57* [Serial Not Available] *Action Report, Battle of Okinawa at RP Station # 1, 1945. 15 April, 1945.*

(47) Lt. Comdr. Frank C. Osterland, Dolly Three. Typescript 28 August 1993, pp.10-11.

(48) *USS Purdy DD 734 Serial 024 Action Report 20 April 1945,* p.10.

(49) *USS LCS（L）114 Serial 6 Action Report 16 April 1945.*

(50) *USS Stanly（DD 748）Serial 087 Action Report Occupation of Okinawa Gunto 25 March-13 April 1945.*

(51) *VMF-221 Aircraft Action Report No. 39, 12 April 1945.*

(52) *VF-30 Aircraft Action Report No. 37-45, 12 April 1945.*

(53) Hatsuho Naito, *Thunder Gods The Kamikaze Pilots Tell Their Story*（Tokyo：Kodansha International 1989），pp.153-155.（引用出典『桜花―非情の特攻兵器』〔1982年〕p.175）

(54) *U.S.S. Mannert L. Abele（DD 733）Serial A-12 Action Report 14 April 1945.*

(55) James M. Stewart, CO *LSM（R）189 Autobiography.* Typescript. Undated, p.5.

(56) Ugaki, p.584.（引用出典『戦藻録』1945年4月13日）

(57) Lt. Col. William Trabue, G.S.C., *Observer's Report：The Okinawa Operation（Period Covered：8 February 1945 to 2 June 1945）.* 15 June 1945.

(58) *VF-40 Aircraft Action Report No. 5, 13 April 1945.*

(59) Casualty figures are based on Samuel Eliot Morison. *History of United States Naval Operations in World War Ⅱ. Volume XIV Victory in the Pacific 1945.*（Boston：Little, Brown and Company, 1960），pp.390-392.

[第4章]

(1) Military History Section–General Far East Command Military Intelligence Section General Staff. *Japanese Monograph No. 86. War History of the 5th Air Fleet（The "Ten" Air Unit）Operational Record from 10 February 1945 to - 19 August 1945,* p.53. Hereafter *JM 86.*（引用出典「日本軍戦史」No. 86『第五航空艦隊の作戦記録』（自1945年2月至1945年8月）昭和21年8月調製 p.46）

(2) ibid., p.53.（引用出典「日本軍戦史」No. 86『第五航空艦隊の作戦記録』（自1945年2月至1945年8月）昭和21年8月調製 pp.45-47）

(3) National Security Agency. *"Magic" Far East Summary # 391.* 15 April 1945, A pp.1-2.（引用出典「戦史叢書」第17巻『沖縄方面海軍作戦』pp.423-424）

(4) Samuel Eliot Morison. *Victory in the Pacific 1945.*（Boston：Little, Brown and Company, 1968），p.248.

(5) William Wolf. *Death Rattlers Marine Squadron VMF-323 over Okinawa.* Atglen, PA：Schiffer

Military History, 1999）, pp.181-182.

(6) *USS Laffey DD 724 Serial 023 Action Report 29 April 1945*, p.23.

(7) ibid., p.25.

(8) *VMF-441 War Diary for 1 April, 1945 to 30 April, 1945.*

(9) *USS Laffey DD 724 Serial 023 Action Report 29 April 1945*, p.26-A.

(10) Julian F. Becton. *The Ship That Would Not Die*（Missoula, Montana：Pictorial Histories Publishing Company, 1980）, pp.258-259.

(11) John R. Henry. "Out Stares Jap Pilot After Ammo Runs Out." *Honolulu Advertiser*, 27 April 1945.

(12) *VMF-451 Aircraft Action Report No. 39, 16 April 1945.*

(13) *VMF-323 Action Report No. 10, 16 April 1945.*

(14) Jack Gebhardt Sonarman 1st Class. *USS Pringle DD 477.* Naval Historical Foundation Oral History Program. *Recollections of Sonarman 1st Class Jack Gebhardt USN.* 7 November 2000.

(15) *CTF 51 to TF 51 16 April 1945.*

(16) Matome Ugaki, Vice Adm. *Fading Victory：The Diary of Admiral Matome Ugaki 1941-1945.* Masataka Chihaya, trans.,（Pittsburgh：University of Pittsburgh Press, 1991）, pp.587-588.（引用 出典『戦藻録』1945年4月16日）

(17) *JM 51*, pp.39.（引用出典「日本軍戦史」No. 51『硫黄島及南西諸島方面航空作戦記録』昭和21年8 月調製 p.58）

(18) Wesley Frank Craven and James Lea Cate. *The Army Air Forces in World War Ⅱ. Volume Five：The Pacific：Matterhorn to Nagasaki June 1944 to August 1945.* Chicago：The University of Chicago Press, 1953, p.633.

(19) *VF-84 Aircraft Action Report No. 55, 17 April 1945.*

(20) *Air Group 47 Aircraft Action Report No. AG-47 # 47, 17 April 1945.*

(21) *CTU 52.9.1 OUTGOING MESSAGE OF 17 APRIL 1945.*

(22) Powell Pierpoint, Lt.（jgXO *LCS（L）61. The War History of the LCS（L）61*, p.4.

(23) National Security Agency. *"Magic" Far East Summary # 395.* 19 April 1945, pp.4-5.

(24) *VMF-441 War Diary 1 April 1945 to 30 April 1945.*

(25) Harold J. Kaup, RM 3/c *LCS（L）15. The Death of a Ship*,（Typescript. Undated）.

(26) *VF-12 Aircraft Action Report No. VF-12-32, 22 April 1945.*

(27) Wolf, pp.134-137.

(28) *ATIS Research Report No. 76 Prominent Factors in Japanese Military Psychology.* Part IV, pp.6-7.

(29) *War Diary MAG 31 1 April to 30 April 1945*, Annex A.

(30) Headquarters of the Commander in Chief Navy Department, Washington, D.C. *Effects of B-29 Operations in Support of the Okinawa Campaign From 18 March to 22 June 1945.* 3 August 1945. 3, App.B–p.4.

(31) National Security Agency. *"Magic" Far East Summary # 400.* 24 April 1945, pp.1-2.

(32) *JM 51*, p.43.（引用出典「日本軍戦史」No. 51『硫黄島及南西諸島方面航空作戦記録』昭和21年8月 調製 p.63）

(33) National Security Agency. *"Magic" Far East Summary # 403.* 27 April 1945, pp.6-7.

(34) *Headquarters XXI Bomber Command Tactical Mission Report, Missions No. 97 through 125*, 6 June 1945.

(35) Headquarters of the Commander in Chief Navy Department, Washington, D.C. *Effects of B-29 Operations in Support of the Okinawa Campaign From 18 March to 22 June 1945.* 3 August 1945. 3, App.B pp.4-5.

(36) National Security Agency. *"Magic" Far East Summary # 404.* 28 April 1945, p.12.

(37) United States Pacific Fleet and Pacific Ocean Areas. *Japanese Air Forces Current Employment, Area Distribution and Unit Locations 23 April 1945*, p.9.

(38) National Security Agency. *"Magic" Far East Summary # 400.* 24 April 1945, pp.6-7.（Many of the pilots flying special attack missions probably fell into the Class D category.（特別攻撃任務のパイロットの多くはDクラスであろう）

(39) Wolf, pp.140-142.

(40) Pierpoint, p.5.

(41) *USS Bennion DD 662 Serial 153 9 June 1945 Aircraft Action Report of 28 April 1945.*

(42) Ugaki, p.599.（引用出典『戦藻録』1945年4月28日）

(43) Wolf, pp.141-142.

(44) *U.S.S. Robert H. Smith（DM 23）Serial 034-cpd Action Report 26 June 1945, p.16.*

(45) *MAG 31 War Diary 1 April to 30 April 1945,* Annex A.

(46) *USS Ammen DD 527 Serial 038 Action Report 7 July 1945,* p.5.

(47) Military History Section – General Headquarters Far East Command Military Intelligence Section General Staff. *Japanese Monograph No. 141（Navy）"Okinawa Area Naval Operations" Supplement Statistics on Naval Air Strength.* August 1949. Hereafter *JM # 141.*（引用出典「日本軍戦史」No.141『沖縄方面の海軍作戦』附録沖縄方面作戦（自1945年2月至1945年8月）に於ける海軍航空兵力使用状況諸統計）1945年8月調製p.51）

(48) *USS Van Valkenburgh DD 656 Serial 007 Action Report 11 June 1945.* pp.11-12.

(49) Ichishima in Nihon Senbotsu Gakusei Kinen-Kai（Japan Memorial Society for the Students Killed in the War-Wadatsumi Society）. *Listen to the Voices from the Sea（Kike Wadatsumi no Koe）.* Trans. By Midori Yamanouchi and Joseph L. Quinn,（Scranton：The University of Scranton Press, 2000）, p.226.（引用出典『きけわだつみのこえ』p.237）

(50) *JM # 141.*（引用出典「日本軍戦史」No. 141『沖縄方面の海軍作戦』附録 沖縄方面作戦（自1945年2月至1945年8月）に於ける海軍航空兵力使用状況諸統計 1945年8月調製 p.19）

(51) Casualty figures are based on Samuel Eliot Morison. *History of United States Naval Operations in World War II Volume XIV Victory in the Pacific 1945*（Boston：Little, Brown and Company, 1960）, pp.390-392.

(52) National Security Agency. *"Magic" Far East Summary # 421.* 15 May 1945, pp.1-2.

(53) Earl Blanton, GM 3/c *LCS（L）118.* Interview of 19 September 2002.

[第5章]

(1) *VMF 311 War Diary 1 May - 31 May 1945,* pp.9-10.

(2) Military History Section–General Headquarters Far East Command Military Intelligence Section General Staff. *Japanese Monograph No. 51 Air Operations on Iwo Jima and the Ryukyus,* pp.43-44. Hereafter *JM 51.*（引用出典「日本軍戦史」No. 51『硫黄島及南西諸島方面航空作戦記録』昭和21年8月調製 pp.64-65）

(3) ibid., p.44.（引用出典「日本軍戦史」No.51『硫黄島及南西諸島方面航空作戦記録』昭和21年8月調製 pp.65-66）

(4) *Headquarters XXI Bomber Command Tactical Mission Report, Missions No. 127 through 138, 140 through 145, 147 through 149.* 14 June 1945.

(5) Records of the Naval Security Group Central Depository, Crane, Indiana. *Explanatory Notes on the KAMIKAZE Attacks at Okinawa, April-June 1945.* 3 May 1945.

(6) *VF-9 Aircraft Action Report Nos. 96-45, 98-45, 4 May 1945.*

(7) *Marine Air Group 33 War Diary 1 May - 31 May 1945,* p.5.

(8) W.H. Stanley, *Kamikaze：The Battle for Okinawa Big War of the Little Ships.*（By the author, 1988）, p.14.

(9) *USS Ingraham DD 694 Serial 004 Action Report 8 May 1945,* p.20.

(10) *The History of Fighting Squadron Twenty Three 1 January 1945 through 10 June 1945*, p.66.

(11) *USS Drexler Serial 0109-45 Action Report 12 May 1945*. Enclosure（A）p.（2）.

(12) DD475 Dispatch 5 June, 1945.

(13) *Melvin Fenoglio, Y3C "This I Remember."* circa 2000,
    (http：//skyways.lib. ks.us/history/dd803/crew/fenogliol.html.

(14) Doyle Kennedy, *"The World War II Sinking of the Destroyer USS Little（DD803）May 3, 1945."*
    circa 2000,（http：//skyways.lib.ks.us/ history/dd803/crew/doyle1.html.

(15) Ray Baumler, *LCS（L）14.* Letter to the author of 4 March 2003.

(16) *U.S.S. LCS（L）83 Serial 02-45 Anti Aircraft Action Report of 3 May, 1945.*

(17) Robert W. Landis, SK 1/c *LSM（R）192.* Interview of 14 February, 2002.

(18) Ron Surels, *DD 522 : Diary of a Destroyer. The action saga of the USS Luce from the Aleutian and Philippine Campaigns to her sinking off Okinawa.*（Plymouth, NH：Valley Graphics, Inc., 1996），pp.119-123.

(19) ibid., pp.114-161.

(20) *U.S.S. Henry A. Wiley（DM-29）Serial 031 Action Report 5 May 1945.* p.7.

(21) U.S.S. LCS（L）81 Serial 03-45 Action Report 1 August 1945, pp.2-3.

(22) Earl Blanton, *Boston-to Jacksonville（41,000 Miles by Sea）.*（Seaford, VA：Goose Creek Publications, 1991），p.88.

(23) This is unusual, since American intelligence had not considered the Dinah as a possible carrier of the Oka. It was a much smaller plane than any of the other probable carriers. Given this knowledge, the pilots were questioned extensively, but maintained that the plane was definitely a Dinah.（米軍情報筋は、百式司偵は桜花の運搬機の可能性はないと考えていたので、この目撃は奇妙である。百式司偵は運搬機として可能性のある機体よりもはるかに小さかった。パイロットはこのことを知っていて、疑問に感じながらも機体は明らかに百式司偵と主張した）*See Aircraft Action Report CompRonNinety 4 May 1945.*

(24) *Aircraft Action Report CompRon Ninety 4 May 1945.*

(25) Military History Section – General Headquarters Far East Command Military Intelligence Section General Staff. *Japanese Monograph No. 141（Navy）Okinawa Area Naval Operations" Supplement Statistics on Naval Air Strength.* August, 1949.（引用出典「日本軍戦史」No. 141 『沖縄方面の海軍作戦』附録 沖縄方面作戦（自1945年2月至1945年8月）に於ける海軍航空兵力使用状況諸統計 1945年8月調製 p.19)

(26) National Security Agency. *"Magic" Far East Summary # 416.* 10 May 1945, p.5.

(27) Military History Section–General Headquarters Far East Command Military Intelligence Section General Staff. *Japanese Monograph No. 86. War History of the 5th Air Fleet（The "Ten" Air Unit）Operational Record from 10 February 1945 to 19 August 1945,* p.74. Hereafter *JM 86.*（引用出典「日本軍戦史」No. 86 『第五航空艦隊の作戦記録』（自1945年2月至1945年8月）昭和21年8月調製 p.66)

(28) *JM 86,* pp.77-78.（引用出典「日本軍戦史」No. 86 『第五航空艦隊の作戦記録』（自1945年2月至1945年8月）昭和21年8月調製 pp.69-70)

(29) Masataka Okumiya and Jiro Horikoshi with Martin Caiden. *Zero! The Air War in the Pacific During World War II from the Japanese Viewpoint.*（Washington, DC：Zenger Publishing Co., Inc., 1956），pp.354.

(30) National Security Agency. *"Magic" Far East Summary No. 416.* 10 May 1945, p.6.

(31) ibid., p.8.

(32) Matome Ugaki, Vice Admiral, *Fading Victory : The Diary of Admiral Matome Ugaki 1941-1945.* Masataka Chihaya, trans.（Pittsburgh：University of Pittsburgh Press, 1991），p.610.（引用出典『戦藻録』1945年5月12日)

(33) Willis A. "Bud" Dworzak, Second Lieutenant VMF-441. Interview of 21 July 2003.

(34) *USS Harry F. Bauer DM 26 Serial 006 Action Report 12 June 1945*, p.38.

(35) *USS Hugh W. Hadley DD 774 Serial 066 Action Report 15 May 1945*, p.2.

(36) Eric Hammel, *Aces Against Japan The American Aces Speak. Volume I*. (Pacifica, CA：Pacifica Press, 1992), pp.276-278.

(37) *USS Hugh W. Hadley DD 774 Serial 066 Action Report 15 May 1945*, p.2.

(38) ibid., p.6.

(39) *Lynda Howell letter to Ray Baumler March 27, 1992*, p.9.

(40) *USS Hugh W. Hadley DD 774 Serial 066 Action Report 15 May 1945*, p.3.

(41) *U.S.S. LCS（L）（3）83 Serial 03-45 A.A. Action Report. 12 May 1945.*

(42) Oscar West Jr. Letter to Thomas English dated 18 August 1992. L. Richard Rhame Papers, Navy Historical Center.

(43) Wendell M. Larson, 2d Lt. Letter of 2 September 2003.

(44) *VMF-221 Aircraft Action Report No.63, 11 May 1945.*

(45) Casualty figures are based on Samuel Eliot Morison. *History of United States Naval Operations in World War II. Volume XIV Victory in the Pacific 1945*. (Boston：Little, Brown and Company, 1960), pp.390-392 and individual ship action reports.

[第6章]

(1) *Fighter Command Okinawa Intelligence Section Daily Intelligence Summary 14 May, 1945*, pp.3-4.

(2) *VMF 311 War Diary 1 May-31 May 1945*, p.75.

(3) *MAG 33 War Diary 1 May-31 May, 1945.*

(4) Marine Aircraft Group Thirty Three Communique, 15 May 1945.

(5) National Security Agency. *"Magic" Far East Summary No. 423.* 17 May 1945, p.4.

(6) ibid., pp.5-6.

(7) ibid., pp.6-7.

(8) *Fighter Command Okinawa Intelligence Section Daily Intelligence Summary 16 May, 1945*, p.1.

(9) William Wolf, *Death Rattlers Marine Squadron VMF-323 over Okinawa.* (Atglen, PA：Schiffer Military History, 1999), pp.165-166.

(10) Albert Axell and Hideaki Kase. *Kamikaze Japan's Suicide Gods.* (London：Pearson Education Limited, 2002), pp.158-161.

(11) *U.S.S. LCS（L）（3）67 Ship's History and Records*, p.4.

(12) *VMF（N）533 War Diary 1 May through 31 May 1945.*

(13) *Commander Task Force Fifty-One. Commander Amphibious Forces U.S. Pacific Fleet. Report on Okinawa Gunto Operation from 17 February to 17 May, 1945* p.（Ⅱ）-p.17.

(14) Military History Section - General Headquarters Far East Command Military Intelligence Section General Staff. *Japanese Monograph No. 86. War History of the 5th Air Fleet（The "Ten" Air Unit) Operational Record from 10 February 1945 to 19 August 1945*, p.90. Hereafter *JM 86.* (引用出典「日本軍戦史」No. 86『第五航空艦隊の作戦記録』（自1945年2月至1945年8月）昭和21年8月調製 p.82)

(15) *JM 86*, p.94. (引用出典「日本軍戦史」No. 86『第五航空艦隊の作戦記録』（自1945年2月至1945年8月）昭和21年8月調製 p.85)

(16) National Security Agency. *"Magic" Far East Summary No. 425.* 19 May 1945, p.5.

(17) Military History Section–General Headquarters Far East Command Military Intelligence Section General Staff. *Japanese Monograph No. 51 Air Operations on Iwo Jima and the Ryukyus.*, pp.45-50. (引用出典「日本軍戦史」No. 51『硫黄島及南西諸島方面航空作戦記録』昭和21年8月調製 pp.74-75)

(18) *ATIS Research Report No.76 Prominent Factors in Japanese Military Psychology.* Part IV. 7 February 1945, pp.6-7.

(19) *War Diary VMF (N) 533*, 24 May.

(20) *War Diary Hdqtrs. TAF 10th Army 1 May-31 May 1945*, p.11.

(21) *JM 86*, pp.89-90.（引用出典「日本軍戦史」No. 86『第五航空艦隊の作戦記録』（自1945年2月至
1945年8月）昭和21年8月調製 p.81-82。かっこ内は訳者追記）

(22) Headquarters of the Commander in Chief Navy Department, Washington, D.C. *Effects of B-29
Operations in Support of the Okinawa Campaign From 18 March to 22 June 1945*. 3 August 1945.
App.A–p.4.

(23) Ugaki, p.617.（引用出典『戦藻録』1945年5月25日）

(24) National Security Agency. *"Magic" Far East Summary No. 430.* 24 May 1945, p.10.

(25) National Security Agency. *"Magic" Far East Summary No. 428.* 22 May 1945, pp.5-6.

(26) National Security Agency. *"Magic" Far East Summary No. 437.* 31 May 1945, p.6.

(27) *VMF 311 War Diary 1 May - 31 May 1945*, pp.79.

(28) *U.S.S. Bradford (DD 545) Serial 028 Action Report 5 July 1945*, p.9.

(29) *U.S.S. Foote (DD 511) Serial 0-35 Action Report 28 May 1945*,p.1.

(30) *USS Stormes (DD-780) Serial 072 Action Report 2 June 1945*, p.5.

(31) William F. Halsey, Fleet Adm. and Lt. Comdr. J. Bryan III.*Admiral Halsey's Story.* (New York：
McGraw-Hill Book Company, Inc. 1947), pp.251-253.

(32) Ugaki, p.619.（引用出典『戦藻録』1945年5月27日）

(33) Samuel Eliot Morison, *Victory in the Pacific 1945.* (Boston：Little, Brown and Company, 1968), p.260.

(34) Fred Szymanek, "Eyewitness to Carnage."
http：//www.ussbraine dd630.com/witness.htm.

(35) John Rooney, *Mighty Midget U.S.S. LCS 82* (PA：Self-Published 1990), p.140.

(36) Donald H. Sweet, with Lee Roy Way and William Bonvillian, Jr. *The Forgotten Heroes.* (Ridgewood,
NJ：DoGo Publishing, 2000), pp.130-131.

(37) *U.S.S. Pritchett (DD 561) erial 037 Action Report 10 July 1945*, p.3.

(38) *USS LCS (L)(3) 83 Serial 04-45 Action Report 28 May 1945.*

(39) Robert F. Rielly, QM 2/c *LCS (L) 61.* Interview of 20 May 2001.

(40) *U.S.S. Drexler (DD 741) Serial 01 Action Report 26 June 1945*, p.6.

(41) Wolf, pp.171-172.

(42) *U.S.S. Lowry (DD 770) Serial 021 Action Report 30 June 1945*, p.3.

(43) *U.S.S. Drexler (DD 741) Serial 01 Action Report 26 June 1945*, p.7.

(44) *CTF 31 Action to TF 31, TG 99.3, 29 May 1945.*

(45) Casualty figures are based on Samuel Eliot Morison. *History of United States Naval Operations in
World War II. Volume XIV Victory in the Pacific 1945.* (Boston：Little, Brown and Company,
1960), pp.390-392 and individual ship action reports.

[第7章]

(1) National Security Agency. *"Magic" Far East Summary # 444.* 7 June 1945, p.5.

(2) *19th Fighter Squadron Mission Report No. 6-7*, 6 June 1945.

(3) *VMF-422 Aircraft Action Report No. 85, June 7, 1945.*

(4) William Wolf, *Death Rattlers Marine Squadron VMF-323 over Okinawa.* (Atglen, PA：Schiffer
Military History, 1999), pp.176-179.

(5) *VMF 314 Aircraft Action Report No. 2, 3 June 1945.*

(6) ibid.

(7) Commander Fifth Amphibious Force CTF-51 and CTF-31. *Report of Capture of Okinawa Gunto
Phases I and II.* 17 May 1945 - 21 June 1945,（III）–p.65.

(8) *333rd Fighter Squadron Mission Report No. 6-10, 8 June 1945.*

(9) *U.S.S. William D. Porter （DD 579） Serial 00236 Action Report 18 June 1945,* pp.2-3.

(10) *USS LCS （L）（3） 86 Serial 04 Action Report 10 June 1945.*

(11) Tom Spargo, *USS Cogswell DD 651.* E-mails to the author, 21 May 2001.

(12) Richard M. McCool, Capt. （Ret.）. CO *USS LCS （L） 122.* Letter to the author with narrative, 23 May 1997.

(13) *Committee on Veteran's Affairs, U.S. Senate, Medal of Honor Recipients：1863-1973.* （Washington, D.C.：Government Printing Office）, 1973.

(14) Earl Blanton, *Boston–to Jacksonville （41,000 Miles by Sea）.* （Seaford, VA：Goose Creek Publications, 1991）, pp.120-121.

(15) *413th Fighter Group Combat History,* p.4.

(16) National Security Agency. *"Magic" Far East Summary No. 451.* 14 June 1945, p.5.

(17) *CINCPAC PEARL Dispatch AI 88009.* 18 June 1945.

(18) *JM 86,* pp.104-105.（引用出典「日本軍戦史」No. 86『第五航空艦隊の作戦記録』（自1945年2月至1945年8月）昭和21年8月調製 p.94）

(19) National Security Agency. *"Magic" Far East Summary No. 449.* 12 June 1945, pp.4-5.（引用出典「機密第121205番TFB信電令作第179号」）

(20) National Security Agency. *"Magic" Far East Summary No. 460.* 23 June 1945, pp.1-2.

(21) *U.S.S. Ammen （DD 527） Serial 038 Action Report 7 July 1945,* p.15.

(22) Rene J. Francillon. Japanese Aircraft of the Pacific War. （Annapolis：Naval Institute Press, 1979）, pp.330-332.

(23) JM 86, p.109.（引用出典「日本軍戦史」No. 86『第五航空艦隊の作戦記録』（自1945年2月至1945年8月）昭和21年8月調製 p.97）

(24) Andrew Adams, Ed. *The Cherry Blossom Squadrons：Born to Die.* By the Hagoromo Society of Kamikaze Divine Thunderbolt Corps Survivors. Intro. By Andrew Adams. Edited and supplemented by Andrew Adams. Translation by Nobuo Asahi and the Japan Technical Company. （Los Angles：Ohara Publications, 1973）, p.162.

(25) *VMF 314 War Diary 1-30 June 1945,* p.3

(26) Charles Thomas, *Dolly Five：A Memoir of the Pacific War.* （Chester, VA：Harrowgate Press, 1996）, p.248.

(27) *VMF 314 Tactical and Operational Data on Combat Air Patrol, 22 June 1945.*

(28) Matome Ugaki, Vice Admiral. *Fading Victory：The Diary of Admiral Matome Ugaki 1941-1945.* Masataka Chihaya, Translator. （Pittsburgh：University of Pittsburgh Press, 1991）, p.636.（引用出典『戦藻録』1945年6月22日）

(29) National Security Agency. *"Magic" Far East Summary No. 463.* 26 June 1945, p.4.

(30) *USS Wadsworth DD 516 Serial 028 Action Report for Invasion of Okinawa Jima, 24 June 1945,* p.80.

(31) *Commander Fifth Fleet Serial 0333 Action Report, RYUKYUS Operation through 27 May 1945.* 21 June 1945, VI-A-2.

(32) *Headquarters MAG 31 Daily Intelligence Summary, 25 June 1945.*

(33) National Security Agency. *"Magic" Far East Summary No. 462.* 25 June 1945, p.6.

(34) National Security Agency. *"Magic" Far East Summary No. 464.* 27 June 1945, pp.1-2.

(35) *Commanding General Tactical Air Force Tenth Army No Serial Action Report–Phase 1–Nansei Shoto, 12 July 1945.* p.8-I-1.

(36) Parker R. Tyler, Jr., Captain USAAF. *From Seattle to Ie Shima with the 413rd Fighter Group.* （New York：Parker R. Tyler, Jr. 1945）, p.25.

(37) National Security Agency. *"Magic" Far East Summary No. 472.* 5 July 1945, p.3.

(38) Minoru Genda, Captain. *USSBS Interrogation No. 479.* 28 November 1945, p.16.

(39) *JM 86*, p.114.（引用出典「日本軍戦史」No. 86『第五航空艦隊の作戦記録』（自1945年2月至1945年8月）昭和21年8月調製 p.100）

(40) Commanding General, Tactical Air Force, *TAF G-2 Daily Summary.* 14 July 1945, p.2.

(41) National Security Agency. *"Magic" Far East Summary No. 476.* 9 July 1945, p.7.

(42) National Security Agency. *"Magic" Far East Summary No. 477.* 10 July 1945, p.2.

(43) National Security Agency. *"Magic" Far East Summary No. 479.* 12 July 1945, p.8.

(44) National Security Agency. *"Magic" Far East Summary No. 487.* 20 July 1945, pp.1-2.

(45) *ATIS Research Report No. 76 Prominent Factors in Japanese Military Psychology.* Part. IV. 7 February 1945, pp.6-7.

(46) *Commander Destroyer Squadron 55 Action Report 7 August 1945.* Enclosure（A）p.4.

(47) *U.S.S. Pritchett（DD 561）Serial 045 Action Report 6 August 1945.*

(48) According to Captain Rikehei Inoguchi, Willows only flew from Taiwan–see The United States Strategic Bombing Survey Naval Analysis Division. *Interrogations of Japanese Officials Volume I.* 1945, p.63.（猪口海軍大佐によれば、九三式中練は台湾からしか飛行できなかった）

(49) Albert Axell and Hideaki Kase. *Kamikaze Japan's Suicide Gods.*（London：Pearson Education, 2002），pp.172-173.

(50) Casualty figures are based on Samuel Eliot Morison. *History of United States Naval Operations in World War II. Volume XIV Victory in the Pacific 1945.*（Boston：Little, Brown and Company, 1960），pp.390-392 and individual ship action reports.

(51) Ugaki, pp.664-665.（引用出典『戦藻録』1945年8月15日）

(52) Rikihei Inoguchi, *The Divine Wind：Japan's Kamikaze Force in World War II.*（New York：Bantam Books, 1958），pp.157-159.

［訳者注］
(1) 宇垣が準備させた機体数：『戦藻録』（編者による後記）では5機
(2) 出撃機数：
　①『戦藻録』では9機
　②「戦史叢書」第17巻『沖縄方面海軍作戦』p613では11機
(3) 突入機数など：『沖縄方面海軍作戦』p613では自爆・未帰還8機（このうち外電傍受による突入機7機）、不時着大破3機
(4) 通信：
　①神風特別攻撃隊・猪口力平・中島正、p 298では決別の辞の発令を打電して1924に突入
　②『戦藻録』後記では宇垣機から訣別の辞が1924、「敵航空母艦見ゆ、われ必中突入す」その後の長符が1930
　③『沖縄方面海軍作戦』p 613では2025に宇垣機から「我奇襲に成功せり」に続いて突入電あり

(53) *VMF（N）533 War Diary, 1 August through 31 August, 1945.*

(54) *VMF（N）543 War Diary, 1 August 1945 to 31 August 1945,* p.5.

(55) *War Diary 2nd Marine Aircraft Wing 1 August–30 August 1945,* p.8.

[第8章]
(1) *CTF 54 Serial 0022 Action Report 4 June 1945.* Appx. II, p.15.

(2) Commander Fifth Amphibious Force CTF-51 and CTF-31. *Serial 0268 Report of Capture of Okinawa Gunto Phases I and II. 17 May 1945-21 June 1945.*（II）–p.1. Hereafter *CTF-51 and CTF-31. Serial 0268*

(3) See Samuel Eliot Morison, *Victory in the Pacific 1945.*（Boston：Little, Brown and Company, 1968），p.181. This is suggested, the exact number is not known.（正確な機数は不明）

(4) *Commander Task Force Fifty-One. Commander Amphibious Forces U.S. Pacific Fleet. Serial 01400*

Report on Okinawa Gunto Operation from 17 February to 17 May, 1945 (V)(K)(1) . Hereafter CTF Serial 01400.

(5) Director, Air Intelligence Group, Division of Naval Intelligence. *Statistical Analysis of Japanese Suicide Effort Against Allied Shipping During Okinawa Campaign.* 23 July 1945, p.7.

(6) *USS LCS (L)(3) 57 Action Report 15 April 1945,* p.7.

(7) *USS LCS (L)(3) 118 Serial 02 Action Report 8 May, 1945.*

(8) *LCS (L)(3) 94 Radar Picket Patrol, Tactical Plans for. 20 June 1945,* p.12.

(9) *U.S.S. Aulick (DD 569) Serial 0300 Action Report. 1 June 1945,* p.4.

(10) *USS Douglas H. Fox DD 779 Serial 004 Action Report 24 May 1945,* p.7.

(11) *LSM Flotilla Nine Serial C010 Action Report–Ie Shima and Southeastern Okinawa 2 April through 20 April 1945.* p.7.

(12) *Office of the Commander Amphibious Forces, U.S. Pacific Fleet. Serial 00470. 7 July 1945. Suicide Plane Attacks.* Enclosure (A) p.6.

(13) Director, Air Intelligence Group, *Statistical Analysis……,* p.3

(14) *CTF 54 Serial Serial 0022 Action Report 4 June 1945.* Appx. Ⅱ p.16.

(15) *Office of the Commander Amphibious Forces, U.S. Pacific Fleet. Serial 00470. 7 July 1945. Suicide Plane Attacks,* Enclosure (A) p.6.

(16) *CTF Serial 01400.,* (V)(E) -p.37.

(17) *CTF-51 and CTF-31. Serial 0268 (Ⅶ)* -p.8.

(18) ibid. (Ⅱ) -p.2.

(19) *U.S.S. Bennett (DD 473) Action Report Serial 015 17 April 1945,* p.13.

(20) *U.S.S. Caperton DD 650 Action Report Serial 096-45 12 July 1945,* p.15.

(21) *U.S S. Aulick (DD 569) Serial 0318 Action Report 9 July 1945,* p.10.

(22) *U.S.S. Anthony (DD 515) Serial 0168 Action Report.* 26 June 1945, p.6.

(23) H.D. Chickering, Lt. *World War Ⅱ.* Typescript–undated, pp.32-33.

(24) *U.S.S. Hudson (DD 475) Serial 003 Action Report.* 13 May 1945, p.5.

(25) Robert Wisner, communications officer *LCS (L) 37.* Interview, 10 August 2002.

(26) *Office of the Commander Amphibious Forces, U.S. Pacific Fleet. Serial 00470. 7 July 1945. Suicide Plane Attacks.* Enclosure (A) p.8.

(27) Earl Blanton, *Boston–to Jacksonville (41,000 Miles by Sea) .* Seaford, VA：Goose Creek Publications, 1991), p.97.

(28) Jack Gebhardt Sonarman 1st Class. *USS Pringle DD 477.* Naval Historical Foundation Oral History Program. *Recollections of Sonarman 1st Class Jack Gebhardt USN.* 7 November 2000.

(29) *Action Report–Capture of Okinawa Gunto, Phase Ⅱ 5 May to 28 May 1945,* Appx. Ⅱ, p.13.

(30) *CTF 51 Serial, 01400,* (Ⅱ) -p.18.

(31) *CTF-51 and CTF-31. Serial 0268,* (Ⅶ) -p.8.

(32) Richmond Kelley Turner, Admiral, *Problems of Unified Command in the Marianas, Okinawa, and (Projected) Kyushu Operations.* An address given to the students of the Air War College, Maxwell Field, Alabama. 11 February 1947, pp.31-32.

参考文献

　本書のような本では参考文献は１次資料にしろ２次資料にしろ、広範囲なものになる。２次資料をリストにするのは簡単だった。１次資料は表題だけでなく、読者の便宜を図って資料の保管場所、資料のグループ、そして適宜資料の種類ごとに紹介する。１次資料の多くはメリーランド州カレッジパークの国立公文書記録管理局のものである。資料は次のグループに分けられている。

RG18 第２次世界大戦 米陸軍航空軍任務記録索引—戦闘航空群および戦闘
　　　飛行隊
RG19 艦船局記録
RG24 米海軍艦艇、基地、小部隊の航海日誌／業務日誌リスト1801〜1947年
RG38 海軍作戦部長記録
RG127 米海兵航空隊記録 第２次世界大戦関連
RG165 戦争省一般および特別幕僚
RG243 米国戦略爆撃調査団記録
RG457 国家安全保障局記録

　近隣のワシントンD.C.地区で多数収納しているのは、ワシントン海軍工廠の海軍歴史センターである。その作戦資料室は、第２次世界大戦中のLCS（L）舟艇の活動を記録したL・リチャード・レイム文書を保管している。このコレクションには個人の回想、写真、公式文書が含まれている。海軍歴史センターの図書館は広範な資料と個別の貴重な資料の両方を保有している。
　ペンシルベニア州カーライルの米陸軍軍事歴史協会はほかのコレクションにない資料を保有している重要な資料庫である。アラバマ州のマックスウエル空軍基地にある空軍歴史局から第２次世界大戦中の陸軍航空軍に関する貴重な資料を入手した。
　ほかにもワシントンD.C.の議会図書館、カリフォルニア州サンディエゴのテイル・フック協会、ニュージャー州ニューブランズウイックのラトガース大学歴史学部アレグザンダー図書館、ニュージャージー州プリンストンのプリンストン大学ファイアストーン図書館で関連資料を入手できる。

以下の参考文献リストは、1次資料とその保管場所を施設ごとに整理して作成した。

本文中の個別の事項に関する説明は章ごとに脚注で表示した。この説明は、公式資料とも、また脚注同士でも矛盾があることご了解いただきたい。

元の資料に書かれた通り正確に原稿にした。たとえば海軍の戦闘報告では艦番号をUSSまたはU.S.S.とすることになっている。艦番号は丸括弧で括られたり括られていなかったりしており、報告の日付には月と年の間にコンマが入っているものもある。また公式の艦艇および飛行隊の報告に様式の違いがある。

PRIMARY SOURCES

Air Force Historical Research Agency, Maxwell Air Force Base

Records of the 318th Fighter Group Microfilm Publication BO522–2309
Records of the 318th Fighter Group Narrative Microfilm Publication BO239–2078

Library of Congress

Archival Manuscript Collection. Deyo, Morton L. Papers of Vice Admiral M.L. Deyo USN 1911-1981. Call Number 0535S
Deyo, M.L. Vice Admiral. *Kamikaze*. Typescript, Circa 1955.

National Archives and Records Administration, College Park, MD

RG 18 WWII USAAF Mission Record Index–Fighter Groups and Squadrons

USAAF Squadron and Groups Mission reports and Squadron and Group Histories for the: 1st, 19th, 21st, 34th, 333rd, 418th (N) and 548th (N) Fighter Squadrons and the 318th and 413th Fighter Groups.

RG 19 Records of the Bureau of Ships

BuShips General Correspondence 1940-1945 LSM(R)/L 11–3 to C-LSM(R)/S 29-2.
BuShips General Correspondence 1940-1945 LSM(R)/S87 to LSM(R) 188-189/S 17.

BuShips General Correspondence 1940-1945 LSM(R)/S87 to LSM(R) 188-189/S 17.

BuShips General Correspondence 1940-1945 C-DD 552 to DD 553

BuShips General Correspondence 1940-1945 C-DD 734/L 11–1 (350-C-44LIL).

BuShips General Correspondence 1940-1945 DD 741–C-DD 742

RG 24 List of Logbooks of U.S. Navy Ships, Stations, and Miscellaneous Units, 1801-1947

Ship Logs

For the amphibious command ships *Ancon AGC 4, Biscayne AGC 18, Eldorado AGC 11, Panamint AGC 13,*

for the carriers *Belleau Wood CVL 24 , Bennington CV 20, Block Island CVE 106, Cape Gloucester CVE 109, Chenango CVE 28, Essex CV 9, Franklin CV 13, Gilbert Islands CVE 107, Hancock CV 19, Hornet CV 12, San Jacinto CVL 30, Vella Gulf CVE 111, Wasp CV 18, Yorktown CV 10,*

for the destroyers *Alfred A. Cunningham DD 752, Ammen DD 527, Anthony DD 515, Aulick DD 569, Bache DD 470, Barton DD 722, Beale DD 471, Bennett DD 473, Bennion DD 662, Boyd DD 544, Bradford DD 545, Braine DD 630, Brown DD 546, Bryant DD 665, Bush DD 529, Callaghan DD 792, Caperton DD 650, Cassin Young DD 793, Charles Ausburne DD 570, Claxton DD 571, Cogswell DD 651, Colhoun DD 801, Compton DD 705, Converse DD 509, Cowell DD 547, Daly DD 519, Douglas H. Fox DD 779, Drexler DD 741, Dyson DD 572, Evans DD 552, Foote DD 511, Frank E. Evans DD 754, Fullam DD 474, Gainard DD 706, Gregory DD 802, Guest DD 472, Harry E. Hubbard DD 748, Heywood L. Edwards DD 663, Hudson DD 475, Hugh W. Hadley DD 774, Ingersoll DD 652, Ingraham DD 694, Irwin DD 794, Isherwood DD 520, James C. Owens DD 776, John A. Bole DD 755, Kimberly DD 521, Knapp DD 653, Laffey DD 724, Lang DD 399, Laws DD 558, Little DD 803, Lowry DD 770, Luce DD 522, Mannert L. Abele DD 733, Massey DD 778, Moale DD 693, Morrison DD 560, Mustin DD 413, Nicholson DD 442, Picking DD 685, Preston DD 795, Pringle DD 477, Pritchett DD 561, Purdy DD 734, Putnam DD 757, Richard P. Leary DD 664, Rowe DD 564, Russell DD 414, Shubrick DD 639, Smalley DD 565, Sproston DD 577, Stanly DD 478, Sterett DD 407, Stoddard DD 566, Stormes DD 780, Van Valkenburgh DD 656, Wadsworth DD 516, Walke DD 723, Watts DD 567, Wickes DD 578, Wilkes DD 441, Willard Keith DD 775, William D. Porter DD 579,* and *Wren DD 568,*

for the fleet tugs *Arikara ATF 98, Cree ATF 84, Lipan, ATF 85, Menominee ATF 73, Pakana ATF 108, Tekesta ATF 93,* and *Ute ATF 76,*

for the light mine layers *Aaron Ward DM 34, Gwin DM 33, Harry F. Bauer DM 26, Henry A. Wiley DM 29, J. William Ditter DM 31, Lindsey DM 32, Robert H. Smith DM 23, Shannon DM 25, Shea DM 30,* and *Thomas E. Fraser DM 24,*

for the high speed minesweepers *Butler DMS 29, Ellyson DMS 19, Emmons DMS 22, Forrest DMS 24, Gherardi DMS 30, Hambleton DMS 20, Harding DMS 28, Hobson DMS 26, Jeffers DMS 27, Macomb DMS 23,* and *Rodman*

DMS 21,

for the destroyer escorts *Bowers DE 637* and *Edmonds DE 406,*

for the patrol motor gunboats *PGM 9, PGM 10, PGM 17,* and *PGM 20,*

for the landing crafts support (large) *11* through *22, 31, 32, 34* through *40, 51* through *57, 61* through *67, 68, 70, 71, 74, 76, 81* through *90, 92* through *94, 97* through *105, 107, 109, 110, 111, 114* through *125,* and *128* through *130,*

for the landing ships medium *14, 82, 167, 222, 228, 279,*

for the landing ships medium (rockets) *189, 191, 192, 193, 196, 197, 198,* and *199,*

for the high speed transports *Barber APD 57, Clemson APD 31, Frament APD 77,* and *Ringness APD 100,*

for the patrol crafts rescue *PCE(R)s 851, 852, 853, 854, 855,* and *856.*

Specific log references are listed in my chapter end notes.

RG 38 Records of the Chief of Naval Operations - Records Relating to Naval Activity During World War II

Japanese Suicide Effort Against Allied Shipping During OKINAWA Campaign, Statistical Analysis of. OP-16-VA-MvR. Serial 001481916. 26 July 1945.

CINC-CINCPOA BULLETINS

Airfields in Kyushu. Bulletin No. *166–45,* 15 August 1945.

Airways Data Taiwan Chiho Special Translation No. 36, 1 June 1945.

Daito Shoto Bulletin No. 77–45, 20 March 1945.

Digest of Japanese Air Bases Special Translation No. 65, 12 May 1945.

Suicide Force Combat Methods Bulletin No. *129–45,* 27 May 1945.

Suicide Weapons and Tactics "Know Your Enemy!" Bulletin No. *126–45,* 28 May 1945.

Translations Interrogations Number 26. Bulletin No. 102–45, 25 April 1945.

Translations Interrogations Number 35. Bulletin No. 170–45, 7 July 1945.

Action Reports

For the amphibious command ships *Ancon AGC 4, Biscayne AGC 18, Eldorado AGC 11, Panamint AGC 13,*

for the carriers *Belleau Wood CVL 24 , Bennington CV 20, Chenango CVE 28, Essex CV 9, Franklin CV 13, Hancock CV 19, Hornet CV 12, San Jacinto CVL 30, Wasp CV 18, Yorktown CV 10,*

for the destroyers *Ammen DD 527, Anthony DD 515, Aulick DD 569, Bache DD 470, Beale DD 471,Bennett DD 473, Bennion DD 662, Boyd DD 544, Bradford DD 545, Braine DD 630, Brown DD 546, Bryant DD 665, Bush DD 529, Callaghan DD 792, Caperton DD 650, Cassin Young DD 793, Claxton DD 571, Cogswell DD 651, Colhoun DD 801, Converse DD 509, Cowell DD 547, Daly DD 519, Douglas H. Fox DD 779, Drexler DD 741, Dyson DD 572, Evans DD 552, Foote DD 511, Frank E. Evans DD 754, Fullam DD 474, Gainard DD 706, Gregory DD 802, Guest DD 472, Harry E. Hubbard DD*

*748, Heywood L. Edwards DD 663, Hudson DD 475, Hugh W. Hadley DD
774, Ingersoll DD 652, Ingraham DD 694, Irwin DD 794, Isherwood DD
520, John A. Bole DD 755, Kimberly DD 521, Knapp DD 653, Lang DD 399,
Laffey DD 724, Laws DD 558, Little DD 803, Lowry DD 770, Luce DD 522,
Mannert L. Abele DD 733, Massey DD 778, Morrison DD 560, Mustin DD
413, Preston DD 795, Pringle DD 477, Pritchett DD 561, Purdy DD 734,
Putnam DD 757, Rowe DD 564, Russell DD 414, Sampson DD 394,
Shubrick DD 639, Smalley DD 565, Sproston DD 577, Stanly DD 478,
Sterett DD 407, Stoddard DD 566, Stormes DD 780, Taussig DD 746,
Twiggs DD 591, Van Valkenburgh DD 656, Wadsworth DD 516, Walke DD
723, Watts DD 567, Wickes DD 578, Wilkes DD 441, William D. Porter DD
579,* and *Wren DD 568,*

for the fleet tugs *Arikira ATF 98, Cree ATF 84, Lipan ATF 85, Menominee ATF
73, Pakana ATF 108, Tawakoni ATF 114, Tekesta ATF 93,* and *Ute ATF 76,*

for the light mine layers *Aaron Ward DM 34, Gwin DM 33, Harry F. Bauer DM
26, Henry A. Wiley DM 29, J. William Ditter DM 31, Robert H. Smith DM
23, Shannon DM 25, Shea DM 30,* and *Thomas E. Fraser DM 24,*

for the high speed minesweepers *Ellyson DMS 19, Harding DMS 28, Hobson
DMS 26, Jeffers DMS 27,* and *Macomb DMS 23,*

for the patrol motor gunboats *PGM 10* and *PGM 20,* for the landing crafts sup-
port (large) *11* through *21, 31, 32, 34* through *40, 51* through *57,* 61 through
67, 68, 81 through *90, 94,* through *109, 110, 111, 114* through *117, 119*
through *125, 129, 130,*

for the landing ships medium *14, 82, 167, 222, 228, 279,*

for the landing ships medium (rockets) *189, 190, 192, 193, 194, 195,* and *197,*

for the high speed transports *Barber APD 57, Clemson APD 31,* and *Ringness
APD 100,*

for the patrol crafts rescue *PCE(R)s 851, 852, 853,*

for the seaplane tender *Hamlin AV 15,* and

for the sub chaser *SC 699.*

Various serials and dates were used for each ship. Specific reports are listed
in my chapter end notes.

War Diaries

For the amphibious command ships *Ancon AGC 4, Biscayne AGC 18, Eldorado
AGC 11, Panamint AGC 13,*

for the destroyers *Anthony DD 515, Bryant DD 665, Lowry DD 770,
Wadsworth DD 516* and *Wickes DD 578,*

for the fleet tug *Arikara ATF 98,*

for the high speed minesweeper *Macomb DMS 23,* and for the landing ships
medium *14, 82, 167, 222, 228,* and *279.*

Destroyer Division, Mine Division, LSM, LCS Flotilla, Group, Division Reports, War Diaries, and Histories

Commander Destroyer Division 92 Serial 0192 Action Report. 23 July 1945.
Commander Destroyer Division 112 Serial 030 Action Report Amphibious

Assault on Okinawa Gunto. 18 April 1945.

Commander Destroyer Division 120 Serial 002 Action Report–Okinawa Gunto Operation, for Period from 29 April through 4 May 1945. 6 May 1945.

Commander Destroyer Division 126 Serial 08 Action Report, Attack by Japanese Aircraft off Okinawa Gunto on Hyman–6 April, 1945, and on Purdy, Cassin Young, Mannert L. Abele and Supporting Gunboats on 12 April 1945. 15 April 1945.

Commander Destroyer Squadron 2 Serial 00551 Action Report, Okinawa Gunto Operation 1 March to 17 May 1945. 1 June 1945.

Commander Destroyer Squadron 24 Serial 0118 Iceberg Operation, 23-27 May 1945. 29 May 1945.

Commander Destroyer Squadron 24 Serial 0155 Invasion of Okinawa Jima, 19 April–28 May 1945. 18 June 1945.

Commander Destroyer Squadron 24 Serial 0166 Invasion of Okinawa Jima, 28 May to 27 June 1945. 28 June 1945.

Commander Destroyer Squadron 45 Serial 00138 Report of Capture of Okinawa Gunto Phases 1 and 2, Commander, Destroyer Squadron Forty-Five for the Period 27 March to 21 June 1945. 27 June 1945.

Commander Destroyer Squadron Forty-Nine. Serial 0011 Action Report–OKI-NAWA CAMPAIGN–9 March 1945 to 23 June 1945. 28 June 1945.

Commander Destroyer Squadron 55 Action Report 7 August 1945.

Commander Destroyer Squadron Sixty-Four. Serial 032 Report of Capture of Okinawa Gunto, Phases 1 and 2. 25 June 1945.

Commander LCS(L) Flotilla THREE Serial 621 LCS(L) Flotilla THREE Staff–Factual History of. 21 November 1945.

Commander LCS(L) Flotilla FOUR Serial 25–46 War History, Commander LCS(L) Flotilla FOUR. 6 January 1946.

Commander LCS(L)(3) Group 11 Serial 0138 Action Report Capture and Occupation of Okinawa Gunto Phases I and II. 30 July 1945.

Commander LSM Flotilla Nine Serial 006 War Diary for the Month of March 1945.

Commander LSM Flotilla Nine Serial 021 War Diary for the Month of April 1945.

Commander LSM Flotilla Nine Serial C010 Action Report–Ie Shima and Southeastern Okinawa, 2 April through 20 April 1945. 21 April 1945.

Commander Mine Division 58 War Diary. April 1945.

Commander Mine Division 58 War Diary. May 1945.

Commander Mine Squadron Three Serial 078 Action Report, Capture of Okinawa Gunto, Phase I and II, 9 March to 24 June 1945. 5 July 1945.

Commander Mine Squadron Twenty Serial 0106 Action Report. 3 July 1945.

Commander Task Flotilla 5 Serial 0894 Action Report, Capture of Okinawa Gunto 26 March to 21 June 1945. 20 July 1945.

DD-475 Dispatch 5 June, 1945.

LCS(L)(3) Flotilla Five Confidential Memorandum No. 5-45, 10 July 1945.

LCS Group Nine Operation Order No. 1-45 Annex "Dog" Fighting Instructions.

LCS Group Eleven Serial 0138 Composite Action Report Okinawa Gunto 1 April 1945-21 June 1945.

CinCPac, 5th Fleet, Task Force, Task Group and Task Unit Records, Reports, Communiques

Amphibious Forces Pacific Fleet (TF 52) Serial 000166 16 March 1945 Operation Order A6-45.
CinCPac Adv. Hdqtrs. 17 April 1945.
CinCPac United States Pacific Fleet Serial 0005608 War Diary for the Period 1 March through 31 March 1945. 11 April 1945.
- - -. *0005643 War Diary for the Period 1 April through 30 April 1945.* 13 May 1945.
- - -. *0005685 War Diary for the Period 1 May through 31 May 1945.* 13 June 1945.
- - -. *0005748 War Diary for the Period 1 June through 30 June 1945.* 15 July 1945.
- - -. *0005801 War Diary for the Period 1 July through 31 July 1945.* 9 August 1945.
- - -. *0005849 War Diary for the Period 1 August through 31 August 1945.* 9 September 1945.
Commander Fifth Amphibious Force CTF-51 and CTF-31 *Serial 0268 Report of Capture of Okinawa Gunto Phases I and II. 17 May 1945–21 June 1945.* 4 July 1945.
Commander Fifth Amphibious Force letter of 11 June 1945. *Translation of a Japanese Letter.*
Commander Fifth Fleet. *Serial 0333 Action Report, RYUKYUS Operation through 27 May 1945.* 21 June 1945.
Commander Task Force Fifty-One. Commander Amphibious Forces U.S. Pacific Fleet. *Serial 01400 Report on Okinawa Gunto Operation from 17 February to 17 May, 1945.*
Commander Task Force 54. *Serial 0022 Action Report–Capture of Okinawa Gunto, Phase II 5 May to 28 May 1945.* 4 June 1945.
CTF 31 to TF 31, TG 99.3, 29 May 1945.
CTF 51 to TF 51 16 April 1945.
CTF 51 to TF 51 24 April 1945.
CTU 52.9.1 OUTGOING MESSAGE OF 17 APRIL 1945.
Task Force 51 Communication and Organization Digest, 1945.

Navy Carrier Air Group and Individual Squadron Histories, War Diaries and Aircraft Action Reports

For CAG 40, 46, 47, 82, VBF 17, VC 8, 83, 85, 90, 93, 96, VF 9, 10, 12, 17, 23, 24, 29, 30, 31, 33, 40, 45, 82, 84, 85, 86, 87, and 90(N). Various dates.

Record Group 38 Records of the Chief of Naval Operations–Office of Naval Intelligence

Monograph Files–Japan 1939-1946 1001-1015

Air Branch, Office of Naval Intelligence. *Naval Aviation Combat Statistics*

World War II. OPNAV-P-23V No. A 129. Washington, DC: Office of the Chief of Naval Operations Navy Department, 17 June 1946.

Air Intelligence Group, Division of Naval Intelligence. *Air Operations Memorandum No. 81.* 18 May 1945.

Air Operations Memorandum No. 82. 25 May 1945.

Air Operations Memorandum No. 83. OpNav-16-V # S234. 1 June 1945.

Air Operations Memorandum No. 88. 6 July 1945.

Brunetti. Col. N. *The Japanese Air Force.* (undated).

Chain of Command of Naval Air Forces Attached to the Combined Fleet (as of August 15th 1945).

Data Table - Japanese Combat Aircraft.

NAVAER 1335A (Rev. 1-49) *Standard Aircraft Characteristics F6F-5 "Hellcat."*

NAVAER (no number given) *Standard Aircraft Characteristics F4U-4 "Corsair."*

Observed Suicide Attacks by Japanese Aircraft Against Allied Ships. OpNav-16-V # A106. 23 May 1945.

Photographic Interpretation Handbook - United States Forces. Supplement No. 2. Aircraft Identification. 15 April, 1945.

Secret Information Bulletin, No. 24.

Technical Air Intelligence Center. *Report # 17 Combat Evaluation of Zeke 52 with F4U-1D, F6F-5 and FM-2.* OpNav - 16-V # T 217. November 1944.

- - -. *Report # 38 Comparative Performance Between Zeke 52 and the P-38, P-51, P-47.* OpNav - 16-V # T 238. April 1945.

- - -. *Summary # 31 Baka.* OpNav - 16-V # T 131. June 1945.

U. S. Naval Technical Mission to Japan. Index No. *S-O2 Ships and Related Targets Japanese Suicide Craft.*

Record Group 38 Records of the Naval Security Group, Crane, Indiana

Kamikaze Attacks at Okinawa, April - June 1945. 6 May 1946.

Record Group 127 Records of the United States Marine Corps–Aviation Records Relating to World War II

US Marine Corps Unit War Diaries, Daily Intelligence Summaries, Aircraft Action Reports and Unit Histories 1941-1949

For 2nd MAW, MAG 14, 22, 31, 33, VMF 112, 113, 123, 212, 221, 222, 223, 224, 311, 312, 314, 322, 323, 351, 422, 441, 451, 511, 512, 513, 533(N), 542(N), 543 (N), and VMTB 232. Various dates.

Tenth Army Tactical Air Force Records

Air Defense Command (Fighter Command) Operation Plan 1-45.
Air Defense Command Intelligence Logs #s 1 through 5, 7 April to 27

November 1945 inclusive.

Air Defense Command Intelligence Section–Daily Intelligence Summaries for 12, 15, 16, 17, 22, 23, 24, 29 April, 1,4, 5, 7, 10, 11, 12 May 1945.

Commanding General Tactical Air Force Tenth Army No Serial 12 July 1945 Action Report–Phase 1–Nansei Shoto. Covers Period 1 April–30 June 1945.

Fighter Command Okinawa Intelligence Section–Daily Intelligence Summary for 12, 13, 14, 16, 18, 26, 27, 28, 29 May, 4, 12, 23 June, 1945.

Tactical Air Force Score Board 7 April–12 July 1945.

Tactical Air Force, Tenth Army Action Report, Phase I Nansei Shoto Period 8 December 1944 to 30 June 1945 Inc..

Tactical Air Force Tenth Army Operation Plan No. 1-45.

Tactical Air Force Tenth Army Periodic Reports Periodic Reports April-June 1945.

Tactical Air Force, Tenth Army War Diary for 1 May to 31 May 1945.

Tactical Air Force, Tenth Army War Diary for 1 June to 30 June 1945.

Record Group 165 War Department General and Special Staffs

Captured Personnel and Material Reports

Reports–(Air) 20-22 Japanese Interrogations 1945 through A (Air) 186-192 Japanese Interrogations + (A) 193-204 Japanese Interrogations through AL 1-39 German, French and Dutch Interrogations, 1944.

Report from Captured Personnel and Material Branch, Military Intelligence Service, U.S. War Department. Reports A(Air) 22 of 10 March 1945, A-220 of 20 July 1945, A (Air) - 32 11 August 1945.

Japanese Translations–British Ministry of Information No. 9-28, 146-169.

RG 243 Records of the United States Strategic Bombing Survey

243.4.2 Records of the Intelligence Branch–Microfilm Publication M-1654 Transcripts of Interrogations of Japanese Leaders and Responses to Questionnaires, 1945-46. (9 rolls)

Interrogations of: Lt. Gen. Saburo Endo, Lt. Col. Kazumi Fuji, Col. Heikichi Fukami, Comdr. Fukamizu, Capt. Minoru Genda, Maj. Gen. Hideharu Habu, Lt. Col. Maseo Hamatani, Col. Hiroshi Hara, Col. Junji Hayashi, Capt. Gengo Hojo, Maj. Gen. Asahi Horiuchi, Capt. Rikibei Inoguchi, Lt. Kunie Iwashita, Lt. Col. Naomichi Jin, Col. Katsuo Kaimoto, Rear Adm. Seizo Katsumata, Lt. Gen. Masakazu Kawabe, Maj. Toshio Kinugasa, Lt. Gen. Kumao Kitajima, Comdr. Mitsugi Kofukuda, Col. M. Matsumae, Col. Kyohei Matsuzawa, Capt. Takeshi Mieno, Gen. Miyoshi, Lt. Gen. Ryosuke Nakanishi, Lt. Comdr. Ohira, Capt. Toshikazu Ohmae, Comdr. Masatake Okumiya, Capt. Tonosuke Otani, Maj. Iori Sakai, Maj. Hideo Sakamoto, Lt. Comdr. Takeda Shigeki, Lt. Gen. Michio Sugawara, Maj. O. Takahashi, Maj. O. Takauchi, Capt. T. Takeuchi, Col. Shushiro Tanabe, Col. Isekichi Tanaka, Rear Adm. Toshitanea Takata, Comdr. Oshimori Terai, Superior

Pvt. Guy Toko, Maj. Gen. Sadao Yui.

JANIS 87 Change No. 1. Joint Intelligence Study Publishing Board, August, 1944. Microfilm Publication 1169, Roll 14.

JANIS 84-2. *Air Facilities Supplement to JANIS 84. Southwest Japan (Kyushu Island, Shikoku Island, Southwestern Honshu Island).* Joint Intelligence Study publishing Board. June 1945. Microfilm Publication 1169, Roll 10.

Supplemental Report of Certain Phases of the War Against Japan Derived From Interrogations of Senior Naval Commanders at Truk. Naval and Naval Air Field Team No. 3, USSBS. Microfilm Publication M1655, Roll 311.

Tactical Mission Reports of the 20th and 21st Bomber Commands, 1945. Microfilm Publication M1159, Rolls 2, 3.

Record Group 457 Records of the National Security Agency

Explanatory Notes on the KAMIKAZE Attacks at Okinawa, April-June 1945. 6 May 1946.

Intelligence Reports from U.S. Joint Services and other Government Agencies, December 1941 to October 1948.

SRMD–007 *JICPOA Summary of ULTRA Traffic, 1 April-30 June 1945, 1 July-31 August 1945.*

SRMD–011 *JICPOA Estimate of Japanese Army and Navy Fighter Deployment 8 August 1944–23 April 1945.*

SRMD–015 *Reports and Memoranda on a Variety of Intelligence Subjects January 1943–August 1945.*

Magic Far East Summaries 1945–1945

SRS341 (24-2-45)–SRS 410 (4-5-45).

SRS411 (5-5-45)–SRS 490 (23-7-45).

SRS491 (24-7-45)–SRS547 (2-10-45).

Special Research Histories (SRHS)

SRH-52 Estimated Japanese Aircraft Locations 15 July 1943–9 August 1945.

SRH-53 Estimates of the Japanese Air Situation 23 June 1945.

SRH-54 Effects of B29 Operations in Support of the Okinawa Campaign 18 March–22 June 1945.

SRH-55 Estimated Unit Locations of Japanese Navy and Army Air Forces 20 July 1945.

SRH-103 Suicide Attack Squadron Organizations July 1945.

SRH 183 Location of Japanese Military Installations.

SRH-257 Analysis of Japanese Air Operations During Okinawa Campaign.

SRH-258 Japanese Army Air Forces Order-Of-Battle 1945.

SRH-259 OP-20G File of Reports on Japanese Naval Air Order of Battle.

United States Navy Records Relating to Cryptology 1918 to 1950

SRMN 013 *CINCPAC Dispatches* May–June 1945

Princeton University–Firestone Library

Wartime Translations of Seized Japanese Documents. Allied Translator and Interpreter Section Reports, 1942-1946. Bethesda, MD: Congressional Information Service, Inc., 1988. (Microfilm)
>ADVATIS Bulletins 405, 656
>ADVATIS Interrogation Reports
>>1. 601. Ens. Sadao Nakamuara
>>11. Superior Petty Officer Ichiro Tanaka
>>13. 1st Class Petty Officer Hirokazu Maruo
>>15. 1st Class Petty Officer Takao Musashi
>>17, 694. 1st Class Petty Officer Tadayoshi Ishimoto
>>603. Lt (jg) Takahiko Hanada
>>650. Leading Pvt. Masakiyo Kato
>>727. Sgt. Jyuro Saito
>>749. Cpl. Nobuo Hayashi
>>775. Probational Officer Toshio Taniguchi
>Enemy Publications
>>No. 8. Mimeographed Identification Sketches of Japanese Aircraft
>>No. 152. References on Piloting Type 1 Fighter, Model 2
>>No. 184. KI-61 (Type 3F Tony) Piloting Procedure
>>No. 391. Data on Navy Airplanes and Bombs
>Research Reports
>>No. 76. Self-Immolation as a Factor in Japanese Military Psychology
>>No. 125. Liaison Boat Units.

Rutgers University–New Brunswick
History Department

Oral History Archives of WW-II - Interview with Alfred Nisonoff, Executive Officer *LCS(L) 130.*

The Tailhook Association

Allowances and Location of Naval Aircraft 1943-1945.
Ship's History of the U.S.S. Cabot (CVL-23) 26 September, 1945.
U.S.S. Bennington CV-20 Cruise Book 1944-1945.

Navy Individual Squadron Histories

For VF 9, 10, 17, 23, and 90(N).

United States Navy Historical Center

Operational Archives Branch–L. Richard Rhame Collection– Papers of the National Association of USS LCS(L)(3) 1-130, 1940s–, Individual Ship Histories for LCS(L)s, Assorted documents and personal memoirs.
Naval Foundation Oral History Program.–War in the Pacific: Actions in the

Philippines including Leyte Gulf, as well as the battles of Iwo Jima and Okinawa, 1943-45. Recollections of Sonarman 1st Class Jack Gebhardt, *USS Pringle DD 477* ed. By Senior Chief Yeoman (YNCS) George Tusa - 7 Nov. 2000.

United States Army Military History Institute–Carlisle, PA

Allied Translator and Interpreter Section South West Pacific Area A.T.I.S. Publication. *Japanese Military Conventional Signs and Abbreviations.* 4 March 1943.

CinCPac-CinCPOA Bulletin 120-45. *Symbols and Abbreviations for Army Air Units.* 21 May 1945.

Commander in Chief Navy Department. * CominCh P-0011 Anti-Suicide Action Summary.* 31 August 1945.

Commander in Chief United States Fleet. *Antiaircraft Action Summary Suicide Attacks.* April 1945.

General Headquarters, Far East Command Military Intelligence Section, Historical Division. *Interrogations of Japanese Officials on World War II (English Translations) Vol. I & II.* 1949.

General Headquarters, Far East Command Military Intelligence Section, Historical Division. *Statements of Japanese Officials on World War II (English Translations).* 1949-1950.

The Gerald Astor Papers. Letter from Maj. Gen. Yoshihiro Minamoto to Gerald Astor. 10- August 1994.

Headquarters Far East Command Military History Section. *Imperial General Headquarters Navy Directives.* Volume II, Directives No. 316–No. 540 (15 Jan 44–26 Aug 45) Special Directives No. 1–No. 3 (2 Sep 45 - 12 Sep 45).

Headquarters Far East Command Military History Section. *Imperial General Headquarters Navy Orders.* Orders No. 1–No. 57 (5 Nov. 41–2 Sep 45.

Joint Intelligence Study Publishing Board. *Air Facilities Supplement to JANIS 86 Nansei Shoto (Ryukyu Islands).* May 1945.

Trabue, William Lt. Col. G.S.C. *Observer's Report The Okinawa Operation (8 February 1945 to 2 June 1945).* Headquarters United States Army Forces Pacific Ocean Areas G-5. 15 June 1945.

Unpublished Histories

Brader, Charles. Pharmacist's Mate *LCS(L) 65. LCS Men in a Spectacular Part of Okinawa Campaign.* Typescript, undated.

Causemaker, Richard. GM 3/c *LCS 84. Duty with the LCS(L)(3) 84.* Typescript, undated.

Chickering, H.D. Lt. CO *LCS(L) 51. World War II.* Typescript, undated.

Conway, Paul L. *A Fiery Sunday Morning.* Warren, PA: Paul L. Conway. Typescript, 2000.

Glasser, Robin, *Wings of Gold.* Typescript, 6 June 2002.

History of the U.S.S. LCS(L) (3) 53.

Ie Shima Diary. (318th Fighter Group) Unpublished typescript. Circa 1945.

Contributed by Lt. John W. Cook, 73rd Fighter Squadron.

Kaup, Harold J. RM3/c *LCS(L) 15. The Death of a Ship.* Typescript, Undated.

Martin, Arthur R. Signalman. *History of the U.S.S. LCS 88.* Typescript, Undated.

MacGlashing, John. Yeoman VF(N) 90. *Biography of Night Air Group Ninety its Contribution to WW II and Naval Warfare.* Typescript, Undated.

Osterland, Frank C. Lt. Cmdr. *Dolly Three.* Typescript, August 28, 1993.

Pierpoint, Powell. Lt. (jg) XO *LCS(L) 61. The War History of the LCS(L) 61.* Typescript, 1945-1946.

Prunty, Jonathan G. GM 1/c. *My Days in the U.S. Navy 1944 to 1946.* Typescript, December, 1998.

Schneider, Philip J. *The Diary of Philip J. Schneider.* Typescript, Undated.

Scott, Eugene Winfield. *Experiences of a Sailor in World War Two and the Korean War.* Typescript, Undated.

Stewart, James M.. CO *LSM(R) 189 Autobiography.* Typescript, Undated.

Tyler, Parker R. Jr. *Captain USAAF. From Seattle to Ie Shima with the 413rd Fighter Group.* New York: Parker R. Tyler, Jr. Typescript, 1945.

Interviews, Correspondence, Personal Papers, Diaries

Ball, Donald L. *LCS(L) 85.* Interview. 18 September 2002.

Barkley, John. L. YN2 *USS Rowe DD 564* E-Mails 25, 26 November 2002.

Barnby, Frank. *LCS(L) 13.* Collected papers and photographs.

Baumler, Raymond. *LCS 14.* Letter of 4 March 2003.

Blanton, Earl. *LCS(L) 118.* Interview. 19 September 2002.

Bennett, Otis Wayne. 1st. Lt. 333rd Fighter Squadron. Interview. 8 October 2002.

Blyth, Robert. *LCS(L) 61.* Interview. 25 August 1995.

Burgess, Harold H. *LCS(L) 61.* Interview. 25 August 1995.

Cardwell, John H. *LCS(L) 61.* Collected papers.

Christman, William R. *LCS(L) 95.* Letter of 9 April 2003.

Davis, George E. EM 1/c *USS Pakana ATF 108.* E-mail of 6 April 2003

Davis, Franklin M., Sr. *LCS(L) 61.* Interview. 25 August 1995.

Diary of Philip J. Schneider Signalman 1st Class USS Boyd.

Dworzak, W. A. "Bud". 1st Lieutenant VMF-441. Interview. 21 July 2003.

Fenoglio, Melvin. *USS Little* Interview. 3 September 2003.

Gauthier, David. TM3/c *USS Knapp.* E-mails to the author, 22 December 2000, 16, 19 March 2001.

Glasser, Paul. Lieutenant (jg) VF 12. Interview. 4 August 2003.

Hoffman, Edwin Jr. QM 3/c *USS Emmons* e-mails 23, 24 December 2003, 30 January 2004.

Howell, Linda. Letter to Ray Baumler March 27, 1992.

Huber, John. Sonar Man 2nd Class *USS Cogswell DD 651.* Personal Diary. 1944-45.

Hudson, Hugh. RM 2/c LSM-49, LSM 467. Collected papers and Photographs.

International News Service Press Release 153.

Irwin, Curtis J. 333rd Fighter Squadron. Interview. 18 June 2001.

Katz, Lawrence S. *LCS(L) 61*. Diary, Interview. 25 August 1995.

Kaup, Harold. *LCS(L) 15*. Interview. 29 September 1996.

Kelley, James. W. Commanding Officer *LCS(L) 61*. Interview. 18 December 1995.

Kendall, Lee (Formerly Capt. Solie Solomon). USAAF 548th NFS. E-mails, 9, 10 December 2001.

Kennedy, Doyle. *USS Little*. Interview. 3 September 2003.

Landis, Robert W. SK/1c *LSM(R) 192*. Interview. 14 February 2002.

Larson, Wendell. Letter of 2 September 2003.

Logan, Stanley E. 1st Lieutenant 418th NFS. Letter of 24 March 2002.

McCool, Richard M. Capt. USN (Ret). CO *USS LCS(L) 122*. Interview 21 May 1997, Letter to the author with narrative of 23 May 1997.

Moulton, Franklin. *LCS(L) 25*. Collected papers and photographs.

Okazaki, Teruyuki. Interview. 6 September 2003.

Pederson, Marvin letter to the editor of LCS Assn. newsletter undated.

Peterson, Phillip E. *LCS(L) 23*. Collected papers and photographs.

Robinson, Ed. Letter to Lester O. Willard. 10 January 1991.

Rielly, Robert F. *LCS(L) 61*. Interview of 20 September 2001.

Rooney, John. *Sailor*. (Interview with Julian Becton, CO of *Laffey*.)

Russell, L. R. Lt. (jg) *LSM(R) 191*. Letters of 18 July, 22 July 2003.

Selfridge, Allen. *LCS(L) 67*. Collected papers and photographs.

Sellis, Mark. Executive Officer *LCS(L) 61*. Interview. 25 August 1995.

Spargo, Tom. *USS Cogswell DD 651*. E-mails to the author, 15 April, 21 May 2001.

Sprague, Robert. *LCS(L) 38*. Letter of 29 September 2002.

Staigar, Joseph. *LCS(L) 61*. Interview. 14 July, 1995.

Sweet, Donald H. VH-3 Interview. 29 June, 2002.

Tolmas, Harold. RM 2/c *LCS 54*. Letter of 5 December 2002.

Towner, Doug. 19th Fighter Squadron, 318th Fighter Group. E-mails of 4, 9 October 2002.

Tyldesley, Robert H. Col. USAF (Ret.) Interview. 12 March 2002.

Vaughan, Harry B. Lt. Col. USAF (Ret.) Formerly of 333/318 Letter of 26 August 2002.

Weisman, David B. Col.USAF (Ret.) Historian 548th Night Fighter Squadron. Letter of 22 February 2002, Interview. 12 January 2002.

West, Oscar Jr. Gunners Mate *U.S.S. Barber APD 57*. Letter to Thomas English dated 18 August 1992.

Williams, Durwood B. Col. USAF (Ret.), formerly of 333/318 e-mail of 11 August 2001.

Wiram, Gordon H. *LCS(L) 64* letter to Ray Baumler, 13 April 1991.

Wisner, Robert. *LCS 37* Interview 15 August 2001.

Official Histories

Carter, Kit C. and Robert Mueller. *The Army Air Forces in World War II Combat Chronology 1941-1945*. Washington, DC: U.S. Government Printing Office, 1974.

Committee on Veteran's Affairs, U.S. Senate, Medal of Honor Recipients: 1863-

1973. Washington, D.C.: Government Printing Office, 1973.

Craven, Wesley Frank and James Lea Cate, eds. U.S. Air Force, USAF Historical Division, *The Army Air Forces in World War II Vol. 5, The Pacific: Matterhorn to Nagasaki, June 1944 to August 1945*. Chicago, U of C Press, 1953.

Dictionary of American Naval Fighting Ships (Nine Volumes). Office of the Chief of Naval Operations. Naval History Division, Washington, DC, 1959-1991.

Dyer, George C. *The Amphibians Came to Conquer: The Story of Admiral Richmond Kelly Turner Vol. I & II*. Washington D.C.: Department of the Navy, 1969.

Frank, Benis M. and Henry I. Shaw, Jr. *Victory and Occupation History of U.S. Marine Corps Operations in World War II Vol. V*. Historical Branch, G-3 Division, Headquarters, U.S. Marine Corps. Washington: U.S. Government Printing Office, 1968.

General Staff, Supreme Commander for the Allied Powers. *Reports of General MacArthur. Japanese Operations in the Southwest Pacific Area Vol. II–Part II*. Facsimile Reprint, 1994.

- - -. *Reports of General MacArthur. MacArthur in Japan: The Occupation: Military Phase Volume I Supplement*. Facsimile Reprint, 1994.

- - -. *Reports of General MacArthur. The Campaigns of MacArthur in the Pacific Volume I*. Facsimile Reprint, 1994.

Handbook on Japanese Military Forces U.S. War Department. Baton Rouge: Louisiana State University Press, 1995.

King, Ernest J. *U.S. Navy at War 1941-1945*. Washington: United States Navy Department, 1946.

Kreis, John F. Gen. Ed. *Piercing the Fog Intelligence and Army Air Force Operations in World War II*. Air Force History and Museums Program, Bolling Air Force Basse. Washington, D.C., 1996.

Military History Section–General Headquarters Far East Command Military Intelligence Section General Staff. *Japanese Monograph No. 51 Air Operations on Iwo Jima and the Ryukyus*.

- - -. *Japanese Monograph No. 53 3rd Army Operations in Okinawa March-June, 1945. Army Defense Operations*.

- - -. *Japanese Monograph No. 86. War History of the 5th Air Fleet (The "Ten" Air Unit) Operational Record from 10 February 1946 to - 19 August 1945*.

- - -. *Japanese Monograph No. 135 Okinawa Operations Record*.

- - -. *Japanese Monograph No. 141 (Navy) "Okinawa Area Naval Operations" Supplement Statistics on Naval Air Strength*. August, 1949.

Mission Accomplished Interrogations of Japanese Industrial, Military, and Civil Leaders of World War II. Washington, D.C.: Government Printing Office, 1946.

Morison, Samuel Eliot. *History of United States Naval Operations in World War II. Volume VI Breaking the Bismarcks Barrier 22 July 1942–1 May 1944*. Boston: Little, Brown and Company, 1950.

- - -. *History of United States Naval Operations in World War II. Volume VII Aleutians, Gilberts and Marshalls June 1942–April 1944*. Boston: Little, Brown and Company, 1951.

- - -. *History of United States Naval Operations in World War II. Volume VIII New Guinea and the Marianas March 1944–August 1944*. Boston: Little, Brown and Company, 1984.

- - -. *History of United States Naval Operations in World War II. Volume XII Leyte June 1944–January 1945*. Boston: Little, Brown and Company, 1958.

- - -. *History of United States Naval Operations in World War II. Volume XIII The Liberation of the Philippines Luzon, Mindanao, the Visayas 1944–1945*. Boston: Little, Brown and Company, 1968.

- - -. *History of United States Naval Operations in World War II. Volume XIV Victory in the Pacific 1945*. Boston: Little, Brown and Company, 1968.

Navy Department Communiques 601-624 May 25, 1945 to August 30, 1945 and Pacific Fleet Communiques 373 to 471. Washington: United States Government Printing Office, 1946.

Timenes, Nicolai. *An Analytical History of Kamikaze Attacks against Ships of the United States Navy During World War II*. Arlington, VA: Center for Naval Analyses, Operations Evaluation Group, 1970.

The United States Strategic Bombing Survey Naval Analysis Division. Washington, D.C.: U.S. Government Printing Office.

Air Campaigns of the Pacific War. 1947.

The Campaigns of the Pacific War. 1946.

The Fifth Air Force in the War Against Japan. 1947.

Interrogations of Japanese Officials Volume I. 1945.

Interrogations of Japanese Officials Volume II. 1945.

Japanese Air Power. 1946.

The Seventh and Eleventh Air Forces in the War Against Japan. 1947.

Summary Report (Pacific War). 1946.

SECONDARY SOURCES

Books

Abrams, Richard. *F4U Corsair at War*. New York: Charles Scribner's Son's, undated.

Adams, Andrew. Ed. *The Cherry Blossom Squadrons: Born to Die*. By the Hagoromo Society of Kamikaze Divine Thunderbolt Corps Survivors. Intro. by Andrew Adams. Edited and supplemented by Andrew Adams. Translation by Nobuo Asahi and the Japan Technical Company. Los Angles: Ohara Publications, 1973.

Astor, Gerald. *Operation Iceberg The Invasion and Conquest of Okinawa in World War II*. New York: Donald I. Fine, Inc., 1995.

Axell, Albert and Hideaki Kase. *Kamikaze Japan's Suicide Gods*. London: Pearson Education, 2002.

Baker, A.D. III. *Allied Landing Craft of World War Two*. Annapolis: Naval Institute Press, 1985.

Ball, Donald L. *Fighting Amphibs The LCS(L) in World War II*. Williamsburg, VA: Mill Neck Publications, 1997.

Becton, F. Julian. *The Ship That Would Not Die*. Missoula, Montana: Pictorial Histories Publishing Company, 1980.

Bergerud, Eric M. *Fire in the Sky The Air War in the South Pacific*. Boulder, CO: Westview Press, 2000.

Billingsley, Edward Baxter Rear Admiral USN (Ret.) *The Emmons Saga*. Winston-Salem, NC: USS Emmons Association, 1989.

Bunce, William K. *Religions in Japan Buddhism, Shinto, Christianity*. Tokyo: Charles E. Tuttle Company, 1955.

Calhoun, C. Raymond. *Tin Can Sailor Life Aboard the USS Sterett, 1939-1945*. Annapolis: United States Naval Institute, 1993.

Condon, John Pomeroy. *Corsairs and Flattops*. Annapolis: Naval Institute Press, 1998.

Cook, Haruko Taya and Theodore F. Cook. *Japan at War An Oral History*. New York: The New Press, 1992.

Costello, John. *The Pacific War 1941-1945*. New York: Atlantic Communications, Inc., 1981.

Craig, William. *The Fall of Japan*. New York: The Dial Press, 1967.

Bruce, Roy W. and Charles R. Leonard. *Crommelin's Thunderbirds Air Group 12 Strikes the Heart of Japan*. Annapolis: Naval Institute Press, 1994.

DeChant, John A. *Devilbirds The Story of United States Marine Corps Aviation in World War II*. New York: Harper & Brothers Publishers, 1947.

Doll, Thomas E., Berkley R. Jackson and William A. Riley. *Navy Air Colors United States Navy, Marine Corps, and Coast Guard Aircraft Camouflage and Markings Vol. 1 1911-1945*. Carrolton, TX: Squadron/Signal Publications, 1983.

Drea, Edward J. *In the Service of the Emperor: Essays on the Imperial Japanese Army*. Lincoln: University of Nebraska Press, 2003.

- - -*MacArthur's Ultra Codebreaking and the War Against Japan, 1942-1945*. Lawrence, Kansas: University Press of Kansas, 1992.

Dresser, James. *Escort Carriers and Their Air Unit Markings During W.W. II in the Pacific*. Ames, Iowa: James Dresser, 1980.

Edgerton, Robert B. *Warriors of the Rising Sun A History of the Japanese Military*. New York: W.W. Norton & Company, 1997.

Erickson, Roy D. Lt. (jg). *Tail End Charlies I Navy Combat Fighter Pilots at War's End*. Paducah, KY: Turner Publishing Company, 1995.

Fahey, James C. *The Ships and Aircraft of the United States Fleet Victory Edition*. Annapolis: Naval Institute Press, 1977.

Fairbank, John K., Edwin O. Reischauer and Albert M. Craig. *East Asia The Modern Transformation*. Boston: Houghton Mifflin Company, 1965.

Foster, Simon. *Okinawa 1945 Final Assault on the Empire*. London: Arms and Armour Press, 1994.

Francillon, Rene J. *Japanese Aircraft of the Pacific War*. Annapolis: Naval Institute Press, 1979.

Frank, Benis M. *Okinawa: The Great Island Battle*. New York: Talisman/Parrish Books, Inc., 1978.

Frank, Richard B. *Downfall The End of the Imperial Japanese Empire*. New York: Penguin Books, 2001.

Gibney, Frank B. ed. *The Japanese Remember the Pacific War*. Armonk, New

York: An Eastgate Book, 1995.

Griffith, Thomas E. Jr. *MacArthur's Airman: General George C. Kenney and the War in the Southwest Pacific.* Lawrence, Kansas: University of Kansas, 1998.

Halsey, William F. Fleet Admiral and Lieutenant Commander J. Bryan III. *Admiral Halsey's Story.* New York: McGraw-Hill Book Company, Inc., 1947.

Hammel, Eric. *Aces Against Japan The American Aces Speak. Volume I.* Pacifica, CA: Pacifica Press, 1992.

Hammel, Eric. *Aces Against Japan II. The American Aces Speak. Volume III.* Pacifica, CA: Pacifica Press, 1996.

Harries, Meirion and Susie Meirion. *Sheathing the Sword The Demilitarisation of Japan.* New York: Macmillan Publishing Company, 1987.

Hata, Ikuhiko and Yasuho Izawa. *Japanese Naval Aces and Fighter Units in World War II.* Trans. By Don Cyril Gorham. Annapolis: Naval Institute Press, 1989.

Hata, Ikuhiko, Yasuho Izawa and Christopher Shores. *Japanese Army Air Force Fighter Units and Their Aces 1931-1945.* London: Grub Street, 2002.

Haughland, Vern. *The AAF against Japan.* New York: Harper & Brothers Publishers, 1948.

Havens, Thomas R. H. *Nishi Amane and Modern Japanese Thought.* Princeton: Princeton University Press, 1970.

Hickey, Lawrence J. *Warpath Across the Pacific. Eagles Over the Pacific Vol. 1.* Boulder, Colorado: International Research and Publishing Corporation, 1996.

Horiyoshi, Jiro. *Eagles of Mitsubishi The Story of the Zero Fighter.* Trans. by Shojiro Shindo and Harold N. Wantiez. Seattle: University of Washington Press, 1981.

Hoyt, Edwin P. *The Kamikazes.* New York: Arbor House, 1983.

- - -*The Last Kamikaze The Story of Admiral Matome Ugaki.* Westport, Ct.: Praeger, 1993.

Hurst, Cameron G. III. *Armed Martial Arts of Japan.* New Haven: Yale University Press, 1998.

Hynes, Samuel. *Flights of Passage: Reflections of a World War II Aviator.* Annapolis: Naval Institute Press, 1988.

Ienaga, Saburo. *The Pacific War, 1931-1945 A Critical Perspective on Japan's Role in World War II.* New York: Pantheon Books, 1978.

Ike, Nobutaka. "War and Modernization," in *Political Development in Modern Japan.* Robert E. Ward, ed. Princeton: Princeton University Press, 1968. pp. 189-211.

Inoguchi, Rikihei. *The Divine Wind: Japan's Kamikaze Force in World War II.* New York: Bantam Books, 1958.

Iritani, Toshio. *Group Psychology of the Japanese in Wartime.* New York: Kegan Paul International, 1991.

The Japanese Air Forces in World War II: The Organization of the Japanese Army & Naval Air Forces, 1945. New York: Hippocrene Books, Inc., 1979.

Kaigo, Tokiomi. *Japanese Education; Its Past and Present.* Tokyo: Kokusai

Bunka Shinkokai, 1968.

Keenleyside, Hugh L. *History of Japanese Education and Present Educational System*. Ann Arbor: Michigan University Press, 1970.

Knight, Rex A. *Riding on Luck: The Saga of the USS Lang (DD-399)*. Central Point, OR: Hellgate Press, 2001.

Kuwahara, Yasuo and Gordon T. Allred. *Kamikaze*. New York: Ballantine Books, 1957.

Larteguy, Jean. Ed. *The Sun Goes Down Last Letters from Japanese Suicide-Pilots and Soldiers*. London: William Kimber, 1956.

Logan, Stanley E. and David O. and Millie Sullivan, Eds. *History of the 418th Night Fighter Squadron: from New Guinea to Japan in World War II*. Santa Fe: S.E. Logan Books, 2001.

Lorelli, John. *To Foreign Shores U. S. Amphibious Operations in World War II*. Annapolis: Naval Institute Press, 1995.

Lory, Hillis. *Japan's Military Masters The Army in Japanese Life*. New York: The Viking Press, 1943.

Mason, William. *U.S.S. LCS(L)(3) 86 "The Mighty Midget."* San Francisco: By the author, 1993.

McBride, William M. ed. *Good Night Officially The Pacific War Letters of a Destroyer Sailor The Letters of Yeoman James Orvill Raines*. Boulder, CO: Westview Press, Inc., 1994.

Mersky, Peter. *The Grim Reapers Fighting Squadron Ten in WW II*. Mesa, AZ: Champlin Museum Press, 1986.

Mikesh, Robert C. *Broken Wings of the Samurai The Destruction of the Japanese Airforce*. Annapolis: Naval Institute Press, 1993.

Millot, Bernard. *Divine Thunder The Life & Death of the Kamikazes*. Trans. By Lowell Bair. New York: The McCall Publishing Company, 1971.

Monsarrat, John. *Angel on the Yardarm: The Beginnings of Fleet Radar Defense and the Kamikaze Threat*. Newport, RI: Naval War College Press, 1985.

Morison, Samuel Loring. *United States Naval Vessels*. Atglen, PA: Schiffer Military History, 1996.

Morris, John. *Traveller from Tokyo*. London: The Book Club, 1945.

Morse, Philip M. and George E. Kimball. *Methods of Operations Research*. First Edition Revised. Cambridge, MA: The M.I.T. Press, 1970.

Moskin, J. Robert. *The U.S. Marine Corps Story*. New York: McGraw-Hill Book Company, 1982.

Nagatsuka, Ryuji. *I was a Kamikaze: The Knights of the Divine Wind*. Trans. From the French by Nina Rootes. New York: Macmillan Publishing Co., Inc. 1973.

Naito, Hatsusho. *Thunder Gods The Kamikaze Pilots Tell Their Story*. Tokyo: Kodansha International, 1989.

Nihon Senbotsu Gakusei Kinen-Kai (Japan Memorial Society for the Students Killed in the War-Wadatsumi Society). *Listen to the Voices from the Sea (Kike Wadatsumi no Koe)*. Trans. By Midori Yamanouchi and Joseph L. Quinn. Scranton: The University of Scranton Press, 2000.

Nitobe, Inazo. *Bushido: The Soul of Japan*. Tokyo: Charles E. Tuttle Company, 1969.

Norman, E. Herbert. *Soldier and Peasant in Japan The Origins of Conscription*. Vancouver: University of British Columbia, 1965.

Ohnuki-Tierney, Emiko. *Kamikaze, Cherry Blossoms, and Nationalisms: The Militarization of Aesthetics in Japanese History*. Chicago: University of Chicago Press, 2002.

- - -*Kamikaze Diaries Reflections of Japanese Student Soldiers*. Chicago: University of Chicago Press, 2006.

Okumiya, Masatake, Jiro Horikoshi with Martin Caidin. *Zero! The Air War in the Pacific During World War II from The Japanese Viewpoint*. Washington, D.C.: Zenger Publishing Co., Inc., 1956.

Peattie, Mark R. *Ishiwara Kanji and Japan's Confrontation with the West*. Princeton: Princeton University Press, 1975.

Porter, R. Bruce, Colonel with Eric Hammel. *Ace! A Marine Night-Fighter Pilot in World War II*. Pacifica, CA: Pacifica Press, 1985.

Prados, John. *Combined Fleet Decoded The Secret History of American Intelligence and the Japanese Navy in World War II*. Annapolis: Naval Institute Press, 1995.

Pyle, Kenneth B. *The Making of Modern Japan*. Lexington, Massachusetts, D.C. Heath and Company, 1978.

Rearden, Jim. *Cracking the Zero Mystery*. Harrisburg, PA: Stackpole Books, 1990.

Rielly, Robin L. *Mighty Midgets at War: The Saga of the LCS(L) Ships from Iwo Jima to Vietnam*. Central Point, OR: Hellgate Press, 2000.

Rogers, David H., Alvin L. Sigler and Charley F. Wilcox, eds. *494th Bombardment Group (H) History WWII*. Annandale, MN: 494th Bombardment Group (H) Association, Inc., 1996.

Rooney, John. *Mighty Midget U.S.S. LCS 82*. PA: By the author, 1990.

Roscoe, Theodore. *United States Destroyer Operations in WWII*. Annapolis: Naval Institute Press, 1953.

Rottman, Gordon L. *U.S. Marine Corps World War II Order of Battle*. Westport, CT: Greenwood Press, 2002.

Rutter, Joseph W. *Wreaking Havoc: A Year in an A-20*. College Station, Texas: Texas A & M University, 2004.

Sakae, Shioya. *Chushingura An Exposition*. Tokyo: The Hokuseido Press, 1949.

Sakai, Saburo with Martin Caidin and Fred Saito. *Samurai!* New York: ibooks, Inc. 2001.

Sakaida, Henry and Koji Tanaka. *Genda's Blade Japan's Squadron of Aces 343 Kokutai*. Surrey, England: Classic Publications, 2003.

Sakaida, Henry. *Imperial Japanese Army Air Force Aces 1937-45*. Oxford: Osprey Publishing Limited, 1997.

- - -. *Imperial Japanese Navy Aces 1937-45*. Oxford: Osprey Publishing Limited, 1999.

Sherrod, Robert. *History of Marine Corps Aviation in World War II*. Washington: Combat Forces Press, 1952.

Sims, Edward H. *Greatest Fighter Missions of the Top Navy and Marine Aces of World War II*. New York: Harper & Brothers, 1962.

Smethurst, Richard J. *A Social Basis for Prewar Japanese Militarism The*

Army and the Rural Community. Berkeley: The University of California Press, 1974.

Stanley, W.H. *Kamikaze The Battle for Okinawa Big War of the Little Ships.* By the author, 1988.

Staton, Michael. *The Fighting Bob: A Wartime History of the USS Robley D. Evans (DD-552).* Bennington, VT: Merriam Press, 2001.

Stone, Robert P. *USS LCS(L)(3) 20 A Mighty Midget.* By the author, 2002.

Styling, Mark. *Corsair Aces of World War 2.* Oxford: Osprey Publishing, 1995.

Sumrall, Robert F. *Sumner-Gearing Class Destroyers Their Design, Weapons, and Equipment.* Annapolis: Naval Institute Press, 1995.

Surels, Ron. *DD 522: Diary of a Destroyer.* Plymouth, NH: Valley Graphics, Inc., 1996.

Sweet, Donald H. with Lee Roy Way and William Bonvillian, Jr. *The Forgotten Heroes.* Ridgewood, NJ: DoGo Publishing, 2000.

Tagaya, Osamu. *Imperial Japanese Naval Aviator 1937-45.* Oxford: Osprey Publishing, 1988.

        Mitsubishi Type 1 Rikko: Betty' Units of World War 2. Oxford: Osprey Publishing, 2001.

Thomas, Charles. *Dolly Five: A Memoir of the Pacific War.* Chester, VA: Harrowgate Press, 1996.

Thompson, Warren. *P-61 Black Widow Units of World War 2.* Oxford: Osprey Publishing Ltd., 1998.

Thorpe, Donald W. *Japanese Army Air Force Camouflage and Markings World War II.* Fallbrook, CA: Aero Publishers, Inc., 1968.

- - -. *Japanese Naval Air Force Camouflage and Markings World War II.* Fallbrook, CA: Aero Publishers, Inc., 1977.

Tillman, Barrett. *Hellcat Aces of World War 2.* Oxford: Osprey Publishing, 1996.

- - -. *Hellcat: The F6F in World War II.* Annapolis: Naval Institute Press, 1979.

- - -. *U.S. Navy Fighter Squadrons in World War II.* North Branch, MN: Speciality Press Publishers and Wholesalers, 1997.

- - -. *Wildcat: The F4F in WW II.* Annapolis: Naval Institute Press, 1990.

Toliver, Raymond F. & Trevor J. Constable. *Fighter Aces of the U.S.A.* Atglen, PA: Schiffer Military History, 1997.

Ugaki, Matome, Vice Admiral. *Fading Victory The Diary of Admiral Matome Ugaki 1941-1945.* Chihaya, Masataka, Translator. Pittsburgh: University of Pittsburgh Press, 1991.

Vernon, James W. *The Hostile Sky A Hellcat Flier in World War II.* Annapolis: Naval Institute Press, 2003.

Veigele, William J. *PC Patrol Craft of World War II.* Santa Barbara, CA: Astral Publishing Co., 1998.

Warner, Denis and Peggy Warner with Commander Sadao Seno. *The Sacred Warriors Japan's Suicide Legions.* New York: Van Nostrand Reinhold Company, 1982.

Wilson, William Scott, translator. *Budoshoshinshu The Warrior's Primer of Daidoji Yuzan.* Burbank, California: Ohara Publications, Inc., 1984.

- - -. *The Ideals of the Samurai Writings of Japanese Warriors.* Burbank,

California: Ohara Publications, Inc., 1982.

Winton, John. *Ultra in the Pacific: How Breaking Japanese Codes & Cyphers Affected Naval Operations Against Japan 1941-45.* Annapolis: Naval Institute Press, 1993.

Wolf, William. *Death Rattlers Marine Squadron VMF-323 over Okinawa.* Atglen, PA: Schiffer Military History, 1999.

Yamamoto, Tsunetomo. *Hagakure The Book of the Samurai.* Translated by William Scott Wilson. Tokyo: Kodansha International Ltd., 1979.

Y'Blood, William T. *The Little Giants U.S. Escort Carriers Against Japan.* Annapolis: U.S. Naval Institute Press, 1987.

Yoshimura, Akira. *Zero Fighter.* Trans. By Retsu Kaiho and Michael Gregson. Westport, CT: Praeger Publishers, 1996.

Articles

Andrews, Harold. "F4U Corsair." *Naval Aviation News.* May-June, 1986: 28-29.

- - -. "F6F Hellcat." *Naval Aviation News.* September-October 1988: 16-17.

Coox, Alvin D. "The Rise and Fall of the Imperial Japanese Air Forces." *Air Power and Warfare Proceedings of the Eighth History Symposium USAF Academy 1978*: 84-97.

Dore, R. P. "Education–Japan." In *Political Modernization in Japan and Turkey*, edited by Robert E. Ward, and Dankwart A. Rustow, 176-204. Princeton: Princeton University Press, 1964.

Friedman, Norman. "Amphibious Fire Support" *Warship Vol. IV.* London: Conway Maritime Press, 1980: 199-205.

Guyton, Boone T. "Riding a Thoroughbred A Test Pilot's View of the Corsair." *The Hook.* Volume 28 Number 4 Winter 2000: 23-30.

Hackett, Roger F. "The Military–Japan." In *Political Modernization in Japan and Turkey*, edited by Robert E. Ward, and Dankwart A. Rustow, 328-351. Princeton: Princeton University Press, 1964.

Hattori, Shogo. "Kamikaze Japan's Glorious Failure." *Air Power History.* Spring 1996, Volume 43 Number 1: 14-27.

Henry, John R. "Out Stares Jap Pilot After Ammo Runs Out." *Honolulu Advertiser.* April 27, 1945.

Ike, Nobutaka. "War and Modernization." In *Political Development in Modern Japan*, edited by Robert E. Ward, 189-211. Princeton: Princeton University Press, 1968.

Inoguchi, Rikihei, Captain and Commander Tadashi Nakajima. "The Kamikaze Attack Corps." in *United States Naval Institute Proceedings.* Annapolis, MD: United States Naval Institute, September, 1953: 993-945.

Kawai, Masahiro Lieutenant Colonel. *The Operations of the Suicide-Boat Regiment in Okinawa Their Battle Result and the Countermeasures Taken by the U. S. Forces.* National Institute for Defense Studies. (Undated)

Kendall, Major Lee (ex Solie Solomon). "The Final Kill WW II's last victory as told by the P-61 pilot who made it." *Pacific Fighters Air Combat Stories.* Winter 2003: 90-96.

Martin, Paul W. "Kamikaze!" *United States Naval Institute Proceedings.*

Annapolis: United States Naval Institute, August, 1946: 1055-1057.

Mersky, Peter B. Cdr. USN (Ret.). "The Kamikazes: Japanese Suicide Units." *Naval Aviation News*, July-August 1994: 30-35.

Nagai, Michio. "Westernization and Japanization: The Early Meiji Transformation of Education." In *Tradition and Modernization in Japanese Culture*, edited by Donald H. Shively, 35-76. Princeton: Princeton University Press, 1971.

Rooney, John. "Sailor" *Naval Institute Proceedings* (Unpublished Article). Rooney's interview of Rear Admiral F. Julian Becton, conducted in Wynewood, PA, Fall 1992.

Scott, J. Davis. "No Hiding Place–Off Okinawa," *US Naval Institute Proceedings*, Nov. 1957: 208-13.

Suzuki, Yukihisa. "Autobiography of a Kamikaze Pilot." *Blue Book Magazine*, Vol. 94, No. 2 December, 1951: 92-107, Vol. 93, No. 3 January, 1952: 88-100. Vol. 93, No. 4 February, 1952.

Trefalt, Beatrice. "War, commemoration and national identity in modern Japan, 1868-1975." in *Nation and Nationalism in Japan*, edited by Sandra Wilson, 115-134. London: RoutledgeCurzon, 2002.

Turner, Admiral Richmond K. "Kamikaze." *United States Naval Institute Proceedings*. Annapolis: United States Naval Institute, March, 1947: 329-331.

Vogel, Bertram. "Who Were the Kamikaze?" *United States Naval Institute Proceedings*. Annapolis: United States Naval Institute, July, 1947: 833-837.

Wehrmeister, R.L. Lt (J.G.). "Divine Wind Over Okinawa." *United States Naval Institute Proceedings*. Annapolis: United States Naval Institute, June, 1957: 632-641.

Yokoi, Rear Admiral Toshiyuki. "Kamikazes and the Okinawa Campaign." *United States Naval Institute Proceedings*. Annapolis: United States Naval Institute, May, 1954: 504-513.

Web Sites

Haze Gray and Underway: http://www.hazegray.org

National Association of Fleet Tug Sailors: http://www.nafts.com

NavSource: http://www.NavSource.org

Tin Can Sailors: http://www.destroyers.org

USS Aaron Ward DM 34: http://www.ussaaronward.com/

USS Alfred A. Cunningham DD 752:
http://home.infini.net/~eeg3413/index.htm

USS Arikara ATF: http://ussarikara.com

USS Boyd DD 544:
http://www.destroyers.org/DD544-Site/DD544.htm

USS Braine DD 630:
http://www.ussbrainedd630.com/witnes.htm

USS Bush DD: http://www.ussbush.com

USS Callaghan DD 792:
http://www.destroyers.org/DD792-Site/index.htm

USS Cogswell DD 651: USS-Cogswell@destroyers.org

USS Evans DD 552:
　http://www.ussevans.org
USS Little DD 803:
　http://skyways.lib.ks.us/history.dd803/info/picket.html
USS Macomb DMS 23:
　http://www.destroyers.org/bensonlivermore/ussmacomb.html
USS Purdy DD 734: http://www.destroyers.org/uss-purdy/

Photo Sources

Kyodo News Agency, New York Branch
National Archives and Records Administration
　　　RG 19 Records of the Bureau of Ships RG 19 Series Z
　　　RG 80G General Records of the Department of the Navy 1941-1945
　　　RG 111 SC Records of the Army Signal Corps 1941-1945
　　　RG 127 MC Records of the US Marine Corps
　　　United States Information Agency–New York Times Paris Bureau Collection
Navy Historical Center
Tailhook Association
United States Naval Institute

翻訳で利用した主な引用・参考文献

第二復員局残務処理部「日本軍戦史」No. 51『硫黄島及南西諸島方面航空作戦記録』
第二復員局残務処理部「日本軍戦史」No. 86『第五航空艦隊の作戦記録』
第二復員局残務処理部「日本軍戦史」No. 141『沖縄方面の海軍作戦』附録 沖縄方面作戦に於ける海軍航空兵力使用状況諸統計
防衛庁防衛研修所戦史室「戦史叢書」第17巻『沖縄方面海軍作戦』（朝雲新聞社、1968年）
防衛庁防衛研修所戦史室「戦史叢書」第36巻『沖縄・臺湾・硫黄島方面陸軍航空作戦』（朝雲新聞社、1970年）
中國正雄『大海令・大海指（連合艦隊海空戦戦闘詳報）』（アテネ書房、1996年）
特攻隊戦没者慰霊顕彰会『特別攻撃隊全史（第2版）』（公益財団法人特攻隊戦没者慰霊顕彰会、2020年）
外山操、森松俊夫『帝国陸軍編制総覧』（芙蓉書房出版、1987年）
宇垣纏著、小川貫壐、横井俊幸共編『戦藻録：宇垣纏日記 後篇』（日本出版協同社、1953年）
猪口力平、中島正『神風特別攻撃隊』（日本出版協同社、1951年）
永石正孝『海軍航空隊年誌』（出版協同社、1961年）
海空会日本海軍航空外史刊行会『海軍航空年表』（原書房、1982年）
海軍神雷部隊戦友会編集委員会『海軍神雷部隊』（海軍神雷部隊戦友会、1996年）
押尾一彦『陸軍特別攻撃隊』（モデルアート社、1995年）
押尾一彦『神風特別攻撃隊』（モデルアート社、1995年）
近現代史編纂会『航空隊戦史』（新人物往来社、2001年）
ヘンリー・サカイダ（小林昇訳、渡辺洋二日本語監修）『日本海軍航空隊のエース 1937-1945』（大日本絵画、2000年）
「歴史群像『太平洋戦史』シリーズ49」『沖縄決戦』（学習研究社、2005年）
野沢正、編纂委員会「日本航空機総集」『Ⅰ 三菱篇、Ⅱ 愛知・空技廠篇、Ⅲ 川西・広廠篇、Ⅳ 川崎篇、Ⅴ 中島篇、Ⅵ 輸入機篇、Ⅶ 立川篇・陸軍航空工廠・満飛・日国篇、Ⅷ 九州・日立・昭和・日飛・諸社篇』（出版協同社、1958–1980年）

KAMIKAZE, CORSAIRS, AND, PICKET SHIPS Okinawa,1945
by Robin L.Rielly
Copyright ©2008 by Robin L.Rielly
Japanese translation published by arrangement with
Casemate Publishers. c/o International Transactions,inc.
through The English Agency(Japan)Ltd.

Robin L. Rielly（ロビン・L・リエリー）
1942年生まれ。沖縄戦当時、父親がLCS(L)-61に乗艦していたことから、USS LCS(L) 1-130協会で約15年間歴史研究を行なう。1962〜63年、海兵隊員として厚木で勤務。シートン・ホール大学修士課程卒業。ニュージャージー州の高校の優等生特別クラスで米国史、国際関係論を32年間教え、2000年退職。本書を含め日本の特攻隊、米海軍揚陸作戦舟艇関係の本を5冊執筆。『Kamikaze Attacks of World War II』『Mighty Midgets At War』『American Amphibious Gunboats in World War II』『Kamikaze Patrol』。空手に関する著書も多く、International Shotokan Karate Federationで技術副委員長を務めるかたわら自ら空手を教えている。現在8段。

小田部哲哉（おたべ・てつや）
1947年生まれ。三菱重工業（株）の航空機部門で勤務。退職後は月刊誌『エアワールド』に「アメリカの航空博物館訪問記」を、月刊誌『航空情報』に「アメリカ海兵航空隊の歴史」をそれぞれ連載したほか、ヘリコプター関連記事を月刊誌『Jウイング』に掲載した。母方の伯父が第14期海軍飛行専修予備学生出身の神雷部隊爆戦隊員として鹿屋から出撃、未帰還となったことから航空機や航空戦史に関心を寄せていた。

米軍から見た沖縄特攻作戦
—カミカゼ vs. 米戦闘機、レーダー・ピケット艦—

2021年8月25日　印刷
2021年9月5日　発行

著　者　ロビン・リエリー
訳　者　小田部哲哉
発行者　奈須田若仁
発行所　並木書房
〒170-0002 東京都豊島区巣鴨2-4-2-501
電話(03)6903-4366　fax(03)6903-4368
http://www.namiki-shobo.co.jp
印刷製本　モリモト印刷
ISBN978-4-89063-412-5